液气压传动与控制

（第2版）

主　编　雷玉勇　刘克福
副主编　蒋代君　甘　彬

重庆大学出版社

内容提要

本书是普通高等院校机械工程及自动化专业本科系列教材之一。全书共分 11 章,第 1 章对液气压传动与控制的基本知识进行了概述,第 2 章主要介绍液气压传动系统涉及的流体力学基础理论知识,第 3 章至第 6 章主要介绍液压、气动元件的结构、原理、性能及特点,第 7 章介绍液气压基本回路的组成、功能、特点及其应用,第 8 章介绍了典型液压与气动系统的分析步骤和具体实例,第 9 章介绍了液压气动系统设计计算的一般步骤和方法,第 10 章介绍液压伺服控制和电液比例控制技术的相关知识和应用,第 11 章介绍液压、气动系统常见故障诊断与维修。

本书适用于普通工科院校机械类和近机械类各专业,也适用于继续教育学院、自学考试等有关机械类的学生用书,也可供从事流体传动与控制技术的工程技术人员参考。

图书在版编目(CIP)数据

液气压传动与控制/雷玉勇,刘克福主编.—重庆:
重庆大学出版社,2013.1(2023.7 重印)
机械设计制造及其自动化专业本科系列教材:新编
ISBN 978-7-5624-6956-8

Ⅰ.①液… Ⅱ.①雷… ②刘… Ⅲ.①液压传动—自动控制—高等学校—教材②气压传动—自动控制—高等学校—教材 Ⅳ.①TH137②TH138

中国版本图书馆 CIP 数据核字(2012)第 243689 号

液气压传动与控制
(第 2 版)
主 编 雷玉勇 刘克福
副主编 蒋代君 甘 彬
策划编辑:彭 宁
责任编辑:李定群 高鸿宽 版式设计:彭 宁
责任校对:任卓惠 责任印制:张 策
*
重庆大学出版社出版发行
出版人:饶帮华
社址:重庆市沙坪坝区大学城西路 21 号
邮编:401331
电话:(023) 88617190 88617185(中小学)
传真:(023) 88617186 88617166
网址:http://www.cqup.com.cn
邮箱:fxk@ cqup.com.cn (营销中心)
全国新华书店经销
POD:重庆新生代彩印技术有限公司
*
开本:787mm×1092mm 1/16 印张:17.25 字数:431 千
2017 年 8 月第 2 版 2023 年 7 月第 6 次印刷
ISBN 978-7-5624-6956-8 定价:45.00 元

前言

为适应当前各高校学分制和课时压缩情况，本书在编写过程中，一方面着重基本概念、基本结构、基本原理和基本回路阐述，减少不必要的数学推导和复杂计算；另一方面，注意理论联系实际，强化液气压传动系统的分析、理解和应用，目的是让学生能真正掌握液气压传动与控制的核心内容和关键知识点。希望结合实验教学，运用现代化教学手段，图文并茂，激发学生学习兴趣，提高教学效果，从而为学生将来的就业和工作打下坚实基础。

本书是为高等院校机械工程类专业编写的教材。全书共分11章，内容包括绪论、流体传动基础理论、动力元件、执行元件、控制元件、辅助元件、基本回路、典型液压与气动系统分析、液压气动系统设计与计算、液压伺服控制和电液比例控制技术、液压气动系统常见故障分析与维修。本书在附录中介绍了国家标准（GB/T 786.1—1993）液压与气动系统常用图形符号。

本书第1章和第10章由西华大学雷玉勇教授编写，第2章由西华大学蒋代君副教授编写，第3章至第6章由西华大学刘克福副教授编写，第7章和第9章由重庆理工学院甘彬副教授编写，第8章和第11章由陕西理工学院张士勇老师编写，其中第2章至第9章的气动内容由西华大学宋春华副教授编写。全书由雷玉勇教授统稿和审稿，刘克福和蒋代君副教授为本书进行了大量校对工作。

由于我们编写水平有限，书中难免有错误之处，敬请广大读者指正。

编　者

2012年4月

目录

第1章 绪论

任何机器都是由原动机、传动机构及控制部分、工作机(含辅助装置)组成。为了适应工作机的工作力和速度变化以及其他操纵性能的要求,通常在原动机和工作机之间设置了传动机构,其作用是把原动机输出功率经过变换后传递给工作机。传动机构一般包括机械传动、电气传动和流体传动。流体传动是以流体为工作介质进行能量转换、传递和控制的传动。它包括液压传动、液力传动和气压传动。

液气压传动与控制是专门研究以液压油或压缩空气为工作介质,来实现各种机械传动和控制的学科。由于液压油液和压缩空气这两种介质的性质差异,因此,液压传动与气压传动各有特点。但是,液压传动与气压传动的基本工作原理相似,故统称为液气压传动与控制。

1.1 液气压传动的工作原理

1.1.1 液压传动的工作原理

液压传动的工作原理的一个经典例子是液压千斤顶。如图1.1所示,由活塞7和缸体6组成的大油缸为举升液压缸。缸体2、活塞3组成的小油缸与杠杆手柄1、单向阀4和5组成手动液压泵。若提起手柄使活塞3向上移动,小活塞下腔容积增大,形成局部真空,这样油箱9中的油液在大气压作用下打开单向阀4,经吸油管进入小油缸的下腔,完成吸油;当用力压下手柄,小活塞下移,小活塞下腔压力升高,单向阀4关闭,单向阀5打开,下腔的油液经管道输入举升液压缸6的下腔,迫使大活塞7向上移动,顶起重物。再次提起手柄吸油时,由于重物的作用,举升液压缸6下腔的压力油使单向阀5关闭,使油液不能倒流;油箱中的油液经单向阀4再次进入小油缸的下腔。如此往复扳动手柄,就能不断地把油液压入举升液压缸下腔,使重物逐渐地升起。如果打开截止阀8,举升液压缸下腔的油液在重物作用下通过管道、截止阀8流回油箱,重物下降。

通过液压千斤顶的工作过程,可以了解液压传动的工作原理。液压传动利用有压力的油

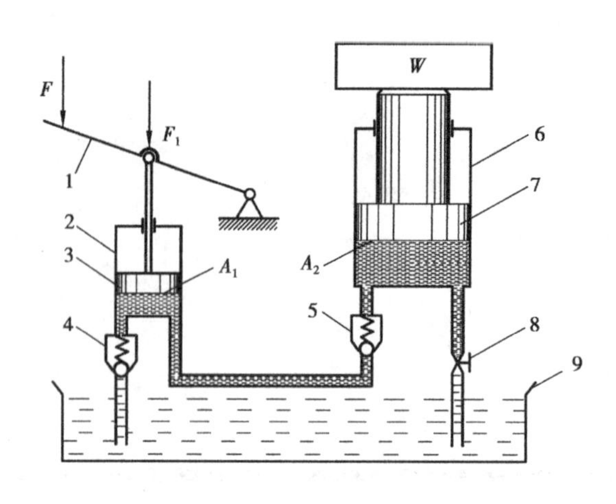

图 1.1　液压千斤顶工作原理图

1—杠杆手柄;2—小油缸;3—小活塞;4,5—单向阀;6—大油缸;7—大活塞;8—截止阀;9—油箱

液作为传递动力的工作介质,压下手柄时,小油缸 2 输出压力油,是将机械能转换成油液的压力能;压力油经过管道及单向阀 5,推动大活塞 7 举起重物,是将油液的压力能又转换成机械能。

下面分析液气压传动的基本特征。

1.1.2　力的传递

如图 1.1 所示,设小活塞和大活塞的作用面积分别为 A_1,A_2,作用在大活塞上的重物负载为 W,杠杆手柄作用在小活塞上的力为 F_1。则重物负载 W 在液压缸中下腔所产生的压力为 $p_2 = W/A_2$。为了使小油缸下腔的油液进入大油缸下腔,那么小活塞下腔必须产生一个等值的压力 p_1,即 $p_1 = p_2 = p$。因此,为了克服重物负载使举升液压缸上升,作用在小活塞上的力 F_1 应为

$$F_1 = p_1 A_1 = p_2 A_1 = \frac{A_1}{A_2} W \tag{1.1}$$

或

$$\frac{W}{F_1} = \frac{A_2}{A_1} \tag{1.2}$$

由于液压千斤顶大活塞面积 A_2 远大于小活塞面积 A_1,即 $A_1/A_2 \ll 1$,则由式(1.1)可知 $F_1 \ll W$。这说明要举升重物负载 W,只需要在小活塞上施加远小于重物负载 W 的力,这就是液压千斤顶的理论基础。

上述分析可知,当 A_1,A_2 一定时,重物负载 W 越大,系统中的压力 p 也越高,所需的作用力 F_1 也越大。这就是液(气)压传动的第一个基本特征,即液压传动中工作压力取决于外负载,而与流体流入多少无关。

1.1.3　运动的传递

如图 1.1 所示,如果不考虑液压油的可压缩性、泄漏和缸体、管路的变形,小活塞排出的油液体积必然等于进入举升液压缸下腔的油液体积,从而使大活塞升起。设小活塞位移为 s_1,大

活塞位移为 s_2，则

$$s_1A_1 = s_2A_2 \tag{1.3}$$

式(1.3)两边同除以运动时间 t，得

$$v_1A_1 = v_2A_2 = q \tag{1.4}$$

或

$$\frac{v_2}{v_1} = \frac{A_1}{A_2} \tag{1.5}$$

式中 v_1,v_2——小活塞和大活塞的平均运动速度；

q——单位时间内流过截面的油液体积，在液压传动中称为流量。

由式(1.4)可知，当 A_1,A_2 一定时，大活塞举升的速度 v_2 取决于流入大油缸的流量。由于 $A_1/A_2 \ll 1$，则由式(1.5)可知 $v_2 \ll v_1$，也即大活塞的上升速度远小于小活塞的运动速度。这说明液压千斤顶通过压力油来传递能量，放大了作用在小活塞上的力来举升重物负载 W，但其上升速度远小于小活塞的运动速度。这是由能量守恒定律所决定的。

由上述分析可知，大活塞的运动速度只取决于输入流量的多少，而与外负载大小无关。这就是液(气)压传动的第二个基本特征。

从上面的讨论还可以看出，与外负载相对应的是流体压力，与运动速度相对应的是流体流量。因此，压力和流量是液(气)压传动中两个最基本的参数。

1.2 液气压传动系统的组成

1.2.1 液压传动系统的组成

如图1.2所示为液压升降台车的液压传动系统工作原理图。其工作原理如下：液压泵3由原动机9(柴油机或电动机)驱动转动，在其进口处形成真空经由过滤器2从油箱1中吸油，在出口处排出高压油。当操作手柄6使换向阀5的阀芯向右移动时，阀内的通道 P,A 和 B,T 互相接通(见图1.2(b))，液压泵输出的高压油经换向阀5进入支臂油缸7的下腔，推动活塞向上运动，油缸7上腔的油液则经换向阀5返回油箱，使支臂8及平台10升起。当换向阀5的阀芯回复到中位时，换向阀内通道 P,A 和 B,T 互相不通(见图1.2(a))，油缸因进出油路同时被切断而停止不动，平台10便在相应位置上固定下来。此时，液压泵排出的高压油则顶开溢流阀4的钢球流回油箱。当换向阀芯向左移动时，阀内的通道 P,B 和 A,T 互相接通(见图1.2(c))，则支臂油缸7的上腔进油、下腔回油，活塞杆缩回，支臂8及平台10慢慢下放。当负载增大致使液压系统压力增高时，压力油也会打开溢流阀4。因此，系统的最大工作压力不会超过溢流阀4的预先调定压力。溢流阀4具有系统过载保护功能。

从上述例子可知，液压传动是以液体作为工作介质来进行工作的，一个完整的液压传动系统由以下4部分组成。

(1)动力元件(液压泵)

动力元件即液压泵，是将原动机所输出的机械能转换成液体压力能的元件。其作用是向

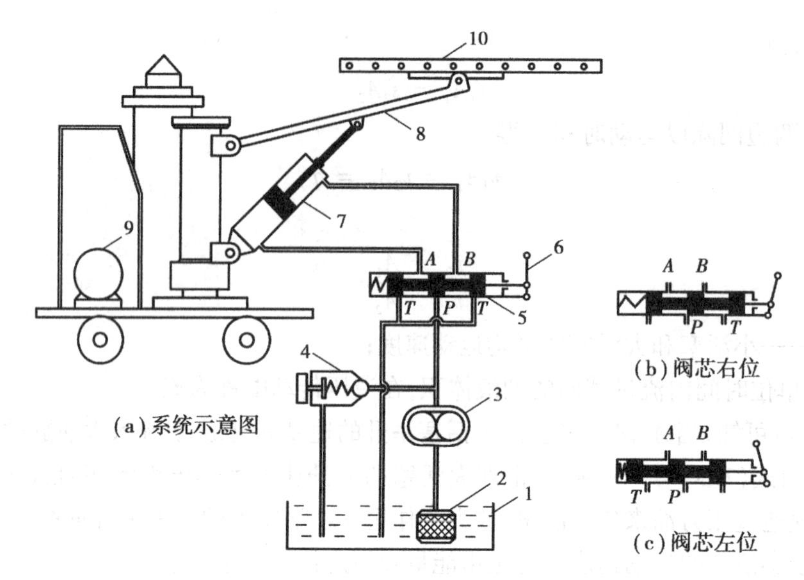

(a)系统示意图 (b)阀芯右位 (c)阀芯左位

图 1.2 液压升降台车液压系统工作原理

1—油箱;2—过滤器;3—液压泵;4—溢流阀;5—换向阀;

6—操作杆;7—油缸;8—支臂;9—原动机;10—平台

液压系统提供压力油,液压泵是液压系统的心脏。

(2)执行元件

执行元件是把液体压力能转换成机械能以驱动工作机构的元件,执行元件包括液压缸和液压马达。

(3)控制元件

控制元件包括压力、方向和流量控制阀,是对系统中油液压力、流量和方向进行控制和调节的元件。

(4)辅助元件

上述 3 个组成部分以外的其他元件,如管道、管接头、油箱、过滤器等为辅助元件。

1.2.2 气压传动系统的组成

如前所述,气压传动与液压传动的基本工作原理相似。但由于压缩空气和液压油液这两种介质的性质差异,因此气压传动与液压传动各有特点。

气压传动系统的基本组成如图 1.3 所示。它主要包括空气压缩机、空气净化装置、管道、各种控制阀及气缸等组成。各部分的功能和作用如下:

①压缩机。将大气压力的空气压缩并以较高的压力输给气动系统,把机械能转变为气压能。

②原动机。将电能转变成机械能,给压缩机提供机械动力。

③压力开关。将储气罐内的压力转变为电信号,用来控制电动机。它被调节到一个最高压力,达到这个压力就使电动机停止;也被调节到另一个最低压力,储气罐内压力跌到这个压力就重新启动电动机。

④单向阀。让压缩空气从压缩机进入气罐,当压缩机关闭时,阻止压缩空气反方向流动。

⑤储气罐。储存压缩空气。它的尺寸大小由压缩机的容量来决定,储气罐的容积越大,压缩机运行时间间隔就越长。

⑥压力表。显示储气罐内的压力。

⑦自动排水器。无须人手操作,排掉凝结在储气罐内所有的水。

⑧安全阀。当储气罐内的压力超过允许限度,可将压缩空气溢出。

⑨冷冻式空气干燥器。将压缩空气冷却到零上若干度,使大部分空气中的湿气凝结,以减少空气中的水分。

⑩主管道过滤器。它清除主管道内灰尘、水分和油。主管道过滤器必须具有最小的压力降和油雾分离能力。

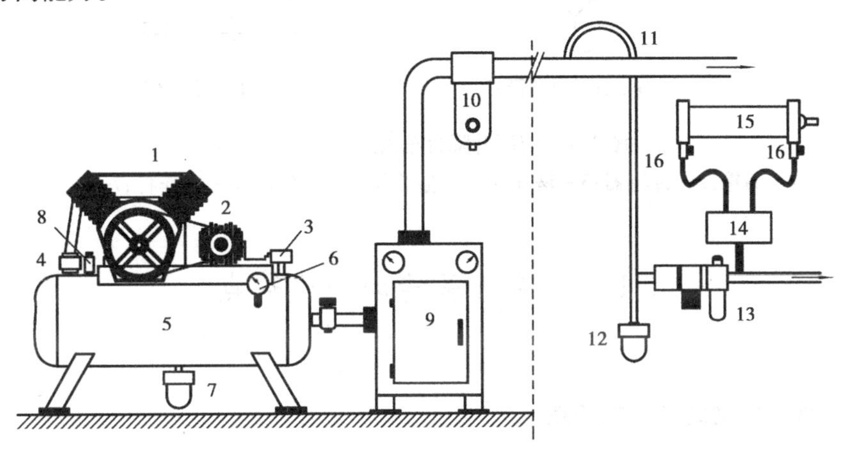

图1.3 气压传动系统的基本组成

1—压缩机;2—电动机;3—压力开关;4—单向阀;5—储气罐;6—压力表;7,12—自动排水器;8—安全阀;9—空气干燥器;10—主管道过滤器 11—压缩空气的分支输出管路;13—空气处理组件;14—方向控制阀;15—气缸;16—流量控制阀

归纳起来,气压传动系统由气源装置、执行元件、控制元件及辅助元件组成。

1.3 液气压系统的图形符号

如图1.2所示的液压系统图是一种半结构式的工作原理图。它直观性强,容易理解,但难于绘制。在实际工作中,除少数特殊情况外,一般都采用国标GB/T 786.1—1993所规定的液压与气动图形符号来绘制,如图1.4所示。图形符号表示元件的功能,而不表示元件的具体结构和参数;反映各元件在油路联接上的相互关系,不反映其空间安装位置;只反映静止位置或初始位置的工作状态,不反映其过渡过程。使用图形符号既便于绘制,又可使液压系统简单明了。

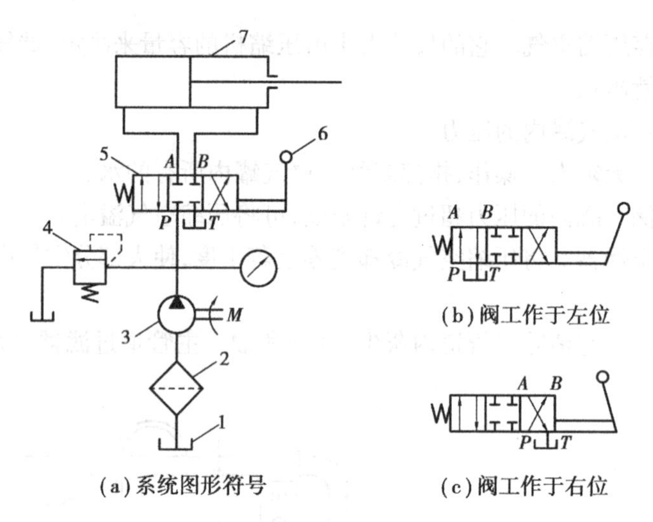

(a)系统图形符号

(b)阀工作于左位

(c)阀工作于右位

图1.4 液压升降台车液压系统图形符号

1—油箱;2—过滤器;3—液压泵;4—溢流阀;5—换向阀;6—操作杆;7—油缸

1.4 液气压传动的优缺点

1.4.1 液压传动的主要优缺点

(1)液压传动的主要优点

与机械传动、电气传动相比,液压传动主要有以下优点:

①无级调速。能方便地实现大范围的无级调速,调速范围可达2 000:1。

②功率密度大。单位质量输出功率大,在同等输出功率条件下体积小、质量轻、惯性小、结构紧凑。

③操纵控制方便。易于实现过载保护,易于实现电-液、气-液等机电一体化传动与控制。采用计算机控制后,可实现大负载、高精度、远程自动控制。

④运动平稳。由于质量轻,惯性小,反应快,液压传动系统易于实现快速启动、制动和频繁的换向。

⑤标准化程度高。液压元件实现了标准化、系列化、通用化,便于设计、制造和使用。

(2)液压传动系统的主要缺点

①效率低。在液压传动系统中,能量经两次转换,且存在压力和流量损失,故能量损失大,传动效率较低。

②不能保证严格的传动比。由于液压介质的可压缩性和液压传动过程中泄漏原因,液压传动不适于要求严格的定比传动中。

③受工作环境影响较大。液压介质的黏度对温度变化较为敏感,工作稳定性差,不宜在很高或很低的温度条件下工作。

④环境污染。液压传动过程中,不可避免地存在泄漏,不仅污染场地,而且还可能引起火灾和爆炸事故。

⑤成本高。液压元件在制造精度上要求较高,因此,它的造价高,且一般需要专用液压油,故液压传动系统成本相对较高。

1.4.2 气压传动系统的特点

与液压传动相比,气压传动主要有以下特点:

①无介质费用。空气到处都有,用量不受限制。

②输送简便。空气不论距离远近,极易由管道输送且易于实现集中供气和远距离传输。

③节能环保。压缩空气可储存在储气罐内,随时取用。故不需压缩机的连续运转。

④适应性好。压缩空气不受温度波动的影响,即使在极端温度情况下也能保证可靠的工作。

⑤安全性好。压缩空气没有爆炸或着火的危险,因此,不需要昂贵的防爆设施。

⑥环境友好。未经润滑排出的压缩空气是清洁的。自漏气管道或气压组件逸出的空气不会污染物体。这一点对食品、木材和纺织工业是极为重要的。

⑦系统简单。各种工作部件结构简单,故价格便宜。

⑧速度快。压缩空气为快速流动的工作介质,故可获得很高的工作速度。

⑨传动平稳性差。空气的可压缩性使活塞的速度不可能总是均匀恒定的。

⑩输出功率小。压缩空气仅在一定的出力条件下使用才经济。常规工作气压为0.6～0.7 MPa,因行程和速度的不同,出力限制为20～30 kN。

⑪噪声大。排放空气的声音很大。现在这个问题已因吸音材料和消音器发展大部分获得解决。

⑫专用介质处理设备。压缩空气不得含有灰尘和水分,因此,必须进行除水与除尘的处理。

总的来说,液气压传动的优点突出,存在的一些缺点随着技术进步已大为改善。

1.5 液气压传动与控制的发展动态

液压传动相对于机械传动来说是一门新兴技术。虽然从17世纪中叶帕斯卡提出静压传动原理,18世纪末英国制成第一台水压机算起,液压传动已有二三百年的历史,只是由于早期技术水平和生产需求的不足,液压传动技术没有得到普遍的应用。但液压传动在工业上被广泛采用和有较大幅度的发展却是20世纪中期以后的事情。特别是在第二次世界大战期间及战后,由于军事及建设需求的刺激,液压技术日趋成熟。

第二次世界大战前后,成功地将液压传动装置用于舰艇炮塔转向器,其后出现了液压六角车床和磨床,一些通用机床到20世纪30年代才用上了液压传动。第二次世界大战期间,在兵器上采用了功率大、反应快、动作准的液压传动和控制装置,它大大提高了兵器的性能,也大大促进了液压技术的发展。第二次世界大战后,液压技术迅速转向民用,并随着各种标准的不断制订和完善及各类元件的标准化、规格化、系列化而在机械制造、工程机械、农业机械、汽车制造等行业中推广开来。

20世纪60年代以后,随着原子能、空间技术、电子技术等方面的发展,液压技术向更广阔的领域渗透，发展成为包括传动、控制和检测在内的一门完整的自动化技术。采用液压传动的程度已成为衡量一个国家工业水平的重要标志之一。现今随着液压机械自动化程度的不断提高，液压元件应用数量急剧增加，元件小型化、系统集成化是必然的发展趋势。特别是近十年来，液压技术与传感技术、微电子技术密切结合，出现了许多诸如电液比例控制阀、数字阀、电液伺服液压缸等机（液）电一体化元器件，使液压技术在高压、高速、大功率、节能高效、低噪声、使用寿命长、高度集成化等方面取得了重大进展。无疑，液压元件和液压系统的计算机辅助设计（CAD）、计算机辅助试验（CAT）和计算机实时控制也是当前液压技术的发展方向。

气动技术不仅被用来完成简单的机械动作，而且在促进自动化的发展中起着极为重要的作用。从20世纪50年代起，气动技术不仅用于做功，而且发展到检测和数据处理。传感器、过程控制器和执行器的发展导致了气动控制系统的产生。近年来，随着电子技术、计算机与通信技术的发展及各种气动组件的性价比进一步提高，气动控制系统的先进性与复杂性进一步发展。当今气动技术也发展成包含传动、控制与检测在内的自动化技术，作为柔性制造系统（FMS）在包装设备、自动生产线和机器人等方面成为不可缺少的重要手段。由于工业自动化以及FMS的发展，要求气动技术以提高系统可靠性、降低总成本与电子工业相适应为目标，进行系统控制技术和机电液气综合技术的研究和开发。显然，气动元件的微型化、节能化、无油化是当前的发展特点，与电子技术相结合产生的自适应元件，如各类比例阀和电气伺服阀，使气动系统从开关控制进入到反馈控制。计算机的广泛普及与应用为气动技术的发展提供了更加广阔的前景。

复习思考题

1.1　流体传动的特征是什么？画简图叙述液压传动的工作原理。

1.2　流体传动系统主要由哪几部分组成？

1.3　液压传动具有哪些优缺点？气压传动具有哪些优缺点？

1.4　液气压传动系统的图形符号表示方法。

第 2 章 流体传动基础理论

液压传动和气压传动同属于流体传动。液压传动以油液作为工作介质,通过液压油来传递能量和信号,同时对液压装置的零件进行润滑、冷却。气压传动则以压缩空气为工作介质来进行能量与信号的传递,驱动和控制各种机械设备,实现各种生产过程。由于传动介质不同,它们分别涉及液体静力学、运动学和动力学以及空气静力学、运动学和动力学相关知识。本章简要介绍这几方面的基础理论知识。

2.1 液压传动基础理论

2.1.1 液压传动工作介质

液压传动系统中的介质包括液压油、乳化液和合成工作液等。其功能是传递能量和信号,对液压装置的机构、零件还有润滑、冷却、去污和防锈作用。

(1)液压传动工作介质的主要理化性质

1)密度

密度是单位体积液体所具有的质量。密度随着温度的上升略有减小,随压力的增加略有增加。我国采用 20 ℃,标准大气压下的密度为标准密度,以 ρ_{20} 表示。常用液压传动工作介质的密度如表 2.1 所示。

表 2.1 常用工作介质的密度/($kg \cdot m^{-3}$)

种 类	ρ_{20}	种 类	ρ_{20}
石油基液压油	850 ~ 900	增黏高水基液	1 003
水包油乳化油	998	水-乙二醇液	1 060
油包水乳化油	932	磷酸酯液	1 150

2）可压缩性

液体受压力作用而发生体积减小的性质称为液体的可压缩性。体积为 V 的液体，当压力增大 Δp 时，体积减小 ΔV，则其体积压缩率 β 为

$$\beta = -\frac{1}{V}\frac{\Delta V}{\Delta p} \tag{2.1}$$

在液压传动中常以 β 的倒数，即液体的体积弹性模量 k，表示油液的压缩性，即

$$k = \frac{1}{\beta} \tag{2.2}$$

一般石油基液压油的 k 值平均约为 1.22 GPa。实际应用中，液体内会混入气泡等，k 值显著减小。一般液体的可压缩性对液压系统性能影响不大，但高压或研究系统动态性能时，则必须予以考虑，建议取 $k=(0.7\sim1.4)$ GPa。

3）黏性

液体流动时，分子间的内聚力表现为阻碍液体分子相对运动的内摩擦力，这种性质称为液体的黏性。内摩擦阻力是液体黏性的表现形式，只有在运动时才表现出黏性，静止时油液不呈现黏性。

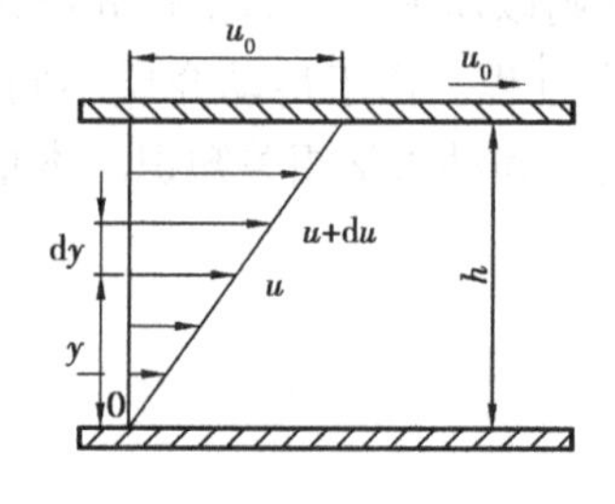

图 2.1　液体的黏性示意图

液体流动时，与固体壁面的附着力及本身的黏性使流体内各处的速度大小不等。如图 2.1 所示，油液沿平行平板间流动，其中上平板以速度 u_0 向右运动，下平板固定不动。紧贴于上平板上的油液黏附于上平板上，其速度与上平板相同；紧贴于下平板上的油液黏附于下平板上，其速度为零；中间油液的速度呈线性分布。运动速度为 $u+\mathrm{d}u$ 的较快油层会带动速度为 u 的较慢油层，而慢层油液又会阻止快层油液运动，各层之间相互制约，即产生内摩擦力。

由实验可知，流体层间的内摩擦力 F 与接触面积 A 及层间相对流速 $\mathrm{d}u$ 成正比，而与层间的距离 $\mathrm{d}y$ 成反比，即

$$F = \mu A\frac{\mathrm{d}u}{\mathrm{d}y} \tag{2.3}$$

以 $\tau=F/A$ 表示切应力，则

$$\tau = \mu\frac{\mathrm{d}u}{\mathrm{d}y} \tag{2.4}$$

式中　μ——衡量流体黏性的比例系数，称为绝对黏度或动力黏度；

$\frac{\mathrm{d}u}{\mathrm{d}y}$——流体层间的速度梯度。

式(2.4)是液体内摩擦定律的数学表达式。当速度梯度变化时，μ 为不变常数的流体称为牛顿流体；μ 为变数的流体称为非牛顿流体。一般的液压传动工作介质均可看做是牛顿流体。

黏性的大小可用黏度来衡量。流体的黏度通常有 3 种不同的表达形式，即动力黏度、运动黏度和相对黏度。

①动力黏度 μ（又称绝对黏度）。动力黏度是指液体在单位速度梯度下流动时单位面积上产生的内摩擦力。由式(2.4)可得 μ 的量纲为 $\left[\frac{\mathrm{N}}{\mathrm{m}^2}\cdot \mathrm{s}\right]$，即 [Pa · s]。因其量纲中有动力学要

素,故而得名。

②运动黏度 υ。运动黏度是动力黏度 μ 与流体密度 ρ 的比值,即

$$\upsilon = \frac{\mu}{\rho} \tag{2.5}$$

式中　μ——液体的动力黏度,m^2/s;

ρ——液体的密度,kg/m^3。

运动黏度没有明显的物理意义。液压油的牌号一般都以运动黏度(m^2/s)的 $1/10^6$,即以 mm^2/s(cSt,厘斯)为单位的运动黏度值来表示。

③相对黏度(又称条件黏度)。相对黏度是以相对于蒸馏水的黏性的大小来表示该液体的黏性,可以使用特定的黏度计在规定条件下直接测量。我国主要采用的相对黏度是恩氏黏度(°E)。

液体的黏度随液体的压力和温度变化而变化。对液压传动介质来说,压力增大时,黏度增大。在一般液压系统使用的压力范围内,黏度变化数值很小,可以忽略不计。但液压传动工作介质的黏度对温度变化十分敏感。温度升高,黏度下降。这个变化率的大小直接影响液压传动工作介质的使用,其重要性不亚于黏度本身。

4)其他性质

液压传动工作介质还有其他一些性质,如稳定性(热稳定性、氧化稳定性、水解稳定性、剪切稳定性等)、抗泡沫性、抗乳化性、润滑性以及相容性(对所接触的金属、密封材料、涂料等作用程度)等,都对它的选择和使用有重要影响。这些性质需要在精炼的矿物油中加入各种添加剂来获得。

(2)液压油的分类和选用

如表 2.2 所示为常用的液压油的系列。液压油的牌号(即数字)表示在 40 ℃下油液运动黏度的平均值(单位为 cSt)。旧牌号的数字表示在 50 ℃时油液运动黏度的平均值。

表 2.2　常用液压油系列

种　类	牌　号	旧牌号	用　途
普通液压油	N32 号液压油 N68G 号液压油	20 号精密机床液压油 40 号液压——导轨油	用于环境温度 0 ~ 45 ℃工作的各类液压泵的中、低压液压系统
抗磨液压油	N32 号抗磨液压油 N150 号抗磨液压油 N168K 号抗磨液压油	20 抗磨液压油 80 抗磨液压油 40 抗磨液压油	用于环境温度 - 10 ~ 40 ℃工作的高压柱塞泵或其他泵的中、高压系统
低温液压油	N15 号低温液压油 N46D 号低温液压油	低凝液压油 工程液压油	用于环境温度 - 20 ℃至高于 40 ℃工作的各类高压油泵系统

正确合理地选用液压油,是保证液压设备高效率正常运转的前提。选用液压油,可根据液压元件生产厂样本和说明书所推荐的品种号数选用,也可根据设备的性能、使用环境等综合因素来选用。通常一般机械可采用普通液压油;设备在高温环境下,可采用抗燃性能好的液压油;在高压、高速的机械上,可选用抗磨液压油;当要求低温流动性好,则可用加抗凝剂的液压油。在选用液压油时,黏度是一个重要的参数。液压油的黏度的高低将影响运动部件的润滑、

缝隙的泄漏以及流动时的压力损失、系统的发热温升等。因此,在环境温度较高,工作压力高或运动速度较低时,应选用黏度较高的液压油,反之则选用黏度较低的液压油。

在液压传动装置中,可简单根据液压泵的要求来确定工作介质的黏度,如表2.3所示。

表2.3 按液压泵类型推荐用工作介质的黏度

液压泵类型		工作介质黏度 $\upsilon_{40}/(\mathrm{mm^2 \cdot s^{-1}})$	
		液压系统温度5~40 ℃	液压系统温度40~80 ℃
齿轮泵		30~70	65~165
叶片泵	$p \leqslant 7.0$ MPa	30~50	40~75
	$p \geqslant 7.0$ MPa	50~70	55~90
径向柱塞泵		30~80	65~240
轴向柱塞泵		40~75	70~150

(3)液压系统对工作介质的主要性能要求

液压系统能否可靠、有效、安全且经济的运行,与所选用的工作介质的性能密切相关。液压系统根据其组成、结构和工作条件、环境条件和性能对工作介质提出的一系列要求,主要包括以下5点:

1)适宜的黏度和良好的黏温性能

选择工作介质时,黏度是需要考虑的重要因素之一。黏度过高或过低都不行。黏度过大将导致黏性阻力损失增加;黏度太低将使泄漏增加、容积效率降低。工作介质的黏度随温度和压力的变化越小越好。

2)润滑性能好

为防止发生黏着磨损、磨粒磨损、疲劳磨损等现象,以免造成泵和马达性能降低,缩短寿命,产生系统故障,要求工作介质对元件的摩擦副有良好的润滑性和挤压抗磨性。

3)良好的化学稳定性

介质氧化后酸值会增加,从而增加腐蚀程度。因此,要求介质具有良好的化学稳定性。

4)对金属材料具有防锈性和防腐性

液压元件大多为金属材料,故要求工作介质有阻止与其接触的金属元件产生锈蚀的能力和防腐蚀性。

此外,还要求工作介质比热、热传导率大,热膨胀系数小;抗泡沫性好,抗乳化性好;成分纯净,含杂质量少;流动点和凝固点低,闪点和燃点高;介质无毒、价格便宜,等等。

(4)液压油的污染与防护

液压油清洁与否不仅影响液压系统的工作性能和液压元件的使用寿命,而且直接关系到液压系统是否能正常工作。液压系统多数故障与液压油受到污染有关,因此,控制液压油的污染是十分重要的。

油液的污染,是指油液中含有固体颗粒、水、微生物等杂质,这些杂质的存在会导致以下问题:

①固体颗粒和胶状生成物堵塞滤油器,使液压泵吸油不畅,运转困难,产生噪声,堵塞阀类元件的小孔或缝隙,使阀类元件动作失灵。

②微小固体颗粒会加速有相对滑动零件表面的磨损，使液压元件不能正常工作，还会划伤密封件，增加泄漏量。

③水分和空气的混入会降低液压油的润滑性，并加速其氧化变质，产生气蚀，加速液压元件的损坏，可能使液压传动系统出现振动、爬行等现象。

常采用以下措施控制液压油的污染：

①减少外来的污染。液压传动系统的管路和油箱在装配前必须严格清洗，用机械的方法去除表面氧化物和残渣，然后进行酸洗。传动系统在组装后要进行全面清洗，最好用系统工作时使用的油液清洗。特别是液压伺服系统最好经过几次清洗来保证清洁。油箱通气孔要加空气滤清器，油箱加油时要使用滤油装置。外露件应装防尘密封，并且经常检查，定期更换。液压传动系统的维修、液压元件的更换、拆卸应在无尘区进行。

②滤除系统产生的杂质。应在系统相应的部位安装适当精度的过滤器，并且要定期检查、清洗或更换滤芯。

③控制液压油的工作温度。液压油工作温度过高会加速其氧化变质，产生各种生成物，缩短使用期限。

④定期检查更换液压油。应根据液压设备使用说明书的要求和维护保养规程的有关规定，定期检查更换液压油。更换液压油时要清洗油箱，冲洗系统管道及元件。

2.1.2　液体静力学

(1)液体静压力及其特性

静止液体单位面积上所受的法向力称为静压力，用 p 表示。液体内某质点处的法向力 ΔF 对其微小面积 ΔA 的压力 p 可表示为

$$p = \lim_{\Delta A \to 0} \frac{\Delta F}{\Delta A} \tag{2.6}$$

若法向力均匀地作用在面积 A 上，则压力表示为

$$p = \frac{F}{A} \tag{2.7}$$

式中　A——液体有效作用面积；

　　F——液体有效作用面积 A 上所受的法向力。

静压力具有两个重要特征：

①液体静压力垂直于作用面，其方向与该面的内法线方向一致。

②静止液体中，任何一点所受到的各方向的静压力都相等。

(2)液体静力学方程

如图2.2所示为静止液体内部压力分布规律。设容器中装满液体，在任意点 A 处取一微小面积 $\mathrm{d}A$，该点距液面深度为 h，距坐标原点高度为 Z，容器液平面距坐标原点为 Z_0。取 $\mathrm{d}A \cdot h$液柱为分离体，如图2.2（b)所示。根据静压力特性，Z 方向上力平衡方程为

$$p\mathrm{d}A = p_0\mathrm{d}A + \rho gh\mathrm{d}A \tag{2.8}$$

故

$$p = p_0 + \rho gh \tag{2.9}$$

由图2.2可知

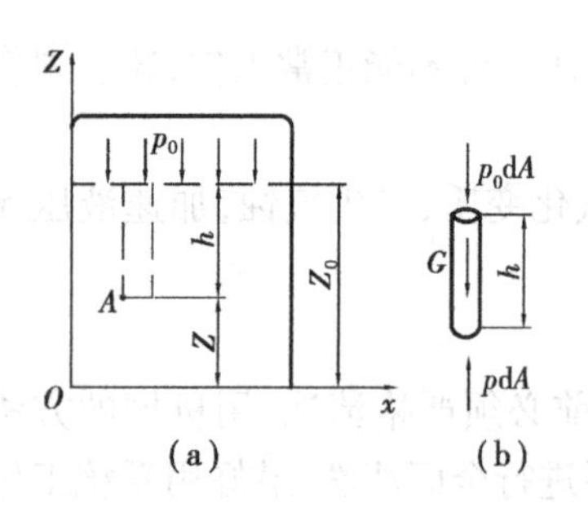

图 2.2　静压力的分布规律

$$h = Z_0 - Z \tag{2.10}$$

将式(2.10)代入式(2.9)整理后,得

$$p + \rho g Z = p_0 + \rho g Z_0 \tag{2.11}$$

或

$$\frac{p}{\rho g} + Z = \frac{p_0}{\rho g} + Z_0 \tag{2.12}$$

由式(2.9)可知,静止液体中任一点的压力均由两部分组成,即液面上的表面压力 p_0 和液体自重而引起的对该点的压力 ρgh。静止液体内的压力随液体距液面的深度变化呈线性规律分布,且在同一深度上各点的压力相等,压力相等的所有点组成的面为等压面,很显然,在重力作用下静止液体的等压面为一个平面。

式(2.12)是液体静力学基本方程的另一种形式。Z 常称为位置水头。$p/\rho g$ 表示 A 点单位质量液体的压力能,称为压力水头。由此可知,静止液体中任一点位能和压力能之和为一常量,这就是能量守恒定律在静止流体中的一种表达形式。

(3)压力的表示方法及单位

压力的表示方法有绝对压力和相对压力。以绝对真空($p=0$)为基准,所测得的压力为绝对压力;以大气压为基准,测得的压力为相对压力。大多数测压仪表所测得的压力都是相对压力,因此,相对压力也称为表压力。

若绝对压力大于大气压,则相对压力为正值;若绝对压力小于大气压,则相对压力为负值,比大气压小的那部分称为真空度。

绝对压力、相对压力(表压力)和真空度的关系如图 2.3 所示。

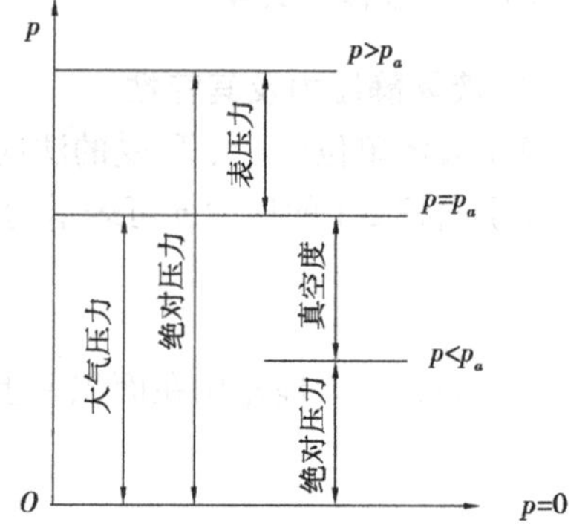

图 2.3　绝对压力与表压力的关系

压力单位为帕斯卡,简称帕(Pa,N/m^2)。由于此单位很小,工程上使用不便,因此,常采用它的倍单位兆帕(MPa,1 MPa = 10^6 Pa)。工程上也使用工程大气压 at 表示。此外还可用液柱高来表示,如米水柱(mH_2O)、毫米汞柱(mmHg)等。

在液压技术中,国外还采用 bar 和 PSI,它们的换算关系为

$$1\ \text{bar} = 10^5\ \text{N/m}^2 = 0.1\ \text{MPa}$$

$$10\ 000\ \text{PSI} = 10\ 000\ \text{Pound/In}^2 \approx 69\ \text{MPa}$$

(4)帕斯卡原理

在液压传动系统中,通常外力产生的压力要比液体自重(ρgh)所产生的压力大得多,式(2.9)中的 ρgh 项可略去,改写为

$$p = p_0 = c(\text{常数}) \tag{2.13}$$

在密封容器内,施加在静止液体边界上的压力可以等值地向液体内所有方向传递,这就是帕斯卡原理,也称为静压传递原理。

根据帕斯卡原理和静压力的特性,液压传动不仅可以传递力,还能改变力的大小和方向。如图 2.4 所示为静压传递原理应用实例。图中 A_1,A_2 分别为液压缸 1 和 2 的活塞面积,两缸

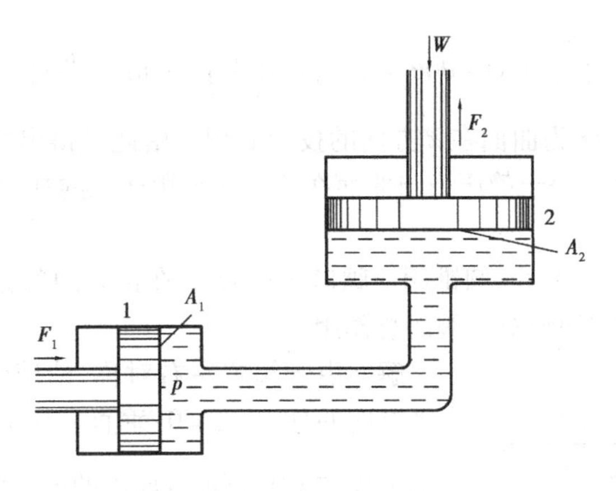

图 2.4　静压传递原理应用实例

用管道联接。F_1 作用在液压缸 1 的活塞杆上，活塞端面上压力 $p=\dfrac{F_1}{A_1}$。依据帕斯卡原理，压力 p 通过联通管道传至液压缸 2 的活塞端面上，当压力 $p=\dfrac{W}{A_2}$，液压缸 2 的大活塞开始运动。由此可知，液压传动必须在封闭容器内进行；液压系统中的压力由外界负载决定，即液体的压力是由于受到各种形式的阻力而形成的，当外负载 $W=0$ 时，$p=0$；液压传动可以将力放大，力的放大倍数等于活塞面积之比。

(5) 静压力对固体壁面的作用力

在液压传动中，液体流经管道和控制元件，推动执行元件做功，都会接触固体壁面，产生静压力并作用于其上。

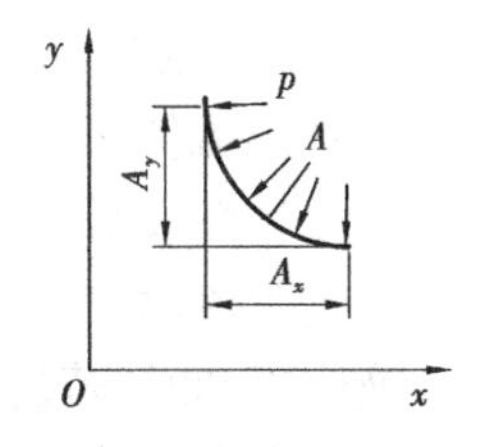

图 2.5　液体对曲面的作用力

当固体壁面为一平面时，流体对平面的作用力 F 等于流体的压力 p 乘以该平面的面积 A，即

$$F = pA \tag{2.14}$$

如图 2.5 所示，当承受压力的表面为曲面时，液体静压力在该曲面方向上的总作用力 F_i 等于液体压力 p 与曲面在该方向投影面积 A_i 的乘积，即

$$F_i = pA_i \tag{2.15}$$

作用在曲面上的总力 F 可由下式求得

$$F = \sqrt{F_x^2 + F_y^2} \tag{2.16}$$

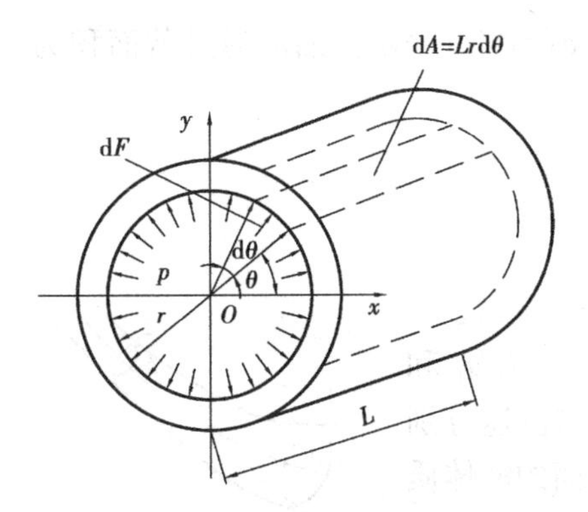

图 2.6　作用在缸筒上的力

例 2.1　如图 2.6 所示液压缸筒，已知缸筒半径为 r，长度为 L，液压油工作压力为 p，试求液压力作用在缸筒右内表面 x 方向的分力 F_x。

解　在缸筒上取一微小窄条，其面积为 $\mathrm{d}A=L\mathrm{d}s=Lr\mathrm{d}\theta$，液压油作用在这微小面积上的力 $\mathrm{d}F=p\mathrm{d}A$，dF 在 x 方向的投影为

$$\mathrm{d}F_x = \mathrm{d}F\cos\theta = prL\cos\theta\mathrm{d}\theta \tag{2.17}$$

在液压缸筒右半壁上 x 方向的总作用力为

$$F_x = \int_{-\frac{\pi}{2}}^{\frac{\pi}{2}} prL \cos\theta \mathrm{d}\theta = prL\left[\sin\left(\frac{\pi}{2}\right) - \sin\left(-\frac{\pi}{2}\right)\right] = 2prL \tag{2.18}$$

由式(2.18)可知,$2Lr$ 为曲面在 x 方向的投影面积。由此可得出结论,作用在曲面上的液压力沿某一方向上的分力等于静压力与曲面在该方向投影面积的乘积。这一结论对任意曲面都适用。

例 2.2 如图 2.7 所示为一圆锥阀。阀口直径为 d,在锥阀的部分圆锥面上有油液作用,各处的压力均为 p。试求油液对锥阀的总作用力。

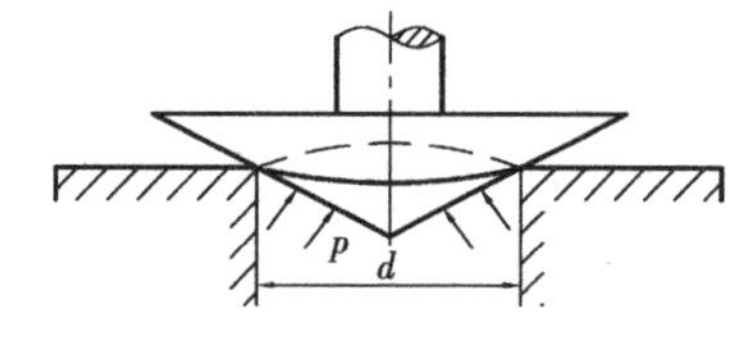

图 2.7 油液对锥阀的作用

解 由于阀芯左右对称,油液作用在阀芯上的总力在水平方向的分力 $F_x = 0$;垂直方向的分力即为总作用力,部分圆锥面在 y 方向垂直面内的投影面积为$\frac{\pi}{4}d^2$,则油液对锥阀阀芯的总作用力 F 为

$$F = F_y = p\frac{\pi d^2}{4} \tag{2.19}$$

2.1.3 液体动力学

流体的连续性方程、伯努利方程以及动量方程是描述流体动力学的基本方程。前两个方程可反映压力、流速或流量及能量损失之间的关系;动量方程可以解决流体与固体边界之间的相互作用力问题。

(1)基本概念

1)理想流体

既无黏性又不可压缩的液体称为理想流体;反之,称为实际流体。

2)定常流动

液体流动时,若流体中任意点的运动参数不随时间变化的流动状态称为定常流动;反之,则称为非定常流动。

3)通流截面

与液体流动方向相垂直的液体横截面称为通流截面。

4)流量

单位时间内流过通流截面的液体体积称为流量,用 q($\mathrm{m^3/s}$)表示。油液通过截面积为 A 的管路时,其平均流速用 v 表示,即

$$v = \frac{q}{A}$$

(2)连续性方程

连续性方程是质量守恒定律在流体力学中的一种表达形式。

如图 2.8 所示的管路中,流过截面 1 和 2 的流量分别为 q_1 和 q_2,截面面积分别为 A_1 和 A_2,液体流经截面 1,2 时的平均流速分别为 v_1 和 v_2。根据质量守恒定律,在单位时间内流过两截面的液体质量相等,即

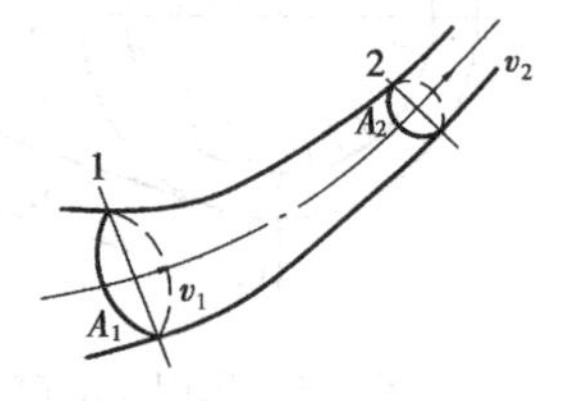

图 2.8 流体连续性原理

$$\rho_1 v_1 A_1 = \rho_2 v_2 A_2 \tag{2.20}$$

不考虑液体压缩性，即 $\rho_1=\rho_2$，则

$$v_1A_1 = v_2A_2 = c(\text{常数}) \tag{2.21}$$

式(2.21)表明，液体在无分支管路稳定流动时，流经管路不同截面时的平均流速与其截面积的大小成反比。管路截面积小的地方平均流速大，管路截面积大的地方平均流速小。

(3)伯努利方程

伯努利方程是能量守恒定理在流动液体中的表现形式，即为能量方程。

1)理想流体伯努利方程

对定常流动的理想液体，根据能量守恒定理，同一管道任意截面的总能量相等。

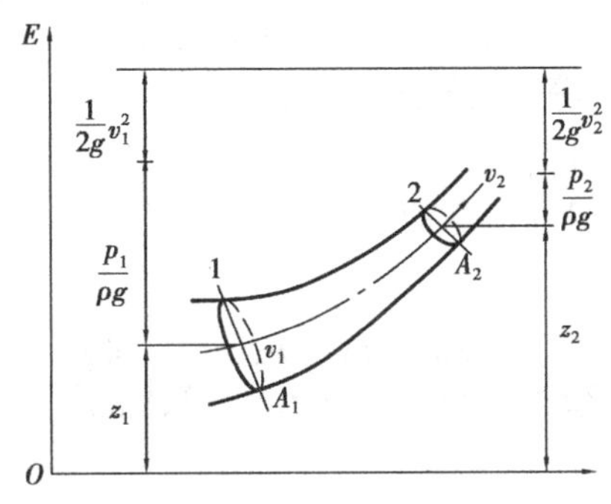

图2.9　伯努利方程示意图

如图2.9所示，任取两通流截面1和2，其截面积分别为 A_1 和 A_2，截面1,2处的平均流速分别为 v_1 和 v_2，压力分别为 p_1 和 p_2，两截面至水平参考平面距离分别为 z_1 和 z_2。

由理想流体的伯努利方程

$$\frac{p_1}{\rho g} + z_1 + \frac{1}{2g}v_1^2 = \frac{p_2}{\rho g} + z_2 + \frac{1}{2g}v_2^2 = c \tag{2.22}$$

或

$$p_1 + \rho g z_1 + \frac{1}{2}\rho v_1^2 = p_2 + \rho g z_2 + \frac{1}{2}\rho v_2^2 = c(\text{常数}) \tag{2.23}$$

式(2.23)左端各项依次分别为单位质量液体的压力能、位能和动能。式(2.22)和式(2.23)表示液体流动时，不同性质的能量之间可以相互转换，但总的能量守恒。

2)实际流体的伯努利方程

实际流体因为具有黏性，存在内摩擦力，并且管道形状和尺寸的变化也会使液体产生扰动，造成能量损失。因而实际液体在流动时的伯努利方程为

$$p_1 + \rho g z_1 + \frac{1}{2}\alpha_1\rho v_1^2 = p_2 + \rho g z_2 + \frac{1}{2}\alpha_2\rho v_2^2 + h_w \tag{2.24}$$

式中　h_w——从通流截面1流到截面2的能量损失；

α_1,α_2——动能修正系数(修正以平均流速代替实际流速的误差)。

例2.3　如图2.10所示，泵从油箱吸油，其流量为25 L/min，吸油管直径 $d=30$ mm，设滤网及管道内总的压降为0.03 MPa，油液的密度为 $\rho=880$ kg/m^3。要保证泵的进口真空度不大于0.033 6 MPa，试求泵的安装高度。

解　取油箱液面1—1和泵进口2—2作参考面，建立伯努利方程

$$p_1 + \frac{1}{2}\rho v_1^2 = p_2 + \rho g H + \frac{1}{2}\rho v_2^2 + \Delta p$$

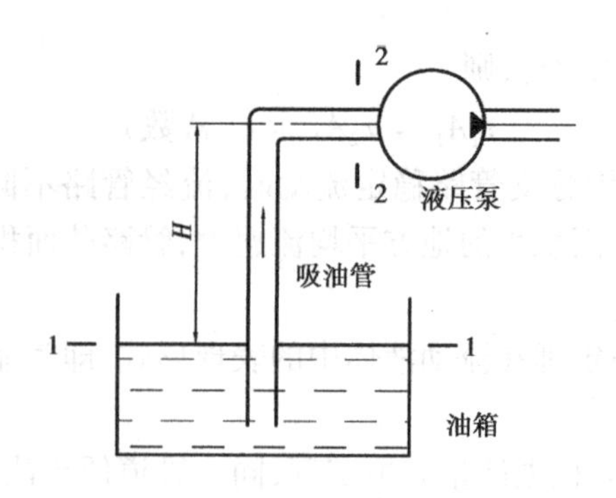

图 2.10　泵的吸油高度

式中　p_1——油箱液面的压力,等于大气压力 p_a;

p_2——泵进口处绝对压力。

由于油箱的截面远大于油管通流截面,故 $v_1 \approx 0$。

泵的安装高度为

$$H = \frac{p_1 - p_2}{\rho g} - \frac{1}{2g}v_2^2 - \frac{\Delta p}{\rho g} = \frac{p_1 - p_2}{\rho g} - \frac{1}{2g}\left(\frac{4q}{\pi d^2}\right)^2 - \frac{\Delta p}{\rho g} = 0.4\ \text{m}$$

(4)动量方程

动量方程是动量定理在流体力学中的具体应用及其表达形式,可以用来计算流动液体作用于限制其流动的固体壁面上的作用力。

刚体力学动量定理指出,作用在物体上的全部外力的矢量和等于物体在力的作用方向上的动量的变化率,即

$$\sum F = \frac{\mathrm{d}(m\vec{v})}{\mathrm{d}t} \tag{2.25}$$

如图2.11所示定常流动,任取两通流截面1和2,其截面积分别为 A_1 和 A_2,截面1,2处的平均流速分别为 v_1 和 v_2。设该段液体在时刻 t 的动量为 $(m\vec{v})_{1\text{-}2}$,经 Δt 后,该段液体移动到1′,2′截面间,液体动量为 $(m\vec{v})_{1'\text{-}2'}$,液体的动量方程为

$$\sum F = \frac{\mathrm{d}(m\vec{v})}{\mathrm{d}t} = \frac{(m\vec{v})_{1'\text{-}2'} - (m\vec{v})_{1\text{-}2}}{\Delta t} = \rho q(\beta_2 v_2 - \beta_1 v_1) \tag{2.26}$$

式中　q——流量;

β_1,β_2——动量修正因数(修正以平均流速代替实际流速计算的误差)。

式(2.26)是一个矢量表达式,该式表明作用在液体控制体积上的外力和等于单位时间内流出控制表面与流入控制表面的液体的动量之差。

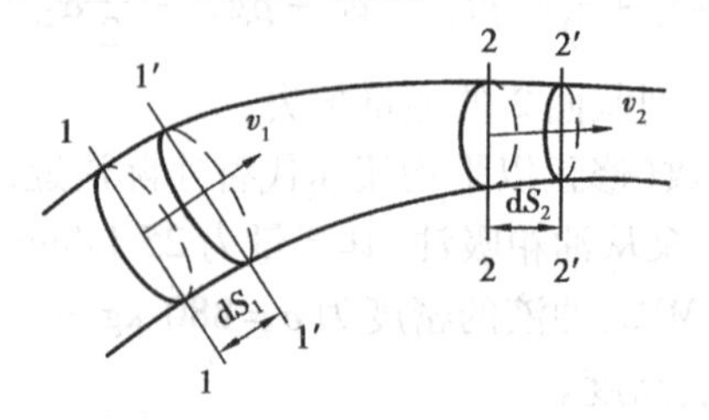

图 2.11　动量方程示意图

例 2.4　圆柱滑阀是液压控制阀中的一种常见结构,如图2.12所示。液体流入阀口的流

速为 v_1，方向角为 θ，流量为 q，流出阀口的速度为 v_2。试计算液流流过滑阀时，液流对阀芯的轴向作用力。

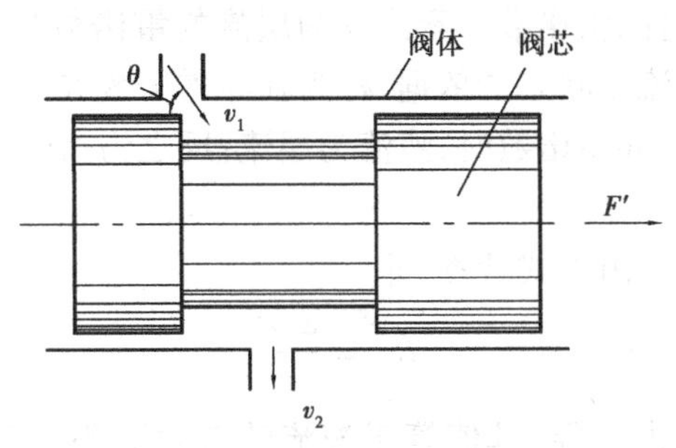

图2.12　圆柱滑阀的稳态液动力

解　取阀进出口之间的液体为控制体积，设液流作定常流动，动量修正因数 $\beta_1=\beta_2=1$，滑阀轴向的动量方程为

$$F=\rho q(v_2-v_1)=\rho q(v_2\cos 90°-v_1\cos\theta)=-\rho q v_1\cos\theta$$

式中　F——控制体液流的轴向作用分力，负号表示该力的方向与速度的投影方向，即该力的方向向左。

液流对阀芯的作用力 F' 与 F 大小相当，方向相反，即

$$F'=-F=\rho q v_1\cos\theta$$

可见，F' 是一个试图使滑阀阀口关闭的力。

2.1.4　液体在管路中的流动

实际液体流动时管道会产生阻力，为克服阻力，流动的液体需要耗掉一部分能量，称为压力损失。液体流动时的压力损失可分为沿程压力损失和局部压力损失，它们与管路中液体的流动状态有关。

(1)液体的流动状态

1)层流和紊流

19世纪末，雷诺首先通过实验观察了水在圆管内的流动状况，发现液体有层流和紊流两种流动状态，如图2.13所示。层流时，液体质点互不干扰，液体的流动呈线性或层状，且平行于管道轴线。而紊流时液体质点的运动杂乱无章，除了平行于管道轴线的运动以外，还存在剧烈的径向运动。

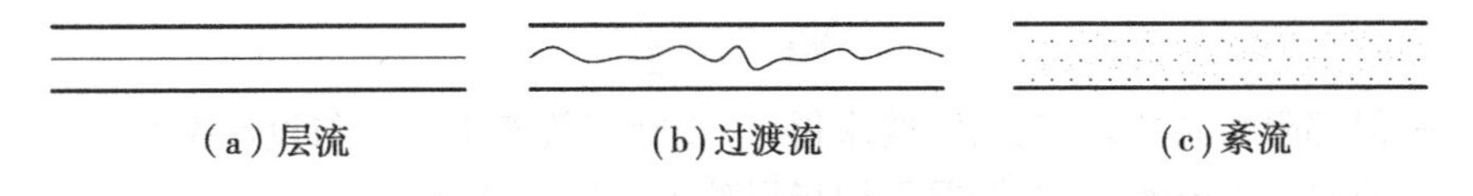

(a)层流　　(b)过渡流　　(c)紊流

图2.13　流动状态示意图

层流和紊流流态性质不同。层流速度较低，质点受黏性制约，不能随意运动，黏性力起主导作用；紊流流速较高，黏性力减弱，惯性力起主导作用。层流或是紊流，可根据雷诺数来判定。

2)雷诺数

实验表明，决定液体流动状态的雷诺数 Re 是与管道内平均流速 v、液体的运动黏度 ν 和管径 d 有关的无量纲数，即

$$Re = \frac{vd}{\nu} \tag{2.27}$$

液流由层流变为紊流时的雷诺数与紊流变为层流的雷诺数是不相同的,后者较前者数值小,故将后者作为判断液体流动状态的依据,称为临界雷诺数 Re_{cr}。

当液流的雷诺数小于临界雷诺数时,液流为层流;反之为紊流。常见的液流管道内的临界雷诺数可由实验求得。

对于非圆截面管道 Re 可由下式计算,即

$$Re = \frac{4vR}{\nu} \tag{2.28}$$

式中 R——通流截面的水力半径,其值等于液流的有效面积 A 和湿周(有效截面的周界长度)χ 之比,即

$$R = \frac{A}{\chi} \tag{2.29}$$

水力半径的大小对管道的通流能力影响很大,水力半径大,液流和管壁的接触周长短,管壁对液流的阻力小,通流能力大。在面积相等但形状不同的所有通流面积中,圆管的水力半径最大。

(2)沿程压力损失

液体在等直径管中流动时,因黏性摩擦产生的压力损失称为沿程压力损失。它主要决定于液体的流速 v、黏度 ν、管路的长度 l 以及油管的内径 d,其计算公式为

$$\Delta p_l = \frac{64}{Re}\frac{l}{d}\frac{\rho v^2}{2} = \lambda\frac{l}{d}\frac{\rho v^2}{2} \tag{2.30}$$

式中 λ——沿程阻力系数。

式(2.30)既适用于层流又适用于紊流,只是选取不同的 λ 值。对于等直径圆管层流,理论值 $\lambda = 64/Re$。考虑到实际圆管界面可能变形,靠近管壁处的液层可能冷却,黏度增大,使阻力系数增加,在实际计算时,金属管道 $\lambda = 75/Re$,橡胶管道 $\lambda = 80/Re$。对于直圆管紊流,λ 值可根据雷诺数 Re、管径 d 和内壁粗糙度等从有关图表中查出。

(3)局部压力损失

液体流经管道的弯头、接头、突变截面及阀口时,由于流速或流向的剧烈变化,形成漩涡、脱流,液体质点间相互撞击而造成的压力损失称为局部压力损失。

局部压力损失可由下式计算,即

$$\Delta p_\xi = \xi\frac{\rho v^2}{2} \tag{2.31}$$

式中 ξ——局部阻力系数,一般由实验求得,可查阅有关液压传动与设计手册;

v——液体平均流速,一般情况下均指局部阻力后的流速。

(4)液体在管路中流动总压力损失

液压系统的总压力损失就为所有沿程压力损失和所有局部压力损失之和,即

$$\sum \Delta p = \sum \Delta p_l + \sum \Delta p_\xi$$

或

$$\sum \Delta p = \sum \lambda\frac{l}{d}\frac{\rho v^2}{2} + \sum \xi\frac{\rho v^2}{2} \tag{2.32}$$

式(2.32)适用于两相邻局部障碍之间的距离大于管道内径 10~20 倍的场合,否则计算

出来的压力损失小于实际值。因为距离局部障碍太近，流动还未充分发展，液流扰动强烈，阻力系数比正常值高2~3倍。

2.1.5　孔口流动

在液压传动系统中常遇到油液流经小孔或间隙的情况，如节流调速中的节流小孔，液压元件相对运动表面间的各种间隙。研究液体流经这些小孔和间隙的流量压力特性，对于研究节流调速性能，计算泄漏都是很重要的。

(1)液体流经薄壁小孔的流量

液压传动中常利用流经液压阀的小孔（称为节流口）来控制流量，以达到调速的目的。液体流经小孔的情况可根据孔的长径比（通流长度 l 与孔径 d 之比）分为3种情况：$l/d \leqslant 0.5$ 时，称为薄壁小孔；$0.5 < l/d \leqslant 4$ 时，称为短孔；$l/d > 4$ 时，称为细长孔。

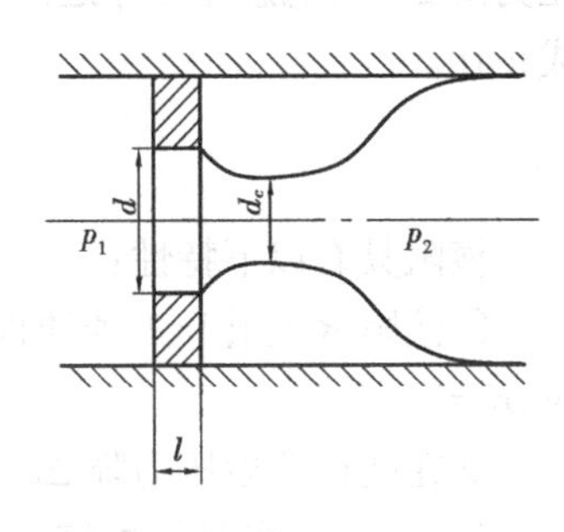

图2.14　液体通过薄壁小孔

液体流经薄壁小孔的情况如图2.14所示，根据理论分析和实验验证，薄壁小孔的流量 q 为

$$q = C_d A \sqrt{\frac{2\Delta p}{\rho}} \tag{2.33}$$

式中　A——小孔截面积；

C_d——流量系数，一般由实验确定；

Δp——孔前后压差。

在液流完全收缩的情况下，当 $Re \leqslant 10^5$ 时，$C_d = 0.964Re^{-0.05}$；当 $Re > 10^5$ 时，C_d 可视为常数，取值为 $C_d = 0.60 \sim 0.62$。当液流为不完全收缩时，其流量系数为 $C_d \approx 0.7 \sim 0.8$。

由式(2.33)可知，通过薄壁小孔的流量与孔口前后的压力差呈非线性关系，与油液的黏度无关，流量不受油温变化的影响。实际应用中，油液流经薄壁小孔时，流量受温度变化的影响较小，故常用作液压系统的节流元件。

(2)液流流经细长孔和短孔的流量

液体流经细长小孔时，一般都是层流状态，当孔口直径为 d，截面积为 $A = \pi d^2/4$ 时，其流量公式为

$$q = \frac{\pi d^4 \Delta p}{128\mu l} \tag{2.34}$$

由式(2.34)可知，细长小孔的流量与小孔前后的压差 Δp 成正比，与油液的黏度成反比，流量受油温变化的影响较大，实际中常作为阻尼孔。

液流流经短孔的流量仍可用薄壁小孔的流量计算式，其流量系数可在有关液压设计手册中查得。短孔介于细长孔和薄壁孔之间，由于短孔加工比薄壁小孔容易，故常用作固定的节流器使用。

(3)液阻

通过孔口的流量与孔口的面积、孔口前后的压力差以及孔口形式决定的特性系数有关。可用通式(2.35)表示各种孔口的流量压力特性为

$$q = KA\Delta p^m \tag{2.35}$$

式中　m——指数，当孔口为薄壁小孔时，$m=0.5$；当孔口为细长孔时，$m=1$；孔口为短孔时，$0.5<m<1$；

K——孔口的通流系数，当孔口为薄壁孔时，$K=C_d(2/\rho)^{0.5}$；当孔口为细长孔时，$K=d^2/32\mu l$；

A——节流口的通流截面积。

式(2.35)又称为孔口压力流量方程。它描述了孔口结构形式以及几何尺寸、流经孔口的压力降 Δp 及孔口通流面积 A 之间的关系。类似电工学中电阻的概念，一般定义孔口前后的压力降 Δp 与稳态流量 q 之间的比值为液阻，即在稳态下，它与流量的变化所需要的压力变化成正比。

$$R=\frac{d(\Delta p)}{dq}=\frac{\Delta p^{1-m}}{K_L A m} \tag{2.36}$$

液阻具有以下特性：

①液阻 R 与孔口的通流面积 A 成反比，A 小，R 大。当 $A=0$ 时，R 为无限大；当 A 足够大时，$R=0$。

②在孔口前后压力降 Δp 一定时，调节孔口通流面积 A 可以改变液阻 R，从而调节流经孔口的流量 q。这种特性即液压系统的节流调节特性。

③在孔口通流面积 A 一定时，改变流经孔口的流量，孔口压力降 Δp 随之变化。这种特性为液阻的阻力特性，一般用于压力控制阀的内部控制。

④当多个孔口串联时，总液阻 $R=\sum R_i$；当多个液阻并联时，总液阻 $R=\left(\frac{1}{R_1}+\frac{1}{R_2}+\cdots\right)^{-1}$。

2.1.6　缝隙流动

液压元件内各零件间要保证相对运动，就必须有适当的间隙。间隙的大小对液压元件的性能影响极大，间隙太小会使零件卡死；间隙过大，会造成泄漏，使系统效率和传动精度降低，同时还污染环境。

(1)平行平板间隙流动

由间隙两端压力差引起的液体在间隙中流动，称为压差流动；由间隙的两壁面相对运动造成的流动称为剪切流动。由于液压元件中，相对运动零件之间的间隙很小，一般为几微米到几十微米，因此，油液在间隙中的流动通常为层流。

1)固定平行平板间隙流动(压差流动)

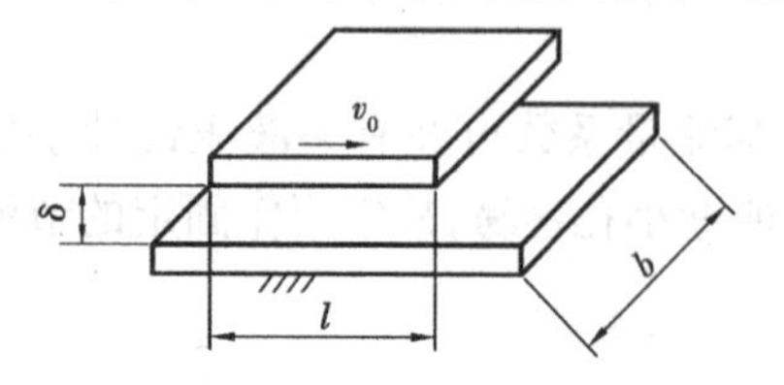

图2.15　平行平板缝隙流动

如图2.15所示，平行平板间隙流动的流量为

$$q=\frac{b\delta^3}{12\mu l}\Delta p \tag{2.37}$$

式中　b——平板宽度；

l——平板间隙长度；

δ——平板间隙；

Δp——间隙两端压力差。

式(2.37)表明在压差作用下，通过间隙的流量与间隙的三次方成正比。因此，必须严格控制间隙,以减小泄漏。

2)有相对运动的平行平板间隙流动

$$q = \frac{b\delta^3}{12\mu l}\Delta p \pm \frac{b\delta}{2}v_0 \tag{2.38}$$

式(2.38)右边第一项为压差流量,右边第二项为剪切流量。式(2.38)中 v_0 为两板间相对移动速度,当 v_0 与压差方向一致时,上式右边第二项取"+",反之取"-"。

(2)圆环形间隙流动

1)同心圆环形间隙

如图2.16所示,同心环形间隙流动可以近似地看做是平行平板间隙流动。因此,通过同心环形间隙的流量为

$$q = \frac{\pi d\delta^3}{12\mu l}\Delta p \pm \frac{\pi d\delta}{2}v_0 \tag{2.39}$$

式中　d——圆环直径,πd 相当于平行平板间隙的宽度。

式(2.39)中"+"和"-"的确定同式(2.38)。

2)偏心圆柱环形间隙

实际上形成的环形间隙的两个圆柱面不可能完全同心,而是有一定偏心量,如图2.17所示。通过偏心环形间隙的流量为

$$q = \frac{\pi d\delta^3}{12\mu l}\Delta p(1 + 1.5\varepsilon^2) \pm \frac{\pi d\delta}{2}v_0 \tag{2.40}$$

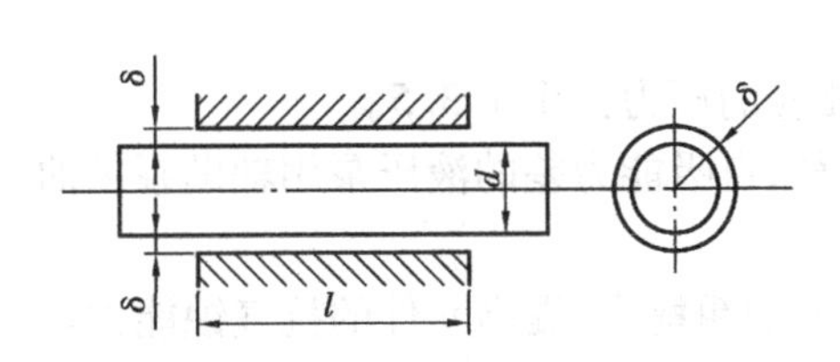

图2.16　同心圆柱环形缝隙流动

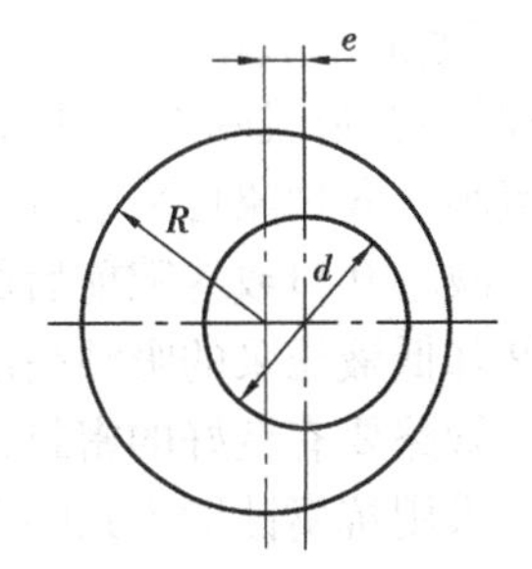

图2.17　偏心圆柱环形缝隙

式中　ε——相对偏心率 $\varepsilon = e/\delta$;

e——偏心量;

δ——同心时的间隙量。

式(2.40)中"+"和"-"的确定同式(2.38)。

式(2.40)表明,流经环状间隙(如液压缸与活塞的间隙)的流量,不仅与径向间隙量有关,而且还随着圆环的内外圆的偏心距的增大而增大。当偏心量达到最大($\varepsilon = 1$)时,通过偏心环形间隙的流量是其同心($\varepsilon = 0$)时的2.5倍。因此,在液压元件中,要尽量使圆柱形零件配合同心,从而减小缝隙泄漏量。

2.1.7　液压冲击和气穴现象

液压冲击和空穴现象对液压系统危害较大,有必要了解这些现象产生的原因,并采取相应措施加以防治。

(1)液压冲击

在液压系统中,因某些原因使液体压力突然产生很高的峰值,这种现象称为液压冲击。发生液压冲击时,瞬间的压力峰值可比正常的工作压力大好几倍,不仅引起振动和噪声,而且会损坏密封装置、管道、液压元件,造成设备事故。液压冲击也会使压力继电器、顺序阀等元件产生错误动作。液压冲击多发生在阀门突然关闭或运动部件快速制动时,由于液体的流动突然受阻,液体的动量发生了变化,从而产生压力冲击波。这种冲击波迅速往复传播,最后受液体摩擦力作用而衰减。

一般可采取以下措施减小压力冲击:

①缓慢关闭阀门,削减冲击波的强度。

②在阀门前设置蓄能器或采用橡胶软管,以吸收液压冲击能量。

③将管中流速限制在适当范围内。

④在系统中设置安全阀进行卸载。

(2)气穴现象

在流动的液体中,如果某点压力低于其空气分离压时,原先溶解在液体中的空气就会分离出来,使液体中充满大量的气泡,该现象称为气穴现象。气穴多发生在阀口和液压泵的入口处。因为阀口处液体的流速增大,压力将降低;如果液压泵吸油管太细,也会造成真空度过大,发生气穴现象。

当气泡进入高压部位,气泡在压力作用下溃灭,由于该过程时间极短,气泡周围的液体加速向气泡中心冲击,液体质点高速碰撞,产生局部高温,冲击压力高达几百兆帕。在高温高压下,液压油局部氧化、变黑,产生噪声和振动,如果气泡在金属壁面上溃灭,会加速金属氧化、剥落,长时间会形成麻点、小坑,称为气蚀。

减小气穴现象可采取以下预防措施:

①减小孔口或缝隙前后的压力降。一般建议相应的压力比小于3.5。

②降低液压泵的吸油高度,适当加大吸油管直径,自吸能力差的液压泵用辅助泵供油。

③管路要有良好的密封,防止空气进入。

④采用抗腐蚀能力强的金属材料,降低零件表面的粗糙度,提高元件的抗气蚀能力。

2.2 气压传动基础理论

气压传动与控制技术简称气动,是流体传动与控制学科的一个重要组成部分。气压传动是以空气作为工作介质进行能量传递和控制。

2.2.1 空气的性质

(1)空气的组成

自然界的空气其主要成分是氮(体积分数78.03% N_2)和氧(体积分数20.93% O_2),其他气体(氩、二氧化碳、氢、氖、氦等)占的比例极小。此外,空气中常含有水蒸气、尘土等微小固体颗粒。

(2)空气的密度和黏度

1)密度

空气的密度是表示单位体积内的空气的质量,用ρ表示,即

$$\rho = \frac{m}{V} \tag{2.41}$$

式中　m——气体质量,kg/m³;

　　V——气体体积,m³。

气体密度与气体压力和温度有关,压力增加密度增加,温度上升密度减小。

气体的体积随着压力和温度的变化而变化的性质,分别表征为压缩性和膨胀性。空气的压缩性和膨胀性远大于液体的压缩性和膨胀性。

2)黏度

气体在流动过程中,由于气体质点之间相对运动产生阻力的性质称为气体的黏性。黏性的大小用黏度表示。空气黏性主要取决于温度,而与压强的关系不大。气体黏性随温度升高而增大,而液体则相反。黏度随温度的变化如表 2.4 所示。

表 2.4　空气的动力黏度 μ 与运动黏度 ν 随温度的变化值

温度/℃	μ/(Pa·s⁻¹)	ν/(m²/s)	温度/℃	μ/(Pa·s)	ν/(m²·s⁻¹)
0	0.0172×10^{-3}	13.7×10^{-6}	60	0.0201×10^{-3}	19.6×10^{-6}
10	0.0178×10^{-3}	14.7×10^{-6}	70	0.0204×10^{-3}	20.6×10^{-6}
20	0.0183×10^{-3}	15.7×10^{-6}	80	0.0210×10^{-3}	21.7×10^{-6}
30	0.0187×10^{-3}	16.6×10^{-6}	90	0.0216×10^{-3}	22.9×10^{-6}
40	0.0192×10^{-3}	17.6×10^{-6}	100	0.0218×10^{-3}	23.6×10^{-6}
50	0.0196×10^{-3}	18.6×10^{-6}			

(3)空气的湿度

不含水蒸气的空气称为干空气,含有水蒸气的空气称为湿空气。湿空气所含水蒸气越多,空气越潮湿。湿空气所含水分的程度常用湿度和含湿量来表示,而湿度又分为绝对湿度和相对湿度。

1)绝对湿度

单位体积的湿空气中所含水蒸气的质量,称为湿空气的绝对湿度,用χ(kg/m³)表示,即

$$\chi = \frac{m_s}{V} \tag{2.42}$$

式中　m_s——湿空气中水蒸气的质量,kg;

　　V——湿空气的体积,m³。

在一定的压力和温度条件下,含有最大限度水蒸气量的空气称为饱和湿空气。

2)饱和绝对湿度

单位体积饱和湿空气中所含有的水蒸气的质量称为饱和湿空气的绝对湿度。其表达式为

$$\chi_b = \frac{p_b}{R_b T} \tag{2.43}$$

式中　χ_b——饱和绝对湿度,kg/m³;

　　p_b——饱和湿空气中水蒸气的分压力,Pa;

　　T——绝对温度,K;

　　R_b——水蒸气的气体常数,R_b = 462 N·m/(kg·K)。

3)相对湿度

相对湿度是指在一定温度和压力下,湿空气的绝对湿度和饱和绝对湿度之比,即

$$\phi = \frac{\chi}{\chi_b} \times 100\% = \frac{p_s}{p_b} \times 100\% \tag{2.44}$$

式中　ϕ——相对湿度；

p_s——水蒸气的分压力，g/kg；

p_b——饱和水蒸气的分压力，Pa。

相对湿度反映了空气继续吸收水分的能力。ϕ 值越小，湿空气吸收水的能力就越强；反之就越弱。当 $p_s=0, \phi=0$ 时，空气绝对干燥；当 $p_s=p_b, \phi=100\%$，湿空气饱和。此时湿空气吸收水蒸气的能力为零，其温度为露点温度，简称露点。温度降至露点温度以下，湿空气中便有水滴析出。

通常气动技术规定各种阀的相对湿度不得超过 90% ~95%。当然，空气的相对湿度越低越好。

(4)压缩空气的析水量

一般情况下，湿空气的含湿量是小于饱和含湿量的，湿空气不处于饱和状态。但一旦当含湿量超过饱和值，水分就再也不能以水蒸气状态存在于空气中，而要变成水滴凝析出来。这种情况往往发生在压缩湿空气冷却的时候。

压缩空气冷却后的析水量 W(g/min)可按下式近似计算，即

$$W = q_l \rho [\phi d_{b1} - d_{b2}] \tag{2.45}$$

式中　q_l——空压机从外界吸入的湿空气的体积流量，m^3/min；

ρ——干空气的密度，kg/m^3；

ϕ——压缩前的相对湿度，%；

d_{b1}——压缩前的湿空气饱和含湿量，g/kg；

d_{b2}——压缩后的湿空气饱和含湿量，g/kg。

2.2.2　气体状态方程

(1)理想气体状态方程

理想气体是一种假想没有黏性，可以无限压缩的气体。当温度不太低，压强不高时，实际气体可按理想气体处理。理想气体的状态方程是描述理想气体状态参数之间关系的方程，其表达式为

$$pv = RT \tag{2.46}$$

或

$$p = \rho RT = \frac{m}{V}RT \tag{2.47}$$

式中　p——绝对压力，Pa；

v——质量体积，m^3/kg；

ρ——气体密度，kg/m^3；

R——气体常数，干空气 $R=287.1$ J/(kg·K)；

V——气体的体积，m^3；

T——绝对温度，K；

m——空气的质量，kg。

理想气体状态方程表明一定质量的气体在状态变化的某一稳定瞬时，压力和体积的乘积与其绝对温度之比保持不变的规律。

(2)理想气体状态变化过程

气体的绝对压力、比容及绝对温度的变化，决定着气体的不同状态和不同的状态变化过程。通常有以下5种情况：

1)等压过程

一定质量的气体，若其状态变化是在压力不变条件下进行的，则称为等压过程。其状态方程为

$$\frac{V_1}{T_1} = \frac{V_2}{T_2} \tag{2.48}$$

由式(2.48)可知，气体温度上升将导致体积膨胀，温度下降导致体积缩小。

2)等容过程

一定质量的气体，若其状态变化是在容积不变条件下进行的，则称为等容过程。其状态方程为

$$\frac{p_1}{T_1} = \frac{p_2}{T_2} \tag{2.49}$$

即容积不变时，压力与绝对温度成正比关系。如在加热或冷却密闭气罐中的气体时，气体的状态变化过程，则可看为等容过程。

3)等温过程

一定质量的气体，若其状态变化是在温度不变条件下进行的，则称为等温过程。其状态方程为

$$p_1V_1 = p_2V_2 \tag{2.50}$$

即温度不变时，气体压力与比容成反比关系。气体状态变化缓慢进行的过程可看为等温过程。例如，打气筒中气体的状态变化过程可以认为是等温过程。

4)绝热过程

气体在状态变化过程中，系统与外界无热量交换，则称为绝热过程。其状态方程为

$$p_1V_1^k = p_2V_2^k = 常数 \tag{2.51}$$

式中　k——绝热指数，空气 $k=1.4$。

气动系统中快速充、排气过程可视为绝热过程。例如，小气罐上阀门突然开启向外界高速排气时，罐内气体状态变化为绝热过程。

5)多变过程

不加任何限制条件的气体状态变化过程，称为多变过程。实际上大多数变化过程为多变过程。此时气体状态方程为

$$p_1V_1^n = p_2V_2^n \tag{2.52}$$

式中　n——多变指数。当 $n=0$ 时为等压变化过程；$n=1$ 为等温变化过程；$n=\infty$ 时为等容变化过程；$n=k$ 时为绝热变化过程。

例2.5　某房间的容积为20 m³，在温度为17 ℃，大气压力为74 cm·Hg时，室内空气质量为25 kg，则当温度升高到27 ℃，大气压力变为76 cm·Hg时，室内空气的质量为多少千克？

解　以房间内的空气为研究对象，是属于变质量问题，应用理想气体状态方程求解，设原质量为 m，变化后的质量为 m'，由式(2.47)可得

$$m = \frac{p_1 V}{RT_1}$$

$$m' = \frac{p_2 V}{RT_2}$$

$$\frac{m'}{m} = \frac{p_2 T_1}{p_1 T_2}, m' = \frac{p_2 T_1}{p_1 T_2} m = \frac{76 \times (273 + 17)}{74 \times (273 + 27)} \times 25 = 24.81 \text{ kg}$$

例 2.6 向汽车轮胎充气，已知轮胎内原有空气的压强为 1.5 个大气压，温度为 20 ℃，体积为 20 L，充气后，轮胎内空气压强增大为 7.5 个大气压，温度升为 25 ℃，若充入的空气温度为 20 ℃，压强为 1 个大气压，则需充入多少升这样的空气（设轮胎体积不变）。

解 以充气后轮胎内的气体为研究对象，这些气体是由原有部分加上充入部分气体所混合构成。

轮胎内原有气体的状态为

$$p_1 = 1.5 \text{ atm}, T_1 = 293 \text{ K}, V_1 = 20 \text{ L}$$

需充入空气的状态为

$$p_2 = 1.0 \text{ atm}, T_2 = 293 \text{ K}, V_2 = ?$$

充气后混合气体状态为

$$p = 7.5 \text{ atm}, T = 293 \text{ K}, V = 20 \text{ L}$$

由混合气体的状态方程 $\frac{p_1 V_1}{T_1} + \frac{p_2 V_2}{T_2} = \frac{pV}{T}$，得

$$V_2 = \left(\frac{pV}{T} - \frac{p_1 V_1}{T_1}\right) \cdot \frac{T_2}{p_2} = \left(\frac{7.5 \times 20}{293} - \frac{1.5 \times 30}{293}\right) \times \frac{293}{1} \text{ L} = 117.5 \text{ L}$$

2.2.3 气体流动规律

(1) 气体流动的基本方程

1) 连续性方程

气体在管道中作定常流动时，流过管道每一过流断面的质量流量 q_m 为一定值，即

$$q_m = Av\rho = c(\text{常数}) \tag{2.53}$$

式中 A——通流截面积，m；

v——气体运动的平均速度，m/s；

ρ——气体密度，kg/m³。

2) 运动方程

根据牛顿第二定律或动量定理，理想气体一元定常流动的运动方程为

$$v\mathrm{d}v + \frac{\mathrm{d}p}{\rho} = 0 \tag{2.54}$$

式中 p——气体压力，Pa；

v——气体运动的平均速度，m/s；

ρ——气体密度，kg/m³。

3) 能量方程

若不考虑气体流动时的摩擦阻力，且忽略位置高度的影响，则

$$\frac{v^2}{2} + \int \frac{\mathrm{d}p}{\rho} = c(\text{常数}) \tag{2.55}$$

或

$$\frac{v^2}{2} + \frac{k}{k-1}\frac{p}{\rho} = c \tag{2.56}$$

式中　p——过流断面上的压力,Pa;

v——过流断面上的平均速度,m/s;

ρ——过流断面的气体密度,kg/m^3;

k——绝热指数。

式(2.56)为能量方程,即可压缩流体的伯努利方程。

(2)气体在管道中的流动特性

1)声速与马赫数

对理想气体,声音在其中传播的相对速度只与气体的温度有关,可用下式计算,即

$$c = \sqrt{\kappa RT} \approx 20\sqrt{T} = 20\sqrt{273 + t} \tag{2.57}$$

式中　c——声速,m/s;

κ——等熵指数,$\kappa = 1.4$;

R——气体常数;

T——气体的热力学温度,K;

t——气体的摄氏温度,℃。

从式(2.57)可知,当介质温度升高时,声速 c 将显著地升高。气体的声速 c 是随气体状态参数变化而变化的。

气流速度 v 和当地声速 c 之比称为马赫数,用符号 Ma 表示,即

$$Ma = \frac{v}{c} \tag{2.58}$$

当 $Ma < 1$ 时,即 $v < c$,气体的流动状态为亚声速流动;

当 $Ma > 1$ 时,即 $v > c$,气体的流动状态为超声速流动;

当 $Ma = 1$ 时,即 $v = c$,气体的流动处于临界流动状态。

马赫数 Ma 是气体流动的重要参数,它反映了气流的压缩性。马赫数越大,气流密度的变化越大。

2)流动特性

气体在管道中的流动特性随流动状态的不同而不同。在亚声速流动时($Ma < 1$),气体的流动特性和不可压缩流体的流动特性相同,即当管道界面缩小时,气流速度加大(见图2.18(a));管道截面扩大,则气流速度减小(见图2.18(b))。因此,在亚声速流动时,要想使气流流动加速应把管道做成收缩管,如图2.18(a)所示。

图2.18　$Ma < 1$ 的流动状况

在超声速流动时($Ma > 1$),气体的流动特性和不可压缩流体的流动特性不同,即随着管道截面缩小,而气流的流动速度减小(见图2.19(a));管道截面扩大,则气流速度增加(见图2.19(b))。要想使气流加速应做成扩散管,如图2.19(b)所示。

图 2.19　$Ma>1$ 的流动状况

在气动系统中,气体流动速度一般较低,且经过压缩,因此,可认为是不可压缩流体(指流动特性),而在自由气体经压缩机压缩的过程中是可压缩的。

2.2.4　充气、放气温度与时间的计算

在气动系统中向气罐、气缸、管路及其他执行机构充气或由其排气所需的时间及温度变化是正确利用气动技术的重要问题。为了降低空气消耗量,采用最佳过流断面尺寸和控制气动回路的压力和流量是非常重要的。

(1)向定积容器充气问题

如图 2.20 所示,容器充气时,充气的过程如果进行得较快,热量来不及通过容器壁向外传导,充气过程可近似看做是绝热过程。容器内压力从 p_1 升高到 p_2,容器内温度因绝热压缩从室温 T_1 升高到 T_2,则充气后的温度为

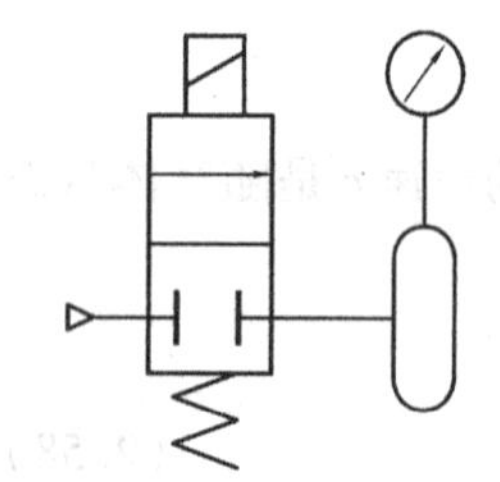

图 2.20　容器充气

$$T_2 = \frac{k}{1+\frac{p_1}{p_2}(k-1)}T_s \tag{2.59}$$

式中　T_s——气源热力学温度,K,设定 $T_1=T_s$;

k——绝热指数。

如果充气到 p_2 时,立即关闭阀门,通过容器壁散热,容器内温度将下降至室温,根据气体状态方程,容器中气体的压力也要下降。压力下降以后的稳定值为

$$p = p_2\frac{T_1}{T_2} \tag{2.60}$$

式中　p——充气达到室温时,容器内气体稳定的压力值,Pa。

充气时,容器中的压力逐渐上升,充气过程基本上分为声速和亚声速两个充气阶段。当容器中的气体压力 p 小于临界压力,即 $p<0.528p_s$ 时,在最小截面处气流的速度都将是声速,流向容器的气体流量也将保持为常数。如果把向容器充气的过程看成是绝热过程,使容器充气到临界压力所需的时间 t_1 为

$$t_1 = \left(0.528-\frac{p_1}{p_2}\right)\tau \tag{2.61}$$

$$\tau = 5.217\times10^{-3}\times\frac{V}{kS}\sqrt{\frac{273}{T_s}} \tag{2.62}$$

式中　p_s——气源的绝对压力,Pa;

p_1——容器内的初始绝对压力,Pa;

τ——充气与放气的时间常数,s;

V——容器的体积,m^3;

S——有效截面积,m^2。

在容器中的压力达到临界压力以后，管中的气流速度小于声速，流动进入亚声速范围。随着容器中压力的上升，充气流量将逐渐降低。使容器内气体的压力由临界压力升高到 p_s 所需的时间为

$$t_2 = 0.757\tau \tag{2.63}$$

因此，容器内气体的压力从 p_1 充气到 p_s 所需的总时间为

$$\begin{cases} t = t_1 + t_2 = \left(1.285 - \dfrac{p_1}{p_s}\right)\tau \\ \tau = 5.217 \times 10^{-3} \times \dfrac{V}{k \times S} \times \sqrt{\dfrac{273}{T_s}} \end{cases} \tag{2.64}$$

(2)容器的放气

如图 2.21 所示，容器内空气的初始温度为 T_1，压力为 p_1，经绝热快速放气后温度降低到 T_2，压力降低到 p_2，则放气后温度为

$$T_2 = T_1 \times \left(\frac{p_2}{p_1}\right)^{\frac{k-1}{k}} \tag{2.65}$$

如果放气至 p_2 后立即关闭气阀，停止放气，则容器内温度上升到室温，此时容器内的压力也上升至 p，p 的大小可计算为

$$p = p_2 \times \frac{T_1}{T_2} \tag{2.66}$$

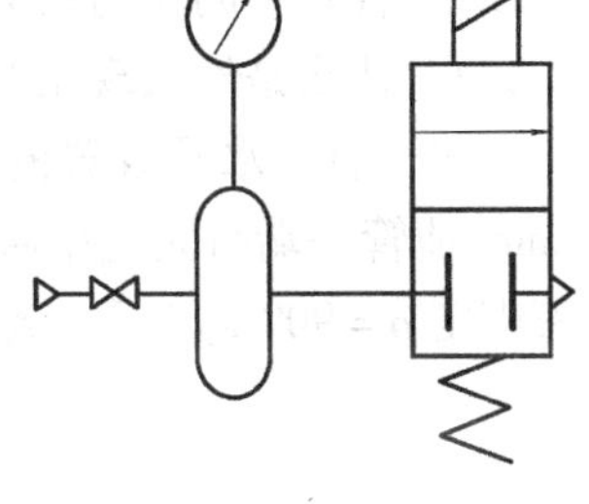

图 2.21　容器的放气

式中　p——关闭气阀后容器内气体达到稳定状态时的绝对压力，Pa；

P_2——刚关闭气阀时容器内绝对压力，Pa。

与充气过程一样，放气过程也基本上分为声速和亚声速两个阶段。在容器压力 $p > 1.893p_a$时，放气流动在超声速范围内，压力由 p_1 放气到临界压力 p_e($p_e = 1.92 \times 10^5$ Pa)时所需的时间为

$$t_1 = \frac{2k}{k-1}\left[\left(\frac{p_1}{p_e}\right)^{\frac{k-1}{2k}} - 1\right]\tau \tag{2.67}$$

当压力 $p < 1.893\ p_a$ 以后，气体的流动属于亚声速流动。使容器内气体的压力由临界压力 p_e 降到大气压力 p_a 所需的时间为

$$t_2 = 0.945 \times \left(\frac{p_1}{1.013 \times 10^5}\right)^{\frac{k-1}{2k}}\tau \tag{2.68}$$

容器由压力 p_1 降到大气压力 p_a 所需的绝热放气时间为

$$\begin{cases} t = t_1 + t_2 = \left\{\dfrac{2k}{k-1}\left[\left(\dfrac{p_1}{p_e}\right)^{\frac{k-1}{2k}} - 1\right] + 0.945\left(\dfrac{p_1}{1.013 \times 10^5}\right)^{\frac{k-1}{2k}}\right\}\tau \\ \tau = 5.217 \times 10^{-3}\,\dfrac{V}{kS}\sqrt{\dfrac{273}{T_1}} \end{cases} \tag{2.69}$$

式中　p_1——容器内的初始绝对压力，Pa；

p_e——放气临界压力，1.92×10^5 Pa；

其他符号意义相同。

复习思考题

2.1　伯努利方程的物理意义是什么？该方程的理论表达式和实际表达式有什么区别？

2.2　为什么减缓阀门的关闭速度可以降低液压冲击？

2.3　简述理想气体的变化过程。

2.4　什么是液体的黏性？

2.5　控制液压油污染的办法有哪些？

2.6　液压油的选择原则是什么？

2.7　什么是绝对压力、相对压力、真空度？它们之间有何关系？

2.8　管路中的压力损失有哪几种？各受哪些因素影响？

2.9　什么是气穴现象？什么是液压冲击？它们产生的原因是什么？

2.10　有一水平放置的圆柱形油箱，油箱上端装有如图2.22所示的油管，油管直径为20 mm。油管一端与大气相通。已知圆柱直径 $D=300$ mm，油管中的液柱高度为 $h=300$ mm，油液密度 $\rho=900\ \text{kg/m}^3$。试求作用在圆柱油箱端部圆形侧面的总液压力。

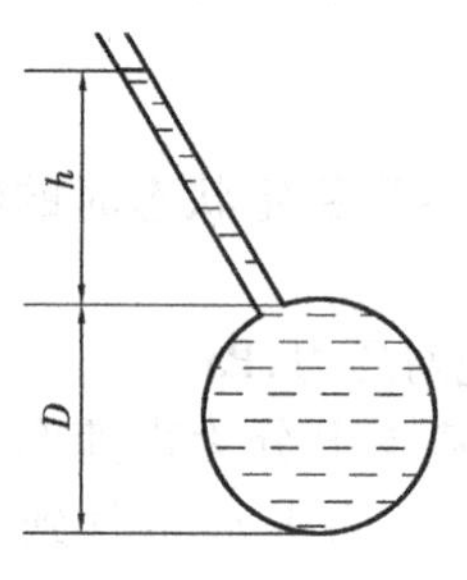

图2.22

2.11　如图2.23所示安全阀，按设计当压力为 $p=3$ MPa 时阀应开启，弹簧刚度 $k=8\text{N/mm}$。活塞直径分别为 $D=22$ mm，$D_0=20$ mm。试确定该阀的弹簧预压缩量为多少？

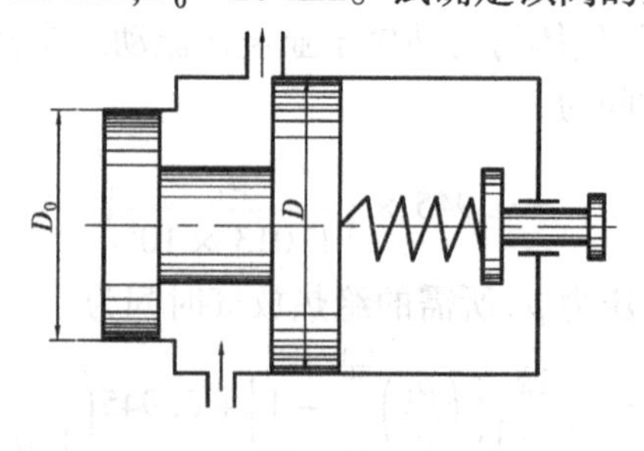

图2.23

2.12　如图2.24所示，一直径 $D=30$ m 的储油罐，其近底部的出油管直径 $d=20$ mm，出油管中心与储油罐液面相距 $h=20$ m。设油液密度 $\rho=900\ \text{kg/m}^3$。假设在出油过程中油罐液面高度不变，出油管处压力表读数为0.045 MPa，忽略一切压力损失且动能修正系数均为1的条件下，试求装满体积为10 000 L的油车需要多少时间。

2.13　如图2.25所示，液压缸直径 $D=80$ mm，缸底有一直径 $D=20$ mm 小孔，当活塞上

的作用力 $F=3\ 000$ N，不计油液流动过程中的能量损失，并假设动量与动能修正系数均为1时，求液压缸缸底壁所受作用力。

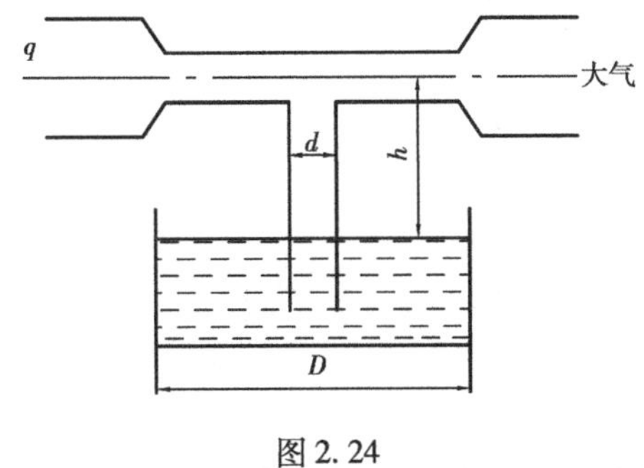

图2.24

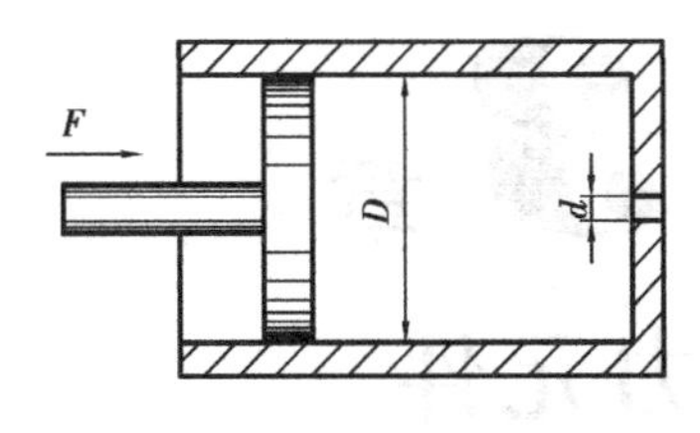

图2.25

2.14　如图2.26所示为齿轮液压泵，已知转速为 $n=1\ 500$ r/min，工作压力为7 MPa，齿顶圆半径 $R=28$ mm，齿顶宽 $t=2$ mm，齿厚 $b=2.9$ cm。设每个齿轮与液压泵壳体相接触的齿数为 $Z_0=11$，齿顶间隙 $h=0.08$ mm，油液黏度 $\mu=3\times10^{-2}$ Pa·s，试求通过齿顶间隙的泄漏量 q。

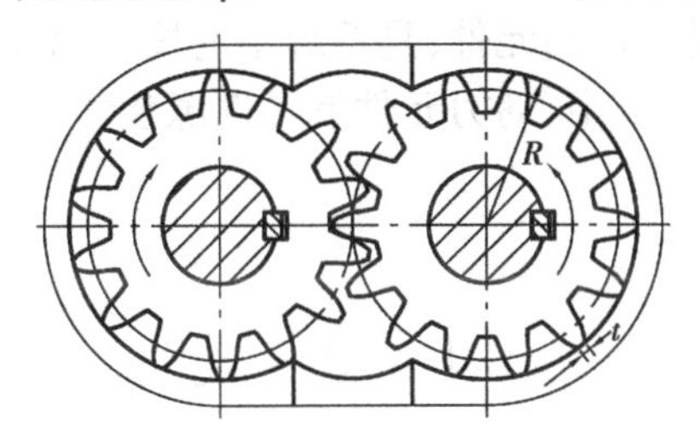

图2.26

2.15　如图2.27所示，$d=20$ mm的柱塞在力 $F=40$ N作用下向下运动，导向孔与柱塞的间隙为 $h=0.1$ mm，导向孔长度 $L=70$ mm，试求当油液黏度 $\mu=0.784\times10^{-1}$ Pa·s，柱塞与导向孔同心，柱塞下移0.1 m所需的时间 t。

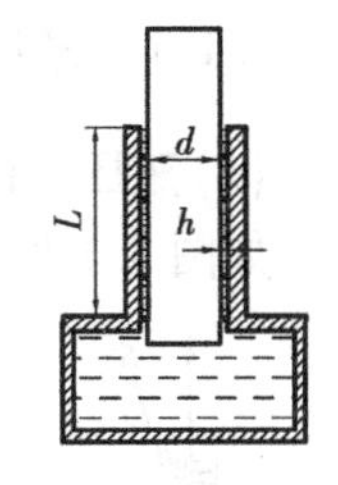

图2.27

2.16　设湿空气的压力为0.101 3 MPa，温度为20 ℃，相对湿度为50%，求：

1）绝对湿度；

2）含湿量。

2.17　在常温 $t=20$ ℃时，将空气从0.1 MPa(绝对压力)压缩到0.7 MPa(绝对压力)，求温升 Δt。

第3章 动力元件

动力元件是为系统提供动力源的元件，是系统中的核心元件。在液压系统中，动力元件就是各种形式的液压泵；在气动系统中，动力元件就是气源装置。它们的作用都是将原动机的机械能转换为流体的压力能。

3.1 概 述

3.1.1 液压泵的工作原理、特点及分类

(1)液压泵的工作原理

如图3.1所示为一单柱塞式液压泵的工作原理图。图中柱塞2装在缸体3中形成一封闭容积a，柱塞在弹簧4的作用下紧靠偏心轮1。原动机驱动偏心轮旋转，使柱塞在缸体3内做往复直线运动，封闭容积a的大小发生周期性的交替变化。当柱塞向右运动时，封闭容积a由小变大，形成局部真空，油箱中的油在大气压的作用下，经吸油管顶开单向阀6进入封闭容积a中实现吸油，此时封闭容积a称为吸油腔。反之，柱塞向左运动时，封闭容积a由大变小，油液压力升高，此时高压油将单向阀6关闭，并顶开单向阀5流入系统实现压油，此时封闭容积a称为压油腔。如此往复，液压泵就将原动机输入的机械能转换成了液体的压力能输出，原动机驱动偏心轮连续旋转，液压泵就不断地吸油和排油。

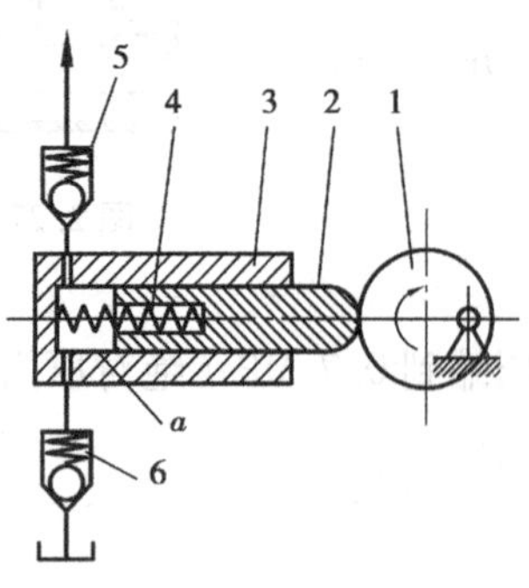

图3.1 液压泵工作原理图
1—偏心轮；2—柱塞；3—缸体；4—弹簧；5，6—单向阀

目前液压系统中使用的液压泵，其工作原理基本相同，即依靠液压密封工作腔的容积变化来进行吸油和压油，故又称为容积式液压泵。

(2)液压泵形成的必要条件

根据以上分析可知，形成液压泵的必要条件如下：

①结构上能实现具有密封性的工作腔。

②工作腔的密闭容积能周期性地增大和减小;密封容积增大时与吸油口相通,减小时与排油口相通。

③吸油口与排油口不能联通。

(3)液压泵的分类

液压泵按其结构形式不同,可分为齿轮泵、叶片泵和柱塞泵3大类;按其每转一周所能输出的油液的体积是否可调节分为定量泵和变量泵两类。

3.1.2　液压泵的主要性能参数

液压泵的主要性能参数包括:

(1)压力

1)工作压力

液压泵实际工作时的输出压力称为工作压力,工作压力的大小取决于外界负载和排油管路上的压力损失。

2)额定压力

液压泵在正常工作条件下,按实验标准规定能连续运转的最高压力,称为液压泵的额定压力。

3)最高允许压力

最高允许压力指泵短时间内允许超载使用的极限压力,它受泵本身密封性能和零件强度等因素的限制。

4)吸入压力

吸入压力是指泵吸入口处的压力。

(2)排量和流量

1)排量 V

排量是指在没有泄漏的情况下,液压泵每转一周所能排出液体的体积。排量的大小仅与液压泵的几何尺寸有关。排量可以调节的泵称为变量泵;排量不能调节的泵称为定量泵。

2)理论流量 q

理论流量是指在没有泄漏的情况下,单位时间内所输出的油液体积。其大小与泵轴的转速 n 和排量 V 有关,即

$$q_t = Vn \tag{3.1}$$

式中　q_t——理论流量,m^3/s;

V——液压泵的排量,m^3/r;

n——泵轴的转速,r/s。

3)实际流量 q

实际流量是指液压泵在单位时间内实际输出的油液体积。液压泵在运行时,其出口压力必然大于入口压力,因而有部分油液经泵内部的泄漏通道从压油腔泄漏回油箱,最终使得实际流量小于理论流量,即

$$q = q_t - q_l \tag{3.2}$$

式中　q_l——泄漏造成的流量损失,m^3/s。

4)额定流量 q_s

额定流量是指泵在额定转速和额定压力下输出的流量。因为液压泵存在泄漏,所以额定流量与理论流量的值是不同的。

(3)功率和效率

1)液压泵的功率

液压泵一般由电动机驱动,输入转矩 T_i 和转速 n(或角速度 ω),输出液体的压力 p 和流量 q,如果不考虑液压泵在能量转换过程中的能量损失,则输出功率等于输入功率,即

$$P = pq = T_i\omega = 2\pi T_i n \tag{3.3}$$

式中 P——液压泵的功率;

T_i——液压泵的理论转矩;

ω——液压泵的角速度。

实际上,液压泵在能量的转换过程中是有能量损失的,因此,输出功率小于输入功率,两者之间的差值即为功率损失,功率损失可以分为容积损失和机械损失两部分。

液压泵的容积损失用容积效率 η_V 来表示,它等于泵的实际输出流量 q 与理论流量 q_t 之比,即

$$\eta_V = \frac{q}{q_t} = \frac{q_t - q_l}{q_t} = 1 - \frac{q_l}{q_t} \tag{3.4}$$

液压泵的实际输出流量为

$$q = q_t\eta_V = Vn\eta_V \tag{3.5}$$

液压泵的输出压力越高,泄漏量越大,则泵的容积效率就越低。

液压泵的机械损失用机械效率 η_m 来表示,它等于液压泵的理论转矩 T_t 与实际输入转矩 T 之比,即

$$\eta_m = \frac{T_t}{T} \tag{3.6}$$

2)液压泵的效率

液压泵的效率是指液压泵的实际输出功率 P_o 与其输入功率 P_i 之比,即

$$\eta = \frac{P_o}{P_i} = \frac{\Delta pq}{T_i\omega} = \eta_V\eta_m \tag{3.7}$$

式中 Δp——液压泵吸、压油口之间的压力差。

液压泵的总效率等于容积效率和机械效率的乘积。

3.1.3 液压泵的性能曲线

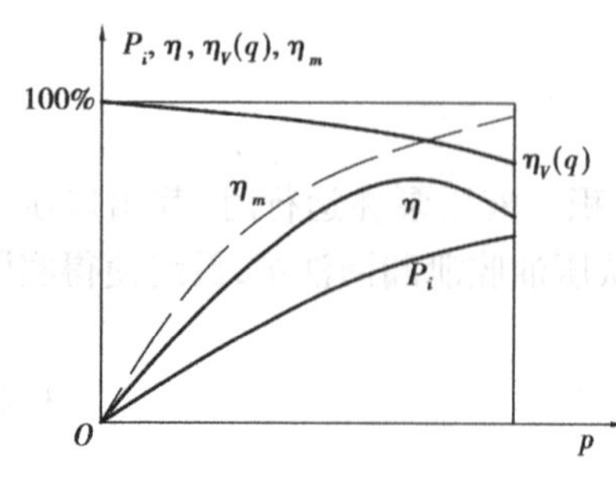

图3.2 液压泵的特性曲线

液压泵的性能曲线是在一定的介质、转速和温度下,通过实验得出的。它表示液压泵的工作压力 p 与容积效率 η_V(或实际流量 q)、机械效率 η_m、总效率 η 和输入功率 P_i 之间的关系。如图3.2所示为某一液压泵的特性曲线。

由图3.2可以看出,泵的容积效率 η_V(或实际流量 q)随压力增高而减小,压力 p 为零时,泄漏量 Δq 为零,

实际流量 q 等于理论流量 q_t，容积效率 $\eta_V=100\%$。机械效率随压力升高而增大，而总效率 η 随工作压力增高而先升后降，且有一个最高值。

例3.1　一定量叶片泵以转速25 r/s运转，测得当泵输出压力为 7×10^6 Pa时，其流量为 8.83×10^{-4} m³/s，输入功率7.4 kW。如该泵空载时的流量为 9.93×10^{-4} m³/s，求容积效率和总效率。

解　泵在空载时的流量可视为该泵的理论流量，则泵的容积效率为

$$\eta_V=\frac{q}{q_t}=\frac{8.83}{9.33}\times100\%\approx94.6\%$$

泵的输出功率 P_o 为

$$P_o=pq=7\times10^6\times8.83\times10^{-4}\ \text{kW}=6.181\ \text{kW}$$

故泵的总效率为

$$\eta=\frac{P_o}{P_i}=\frac{6.181\times10^3}{7.4\times10^3}=83.5\%$$

3.2　柱 塞 泵

柱塞泵是靠柱塞在缸体中做往复运动造成密封容积的变化来实现吸油与压油的液压泵。柱塞泵按柱塞的排列和运动方向不同，可分为径向柱塞泵和轴向柱塞泵两大类。

3.2.1　径向柱塞泵

(1)径向柱塞泵的工作原理

径向柱塞泵是将柱塞沿转子(缸体)径向布置的一种泵。径向柱塞泵的工作原理如图3.3所示，由定子1、转子2(又称缸体)、配流轴3、衬套4、柱塞5等零件组成。5个柱塞径向排列安装在转子中，转子由原动机带动连同柱塞一起旋转，柱塞在离心力和低压油的作用下抵紧定子的内壁，由于定子和转子之间有偏心距 e，当转子按图示方向回转时，柱塞绕经上半周时向外伸出，柱塞底部的容积逐渐增大，形成部分真空，油液经配流轴(固定不动)的轴向孔 a 进入吸油腔 b，然后通过衬套上的油孔流入柱塞底部，实现吸油过程；当柱塞转到下半周时，定子内壁将柱塞向里推，柱塞底部的容积逐渐减小，油液经衬套上的油孔流到配流轴的压油口 c，再经配流轴的轴向孔 d 流出，实现压油。当转子回转一周时，每个柱塞底部的密封容积完成一次吸、压油。转子连续运转，泵就连续输出压力油。

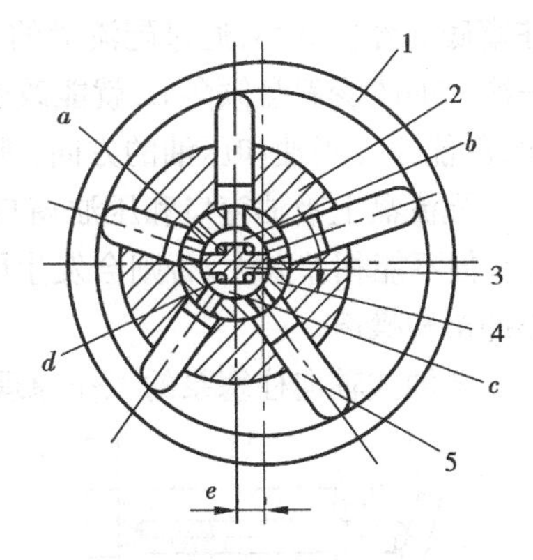

图3.3　径向柱塞泵工作原理
1—定子；2—转子；3—配流轴；
4—衬套；5—柱塞

配流轴固定不动，衬套压紧在转子内，并和转子一起回转，油液从配流轴上半部的两个孔 a 流入，从下半部两个油孔 d 压出。为了进行配流，配流轴在和衬套接触的一段加工出上下两个缺口，形成吸油口 b 和压油口 c，留下的部分形成封油区。

(2)排量和流量计算

当转子和定子之间的偏心距为 e 时,柱塞在缸体中的行程为 $2e$,设柱塞直径为 d,柱塞的个数为 z,则泵的平均排量 V 为

$$V = \frac{\pi}{4}d^2 2ez = \frac{\pi}{2}d^2 ez \tag{3.8}$$

设泵的转速为 n,容积效率为 η_V,则泵的实际输出流量 q 为

$$q = \frac{\pi}{2}d^2 ezn\eta_V \tag{3.9}$$

由式(3.8)可知,改变偏心距 e 的大小,可改变泵的输出排量,因此,径向柱塞泵属于变量泵。由于径向柱塞泵中的柱塞在缸体中移动速度是变化的,因此,泵的输出流量是脉动的,当柱塞较多且为奇数时,流量脉动也较小。

3.2.2 轴向柱塞泵

(1)轴向柱塞泵的工作原理

轴向柱塞泵是将多个柱塞沿缸体的轴向布置,且柱塞中心线和缸体中心线平行的一种泵。轴向柱塞泵有两种形式,即直轴式(斜盘式)和斜轴式(摆缸式)。

直轴式轴向柱塞泵的工作原理如图3.4所示,泵主体由斜盘1、柱塞2、缸体3、配流盘4及传动轴5组成。柱塞沿周向均匀分布在缸体内,斜盘轴线与缸体轴线倾斜一角度 α,柱塞在机械装置和压力油作用下压紧在斜盘上,配流盘和斜盘固定不动。当原动机通过传动轴使缸体转动时,由于斜盘的作用,迫使柱塞在缸体内做往复运动,并通过配流盘的配流窗口进行吸油和压油。当缸体如图3.4中所示回转方向旋转,左半部分(见图3.4(b))柱塞向外伸出,柱塞底部的密封工作容积增大,通过配流盘的吸油窗口 a 吸油;右半部分柱塞被斜盘推入缸体,使柱塞底部容积减小,通过配流盘的压油窗口 b 压油。缸体每转一周,每个柱塞各完成吸、压油一次。如改变斜盘倾角 α,就能改变柱塞行程的长度,即改变液压泵的排量。改变斜盘倾角方向,就能改变吸油和压油的方向,即属于双向变量泵。

配流盘上吸油窗口和压油窗口之间的密封区弧长 L 应稍大于柱塞缸体底部通油孔宽度 L_1。但不能相差太大,否则会发生困油现象。一般在两配流窗口的两端部开有小三角槽,以减小冲击和噪声。

斜轴式轴向柱塞泵的工作原理如图3.5所示,由传动轴1、万向铰链2、柱塞3、缸体4和配

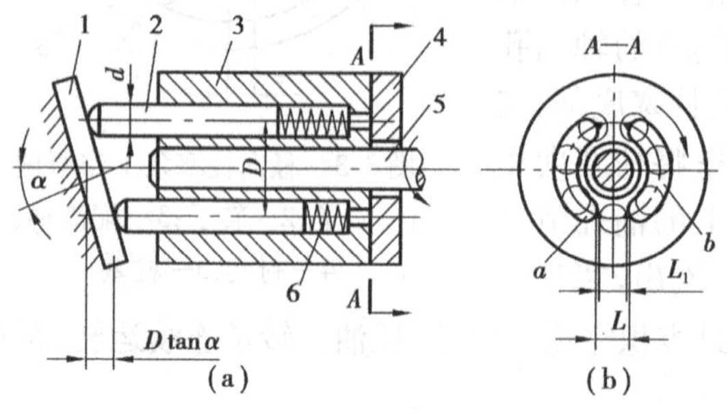

图3.4 直轴式轴向柱塞泵的工作原理
1—斜盘;2—柱塞;3—缸体;
4—配流盘;5—传动轴;6—弹簧

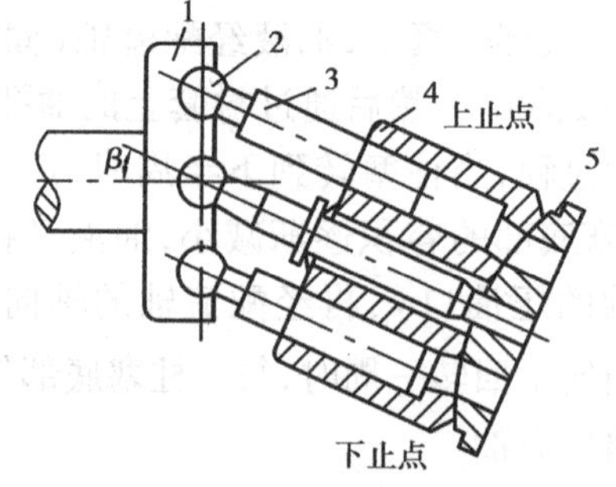

图3.5 斜轴式轴向柱塞泵的工作原理
1—传动轴;2—万向铰链;3—柱塞;
4—缸体;5—配流盘

流盘5构成。其缸体轴线相对传动轴轴线成一倾角β,传动轴端部分别用万向铰链、连杆与缸体中的每个柱塞相联接。当传动轴转动时,通过万向铰链、连杆使柱塞和缸体一起转动,并迫使柱塞在缸体中做往复运动,借助配流盘进行吸油和压油。同样的,改变倾角β,可以改变泵的排量,从而改变泵的输出流量。斜轴式轴向柱塞泵的优点是变量范围大,泵的强度较高,但与直轴式相比,其结构较复杂,外形尺寸和质量均较大。

(2)排量和流量计算

如图3.4所示,以斜盘式轴向柱塞泵为例,设柱塞的直径为d,柱塞分布圆直径为D,斜盘倾角为α时,柱塞的行程为$s=D\tan\alpha$,故当柱塞数为z时,轴向柱塞泵的排量为

$$V=\frac{\pi d^2}{4}\cdot D\tan\alpha\cdot z \tag{3.10}$$

设泵的转速为n,容积效率为η_V,则泵的实际输出流量为

$$q=Vn\eta_V=\frac{\pi d^2}{4}\cdot D\tan\alpha\cdot z\cdot n\cdot\eta_V \tag{3.11}$$

由式(3.11)可知,改变轴向柱塞泵的斜盘(或缸体)的倾角,即可改变轴向柱塞泵的排量和输出流量,因此,轴向柱塞泵属于变量泵。

实际上,由于柱塞在缸体孔中运动的速度不是恒速的,因而输出流量是有脉动的,当柱塞数为奇数时,脉动较小,且柱塞数越多脉动越小,一般常用柱塞泵的柱塞个数为7,9或11。

(3)柱塞泵的变量机构

下面介绍常用的轴向柱塞泵的手动变量和伺服变量机构的工作原理。

1)手动变量机构

如图3.6所示,转动手轮1,使丝杠2转动,螺母3带动拨叉4上下移动,并通过球头杆5拨动斜盘6,从而改变斜盘的倾角α达到变量的目的。当流量达到要求时,可用锁紧螺母将其锁紧。这种变量机构结构简单,但操纵费力,且不能在工作过程中变量。

2)伺服变量机构

如图3.7所示为轴向柱塞泵的伺服变量机构。其工作原理为泵输出的压力油p进入变量

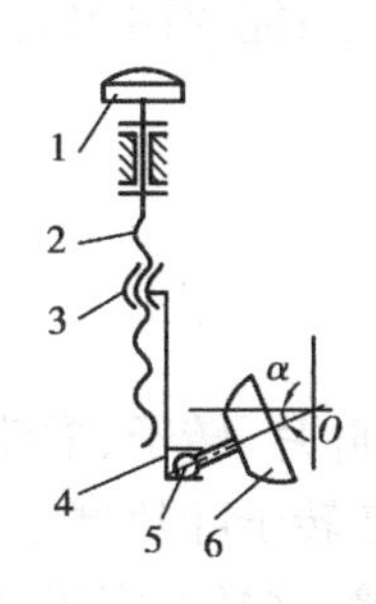

图3.6　手动变量机构
1—手轮;2—丝杠;3—螺母;
4—拨叉;5—球头杆;6—斜盘

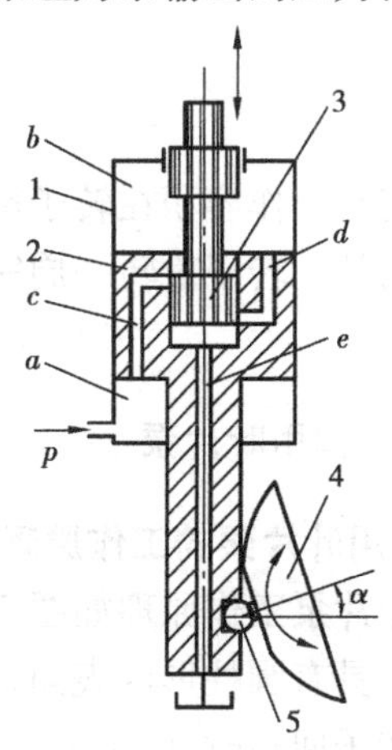

图3.7　伺服变量机构
1—壳体;2—变量活塞;3—伺服阀芯;
4—斜盘;5—销轴

机构壳体1的下腔 a,液压力作用在变量活塞2的下端。当与伺服阀阀芯3相联接的拉杆不动时(图示状态),变量活塞2的上腔 b 处于封闭状态,变量活塞不动,斜盘4处于相应的位置上。当使拉杆向下移动时,推动阀芯3一起向下移动,a 腔的压力油经通道 c 进入上腔 b。由于变量活塞2上端的有效作用面积大于下端的有效作用面积,故变量活塞2也随之向下移动,直到通道 c 的油口封闭为止,变量活塞的移动量等于拉杆的位移量。变量活塞向下移动时,通过销轴5带动斜盘4摆动,斜盘倾斜角 α 增加,泵的输出流量也随之增加;当拉杆带动伺服阀阀芯向上运动时,阀芯3将通道 d 打开,上腔 b 通过泄压通道 e 回油箱,变量活塞2向上移动,直到阀芯将泄压通道 d 关闭为止,变量活塞的移动量也等于拉杆的移动量。此时斜盘也被带动做相应的摆动,使倾斜角 α 减小,泵的流量也随之相应地减小。由上述可知,伺服变量机构是通过操作液压伺服阀动作,利用压力油推动变量活塞继而使斜盘倾角变化来实现变量的。故加在拉杆上的力很小,控制灵敏。拉杆可用手动方式或机械方式操作,斜盘倾角变化范围一般为 $\pm 18°$,在工作过程中泵的吸、压油方向可以变换,因而这种泵就成为双向变量液压泵。

除了以上介绍的两种变量机构以外,轴向柱塞泵还有很多种变量机构,如恒功率变量机构、恒压变量机构、恒流量变量机构等。这些变量机构与轴向柱塞泵的泵体部分组合就成为各种不同变量方式的轴向柱塞泵。

3.2.3 柱塞泵的特点及应用

轴向柱塞泵的优点是结构紧凑、径向尺寸小,惯性小,容积效率高,目前最高压力可达40 MPa,甚至更高,一般用于工程机械、压力机等高压系统中,但其轴向尺寸较大,轴向作用力也较大,结构比较复杂。

由于柱塞泵压力高,结构紧凑,效率高,流量调节方便,故在高压、大流量、大功率的系统中和流量需要调节的场合得到广泛的应用,如龙门刨床、拉床、液压机、工程机械、矿山冶金机械、船舶等机械。

3.3 叶片泵

根据各密封工作容积在转子旋转一周吸、排油次数的不同,叶片泵分为单作用叶片泵和双作用叶片泵两类。转子旋转一周完成一次吸、排油的为单作用叶片泵;完成两次吸、排油的则为双作用叶片泵。

3.3.1 单作用叶片泵

(1)单作用叶片泵的工作原理

单作用叶片泵工作原理如图3.8所示。单作用叶片泵由定子、叶片、转子、配流盘及端盖等组成。定子具有圆柱形内表面,定子和转子间有偏心距,叶片装在转子叶片槽中,并可在槽内滑动。当转子回转时,由于离心力的作用,使叶片紧靠在定子内壁,这样在定子、转子、叶片和两侧配流盘间就形成若干个密封容积。当转子按图示的方向回转时,右半部分的叶片逐渐伸出,叶片间的工作容积逐渐增大,从吸油口吸油;图的左半部分叶片被定子内壁逐渐压入叶片槽内,工作容积逐渐缩小,油液从压油口压出。转子不停地旋转,泵就不断地吸油和排油。

在吸油腔和压油腔之间，有一段封油区，把吸油腔和压油腔隔开。显然，这种叶片泵转子每转一周，每个工作容积完成一次吸油和一次压油，故称为单作用叶片泵。

(2)单作用叶片泵的排量和流量计算

单作用叶片泵的排量为各工作容积在转子旋转一周时所排出的液体的总和。如图3.9所示，设 R 为定子的内半径，e 为转子与定子之间的偏心距，B 为定子的宽度，Z 为叶片的个数，则两个叶片形成的一个工作容积变化量 ΔV 近似地等于扇形体积 V_1 和 V_2 之差，即

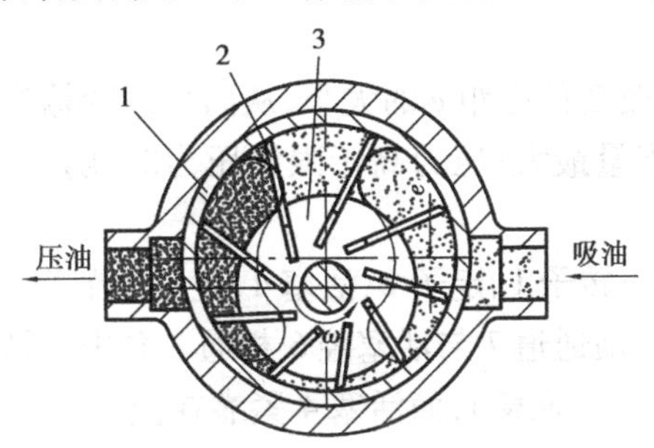

图3.8　单作用叶片泵的工作原理
1—定子；2—叶片；3—转子

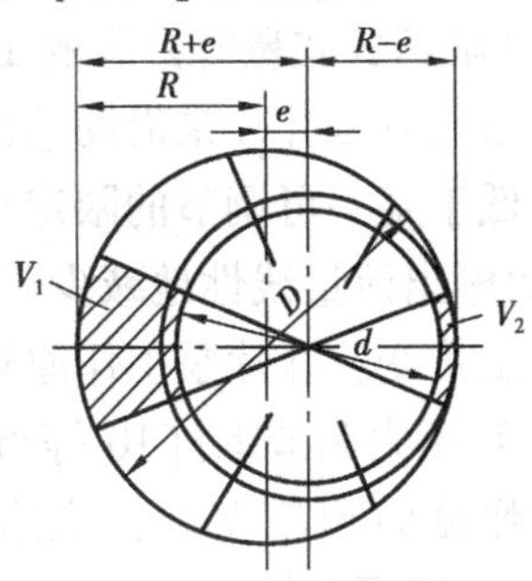

图3.9　单作用叶片泵排量计算简图

$$\Delta V = V_1 - V_2 = \left(\frac{\pi}{Z}\right)(R+e)^2 B - \left(\frac{\pi}{Z}\right)(R-e)^2 B \tag{3.12}$$

因此，单作用叶片泵的排量为

$$V = Z \times \Delta V = \pi[(R+e)^2 - (R-e)^2]B = 4\pi eRB \tag{3.13}$$

当泵的转速为 n，泵的容积效率为 η_V 时，泵的理论流量 q_t 和实际流量 q 分别为

$$q_t = n \times V = 4\pi eRBn \tag{3.14}$$

$$q = n \times V \times \eta_V = 4\pi eRBn\eta_V \tag{3.15}$$

在式(3.12)—式(3.14)的计算中，并未考虑叶片的厚度以及叶片的倾角对单作用叶片泵排量和流量的影响。实际上叶片在槽中伸出和缩进时，叶片槽底部也有吸油和压油过程，一般在单作用叶片泵中，处于压油腔和吸油腔的叶片，其底部是分别与压油腔和吸油腔相通的，因而叶片槽底部的吸油和压油恰好补偿了叶片厚度及倾角所占据体积而引起的排量和流量的减小，这就是在计算中不考虑叶片厚度和倾角影响的缘故。

单作用叶片泵的流量也是有脉动的，理论分析表明，泵内叶片数越多，流量脉动率越小。此外，奇数叶片的泵的脉动率比偶数叶片的泵的脉动率小，故单作用叶片泵的叶片数均为奇数，常取 $Z=9\sim21$。

(3)单作用叶片泵的结构特点及应用

①转子每转一周，吸油和排油各一次。

②改变定子和转子之间的偏心距 e 可改变泵的排量，因而属于变量泵。

③由于转子受到不平衡的径向液压作用力(吸油侧为低压，压油侧为高压)，轴承负载大，因此，这种泵一般不宜用于高压。

④处在压油区的叶片顶部受到压力油的作用，该作用要把叶片推入转子槽内。为了使叶片顶部可靠地和定子内表面相接触，压油腔一侧的叶片底部要通过特殊的沟槽和压油腔相通。吸油区一侧的叶片底部要和吸油腔相通，这里的叶片靠离心力的作用顶在定子内表面上。

⑤为了更有利于叶片在惯性力作用下向外伸出，可使叶片有一个与旋转方向相反的倾斜

角，称后倾角，一般为0~24°。

叶片泵的结构较复杂，但其工作压力较高，且流量脉动小，工作平稳，噪声较小，寿命较长。单作用叶片泵工作压力最大为7.0 MPa，双作用叶片泵均为定量泵，一般最大工作压力也为7 MPa，结构经改进的高压叶片泵最大的工作压力可达16~21 MPa。但其结构复杂，吸油特性不太好，对油液的污染也比较敏感。因此，它被广泛应用于机械制造中的专用机床、自动线等中低液压系统中。

(4)限压式变量叶片泵的工作原理

限压式变量叶片泵借助输出压力的大小自动改变偏心距 e 的大小，从而来改变输出流量。当压力低于某一可调节的限定压力时，泵的输出流量最大；压力高于限定压力时，随着压力增加，泵的输出流量线性地减少。

限压式变量叶片泵工作原理如图3.10所示，由转子1、定子2、活塞4、流量调节螺钉5、调压弹簧9、压力调节螺钉10等组成。泵的出口经反馈通道7与活塞腔6相通。泵未运转时，定子2在弹簧9（刚度 k_s、预压缩量为 x_0）的作用下，紧靠活塞4，而活塞4紧靠在流量调节螺钉5上。这时，定子和转子有一最大偏心量 e_{max}，此时泵输出最大流量。调节螺钉5的位置，便可改变 e_{max}。

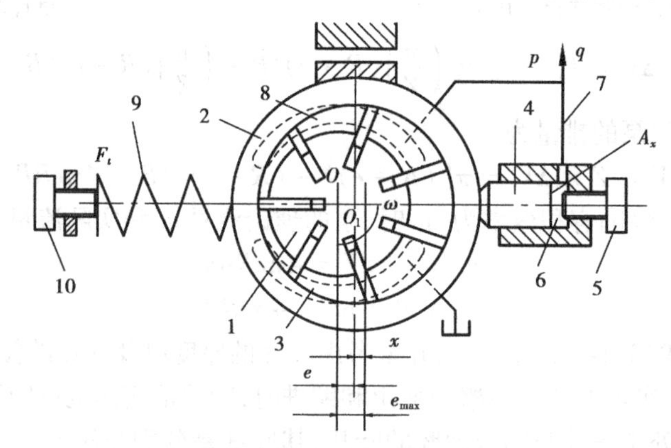

图3.10 限压式变量叶片泵的工作原理

1—转子；2—定子；3—吸油窗口；4—活塞；5—螺钉；6—活塞腔；

7—通道；8—压油窗口；9—调压弹簧；10—调压螺钉

当泵的出口压力 p 较低时，则作用在活塞4（有效作用面积为 A）上的液压力 $F=pA$ 也较小，若此液压力小于左端弹簧9的弹力（$F_t=k_sx_0$），即 $F<F_t$。此时，定子在弹簧力的作用下处于最右端，偏心量达最大 e_{max}，输出流量也达最大 q_{max}。

当外负载增大，液压泵的出口压力 p 将上升，作用在活塞4上的液压力 $F=pA$ 也随之增大。当增大至与弹簧力相等时，达到一个临界平衡状态，此时的压力用 p_B 表示，则有

$$p_BA = k_sx_0 \tag{3.16}$$

式中，p_B 称为拐点压力，即泵处于最大流量时所能达到的最高压力，调节调压螺钉10，可改变弹簧的预压缩量 x_0，即可改变 p_B 的大小。

当压力进一步升高，即 $p>p_B$，此时 $pA>k_sx_0$，若不考虑定子移动时的摩擦力，液压作用力就要克服弹簧力推动定子向左移动，此时偏心量减小，泵的输出流量也相应减小。设定子的最大偏心量为 e_{max}，偏心量减小时，弹簧被进一步压缩，压缩量为 x，则定子移动后的偏心量 e 为

$$e = e_{max} - x \tag{3.17}$$

这时,定子上的受力平衡方程式为

$$pA = k_s(x_0 + x) \tag{3.18}$$

将式(3.16)、式(3.18)代入式(3.17),可得

$$e = e_{max} - \frac{A}{k_s}(p - p_B) \tag{3.19}$$

式(3.19)表示泵的工作压力与偏心量的关系,由式可知,泵的工作压力越高,偏心量就越小,泵的输出流量也就越小,且当 $p = \frac{k_s}{A}(e_{max} + x_0)$ 时,泵的输出流量为零。

由于控制定子移动的作用力是将液压泵出口的压力油引到柱塞上,然后再加到定子上去,这种控制方式称为外反馈式。

(5)限压式变量叶片泵的特性曲线

限压式变量叶片泵的压力流量特性曲线如图3.11所示。当压力 p 小于预先调定的拐点压力 p_B 时,泵的输出流量为最大 q_{max},且保持不变,但由于工作压力增大时,泵的泄漏流量 q_l 也增加,故泵的实际输出流量 q 也略有减少,如图3.11所示的 AB 段。当泵的供油工作压力 p 超过预先调整的拐点压力 p_B 时,泵的输出流量减小,且压力越高,输出流量越小。其变化规律如图3.11所示的 BC 段。当泵的工作压力达到 p_{max}(称为截止压力 p_c)时,泵输出的流量为零,故将其称为限压式变量泵。

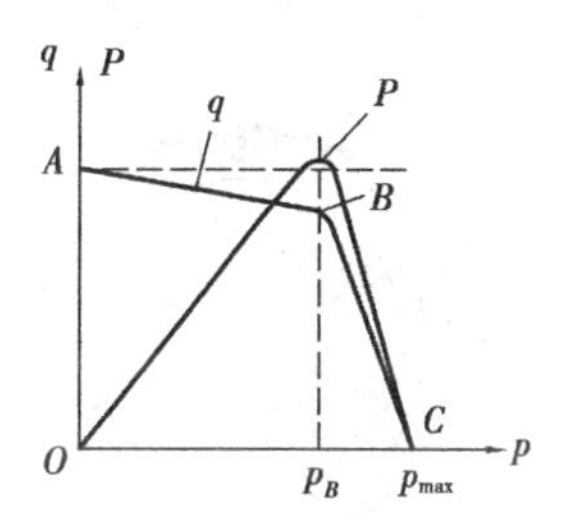

图3.11　限压式变量叶片泵的特性曲线

调节最大流量调节螺钉5(见图3.10),可改变反馈柱塞的初始位置,即改变初始偏心距 e_{max} 的大小,从而改变泵的最大输出流量,即曲线 AB 上下平移。

调节调压螺钉10(见图3.10),可改变弹簧的预压缩量大小,从而改变拐点压力 p_B 大小,使曲线拐点 B 左、右平移。

改变弹簧的刚度 k_s,可以改变曲线 BC 段的斜率。弹簧刚度增大,BC 段的斜率变小,曲线趋于平缓;反之,曲线越陡。

3.3.2　双作用叶片泵

(1)双作用叶片泵的工作原理

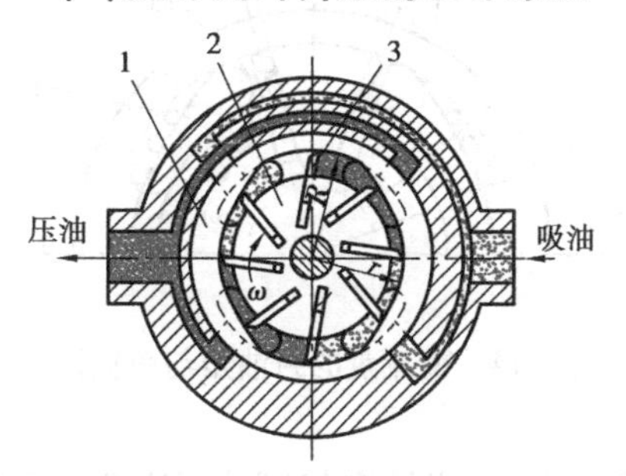

图3.12　双作用叶片泵的工作原理
1—定子;2—转子;3—叶片

双作用叶片泵的工作原理如图3.12所示,它也是由定子、转子、叶片和配流盘(图中未画出)等组成。转子和定子中心重合,定子内表面近似为椭圆柱形,该椭圆形由两段长半径为 R、短半径为 r 和4段过渡圆弧所组成。当转子转动时,叶片在离心力和(建压后)根部压力油的作用下,在转子槽内做径向移动而压向定子内表面,由叶片、定子内表面、转子外表面及两侧配流盘间形成若干个密封容积。当转子按图示方向旋转时,处在小圆弧上的密封容积经过渡曲线而运动到大圆弧的过程中,叶片外伸,密封容积增大吸入油液;再从大圆弧经过

渡曲线运动到小圆弧的过程中，叶片被定子内壁逐渐压进叶片槽内，密封容积变小，将油液从压油口压出。因而转子每转一周，每个工作空间要完成两次吸油和压油，故称为双作用叶片泵。这种叶片泵由于有两个吸油腔和两个压油腔，并且结构上是对称的，故作用在转子上的油液压力相互平衡，因此，双作用叶片泵又称为卸荷式叶片泵。为了要使径向力完全平衡，密封容积数（即叶片数）应当是偶数。

（2）双作用叶片泵的排量和流量计算

双作用叶片泵的排量计算简图如图3.13所示。转子转一周，两叶片间吸油两次、排油两次。每个密封空间容积变化为 $M = V_1 - V_2$，当叶片数为 Z 时，转动一周所有叶片的排量为 $V = 2ZM$，若不计叶片几何厚度，此值正好为环形体积的2倍。故泵的排量为

$$V = 2\pi(R^2 - r^2)B \tag{3.20}$$

式中 R, r——定子内表面大、小圆半径；

B——叶片宽度。

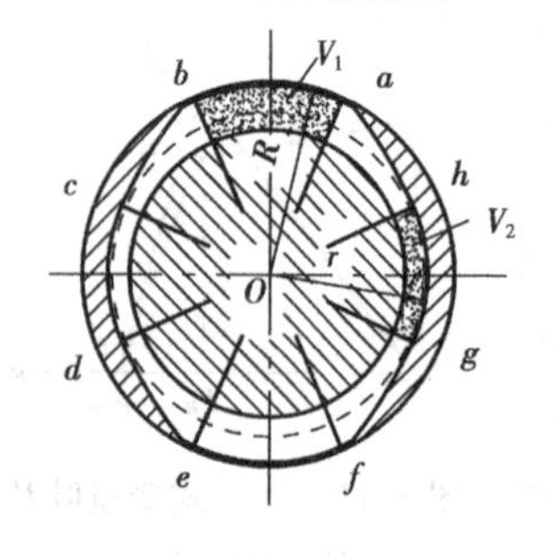

图3.13 双作用叶片泵排量计算简图

一般在双作用叶片泵中，叶片底部全部接通压力油腔，因而叶片在槽中做往复运动时，叶片槽底部的吸油和压油不能补偿由于叶片厚度所造成的排量减小，为此双作用叶片泵当叶片厚度为 b、叶片安放的倾角为 θ 时，其排量的精确计算公式为

$$V = \left[2\pi(R^2 - r^2) - \frac{2(R - r)}{\cos\theta}bZ\right]B \tag{3.21}$$

所以，当双作用叶片泵的转速为 n，泵的容积效率为 η_V 时，泵的实际输出流量为

$$q = \left[2\pi(R^2 - r^2) - \frac{2(R - r)}{\cos\theta}bZ\right]Bn\eta_V \tag{3.22}$$

双作用叶片泵如不考虑叶片厚度，泵的输出流量是均匀的。但实际叶片是有厚度的，长半径圆弧和短半径圆弧也不可能完全同心，尤其是叶片底部槽与压油腔相通，因此，泵的输出流量将出现微小的脉动，但其脉动率较其他形式的泵（螺杆泵除外）小得多，且在叶片数为4的整数倍时最小。双作用叶片泵的叶片数一般为12或16片。

（3）双作用叶片泵的结构特点

1）配流盘

双作用叶片泵的配流盘如图3.14所示，在盘上有两个吸油窗口和两个压油窗口，窗口之间的弧长为封油区，通常应使封油区对应的中心角 α 稍大于或等于两个叶片之间的夹角 α_1，否则会使吸油腔和压油腔联通，造成泄漏。当两个叶片间密封油液从吸油区过渡到封油区（长半径圆弧处）时，其压力基本上与吸油压力相同，但当转子再继续旋转一个微小角度时，该密封腔突然与压油腔相通，使其中油液压力突然升高，

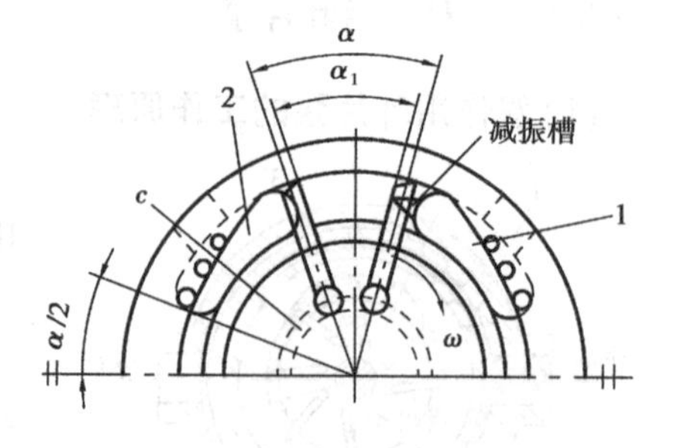

图3.14 配流盘的封油角与减振槽

油液的体积突然收缩，压油腔中的油倒流进该腔，使液压泵的瞬时流量突然减小，引起液压泵的流量脉动、压力脉动和噪声。为此在配流盘的压油窗口靠叶片从封油区进入压油区的一边开有一个截面形状为三角形的三角槽（又称减振槽），使两叶片之间的油液通过该三角槽提前

与压油腔相通，其压力逐渐上升，因而缓减了流量和压力脉动，并降低了噪声。环形槽 c 与压油腔相通并与转子叶片槽底部相通，使叶片的底部作用有压力油。

2）定子曲线

定子曲线是由4段圆弧和4段过渡曲线组成的。过渡曲线应保证叶片贴紧在定子内表面上，保证叶片在转子槽中径向运动时速度和加速度的变化均匀，使叶片对定子的内表面的冲击尽可能小。

过渡曲线如采用阿基米德螺旋线，则叶片泵的流量理论上没有脉动，但叶片在大、小圆弧和过渡曲线的连接点处产生很大的径向加速度，对定子产生冲击，造成连接点处严重磨损，并发生噪声。在连接点处用小圆弧进行修正，可以改善这种情况，在较为新式的泵中采用“等加速-等减速”曲线，如图3.15（a）所示。这种曲线的极坐标方程为

$$\rho = r + \frac{2(R-r)}{\alpha^2}\theta^2 \qquad \left(0 < \theta < \frac{\alpha}{2}\right) \tag{3.23}$$

$$\rho = 2r - R + \frac{4(R-r)}{\alpha}\left(\theta - \frac{\theta^2}{2\alpha}\right) \qquad \left(\frac{\alpha}{2} < \theta < \alpha\right) \tag{3.24}$$

式中，符号如图3.15（a）所示。

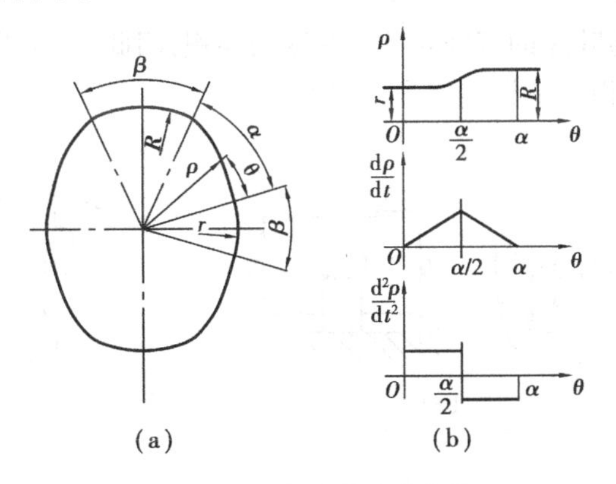

图3.15　定子的过渡曲线

由式(3.24)可求出叶片的径向速度 $d\rho/dt$ 和径向加速度 $d^2\rho/dt^2$，如图3.15(b)所示。当 $0<\theta<\alpha/2$ 时，叶片的径向加速度为等加速度；当 $\alpha/2<\theta<\alpha$ 时为等减速度。由于叶片的速度变化均匀，故不会对定子内表面产生很大的冲击。但是，在 $\theta=0$，$\theta=\alpha/2$ 和 $\theta=\alpha$ 处，叶片的径向加速度仍有突变，还会产生一些冲击，如图3.15(b)所示。因此，在国外有些叶片泵上采用了3次以上的高次曲线作为过渡曲线。

3）叶片的倾角

叶片在工作过程中，受离心力和叶片根部压力油的作用，使叶片和定子紧密接触。当叶片转至压油区时，定子内表面迫使叶片进入转子叶片槽内，它的工作情况和凸轮相似。叶片与定子内表面接触有一压力角为 φ，且大小是变化的，其变化规律与叶片径向速度变化规律相同，即从零逐渐增加到最大，又从最大逐渐减小到零，因而在双作用叶片泵中，将叶片顺着转子回转方向前倾一个 θ 角，使压力角减小到 φ'，这样就可以减小侧向力 F_T，使叶片在槽中移动灵活，并可减少磨损，如图3.16所示。根据双作用叶片泵定子内表面的几何参数，其压力角的最大值 $\varphi_{max}\approx24°$。一般取 $\theta=\varphi_{max}/2$，因而叶片泵叶片的倾角 θ 一般取 $10°\sim14°$。YB型叶片泵叶片相对于转子径向连线前倾13°。但近年来的研究表明，叶片倾角并非完全必要，某些高压

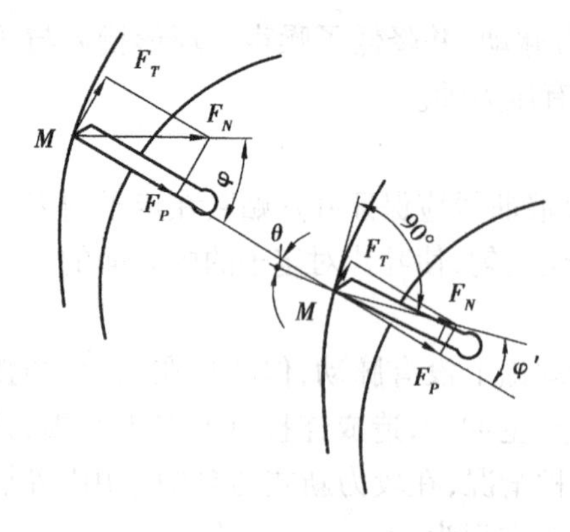

图 3.16　叶片的倾角

双作用叶片泵的转子槽是径向的，且使用情况良好。

(4)**提高双作用叶片泵压力的措施**

转子旋转过程中，为保证叶片在离心力的作用下能可靠地甩出，一般双作用叶片泵的叶片底部通压力油，就使得处于吸油区的叶片顶部和底部的液压作用力不平衡，叶片顶部以很大的压紧力抵在定子吸油区的内表面上，使磨损加剧，影响叶片泵的使用寿命，尤其是工作压力较高时，磨损更严重。因此，吸油区叶片两端压力不平衡，限制了双作用叶片泵工作压力的提高。因此，在高压叶片泵的结构上必须采取措施，使叶片压向定子的作用力减小。常用的措施如下：

1)减小作用在叶片底部的油液压力

将泵的压油腔的油通过阻尼槽或内装式小减压阀通到吸油区的叶片底部，使叶片经过吸油腔时，叶片压向定子内表面的作用力不致过大。

2)减小叶片底部承受压力油作用的面积

叶片底部受压面积为叶片的宽度和叶片厚度的乘积，因此，减小叶片的实际受力宽度和厚度，就可减小叶片受压面积。常见结构形式如下：

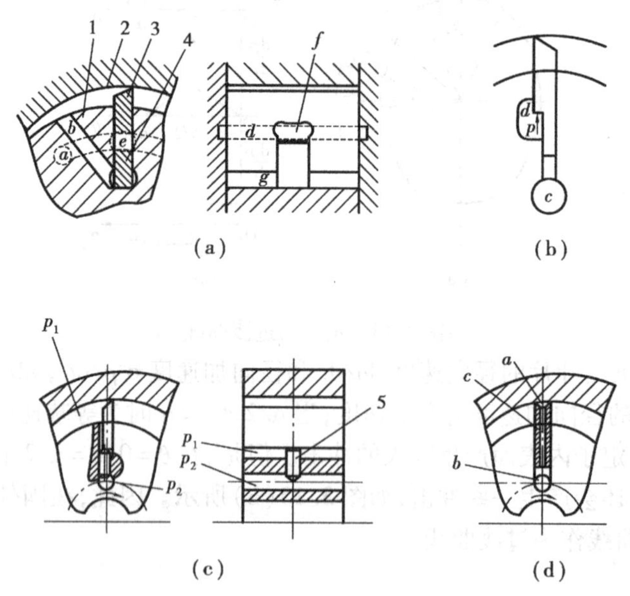

图 3.17　叶片泵高压化措施

1—转子；2—定子；3—母叶片；4—子叶片；5—柱塞

①子母叶片方式。减小叶片实际受力宽度结构如图 3.17(a)所示。这种结构中采用了复合式叶片(也称子母叶片)，叶片分成母叶片 3 与子叶片 4 两部分。通过配流盘使 a 腔总是接通压力油，引入母子叶片间的小腔 f 内，而母叶片底部 g 腔，则借助于油孔 b，始终与顶部油液压力相同。这样，无论叶片处在吸油区还是压油区，母叶片顶部和底部的压力油总是基本相等的，当叶片处在吸油腔时，只有 f 腔的高压油作用而压向定子内表面，减小了叶片和定子内表面间的作用力。

②阶梯叶片方式。如图3.17(b)所示为阶梯叶片结构。这里阶梯叶片和阶梯叶片槽之间的油室 d 始终和压力油相通,而叶片的底部 c 腔和叶片所在腔相通。这样,叶片在 d 室内油液压力作用下压向定子表面,由于作用面积减小,使其作用力不致太大,但这种结构的工艺性较差。

③平衡柱塞方式。如图3.17(c)所示,在缩短了的叶片底部专设一个小柱塞5,使叶片外伸的力主要来自作用在这一柱塞底部的排油腔压力 p_2,适当设计该柱塞的作用面积,即可控制叶片在吸油区受到的外推力。

3)使叶片顶端和底部的液压作用力平衡。

如图3.17(d)所示的泵采用双叶片结构,叶片槽中由两个可以做相对滑动的叶片组成,每个叶片都有一棱边与定子内表面接触,在叶片的顶部形成一个油腔 a,叶片底部油腔 b 始终与压油腔相通,并通过两叶片间的小孔 c 与油腔 a 相联通,因而使叶片顶端和底部的液压作用力得到平衡。适当选择叶片顶部棱边的宽度,可以使叶片对定子表面既有一定的压紧力,又不致使该力过大。为了使叶片运动灵活,对零件的制造精度将提出较高的要求。

(5)双级叶片泵和双联叶片泵

1)双级叶片泵

为了要得到较高的工作压力,也可以不用高压叶片泵,而用双级叶片泵,双级叶片泵是由两个普通压力的单级叶片泵装在一个泵体内在油路上串接而成的,如果单级泵的压力可达7.0 MPa,双级泵的工作压力就可达14.0 MPa。

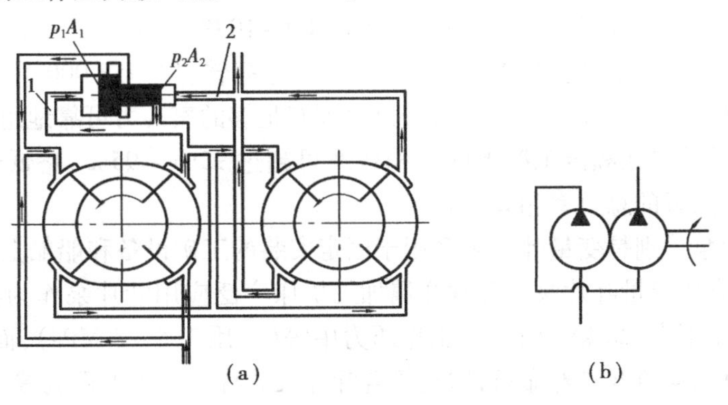

图3.18 双级叶片泵的工作原理

双级叶片泵的工作原理如图3.18所示,两个单级叶片泵的转子装在同一根传动轴上,当传动轴回转时就带动两个转子一起转动。第一级泵经吸油管从油箱吸油,输出的油液就送入第二级泵的吸油口,第二级泵的输出油液经管路送往工作系统。

设第一级泵输出压力为 p_1,第二级泵输出压力为 p_2。正常工作时 $p_2=2p_1$。但是由于两个泵的定子内壁曲线和宽度等不可能做得完全一样,两个单级泵每转一周的容量就不可能完全相等。例如,第二级泵每转一周的容量大于第一级泵,第二级泵的吸油压力(也就是第一级泵的输出压力)就要降低,第二级泵前后压力差就加大,因此载荷就增大;反之,第一级泵的载荷就增大。为了平衡两个泵的载荷,在泵体内设有载荷平衡阀。第一级泵和第二级泵的输出油路分别经管路1和2通到平衡阀的大端面和小端面,两端面的面积比 $A_1/A_2=2$。如第一级泵的流量大于第二级泵时,油液压力 p_1 就增大,使 $p_1A_1>p_2A_2$,平衡阀被推向右,第一级泵的多余油液从管路1经阀口流回第一级泵的进油管路,使两个泵的载荷获得平衡;如果第二级泵流量大于第一级泵时，油压 p_1 就降低，使 $p_1A_1 < p_2A_2$，平衡阀被推向左，第二级泵输出的部分油液从管路2经阀口流回第二级泵的进油口而获得平衡，如果两个泵的容量绝对相等时，平衡阀两边的阀口都封闭。

2）双联叶片泵

双联叶片泵是由两个单级叶片泵装在一个泵体内在油路上并联组成。两个叶片泵的转子由同一传动轴带动旋转，有各自独立的出油口，两个泵可以是相等流量的，也可以是不等流量的。

双联叶片泵常用于有快速进给和工作进给要求的机械加工的专用机床中，这时双联泵由一小流量泵和一大流量泵组成，其流量可经组合切换得到3种不同的流量，适用于那些进给及退回速度相差悬殊的加工设备。当快速进给时，两个泵同时供油（此时压力较低），当工作进给时，由小流量泵供油（此时压力较高），同时在油路系统上使大流量泵卸荷，这与采用一个高压大流量的泵相比，可以节省能源，减少油液发热。这种双联叶片泵也常用于机床液压系统中需要两个互不影响的独立油路中。

（6）叶片泵的性能和应用

双作用定量叶片泵的最高工作压力可达28～30 MPa，略低于齿轮泵。单作用变量叶片泵的压力一般不超过17.5 MPa。

叶片泵产品的排量范围为0.5～4 200 mL/r，常用者略为2.5～300 mL/r。常见变量叶片泵产品排量范围为6～120 mL/r。

小排量的双作用定量叶片泵的最高转速达8 000～10 000 r/min，但一般产品只有1 500～2 000 r/min，一般低于齿轮泵。常用单作用变量泵的最高转速约为3 000 r/min，但其同时还有最低转速的限制（一般为600～900 r/min），以保证有足够的离心力可靠地甩出叶片。

双作用定量叶片泵在额定工况下的容积效率可超过93%～95%，略低于齿轮泵，但前者机械效率较高，故两者的总效率相差无几。

传统上，叶片泵特别是变量叶片泵多用于固定安装的工矿设备和船舶上，但近年来不少行走机械也装用了高压定量叶片泵。各种金属加工机床广泛应用叶片泵作为液压油源，它们的液压系统一般功率不大（20 kW以下），工作压力中等（常用2.5～8 MPa），而要求所使用的液压泵输出流量平稳、噪声低和寿命长，这正符合叶片泵的特点。在工程机械、重型车辆、船用甲板机械，航空航天设备上的应用也日见增多。它们和内齿轮泵一起将成为今后高性能定量液压泵的主流产品。

3.4 齿轮泵

齿轮泵是液压系统中常用的一种液压泵，按结构形式不同分为外啮合齿轮泵和内啮合齿轮泵。

3.4.1 外啮合齿轮泵

（1）外啮合齿轮泵的工作原理

如图3.19所示为外啮合齿轮泵的工作原理图，它由壳体1、一对参数相同的外啮合齿轮2

和两个端盖(图中未画出)等零件组成。壳体、端盖和齿轮的各个齿间槽组成许多密封容积。当齿轮按图示方向旋转时,右侧相互啮合的轮齿逐渐脱开啮合,密封容积增大,形成部分真空,油箱中的油在大气压力的作用下进入吸油腔,随着齿轮转动,齿间槽把油液带到左侧的压油腔。因左侧压油腔的轮齿进入啮合,密封容积减小,齿间槽中的油液被挤出,通过泵的压油口输出。其吸油腔和压油腔是由相互啮合的轮齿和两个端盖分别隔开的,因此,在齿轮泵中不需要设专门的配流机构,这是它和其他类型容积式液压泵的不同之处。

(2)外啮合齿轮泵的排量和流量

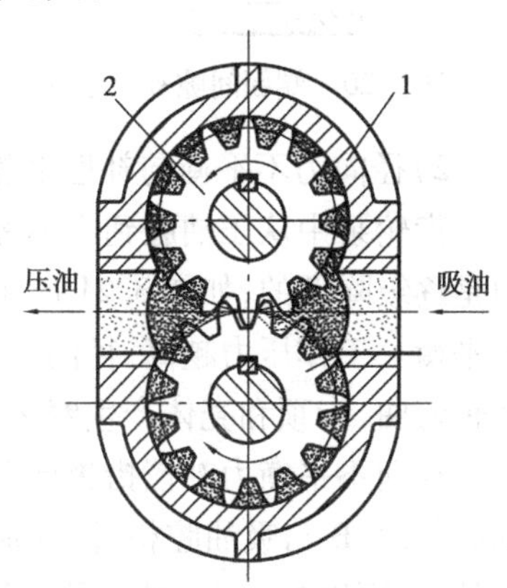

图3.19　外啮合齿轮泵工作原理

外啮合齿轮泵排量的计算可按齿轮啮合原理来进行,即排量等于它的两个齿轮的齿间槽容积之和。为计算简便,设齿间槽容积等于轮齿体积,则当齿轮模数为 m、齿数为 z、齿宽为 b,则泵的排量 V 为

$$V = \pi D h_w b = 2\pi z m^2 b \tag{3.25}$$

式中　D——分度圆直径,$D = mz$;

h_w——工作有效齿高,常取 $h_w = 2m$。

考虑齿间槽容积比轮齿体积稍大,故通常取

$$V = 6.66 z m^2 b \tag{3.26}$$

因此,齿轮泵的流量 q 为

$$q = V n \eta_V = 6.66 z m^2 b n \eta_V \tag{3.27}$$

式中　η_V——容积效率。

实际上,在齿轮啮合过程中排量是转角的周期函数,因此,瞬时流量是脉动的。脉动的大小用脉动率 σ 表示。若用 $q_{\max}$,$q_{\min}$来表示最大、最小瞬时流量,q 表示平均流量,则流量脉动率 σ 为

$$\sigma = \frac{q_{\max} - q_{\min}}{q} \times 100\% \tag{3.28}$$

外啮合齿轮泵的齿数越少,脉动率就越大,其值最高可达20%以上。

由于泵的负载系统具有液阻,因而流量脉动会造成压力脉动,结果带来振动和噪声。不同类型的泵或同类型、但不同几何尺寸的泵,其流量脉动各不相同。流量脉动率是衡量容积式泵流量品质的一个重要指标。

(3)外啮合齿轮泵的结构特点

外啮合齿轮泵的泄漏、径向力不平衡和困油是影响齿轮泵性能指标和寿命的3大问题。因此,在结构上必须采取措施来解决这些问题。

1)泄漏与间隙补偿措施

外啮合齿轮泵的泄漏有以下3条途径:

①高压腔的压力油可通过齿轮侧面和端盖之间的间隙泄漏,称为轴向间隙泄漏(或端面间隙泄漏)。

②泵体内孔和齿顶圆间的径向间隙泄漏,称为径向间隙泄漏(或齿顶间隙泄漏)。

③通过啮合线处的间隙泄漏到低压腔中去,称为啮合间隙泄漏。

其中,轴向间隙泄漏影响最大,占总泄漏量的75%~80%,它是影响齿轮泵容积效率的主

要原因。因此,必须采取间隙补偿措施来减小轴向间隙。

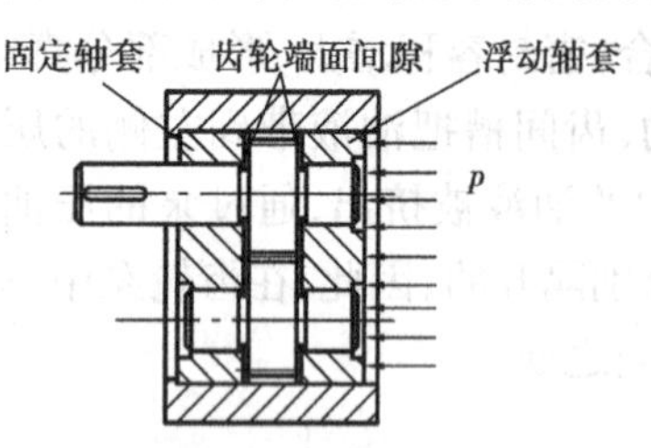

图 3.20　端面间隙补偿原理

如图 3.20 所示,轴向间隙补偿的基本原理是把与齿轮端面相接触的轴套和减磨部件制成可沿轴向运动的浮动轴套或浮动侧板,并将压油腔的高压油经专门的通道引入这个可动浮动轴套的背面,使其背面始终作用压力油 p,从而使浮动轴套始终受到一个与工作压力成比例的压紧力压向齿轮端面,从而保证两者之间的间隙值与工作压力相适应。浮动轴套也可以是能产生一定扰度的弹性侧板。

2)径向力不平衡与补偿措施

齿轮泵中从压油腔到吸油腔的压力随径向位置而不同。可以认为从压油腔到吸油腔的压力是逐级降低的,如图 3.21 所示。其合力相当于给齿轮轴一个径向力,该力使齿轮轴径向力不平衡。工作压力越高,径向不平衡力越大,直接影响轴承的寿命。径向不平衡力很大时,能使轴弯曲、齿顶和壳体产生摩擦。

径向不平衡力补偿措施原理如图 3.22 所示。通过在盖板上开设平衡槽 A,B,使 A 与压油腔相通、B 与吸油腔相通,分别产生一个与吸油腔和压油腔对应的液压径向力,起平衡作用。另外,也可以扩大压油腔(吸油腔)的办法,即只保留靠近吸油腔(压油腔)的 1 ~ 2 个齿起密封作用,而大部分圆周的压力等于压油腔(吸油腔)的压力,于是对称区域的径向力得到平衡,减少了作用在轴承上的径向力。

需要说明的是,上述两种措施导致齿轮泵径向间隙密封长度缩短,径向间隙泄漏增加,必须采用径向间隙补偿措施,即增加径向间隙补偿部件 C。因此,对高压齿轮泵,平衡液压径向力必须与提高容积效率同时兼顾。

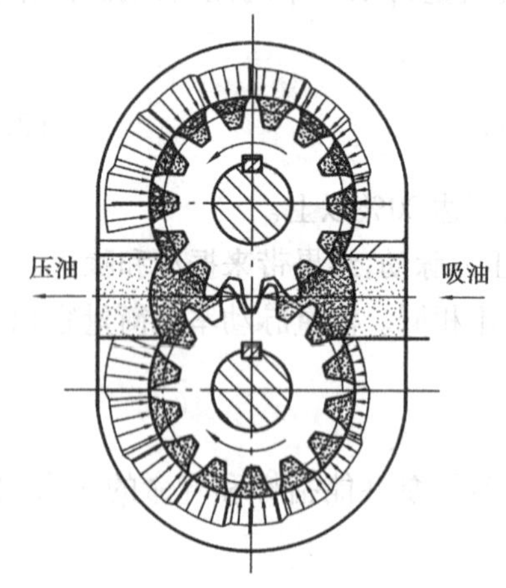

图 3.21　齿轮泵的径向不平衡力

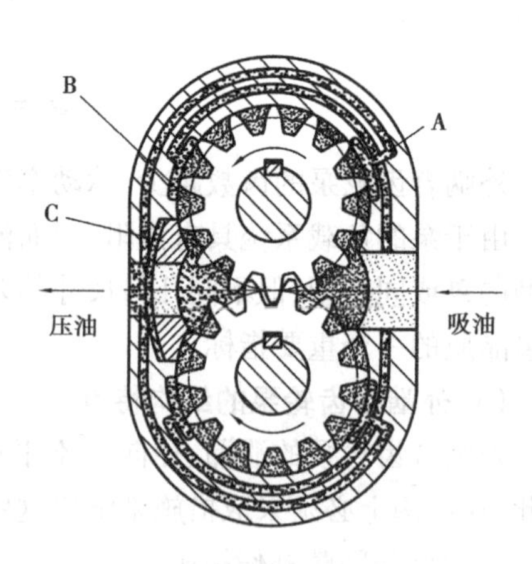

图 3.22　径向力不平衡补偿措施

3)困油与卸荷措施

齿轮泵要平稳地工作,其齿轮啮合的重合度系数 ε 必须大于 1,即前一对轮齿尚未脱离啮合时,后一对轮齿已经进入啮合,如图 3.23 所示。这样两个啮合点和前后两端盖之间就形成另一封闭容积,这个封闭容积与吸油腔、压油腔均不相通。当齿轮旋转时,此封闭腔容积大小会发生变化,使油液受压或产生部分真空,这种现象称为困油现象。如图 3.23 所示,由图

3.23(a)转到图3.23(b)位置的过程中封闭容积逐渐减小，直到两啮合点A,B处于节点两侧的对称位置时(见图3.23(b))，此时封闭容积减至最小。齿轮继续旋转，封闭容积逐渐增大(见图3.23(c))。封闭容积逐渐减小时，被困油液受挤压，产生很高的压力而从缝隙中挤出，使油液发热和轴承等零件受到额外的负载；而封闭容积由小增大时，形成局部真空，使油液中的气体析出，形成气泡，产生气穴，从而使泵产生强烈的振动和噪声。

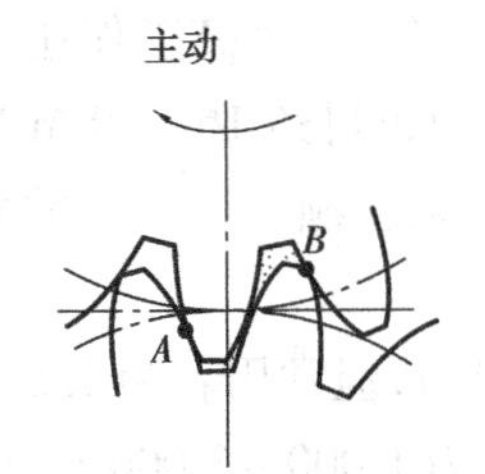

(a) AB间的封闭容积最大

(b) AB间的封闭容积最小

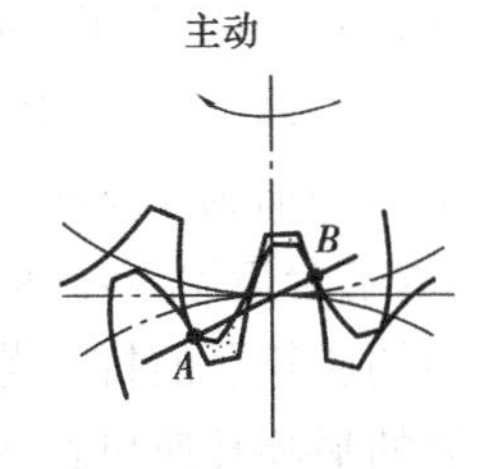

(c) AB间的封闭容积最大

图3.23　困油现象

为了消除困油现象，通常在两侧的端盖上开卸荷槽，如图3.24虚线所示。当封闭容积减小时通过右边的卸荷槽与压油腔接通，避免压力急剧升高；当封闭容积增大时通过左边的卸荷槽与吸油腔接通，避免形成局部真空。左、右两个卸荷槽必须保证合适的距离 a，任何时候都不能使泵的吸油腔和压油腔相互联通。

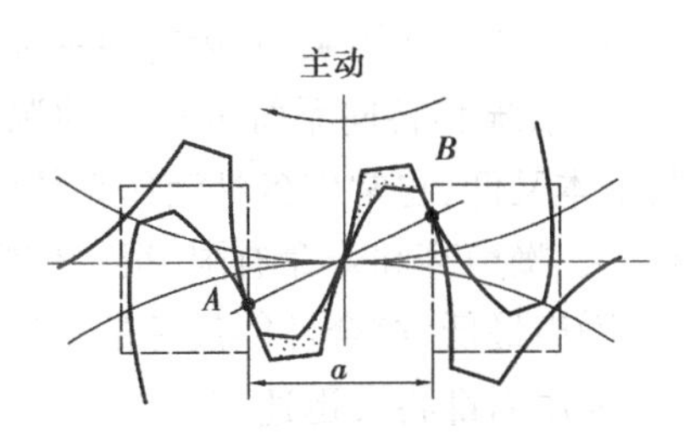

图3.24　消除困油现象的措施

(4)外啮合齿轮泵的优缺点

外啮合齿轮泵的优点是结构简单、尺寸小、制造方便、价格低廉、自吸性能好、工作可靠、对油液污染不敏感、易于维护等。其缺点是流量脉动大，从而引起压力脉动和噪声都较大。此外，其径向力不平衡，造成机件磨损，间隙泄漏量加大，容积效率降低，使工作压力的提高受到限制。

3.4.2　内啮合齿轮泵

内啮合齿轮泵的工作原理如图3.25所示。它由一个主动小齿轮1、一个从动的内齿圈2、月牙形的填隙块3及侧板构成两个密封容积，如图3.25所示旋转方向，在上半区，轮齿逐渐脱开啮合，密封容积扩大，形成负压吸入油液；在下半区，轮齿逐渐进入啮合，密封容积减小，将油液压出。

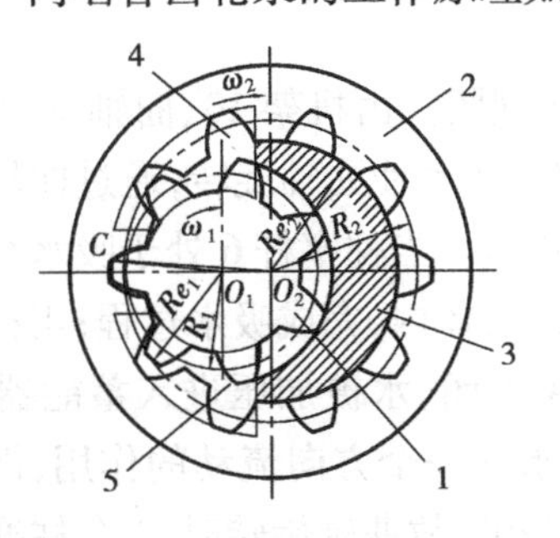

图3.25　内啮合齿轮泵的工作原理
1—小齿轮；2—内齿圈；3—填隙块；4—吸油腔；5—压油腔

由于内齿轮泵的吸、排油区所占的弧长比外齿轮泵要大得多(约3倍)，建压和减压过程比较缓和，不会像外啮合齿轮泵那样出现“困油”现象，加之齿面相对滑动速度低，因此在同等工况下，内啮合齿轮泵的流量脉动和噪声明显低于外啮合齿轮泵。

内啮合齿轮泵有许多优点，如结构紧凑、体积小、零件少、转速可高达10 000 r/mim、运转平稳、噪声低及容积效率较高等。缺点是流量脉动大，内齿圈的制造工艺复杂等，目前已采用粉末冶金压制成型。随着工业技术的发展，摆线齿轮泵的应用将会越来越广泛。内啮合齿轮泵可正、反转，可作液压马达用。

3.4.3 齿轮泵的主要性能及应用

具有良好的轴向和径向间隙补偿措施的中小排量的齿轮泵，其最高工作压力目前均超过了25 MPa，最高者达32 MPa以上。大排量齿轮泵的额定压力也可达16～20 MPa。

低压齿轮泵的寿命为3 000～5 000/h；高压外啮合齿轮泵在额定压力下的寿命一般只有几百小时；高压内啮合齿轮泵可达2 000～3 000/h。

液压工程用的齿轮泵的排量范围很宽，从0.05～800 mL/r，但常用者为2.5～250 mL/r。

微型齿轮泵的最高转速可达20 000 r/min以上，常用者为1 000～3 000 r/min。值得注意的是，由于转速过低时会由于实际通过流量过小，容积效率极低，难以形成良好的润滑和冷却条件而迅速发热损坏，因此，其下限转速一般为300～500 r/min。

现有各类液压泵中，齿轮泵的体积小、价格低，因而广泛应用于移动设备和车辆上作为液压工作系统和转向系统的压力油源。另外，由于齿轮泵的转速和排量范围均较大，自吸能力强，成本又低，也常作各种液压系统的辅助泵。但在固定的液压设备领域，由于齿轮泵的流量脉动大、噪声高和寿命有限，很少作为主泵，多用作辅助泵和预压泵。与之相反，内啮合齿轮泵却是噪声最低、综合性能最好的液压泵之一。可以预见，今后内啮合齿轮泵在固定和移动设备中的应用面都将会迅速扩大。

3.5 超高压泵

随着液压、气动技术的发展，输出压力150 MPa甚至420 MPa的超高压泵在高压水射流技术、高压注浆、高压试压泵等领域得到越来越广泛的应用。超高压泵包括直驱式（三柱塞）超高压泵、液驱超高压泵和气驱超高压泵等。下面简要介绍这3种超高压泵的结构和工作原理。

3.5.1 直驱式超高压泵

如图3.26所示为直驱式三柱塞超高压泵的结构和工作原理图。由机架10、曲轴9、连杆8、十字头7、大小皮带轮（图中未画出）等构成。电动机通过皮带传动使曲轴旋转，通过曲轴连杆机构带动柱塞6在泵体5的柱塞孔内做往复运动，实现吸、排水。当柱塞杆6处于吸水行程时，柱塞腔容积增大，单向阀3关闭，单向阀4打开，低压水进入泵体内，完成吸水过程；当柱塞杆处于压水行程时，柱塞腔容积减少，单向阀3打开，单向阀4关闭，水被加压进入蓄能器2，经高压管进入喷射头1作业。单向阀的动作起到了控制高压水往一个方向流动的作用，即配流作用。曲轴的3个曲轴颈在曲轴上沿圆周方向的相位相差120°，故曲轴旋转时，3个柱塞交替进行吸水和排水。排出的水进入蓄能器，蓄能器的作用是消除压力脉动，即起稳压、稳流的作用。

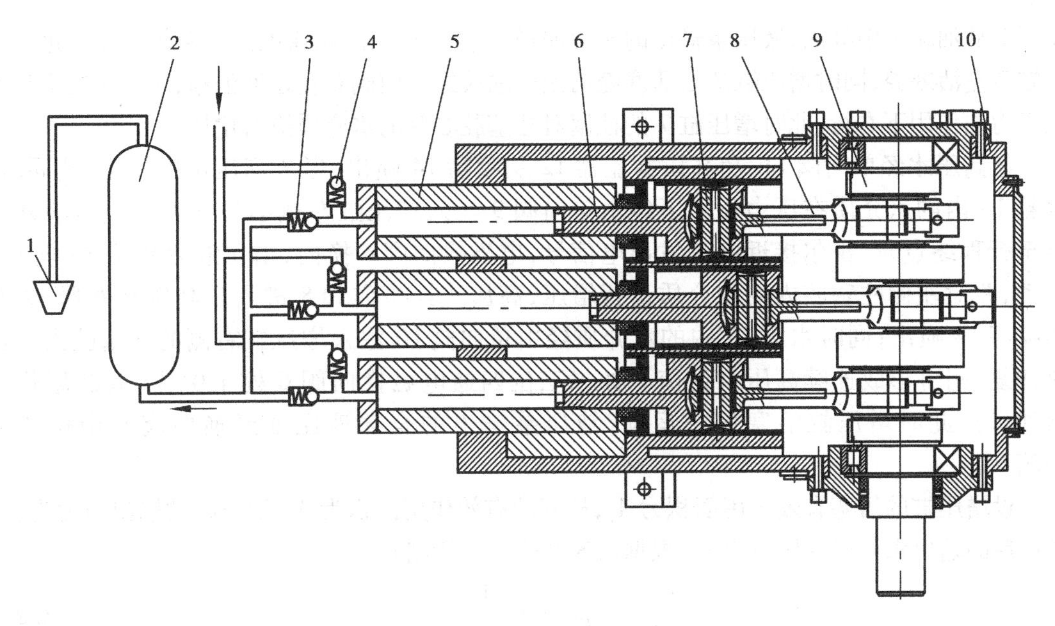

图3.26　三柱塞超高压泵

1—喷射头;2—蓄能器;3—出水单向阀;4—进水单向阀;

5—泵体;6—柱塞;7—十字头;8—连杆;9—曲轴;10—机架

3.5.2　液驱超高压泵

如图3.27所示为高压水射流切割机床用液驱超高压泵的工作原理示意图。该系统由液压油回路和高压水回路组成。其工作原理为液压油回路中,液压泵3由电动机驱动工作,经过

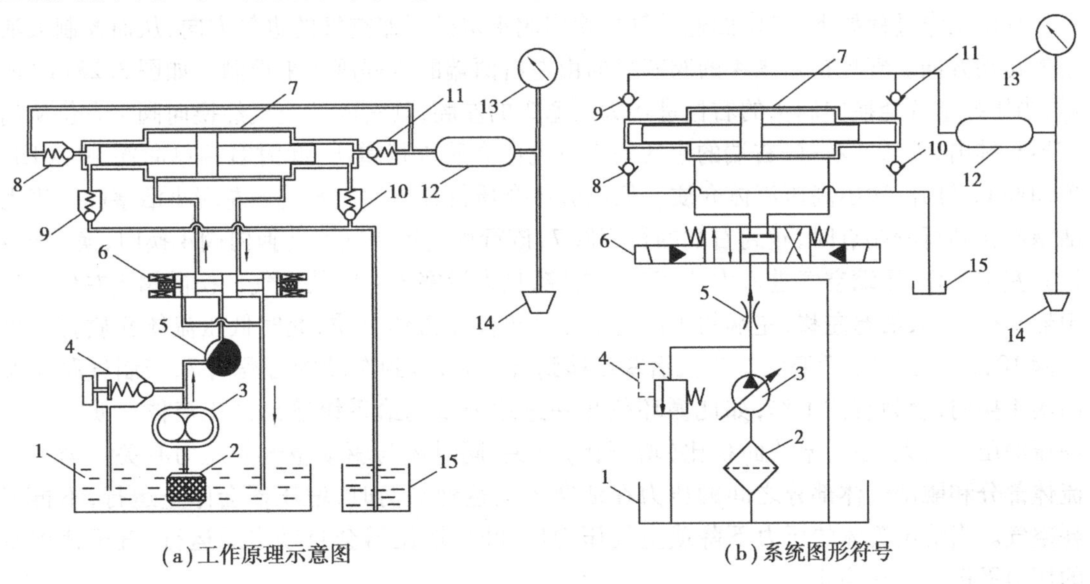

图3.27　液驱超高压泵

1—油箱;2—过滤器;3—液压泵;4—溢流阀;5—节流阀;6—电磁换向阀;7—增压缸;

8,9,10,11—单向阀;12—超高压蓄能器;13—压力表;14—水射流喷嘴;15—水箱

滤器 2 从油箱 1 中吸油,液压泵输出的压力油经节流阀 5、三位四通电磁换向阀 6 左位进入增压缸 7 左活塞腔,同时增压缸 7 右活塞腔的液压油液经换向阀 6 左位回油箱,则增压缸 7 活塞在压力油作用下右行,此时增压缸 7 的柱塞对柱塞腔右侧的水介质进行增压。

超高压水经单向阀 11、超高压蓄能器 12 从喷嘴 14 喷出,形成高压水射流;与此同时,水箱 15 内的水介质在压力作用下经由单向阀 9 注入增压缸左侧的柱塞腔内。当活塞右行至行程终点时,霍尔接近开关发出电信号,电磁换向阀 6 换向,增压缸活塞反向(向左)运动,并对左侧柱塞腔内的水介质进行增压,高压水经单向阀 8 进入超高压蓄能器 12 并从喷嘴 14 喷出;同时水箱 15 内的水介质经由单向阀 10 注入增压缸右侧的柱塞腔内。如此往复,则可形成连续高压水射流。如果三位四通电磁换向阀 6 处于中位(阀芯堵住进出油口),此时增压缸活塞停止运动,液压泵输出的全部液压油经换向阀 6 中位流回油箱。

设增压缸的活塞有效作用面积为 A_1,柱塞的有效作用面积为 A_2,液压泵的输出压力为 p_1,增压后的输出水介质的压力为 p_2,根据活塞的受力平衡则有

$$p_2 = p_1 \frac{A_1}{A_2} \tag{3.29}$$

当 $A_1 \gg A_2$ 时,p_2 可以获得很高的压力,这就是液驱增压泵的工作原理。

3.5.3 气驱超高压泵

气驱超高压泵的结构和工作原理如图 3.28 所示。它由气驱低压回路和流体高压回路两部分组成。在大活塞 3 上施加压缩空气压力 p_1,活塞杆运动,从而在小活塞腔产生一个高压 p_2(流体介质的压力)输出。

具体工作过程如下:二位四通的气控换向阀 4 切换压缩空气的进气方向,从而控制大活塞的运动方向。气控换向阀 4 的阀芯换向由左右两端的行程阀 7 来控制。如图 3.28(b)所示,当压缩空气经换向阀 4 的右位进入大活塞 3 的左腔,其右腔的空气经换向阀 4 右位从消声器 6 排出,大活塞右移,右端的小活塞 2 对流体介质进行增压,此时右端单向阀 10 关闭、单向阀 11 打开,输出高压流体介质。低压流体介质打开单向阀 8 进入左端小活塞腔。当大活塞右移到行程端点时,碰到右端的行程阀 7,该行程阀控制气路使换向阀 4 换向,换向阀 4 换到左位工作,压缩空气进入大活塞 3 的右腔,且大活塞 3 左腔的空气经换向阀 4 左位从消声器 6 排出,大活塞左移,左端的小活塞增压输出高压流体介质,此时低压流体介质打开单向阀 10,进入右端小活塞腔。当大活塞左移到端点时,碰到左端的行程阀 7,控制气路使换向阀 4 换向,换为右位工作,如此循环往复并连续不断地给系统输出高压流体介质。输出高压的压力与大、小活塞的面积比(增压比)有关,同时还与驱动空气的压力有关。当工作流体部分和驱动气体部分之间的压力在活塞 3 上达到平衡时,增压器会停止运行,不再消耗空气。当输出流体的压力下降或空气压力增加时,增压器会自动启动运行,直至达到新的压力平衡后自动停止。

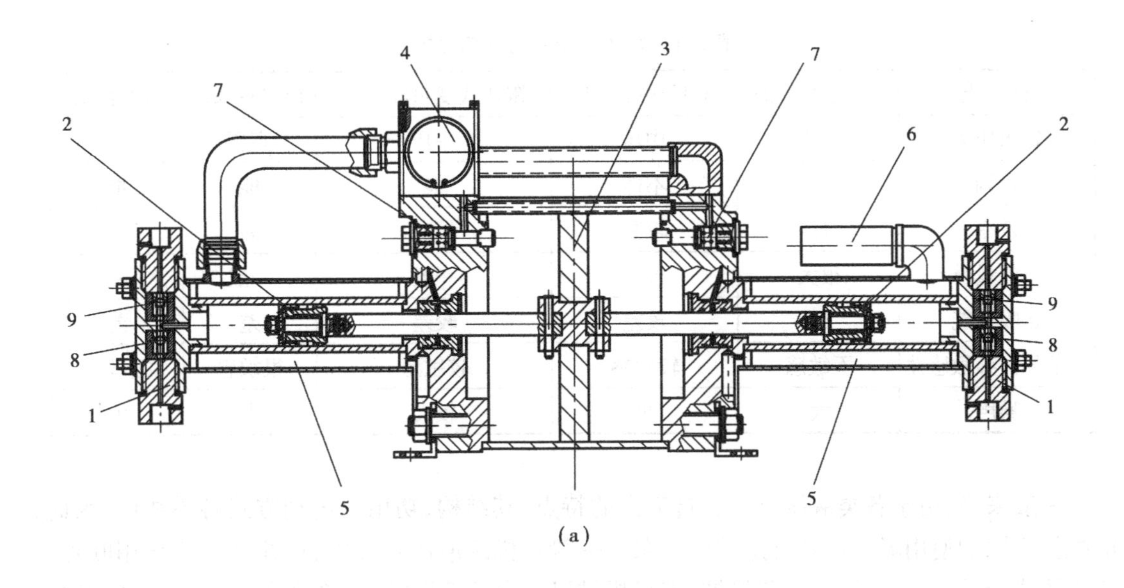

(a)

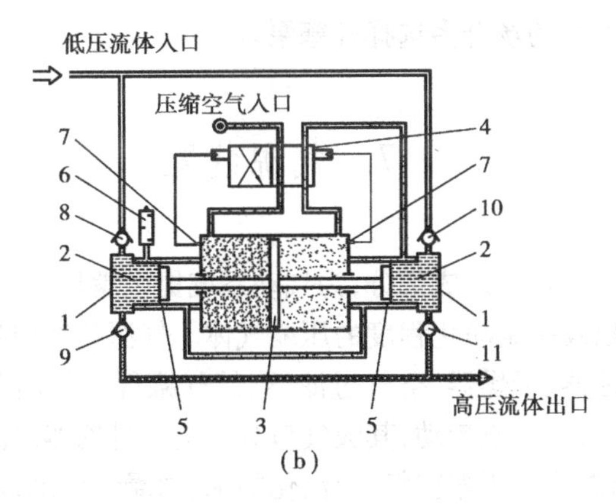

(b)

图3.28　气驱超高压泵

1—缸头;2—小活塞;3—大活塞;4—气控换向阀;5—冷却筒;

6—消声器;7—行程阀;8,10—进水单向阀;9,11—出水单向阀

3.6　液压泵的选用

液压泵是为液压系统提供一定流量和压力油液的动力元件,它是每个液压系统不可缺少的核心元件,合理地选择液压泵对于降低液压系统的能耗、提高系统的效率、降低噪声、改善工作性能和保证系统的可靠工作都十分重要。

选择液压泵的原则是根据主机工况、功率大小和系统对工作性能的要求,首先确定液压泵的类型,然后按系统所要求的压力、流量大小确定其规格型号。如表3.1所示列出了液压系统中常用液压泵的主要性能。

表 3.1 常用液压泵的性能比较

性　能	外啮合轮泵	双作用叶片泵	限压式变量叶片泵	径向柱塞泵	轴向柱塞泵
输出压力	低压	中压	中压	高压	高压
流量调节	不能	不能	能	能	能
效率	低	较高	较高	高	高
输出流量脉动	很大	很小	一般	一般	一般
自吸性能	好	较差	较差	差	差
对油的污染敏感性	不敏感	较敏感	较敏感	很敏感	很敏感
噪声	大	小	较大	大	大

一般来说,由于各类液压泵有各自突出的特点,其结构、功用和传动方式各不相同,因此,应根据不同的使用场合选择合适的液压泵。一般在机床液压系统中,往往选用双作用叶片泵或限压式变量叶片泵;而在筑路机械、港口机械以及小型工程机械中往往选择抗污染能力较强的齿轮泵;在负载大、功率大的场合多选择柱塞泵。

3.7 气源装置

气源装置是气动系统的重要组成部分,为气动系统提供满足一定质量要求的压缩空气,即具有一定的压力和流量以及一定净化程度的压缩气体。气源装置包括空气压缩机和空气净化处理设备,如冷却器、除油器、干燥器、空气过滤器、储气罐等。如图 3.29 所示,空气压缩机 1 用以产生压缩空气,一般由电动机带动,其吸气口装有空气过滤器以减少进入空气压缩机的杂质量;后冷却器 2 用以降温冷却压缩空气,使汽化的水、油凝结出来;油水分离器 3 用以分离并排出降温冷却的水滴、油滴、杂质等;储气罐 4 用以储存压缩空气,稳定压缩空气的压力并除去部分油分和水分;干燥器 5 用以进一步吸收或排除压缩空气中的水分和油分,使之成为干燥空气;过滤器 6 用以进一步过滤压缩空气中的灰尘、杂质颗粒,然后送入储气罐 7。储气罐 4 输出的压缩空气可用于一般要求的气动系统,储气罐 7 输出的压缩空气可用于要求较高的气动系统,如气动仪表及射流元件组成的控制回路等。

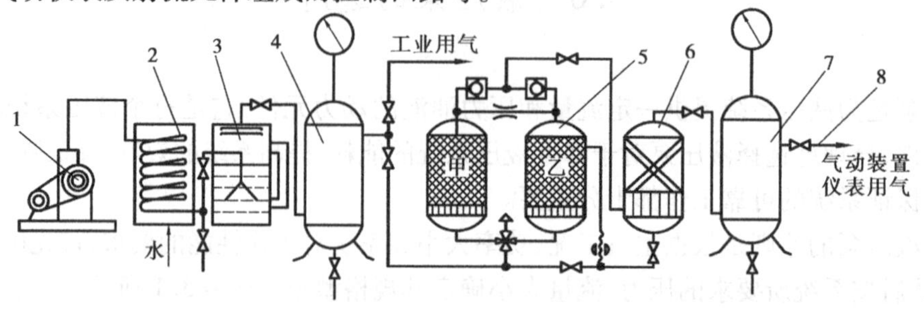

图 3.29 压缩空气站设备组成及布置示意图
1—空气压缩机;2—后冷却器;3—油水分离器;4,7—储气罐;
5—干燥器;6—空气过滤器;8—输气管道

3.7.1　空气压缩机

空气压缩机是一种气压发生装置，它是将机械能转化成气体压力能的能量转换装置。

空气压缩机种类很多，如按其工作原理可分为容积型压缩机和速度型（叶片式）压缩机。容积型压缩机的工作原理是压缩气体的体积，使单位体积内气体分子的密度增大以提高压缩空气的压力。速度型压缩机的工作原理是提高气体分子的运动速度，然后使气体的动能转化为压力能以提高压缩空气的压力。容积型压缩机按结构不同又可分为活塞式、膜片式和螺杆式等。速度型压缩机按结构不同，可分为离心式和轴流式等。目前，使用最广泛的是活塞式压缩机。

（1）活塞式空气压缩机的工作原理

活塞式空气压缩机的工作原理图3.30所示。它由气缸2、活塞1、曲柄连杆8、吸气阀7和排气阀3组成。当活塞1向下运动时，气缸2内活塞上腔的压力低于大气压力，吸气阀7被打开，空气在大气压力作用下进入气缸2内，这个过程称为“吸气过程”。当活塞1向上移动时，吸气阀7在缸内压缩气体的作用下而关闭，缸内气体被压缩致使压力升高，这个过程称为“压缩过程”。当气缸内空气压力增高到略高于输气管内压力后，排气阀3被打开，压缩空气通过输气管道进入储气罐中，这个过程称为“排气过程”。曲柄转动一周，活塞往复行程一次，实现吸气、压缩、排气及膨胀4个过程。图中只表示了一个活塞一个缸的空气压缩机，大多数空气压缩机是多缸多活塞的组合。

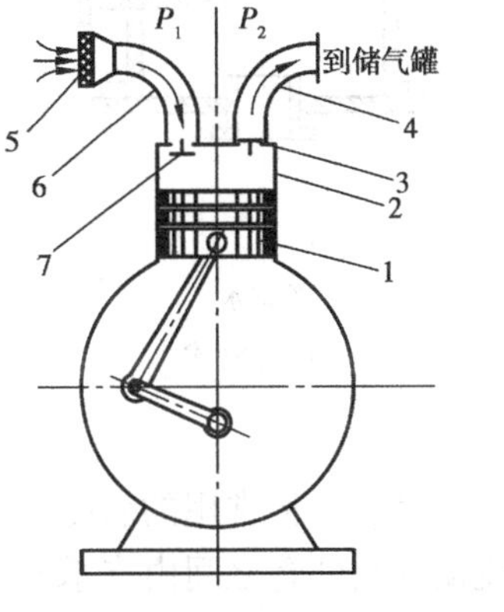

图3.30　容积式空气压缩机
1—活塞；2—气缸；3—排气阀；4—输气管；5—过滤器；6—吸气管；7—吸气阀；8—曲柄连杆

（2）空气压缩机的选用原则

空气压缩机的选用原则是满足气动系统所需要的工作压力和流量两个参数。

一般空气压缩机为中压空气压缩机，额定排气压力为1 MPa。另外还有低压空气压缩机，排气压力0.2 MPa；高压空气压缩机，排气压力为10 MPa；超高压空气压缩机，排气压力为100 MPa。

输出流量的选择，要根据整个气动系统对压缩空气的需要再加一定的备用余量，作为选择空气压缩机流量的依据。空气压缩机铭牌上的流量是自由空气流量。

3.7.2　净化处理设备

（1）后冷却器

后冷却器安装在空气压缩机出口处的管道上。它的作用是将空气压缩机排出的压缩空气温度由140～170 ℃降至40～50 ℃。这样就可使压缩空气中的油雾和水汽迅速达到饱和，使其大部分析出并凝结成油滴和水滴，以便经油水分离器排出。后冷却器的结构形式有蛇形管式、列管式、散热片式及管套式。冷却方式有水冷和气冷两种方式。

蛇管式冷却器的结构主要由一只蛇状空心盘管和一只盛装此盘管的圆筒组成。蛇状盘管可用铜管或钢管弯制而成，蛇管的表面积也就是该冷却器的散热面积。由空气压缩机排出的热空气由蛇管上部进入，如图3.31（a）所示。通过管壁与管外的冷却水进行热交换，并由蛇管下部输出。这种冷却器结构简单,使用和维修方便,但其结构笨重,因而被广泛用于流量较小的场合。

列管式冷却器,如图3.31(b)所示。它主要由外壳、封头、隔板、活动板、冷却水管及固定板所组成。冷却水管与隔板、封头焊在一起。冷却水在管内流动,空气在管间流动,活动板为月牙形。这种冷却器可用于较大流量的场合。

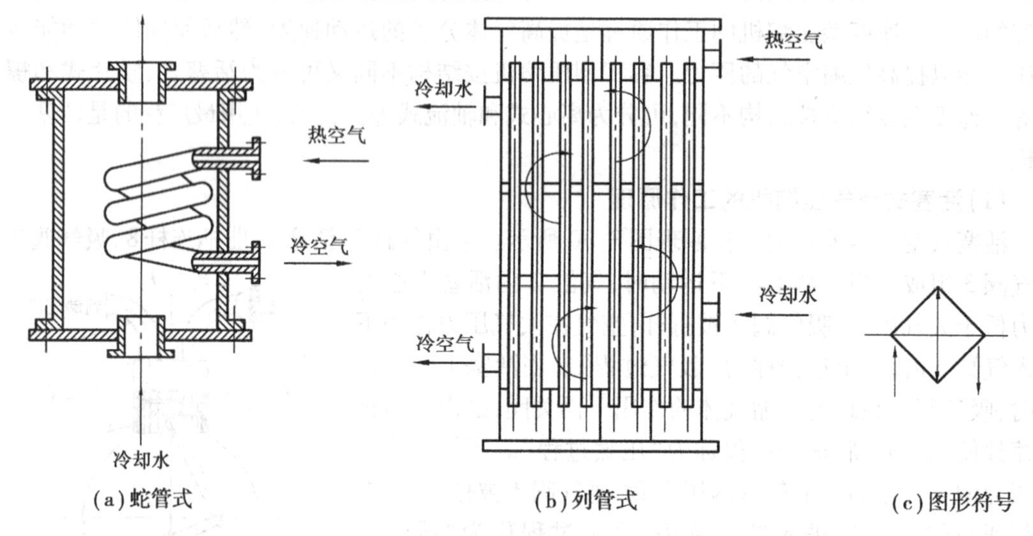

图3.31 后冷却器

另外一种常用的后冷却器是套管式冷却器,如图3.32所示。压缩空气在外管与内管之间流动,内、外管之间由支承架来支承。这种冷却器流通截面小,易达到高速流动,有利于散热冷却。管间清理也较方便。但其结构笨重,消耗金属量大,主要用在流量不太大,散热面积较小的场合。

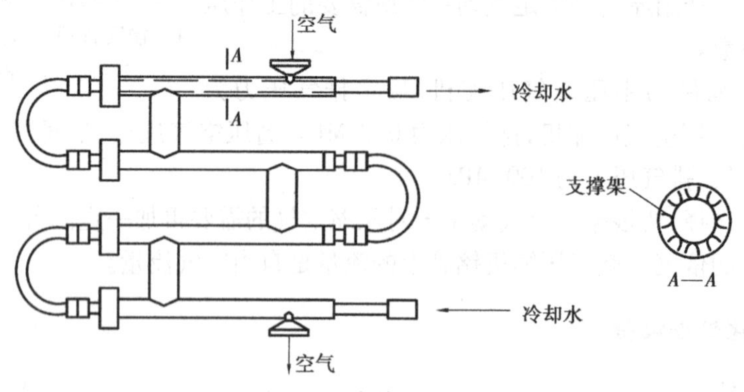

图3.32 套管式冷却器

(2)油水分离器

油水分离器安装在后冷却器出口管道上,它的作用是分离并排出压缩空气中凝聚的油分、水分和灰尘杂质等,使压缩空气得到初步净化。油水分离器的结构形式有环形回转式、撞击折回式、离心旋转式、水浴式以及以上形式的组合等。如图3.33所示为撞击折回并回转式油水分离器的结构形式。它的工作原理是当压缩空气进入分离器后,气流先受到隔板阻挡而被撞击折回向下(见图中箭头所示流向);之后又上升产生环形回转,这样凝聚在压缩空气中的油滴、水滴等杂质受惯性力作用而分离析出,沉降于分离器底部,由放水阀定期排出。

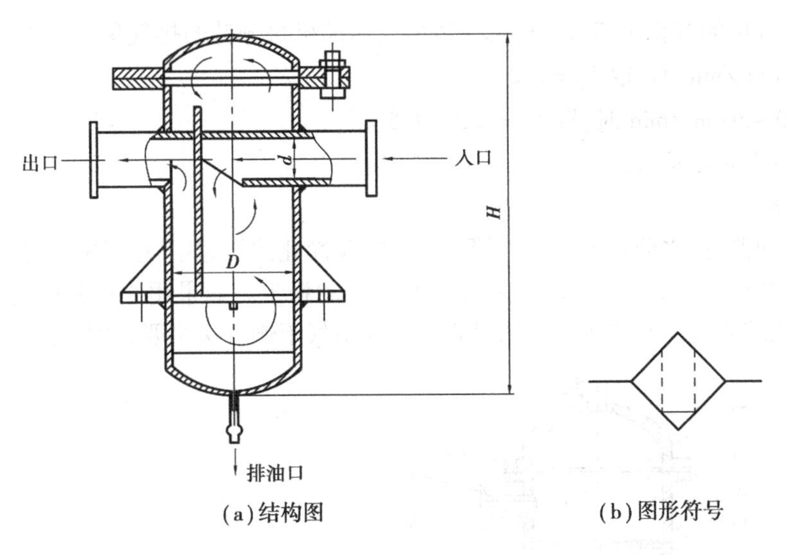

(a)结构图　　(b)图形符号

图3.33　油水分离器

(3)储气罐

储气罐的作用:一是消除压力波动,保证输出气流的连续性;二是储存一定数量的压缩空气,调节用气量或以备发生故障和临时需要应急使用;三是进一步分离压缩空气中的水分和油分。储气罐一般采用圆筒状焊接结构,有立式和卧式两种,一般以立式居多。立式储气罐结构如图3.34所示。它的高度为其直径D的2~3倍,同时应使进气管在下,出气管在上,并尽可能加大两管之间的距离,以利于进一步分离空气中的油水。同时,每个储气罐应有以下附件:

①安全阀。调整极限压力,通常比正常工作压力高10%。

②清理、检查用的孔口。

③指示储气罐罐内空气压力的压力表。

④储气罐的底部应有排放油水的接管。

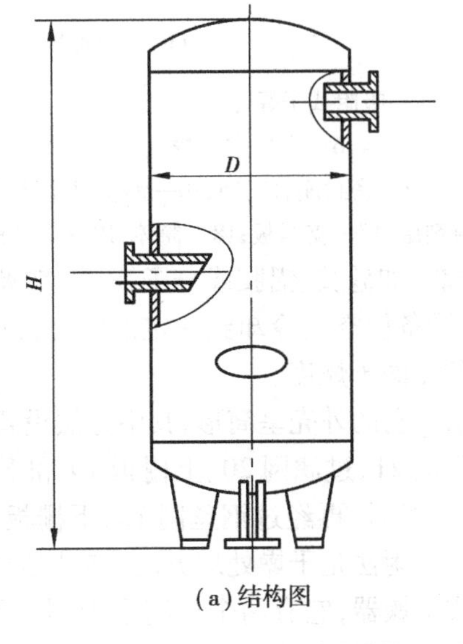

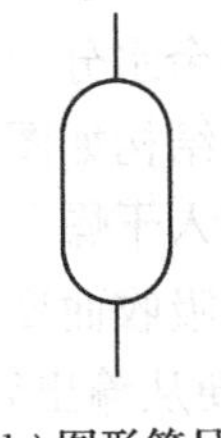

(a)结构图　　(b)图形符号

图3.34　储气罐

在选择储气罐的容积 V_c 时，一般都是以空气压缩机每分钟的排气量 q 为依据选择的。

当 $q<6.0\ m^3/min$ 时，取 $V_c=1.2\ m^3$；

当 $q=6.0\sim30\ m^3/min$ 时，取 $V_c=1.2\sim4.5\ m^3$；

当 $q>30\ m^3/min$ 时，取 $V_c=4.5\ m^3$。

(4) 干燥器

经过后冷却器、油水分离器和储气罐后得到初步净化的压缩空气，已能满足一般气压传动的需要，但压缩空气中仍含一定量的油、水以及少量的粉尘。如果用于精密的气动装置、气动仪表等，上述压缩空气还必须进行干燥处理。压缩空气干燥方法主要采用吸附法和冷却法。

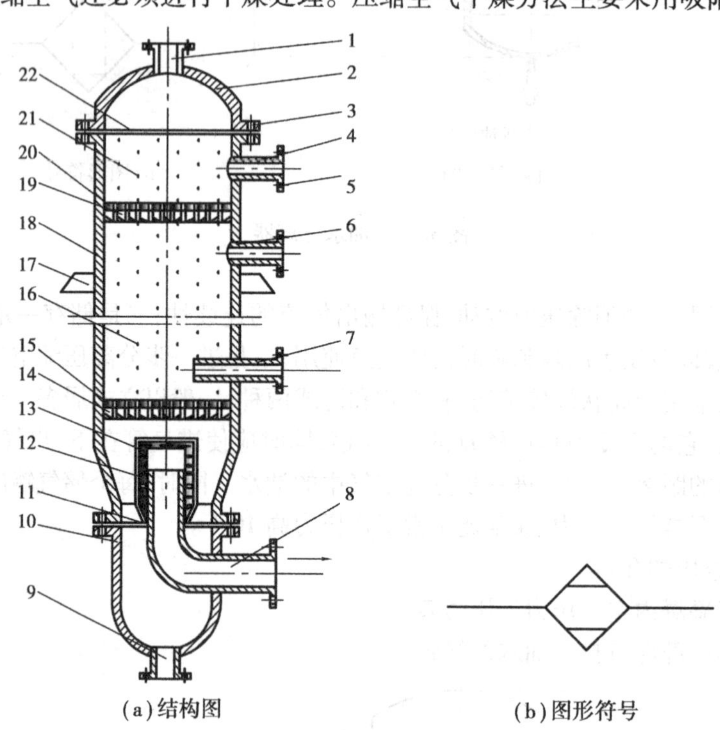

(a) 结构图　　(b) 图形符号

图 3.35　吸附式干燥器

1—湿空气进气管；2—顶盖；3,5,10—法兰；4,6—再生空气排气管；7—再生空气进气管；8—干燥空气输出管；9—排水管；11,22—密封座；12,15,20—钢丝过滤网；13—毛毡；14—下栅板；16,21—吸附剂层；17—支撑板；18—筒体；19—上栅板

吸附法是利用具有吸附性能的吸附剂（如硅胶、铝胶或分子筛等）来吸附压缩空气中含有的水分而使其干燥。冷却法是利用制冷设备使空气冷却到一定的露点温度，析出空气中超过饱和水蒸气部分的多余水分，从而达到所需的干燥度。

吸附式干燥器的结构如图 3.35 所示。它的外壳呈筒形，其中分层设置栅板、吸附剂、滤网等。湿空气从管 1 进入干燥器，通过吸附剂 21、过滤网 20、上栅板 19 和下部吸附层 16 后，因其中的水分被吸附剂吸收而变得很干燥。然后，再经过钢丝网 15、下栅板 14 和过滤网 12，干燥、洁净的压缩空气便从输出管 8 排出。吸附法是干燥处理方法中应用最为普遍的一种方法。

如图 3.36 所示为一种不加热再生式干燥器，它有两个填满干燥剂的相同容器，空气从一个容器的下部流到上部，水分被干燥剂吸收而得到干燥，一部分干燥后的空气又从另一个容器的上部流到下部，从饱和的干燥剂中把水分带走并放入大气，即实现了不需外加热源而使吸附剂再生，Ⅰ，Ⅱ两容器定期的交换工作（为5～10 min）使吸附剂产生吸附和再生，这样可得到连续输出的干燥压缩空气。

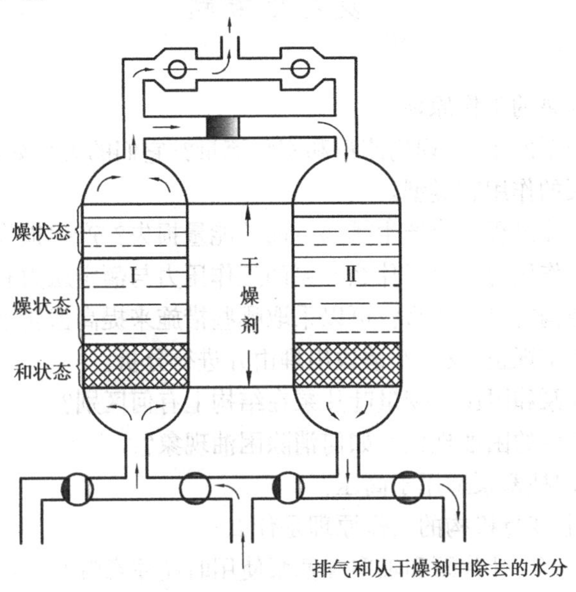

图3.36　不加热再生式干燥器

（5）过滤器

空气的过滤是气动系统中的重要环节。过滤器的作用是进一步滤除压缩空气中的杂质。常用的过滤器有一次性过滤器（也称简易过滤器，滤灰效率为50%～70%）。二次过滤器（滤灰效率为70%～99%）。在要求高的特殊场合，还可使用高效率的过滤器（滤灰效率大于99%）。

如图3.37所示为一种一次过滤器，气流由切线方向进入筒内，在离心力的作用下分离出液滴，然后气体由下而上通过多片钢板、毛毡、硅胶、焦炭、滤网等过滤吸附材料，干燥清洁的空气从筒顶输出。

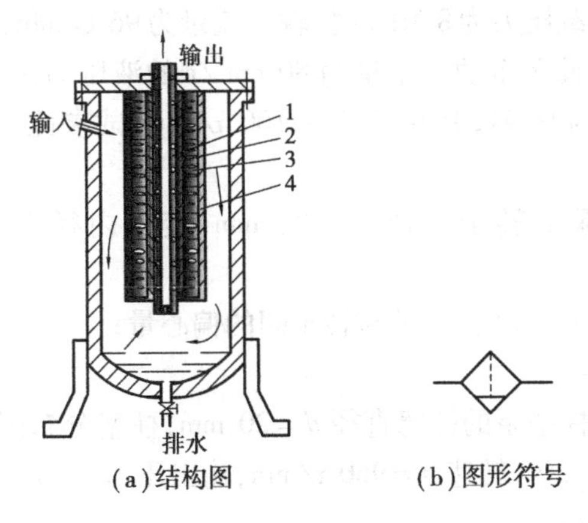

（a）结构图　　（b）图形符号

图3.37　一次过滤器

1—ϕ10密孔网；2—280目细钢丝网；3—焦炭；4—硅胶等

复习思考题

3.1 简述容积式泵的工作原理。

3.2 什么是液压泵的排量、理论流量和实际流量？它们的关系如何？

3.3 简述液压泵的作用和类型。

3.4 液压泵在工作过程中会产生哪两方面的能量损失？产生损失的原因何在？

3.5 液压泵的工作压力取决于什么？泵的工作压力与额定压力有何区别？

3.6 齿轮泵的结构特点是什么？可以采取哪些措施来提高齿轮泵的压力？

3.7 叶片泵能否实现正、反转？请说出理由并进行分析。

3.8 双作用叶片泵和限压式变量叶片泵在结构上有何区别？

3.9 什么是液压泵的困油现象？如何消除困油现象？

3.10 为什么轴向柱塞泵适用于高压？

3.11 柱塞泵伺服变量机构的工作原理是什么？

3.12 外啮合齿轮泵、叶片泵和轴向柱塞泵使用时应注意哪些事项？

3.13 简述齿轮泵、叶片泵、柱塞泵的优缺点及应用场合。

3.14 简述气源装置的组成以及组成设备的作用。

3.15 简述往复式活塞空气压缩机的工作原理。

3.16 某液压泵在转速 $n=950$ r/min 时，理论流量 $q_t=160$ L/min。在同样的转速和压力 $p=29.5$ MPa 时，测得泵的实际流量为 $q=150$ L/min，总效率 $\eta=0.87$，求：

1）泵的容积效率 η_V；

2）泵在上述工况下所需的电动机功率 P；

3）泵在上述工况下的机械效率 η_m；

4）驱动泵的转矩。

3.17 某液压泵当负载压力为 8 MPa 时，输出流量为 96 L/min，而负载压力为 10 MPa 时，输出流量为 94 L/min。用此泵带动一排量为 80 cm^3/r 的液压马达，当负载转矩为 120 N · m 时，液压马达的机械效率为 0.94，其转速为 1 100 r/min，试求此时液压马达的容积效率为多少？

3.18 某变量叶片泵的转子外径 $d=83$ mm，定子内径 $D=89$ mm，叶片宽度 $B=30$ mm。求：

1）当泵的排量 $V=16$ mL/r 时，定子与转子间的偏心量；

2）泵的最大排量。

3.19 某斜盘式轴向柱塞泵的柱塞直径 $d=20$ mm，柱塞分布圆直径 $D=70$ mm，柱塞数 $Z=7$。当斜盘倾角 $\gamma=22°30'$，转速 $n=960$ r/min，输出压力 $p=16$ MPa，容积效率 $\eta_V=0.95$，机械效率 $\eta_m=0.9$ 时，试求：

1）泵的理论流量；

2）实际流量；

3）所需电动机功率。

3.20　画出限压式变量叶片泵的流量-压力特性曲线，说明下面问题：

1）什么叫压力拐点 p_B、最大工作力 p_{max} 以及与 p_C 之间关系，p_{max} 与该泵的额定压力 p_H 有什么区别？

2）如果分别将偏心量 e_{max} 调大，将限定压力 p_x 调大，将弹簧刚度 k 增大。以上3种情况将分别会使曲线图如何变化？

第 4 章 执行元件

执行元件是将流体的压力能转换为机械能的能量转换装置，包括液压马达、气马达、液压缸和气缸。液压马达和气马达是输出旋转运动的执行元件，而液压缸、气缸是输出直线运动的执行元件。

4.1 液压马达

4.1.1 液压马达

液压马达是把液体的压力能转换为机械能的装置，从原理上讲，液压泵可以作液压马达用，液压马达也可作液压泵用。但事实上同类型的液压泵和液压马达虽然在结构上相似，但由于两者的工作情况不同，使得两者在结构上也有某些差异而不能互换。

液压马达按其结构类型，可分为齿轮式、叶片式和柱塞式等。

液压马达按其额定转速高低，可分为高速液压马达和低速液压马达两大类。额定转速高于 500 r/min 的属于高速液压马达；额定转速低于 500 r/min 的属于低速液压马达。

高速液压马达包括齿轮式、叶片式和轴向柱塞式等。它们的主要特点是转速较高、转动惯量小，便于启动和制动，调速和换向的灵敏度高。通常高速液压马达的输出转矩不大（仅几十 N · m 到几百 N · m），故又称为高速小转矩液压马达。

低速液压马达的基本形式是径向柱塞式，如单作用曲轴连杆式、液压平衡式和多作用内曲线式等。低速液压马达的主要特点是排量大、体积大、转速低，因此，可直接与工作机构联接，不需要减速装置，使传动机构大为简化，通常低速液压马达输出转矩较大（可达几千 N · m 到几万 N · m），故又称为低速大转矩液压马达。

4.1.2 液压马达的工作原理

(1) 齿轮马达的工作原理

外啮合齿轮液压马达工作原理如图 4.1 所示。当高压油 p 进入马达的高压腔时，处于高

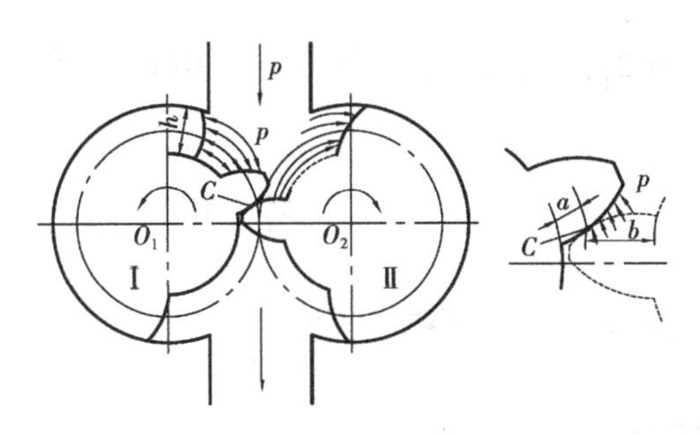

图4.1　齿轮液压马达工作原理

压腔所有的轮齿的齿廓均受到压力油的作用,其中相互啮合的两个轮齿只有一部分齿面受高压油的作用。假设 C 为Ⅰ,Ⅱ两齿轮的啮合点,h 为齿轮的全齿高。啮合点 C 到两齿轮Ⅰ,Ⅱ的齿根距离分别为 a 和 b,齿宽为 B,则在两个齿轮Ⅰ,Ⅱ上产生转矩的作用力分别为 $pB(h-a)$ 和 $pB(h-b)$。这两个作用力的转矩对输出轴来说方向一致,故总的输出转矩为二者之和。随着齿轮按图示方向旋转,油液被带到低压腔排出。齿轮液压马达的排量公式同齿轮泵。

与齿轮泵相比,齿轮液压马达有以下结构特点:

①为了适应正反转的要求,齿轮马达结构对称,即进出油口相等,泄漏油需经单独的外泄油口引出壳体外。

②为了减少启动摩擦转矩,齿轮马达轴必须采用滚动轴承。

③为了减少输出转矩的脉动,齿轮马达的齿数一般较齿轮泵多。

(2)叶片马达的工作原理

如图4.2所示为叶片液压马达的工作原理图,当压力为 p 的油液从进油口进入叶片1和3之间时,因叶片2两侧面均受压力油的作用所以不产生转矩;而叶片1,3的一侧作用有压力油,但由于叶片3的作用面积大于叶片1的作用面积,因此,作用于叶片3的液压力大于作用于叶片1的液压力,故转子产生顺时针的转矩。同理,当压力油进入叶片5和7之间时,也产生顺时针转矩,故马达顺时针旋转。当配油方向改变时,液压马达就反转。输出的转矩的大小与液压马达的结构尺寸和进口压力有关。

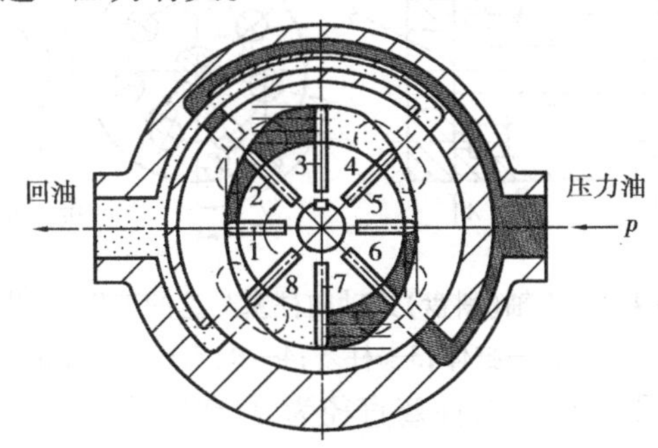

图4.2　叶片液压马达的工作原理

对于图4.2所示叶片马达,假设马达回油压力为零,则马达顺时针转矩 T_1 和逆时针转矩 T_2 分别为

$$T_1 = 2\left[p(R_1 - r)B \cdot \frac{R_1 + r}{2}\right] = B(R_1^2 - r^2) \cdot p \tag{4.1}$$

$$T_2 = 2\left[p(R_2 - r)B \cdot \frac{R_2 + r}{2}\right] = B(R_2^2 - r^2) \cdot p \tag{4.2}$$

故马达输出总转矩 T 为

$$T = T_1 - T_2 = B(R_1^2 - R_2^2) \cdot p \tag{4.3}$$

式中 B——叶片宽度；

R_1, R_2——定子内轮廓圆弧长半径和短半径；

r——转子半径；

p——马达的进口压力；

T_1, T_2——转子顺时针方向和逆时针方向转矩。

由式(4.3)、式(4.1)、式(4.2)可知，对结构尺寸已确定的叶片马达，其输出转矩 T 决定于马达进口压力。

叶片马达的体积小，转动惯量小，因此动作灵敏，可适应的换向频率较高。但泄漏较大，不能在很低的转速下工作。因此，叶片马达一般用于转速高、转矩小和动作灵敏的场合。

(3)轴向柱塞马达的工作原理

轴向柱塞马达的结构形式基本上与轴向柱塞泵一样，故其种类与轴向柱塞泵相同，也分为直轴式轴向柱塞马达和斜轴式轴向柱塞马达两类。

如图4.3所示为直轴式轴向柱塞马达工作原理图。当压力油经配流盘进入液压马达时，处于高压腔的柱塞(图示左半区)被顶出压向斜盘，斜盘对柱塞产生反作用力 F。该力可分解为沿柱塞轴向的分力 F_x 和垂直于柱塞的径向分力 F_y。其中，F_x 与柱塞所受液压力 pA 平衡，F_y 相对转子(缸体)中心产生转矩，作用力臂 r_i 为该力与缸体中心的水平距离。因此，产生使缸体旋转的转矩。由于在高压腔区域有多个柱塞作用，因此柱塞马达输出总的转矩为 $T = \sum T_i$。改变配油方向，马达则反转。

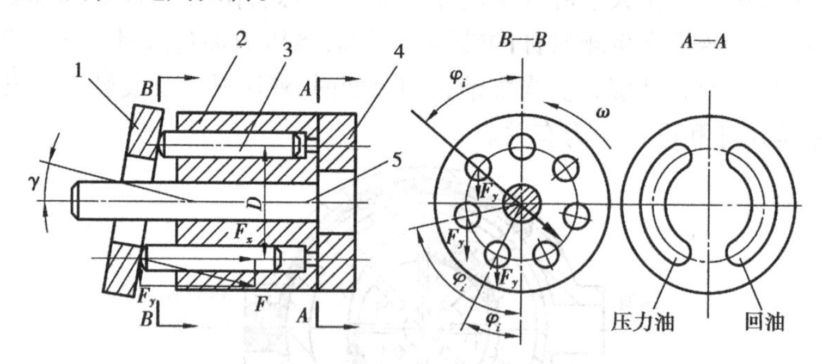

图4.3 直轴(斜盘)式轴向柱塞马达的工作原理图

1—斜盘;2—缸体;3—柱塞;4—配流盘;5—输出轴

设柱塞在缸体的分布圆直径为 D，柱塞直径为 d，高压腔压力为 p，斜盘倾角为 γ，高压区域内的柱塞数为 N。则单个柱塞所产生的轴向液压力 F 为

$$F = \frac{\pi}{4}d^2 p \tag{4.4}$$

单个柱塞的径向分力 F_y 为

$$F_y = F \cdot \tan\gamma = \frac{\pi}{4}d^2 p \cdot \tan\gamma \tag{4.5}$$

单个柱塞产生的瞬时转矩 T_i 为

$$T_i = F_y \frac{D}{2} \sin \varphi_i = \frac{\pi}{8} d^2 pD \tan \gamma \sin \varphi_i \tag{4.6}$$

液压马达总的输出转矩 T 为

$$T = \sum_{i=1}^{N} T_i = \frac{\pi}{8} d^2 pD \tan \gamma \sum_{i=1}^{N} \sin \varphi_i \tag{4.7}$$

式中　φ_i——柱塞的瞬时方位角，即柱塞中心与缸体回转中心的连线与缸体垂直中线的夹角。

由式(4.7)可知，由于柱塞的瞬时方位角呈周期性变化，液压马达总的输出转矩也周期性变化，因此，液压马达输出的转矩是脉动的，通常只计算马达的平均转矩。当柱塞的数目较多且为单数时，脉动较小。

4.1.3　液压马达的主要性能参数

(1)液压马达的压力

1)工作压力 Δp

工作压力是指液压马达在实际工作时入口压力与回油压力的差值。一般在马达出口直接回油箱的情况下，可认为马达的入口压力就是马达的工作压力。

2)额定压力

额定压力是指液压马达在正常工作状态下，按实验标准连续使用中允许达到的最高压力。

(2)排量、流量

1)排量

液压马达的排量是指马达在没有泄漏的情况下，每转一转所需输入油液的体积。它是按液压马达工作容积的几何尺寸变化计算所得出的，有时称为几何排量、理论排量，即不考虑泄漏损失时的排量。

液压马达的排量表示出其密封容积的大小，它是一个重要的参数。排量的大小是液压马达工作能力的重要标志。

2)流量

液压马达的流量分理论流量和实际流量。

①理论流量 q_{Mt}。是指马达在没有泄漏的情况下，单位时间内其密封容积变化所需输入的油液的体积。等于马达排量和转速的乘积，即

$$q_{Mt} = V_M \cdot n_M \tag{4.8}$$

式中　q_{Mt}——马达的理论流量，m^3/s；

n_M——液压马达转速，r/s；

V_M——液压马达的排量，m^3/r。

②实际流量 q_M。是指马达在单位时间内实际输入的油液的体积。

(3)液压马达输出的理论转矩

根据排量的大小，可计算在给定压力下液压马达所能输出的转矩的大小，也可计算在给定的负载转矩下马达的工作压力的大小。如果不计损失，液压马达输入的液压功率应当全部转化为液压马达输出的机械功率，则

$$\Delta p q_{Mt} = T_t \omega \tag{4.9}$$

故液压马达的理论转矩 T_t 为

$$T_t = \frac{\Delta p q_{Mt}}{2\pi n_M} \tag{4.10}$$

或

$$T_t = \frac{\Delta p V_M}{2\pi} \tag{4.11}$$

式中 Δp——液压马达进、回油口之间的压力差,$\mathrm{p_a}$;

q_{Mt}——输入液压马达的流量,$\mathrm{m^3/s}$;

ω——输出轴角速度,rad/s。

(4)液压马达的效率

1)机械效率 η_{Mm}

由于液压马达内部不可避免地存在各种摩擦,实际输出的转矩 T 总要比理论转矩 T_t 小些,其实际输出转矩与理论转矩的比值称为马达的机械效率 η_{Mm},即

$$\eta_{Mm} = \frac{T}{T_t} \tag{4.12}$$

2)容积效率 η_{MV}

由于马达存在泄漏,马达的实际输入流量大于理论流量,其理论流量 q_{Mt} 与实际流量 q 的比值称为马达的容积效率 η_{MV},即

$$\eta_{MV} = \frac{q_{Mt}}{q} \tag{4.13}$$

3)液压马达的总效率 η_M

输出功率与输入功率的比值就是液压马达的总效率 η_M,即

$$\eta_M = \frac{T\omega}{pq} = \frac{(T_t\eta_{Mm})\omega}{p\left(\frac{q_{Mt}}{\eta_{MV}}\right)} = \left(\frac{T_t\omega}{pq_t}\right)\eta_{Mm}\eta_{MV} = \eta_{Mm}\eta_{MV} \tag{4.14}$$

故液压马达的总效率等于机械效率和容积效率的乘积。

(5)液压马达的理论转速和实际转速

液压马达的实际转速 n_M 取决于供液的流量和液压马达本身的排量 V_M,可计算为

$$n_M = \frac{q}{V_M} = \frac{\frac{q_{Mt}}{V_M}}{\eta_{MV}} = \frac{n_{Mt}}{\eta_{MV}} \tag{4.15}$$

式中 n_M——液压马达的实际转速,r/min;

n_{Mt}——液压马达的理论转速,r/min;

η_{MV}——液压马达的容积效率。

液压马达的实际转速要比理论转速低一些。需要注意的是,为了使液压马达达到规定的转速,输入液压马达的实际流量应大于其理论流量。

4.1.4 液压马达的选用

选用液压马达时,应考虑以下4个因素:

①根据负载转矩和转速要求确定马达所需的转矩和转速大小。

②根据负载和转速确定液压马达的工作压力和排量大小。

③根据执行元件的转速要求确定采用定量马达还是变量马达。

④对于液压马达不能直接满足负载转矩和转速要求的,可以考虑配置减速机构。

4.2　气马达

气马达是利用压缩空气实现旋转运动的执行元件。它的作用相当于电动机或液压马达,即输出力矩,拖动机构做旋转运动。

4.2.1　气马达的分类及特点

气马达按结构形式,可分为叶片式、活塞式和齿轮式气马达等。最为常见的是活塞式和叶片式气马达。叶片式气马达制造简单,结构紧凑,但低速运动转矩小,低速性能不好,适用于中、低功率的机械,目前在矿山及风动工具中应用普遍。活塞式气马达在低速情况下有较大的输出功率,它的低速性能好,适宜于载荷较大和要求低速转矩的机械,如起重机、绞车、绞盘、拉管机等。

4.2.2　气马达的工作原理

如图4.4所示为叶片式气马达的工作原理图。它的主要结构和工作原理与叶片液压马达相似,主要包括一个径向装有3~10个叶片的转子,偏心安装在定子内,转子两侧有前后盖板(图中未画出),叶片在转子的槽内可径向滑动,叶片底部通有压缩空气,转子转动是靠离心力和叶片底部气压将叶片紧压在定子内表面上。定子内有半圆形的切沟,提供压缩空气及排出废气。

当压缩空气从定子 A 口进入转子叶片间,会使叶片带动转子做逆时针旋转,产生转矩。废气从排气口 C 排出;而定子腔内残留气体则从 B 口排出。如需改变气马达旋转方向,只需改变进、排气口即可。

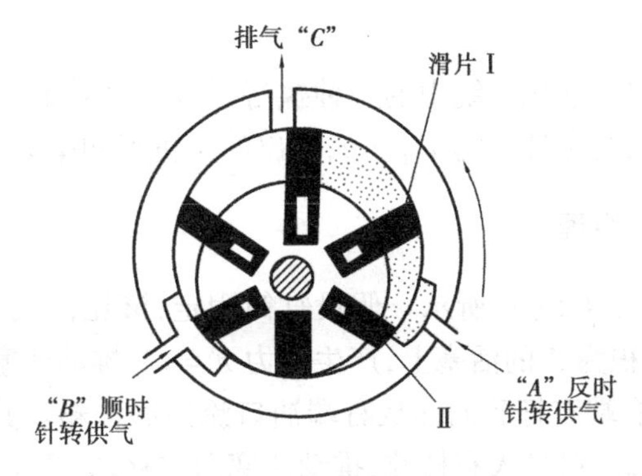

图4.4　叶片式气马达工作原理图

与液压马达相比,气马达具有以下特点:

①工作安全。可以在易燃易爆场所工作,同时不受高温和振动的影响。

②可以长时间满载工作而温升较小。

③可以无级调速。控制进气流量,就能调节马达的转速和功率。额定转速从每分钟几十转到几十万转。

④具有较高的启动力矩。可直接带负载运动。

⑤结构简单,操纵方便,维护容易,成本低。

⑥输出功率相对较小,最大只有 20 kW 左右。

⑦耗气量大,效率低,噪声大。

如表 4.1 所示列出了各种气马达的特点及应用范围,可供选择和使用时参考。

表 4.1　各种气马达的特点及应用范围

形　式	转　矩	速　度	功　率	每千瓦耗气量 Q /($m^3 \cdot min^{-1}$)	特点及应用范围
叶片式	低转矩	高速度	由零点几千瓦到 1.3 kW	小型:1.8～2.3 大型:1.0～1.4	制造简单,结构紧凑,但低速启动转矩小,低速性能不好,适用于要求低或中功率的机械,如手提工具、复合工具、传送带、升降机、泵、拖拉机等
活塞式	中高转矩	低速或中速	由零点几千瓦到 1.7 kW	小型:1.9～2.3 大型:1.0～1.4	在低速时有较大的功率输出和较好的转矩特性。启动准确,且启动和停止特性均较叶片式好,适用于载荷较大和要求低速转矩较高的机械,如手提工具、起重机、绞车、绞盘、拉管机等
薄膜式	高转矩	低速度	小于 1 kW	1.2～1.4	适用于控制要求很精确、启动转矩极高和速度低的机械

4.3　液 压 缸

液压缸又称为油缸,它是液压系统中的一种执行元件。其功能就是将液压能转变成直线往复式的机械运动,即输入的是液压功率 $p \cdot q$,输出的是机械功率 $F \cdot v$。

4.3.1　液压缸的工作原理

液压缸的工作原理如图 4.5(a)所示。假设缸筒固定,液压油从左端油口进入无杆腔,压力为 p 的液压油作用在面积为 A 的活塞上,产生推力 $F = pA$,推动活塞向右移动,活塞杆伸出,活塞杆伸出速度 $v = q/A$,右端有杆腔的油从右端油口流出回油箱。其数学模型如图 4.5 (b)所示。油液换向后,从右端油口进入有杆腔,推动活塞向左移动,活塞杆回缩,拉动负载对外界做功,左端无杆腔的油从左端油口流出回油箱。

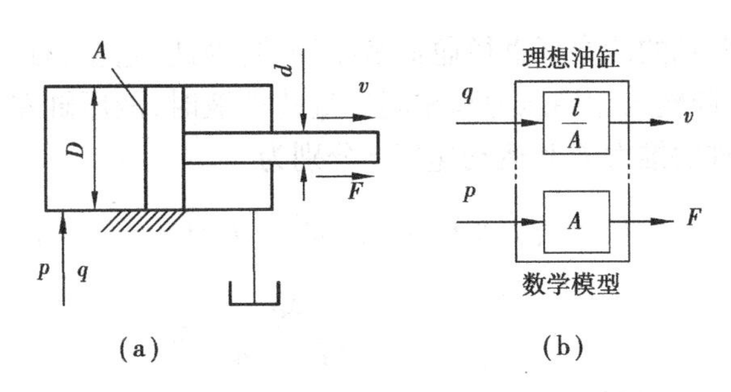

图4.5　液压缸的工作原理

4.3.2　液压缸的分类

液压缸按供油方向分单作用缸和双作用缸。单作用缸只是从缸的一侧通入高压油，使活塞杆伸出，活塞杆回缩时靠外力或弹簧力。双作用缸则可分别向缸的两侧输入压力油，活塞的正反向运动均靠液压力完成。

按结构形式，可分为活塞缸、柱塞缸、伸缩套筒缸、摆动液压缸。

按活塞杆形式，可分为单活塞杆缸、双活塞杆缸。

按液压缸的特殊用途，可分为串联缸、增压缸、增速缸、步进缸等。此类缸都不是一个单纯的缸，而是与其他缸筒和构件组合而成，又称组合缸。

活塞缸、柱塞缸实现往复直线运动，输出推力和速度，摆动液压缸实现小于360°的往复摆动，输出转矩和角速度。

4.3.3　液压缸的工作特性

(1)活塞式液压缸

活塞式液压缸根据使用要求不同分为双杆式活塞缸、单杆式活塞缸和无杆液压缸3种。

1)双杆式活塞缸

活塞两端都有一根直径相等的活塞杆伸出的液压缸称为双杆式活塞缸，它一般由缸体、缸盖、活塞、活塞杆和密封件等零件构成。根据安装方式不同可分为缸筒固定式和活塞杆固定式两种。

如图4.6(a)所示为缸筒固定式的双杆活塞缸。它的进、出口布置在缸筒两端，活塞通过活塞杆带动工作台移动，当活塞的有效行程为 l 时，整个工作台的运动范围为 $3l$，故机床占地面积大，一般适用于小型机床。当工作台行程要求较长时，可采用如图4.6(b)所示的活塞杆固定的形式，这时缸体与工作台相联，活塞杆通过支架固定在机床上，动力由缸体传出。这种安装形式中，工作台的移动范围等于液压缸有效行程 l 的2倍($2l$)，因此占地面积小。进、出油口可设置在固定不动的空心的活塞杆的两端，也可设置在缸筒上。

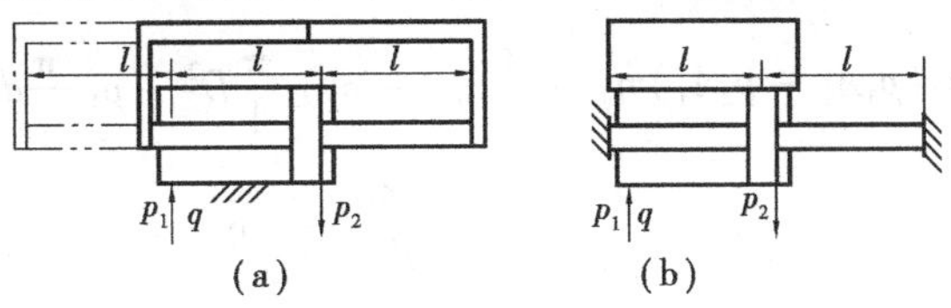

图4.6　双杆活塞缸

由于双杆活塞缸两端的活塞杆直径通常是相等的,因此,它左、右两腔的有效作用面积也相等。当分别向左、右腔输入相同压力和相同流量的油液时,液压缸左、右两个方向的推力和速度相等。双杆活塞缸的推力 F 和运动速度 v 分别为

$$F = (p_1 - p_2)A\eta_m = \frac{\pi}{4}(D^2 - d^2)(p_1 - p_2)\eta_m \tag{4.16}$$

$$v = \frac{q}{A}\eta_v = \frac{4q}{\pi(D^2 - d^2)}\eta_v \tag{4.17}$$

式中 D,d——活塞和活塞杆的直径;

p_1,p_2——液压缸进、出口的压力;

q——输入流量;

A——活塞的有效作用面积。

2)单杆式活塞缸

单杆式活塞缸,又称单出杆液压缸,如图 4.7 所示。根据进油和回油的方向不同,可分为 3 种形式:无杆腔进油、有杆腔进油和差动联接。3 种联接方式的输出特性各不相同。

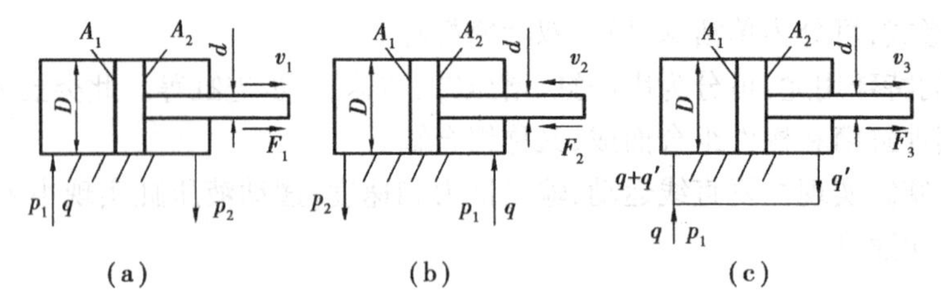

图 4.7 单杆式活塞缸工作原理

①无杆腔进油。如图 4.7(a)所示,当压力油进入无杆腔时,液压缸输出的推力 F_1 和活塞的移动速度 v_1 分别为

$$F_1 = (p_1A_1 - p_2A_2)\eta_m = \left[(p_1 - p_2)\frac{\pi}{4}D^2 + p_2\frac{\pi}{4}d^2\right]\eta_m \tag{4.18}$$

$$v_1 = \frac{q\eta_v}{A_1} = \frac{4q}{\pi D^2}\eta_v \tag{4.19}$$

式中 A_1,A_2——无杆腔和有杆腔活塞的有效作用面积;

D,d——活塞和活塞杆的直径;

q——进油流量;

p_1,p_2——进、回油压力;

η_v,η_m——液压缸的容积效率和机械效率。

②有杆腔进油。如图 4.7(b)所示,当压力油进入有杆腔时,液压缸输出的推力 F_2 和活塞的移动速度 v_2 分别为

$$F_2 = (p_1A_2 - p_2A_1)\eta_m = \left[(p_1 - p_2)\frac{\pi}{4}D^2 - p_1\frac{\pi}{4}d^2\right]\eta_m \tag{4.20}$$

$$v_2 = \frac{q\eta_v}{A_2} = \frac{4q}{\pi(D^2 - d^2)}\eta_v \tag{4.21}$$

式中,各符号意义同上。

由于 $A_1 > A_2$,故 $F_1 > F_2$,$v_1 < v_2$。这就是说,无杆腔进油时,液压缸输出的推力大,而活塞

的运动速度小（适用于工作时的慢速进给情况）；有杆腔进油时，液压缸输出的推力较小，而活塞的运动速度较大（适用于快速回退情况）。

活塞两个方向上的速度比称为液压缸的往返速比，用 λ_v 表示，即

$$\lambda_v = \frac{v_2}{v_1} = \frac{A_1}{A_2} = \frac{D^2}{D^2 - d^2} = \frac{1}{1 - \left(\frac{d}{D}\right)^2} \tag{4.22}$$

式(4.22)说明，活塞速度与活塞有效作用面积成反比。λ_v 值越接近于1，正反两个方向的速度越接近；λ_v 值若远大于1，则回程速度也远大于工作行程速度。当两个方向的流量相同而活塞直径 D 也一定时，改变活塞杆直径 d 可得到满意的 λ_v 值。

③液压缸差动联接。如图4.7(c)所示，单杆活塞缸在其左右两腔都接通高压油时称为"差动联接"。差动联接缸左右两腔的油液压力相同，但是由于无杆腔的有效作用面积 A_1 大于有杆腔的有效作用面积 A_2，故活塞向右运动，同时使有杆腔中排出的油液（流量为 q'）也进入无杆腔，加大了流入无杆腔的流量 $(q+q')$，从而也加快了活塞移动的速度。差动联接时活塞推力 F_3 和运动速度 v_3 分别为

$$F_3 = p_1(A_1 - A_2)\eta_m = p_1 \frac{\pi d^2}{4}\eta_m \tag{4.23}$$

$$v_3 = \frac{q + q'}{A_1} \tag{4.24}$$

因 $q' = A_2 v_3$，故

$$v_3 = \frac{4q}{\pi d^2}\eta_v \tag{4.25}$$

比较式(4.18)、式(4.23)、式(4.19)及(4.25)可知，差动联接时液压缸的推力比非差动联接时小，速度比非差动联接时大。差动联接缸常用于工作行程需要快进的场合。

如果要求机床快速进给速度和快速回退速度相等时，则由式(4.21)和式(4.25)有

$$\frac{4q}{\pi(D^2 - d^2)} = \frac{4q}{\pi d^2} \tag{4.26}$$

可得 $D = \sqrt{2}d$。即活塞直径应为活塞杆直径的$\sqrt{2}$倍。

3)无杆液压缸（齿条活塞缸）

如图4.8所示为齿条活塞缸，由带有齿条杆的双作用活塞缸和齿轮齿条机构组成，活塞往复移动经齿条、齿轮机构变成齿轮轴往复回转运动。齿轮转动的角度与活塞的行程有关。

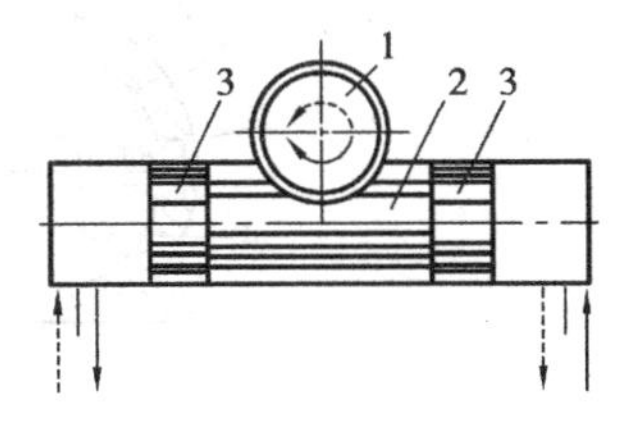

图4.8　齿条活塞缸
1—齿轮；2—齿条；3—活塞

齿条活塞缸的输出特性为

$$T_M = \Delta p \cdot \frac{\pi}{8}D^2 D_i \eta_m \tag{4.27}$$

$$\omega = \frac{8q\eta_V}{\pi D^2 D_i} \tag{4.28}$$

式中　T_M——输出转矩；

ω——输出角速度；

Δp——压差；

q——输入流量；

D——活塞直径；

D_i——齿轮分度圆直径。

(2)**柱塞式液压缸**

如图4.9(a)所示为柱塞式液压缸，它只能实现一个方向的液压传动，反向运动要靠外力。若需要实现双向运动，则必须成对使用，如图4.9(b)所示。这种液压缸中的柱塞和缸筒不接触，运动时由缸盖上的导向套来导向，因此，缸筒的内壁不需精加工，它特别适用于行程较长的场合。

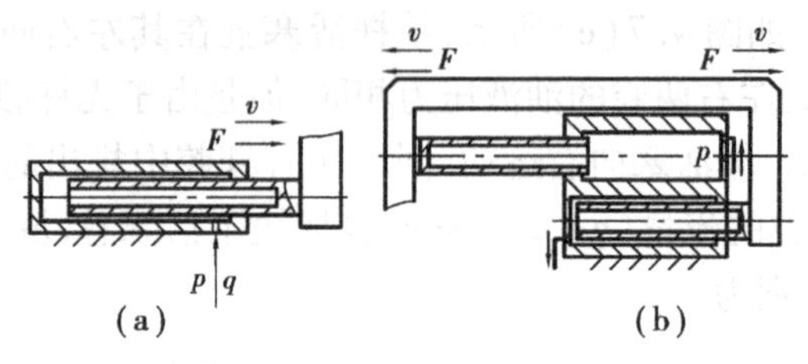

图4.9　柱塞式液压缸

柱塞缸输出的推力 F 和速度 v 分别为

$$F = pA = p\frac{\pi d^2}{4}\eta_m \tag{4.29}$$

$$v = \frac{q}{A}\eta_v = \frac{4q}{\pi d^2}\eta_v \tag{4.30}$$

式中　d——柱塞直径。

(3)**摆动缸**

如图4.10所示为摆动液压缸的工作原理图，它能实现角度小于360°的往复摆动。由于它可直接输出扭矩，故又称为摆动液压马达。它主要有单叶片式和双叶片式两种结构形式。

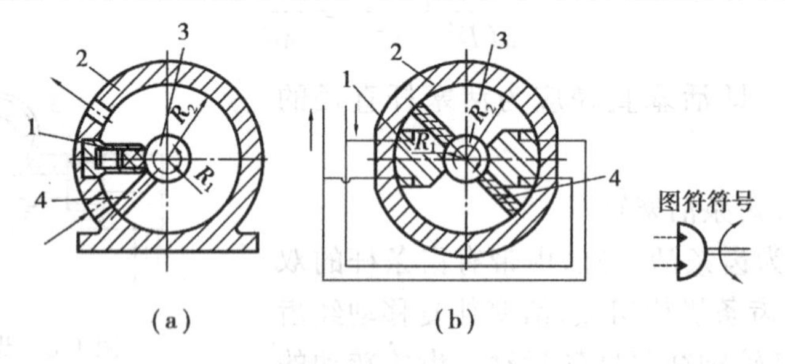

图4.10　摆动缸

1—定子块；2—缸体；3—摆动轴；4—叶片

如图4.10(a)所示，单叶片摆动液压缸主要由定子块1、缸体2、摆动轴3、叶片4、左右支承盘及左右盖板等主要零件组成。定子块固定在缸体上，叶片和摆动轴固联在一起，当两油口相继通以压力油时，叶片即带动摆动轴做往复摆动。

单叶片缸的摆动轴输出转矩 T 和输出角速度 ω 分别为

$$T = \frac{b}{2}(R_2^2 - R_1^2)(p_1 - p_2)\eta_m \tag{4.31}$$

$$\omega = \frac{2q\eta_v}{b(R_2^2 - R_1^2)} \tag{4.32}$$

式中　R_1,R_2——摆动轴和缸体内孔半径；

b——叶片宽度。

单叶片摆动液压缸的摆角一般不超过280°，双叶片摆动液压缸的摆角一般不超过150°。

摆动缸结构紧凑，输出转矩大，但密封困难，一般只用于中、低压系统中往复摆动、转位或间歇运动的地方。

(4)其他液压缸

1)增压缸

如图4.11所示为增压缸的工作原理图。增压缸又称增压器。它利用活塞和柱塞有效面积的不同使液压系统中的局部区域获得高压。它有单作用和双作用两种形式。单作用增压缸的工作原理如图4.11(a)所示。增压缸输出的液体压力 p_b 和流量 q_b 分别为

$$p_b = p_a\left(\frac{D}{d}\right)^2 = Kp_a \tag{4.33}$$

$$q_b = \left(\frac{d}{D}\right)^2 \cdot q_a = \frac{1}{K}q_a \tag{4.34}$$

式中　K——增压比，$K = \left(\frac{D}{d}\right)^2$；

p_a,q_a——输入活塞缸的液体压力和流量；

D,d——活塞和柱塞直径。

显然，增压能力是在降低有效流量的基础上得到的，即增压缸仅仅是增大输出的压力，并不能增大输出的能量。

如图4.11(b)所示为双作用增压缸，活塞在两个方向运动都能输出高压油，因此，可连续向系统提供高压油。

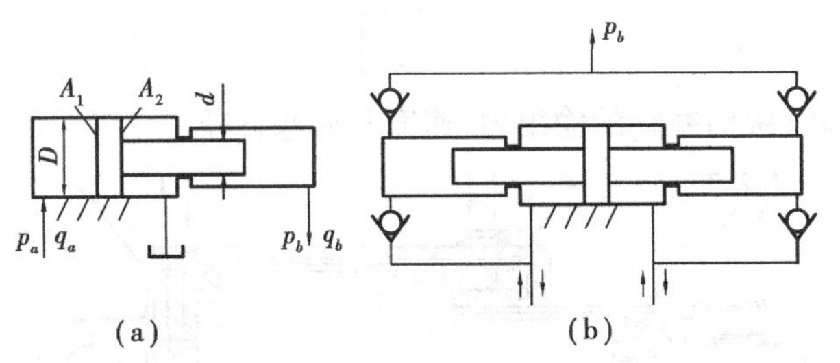

图4.11　增压缸

2)增速缸

如图4.12所示为增速缸的工作原理图。由活塞缸和柱塞缸复合而成。当压力油经柱塞1中间的小孔进入柱塞腔 a 时，活塞快速右移，但活塞输出推力较小；当压力油同时进入增速缸的 a 腔和 b 腔时，活塞转为慢进，输出推力增大。采用增速缸使得执行机构获得尽可能大的运动速度，且功率利用合理。

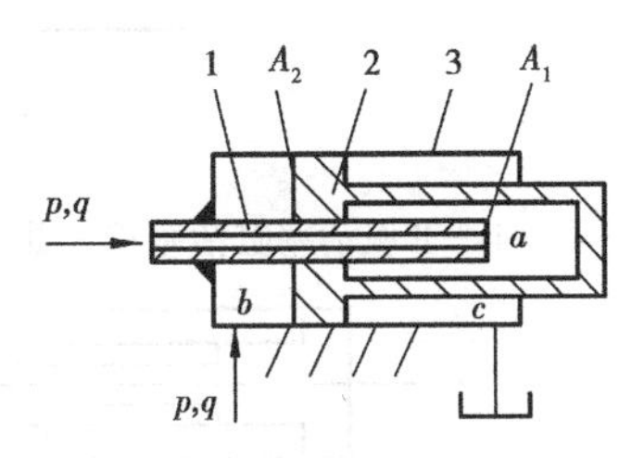

图4.12　增速缸

1—柱塞杆；2—活塞；3—缸筒

增速缸的输出特性如下：

当 a 腔进油时，输出的推力 F_1 和速度 v_1 分别为

$$F_1 = p \cdot \frac{\pi}{4}d^2 \tag{4.35}$$

$$v_1 = \frac{4q}{\pi d^2} \tag{4.36}$$

当 a,b 腔同时进油时，输出的推力 F_2 和速度 v_2 分别为

$$F_2 = p \cdot \frac{\pi}{4}D^2 \tag{4.37}$$

$$v_2 = \frac{4q}{\pi D^2} \tag{4.38}$$

式中　D,d——活塞和柱塞直径；

　　p,q——输入压力和输入流量。

3）伸缩式液压缸

如图 4.13 所示为伸缩式液压缸。它由两个或多个活塞缸套装而成，前一级活塞缸的活塞杆是后一级活塞缸的缸筒，伸出时可获得很长的工作行程，缩回时可保持很小的结构尺寸，伸缩缸被广泛用于起重运输车辆上。伸缩缸可以是如图 4.14(a) 所示的单作用式，也可以是如图 4.14(b) 所示的双作用式，前者靠外力回程，后者靠液压力回程。

伸缩缸的外伸动作是逐级进行的。首先是最大直径的缸筒在最低的油液压力作用下开始外伸，当到达行程终点后，工作油液压力随之升高，稍小直径的缸筒开始外伸，直径最小的末级最后伸出。

伸缩缸的输出特性为

$$F_i = p_1 \frac{\pi}{4}D_i^2 \tag{4.39}$$

$$v_i = \frac{4q}{\pi D_i^2} \tag{4.40}$$

式中　F_i, v_i, D_i——第 i 级活塞缸的输出力、速度和活塞直径。

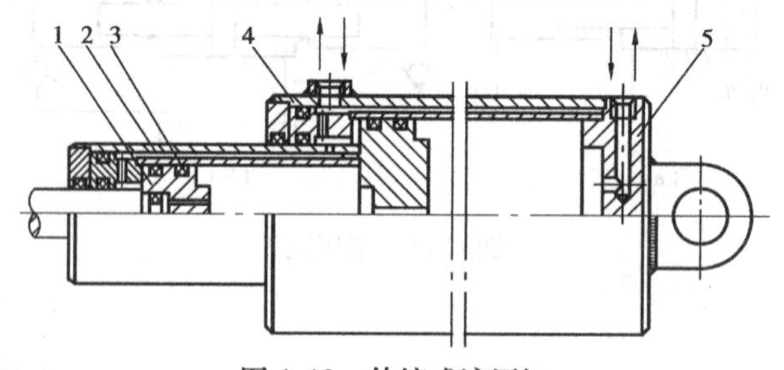

图 4.13　伸缩式液压缸

1—Ⅱ级活塞缸活塞；2—Ⅱ级活塞缸缸筒；3—密封装置；4—Ⅰ级活塞缸缸筒；5—缸盖

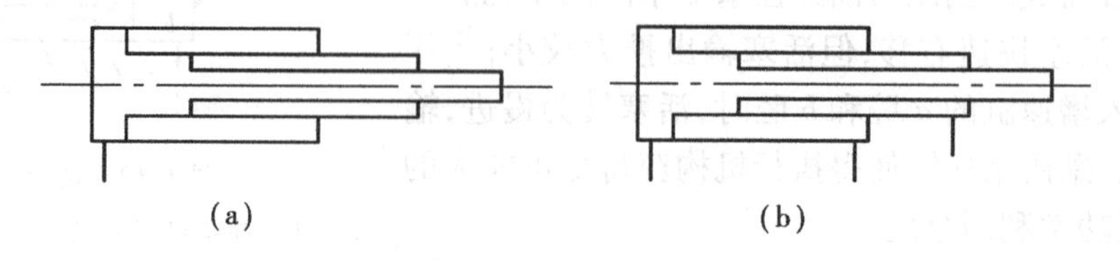

(a)　　(b)

图 4.14　单作用和双作用伸缩式液压缸

4.3.4　液压缸的典型结构

如图4.15所示，液压缸的基本结构分为缸体组件、活塞组件、密封装置、缓冲装置及排气装置5个部分。

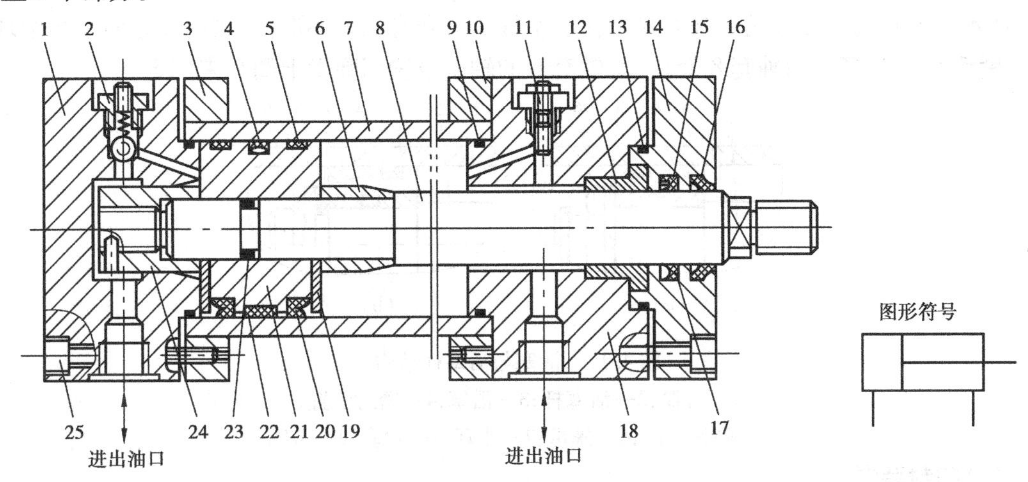

图4.15　单活塞杆液压缸的典型结构

1—缸底；2—单向阀；3,10—法兰；4—格莱圈密封；5,22—导向环；6—缓冲套；7—缸筒；8—活塞杆；9,13,23—O形密封圈；11—缓冲节流阀；12—导向套；14—缸盖；15—斯特圈密封；16—防尘圈；17—Y型密封圈；18—缸头；19—护环；20—Y_X密封；21—活塞；24—无杆端缓冲套；25—联接螺钉

(1)缸体组件

缸体组件包括缸筒和缸盖，如图4.16所示为缸筒和缸盖的常见结构形式。如图4.16(a)所示为法兰联接式，结构简单，容易加工，也容易装拆，但外形尺寸和质量都较大，常用于铸铁制的缸筒上。如图4.16(b)所示为半环联接式，它的缸筒壁部因开了环形槽而削弱了强度，为此有时要加厚缸壁，它容易加工和装拆，质量较轻，常用于无缝钢管或锻钢制的缸筒上。如图4.16(c)、图4.16(f)所示为外螺纹联接式，它的缸筒端部结构复杂，外径加工时要求保证内、外径同心，装拆要使用专用工具，它的外形尺寸和质量都较小，常用于无缝钢管或铸钢制的缸筒上。如图4.16(d)所示为拉杆联接式，结构的通用性好，容易加工和装拆，但外形尺寸较大，且较重。如图4.16(e)所示为焊接联接式，结构简单，尺寸小，但缸底处内径不易加工，且可能引起变形。

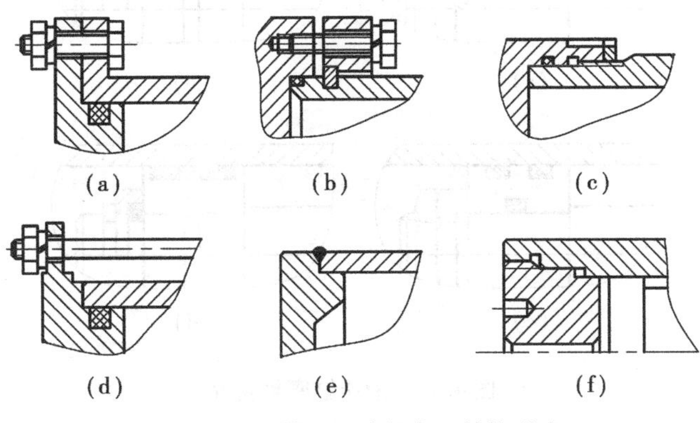

图4.16　缸筒和缸盖的常见结构形式

(2)活塞组件

活塞组件包括活塞和活塞杆,如图4.17所示为两种常见的活塞与活塞杆的联接形式。如图4.17(a)所示为活塞与活塞杆之间采用螺母联接。它适用负载较小,受力无冲击的液压缸中。螺纹联接虽然结构简单,安装方便可靠,但在活塞杆上车螺纹将削弱其强度。如图4.17(b)所示为卡环式联接方式。该方式是在活塞杆2上开有一个环形槽,槽内装有两个半圆环7以夹紧活塞3,半环7由轴套8套住,而轴套8的轴向位置用弹簧卡圈9来固定。

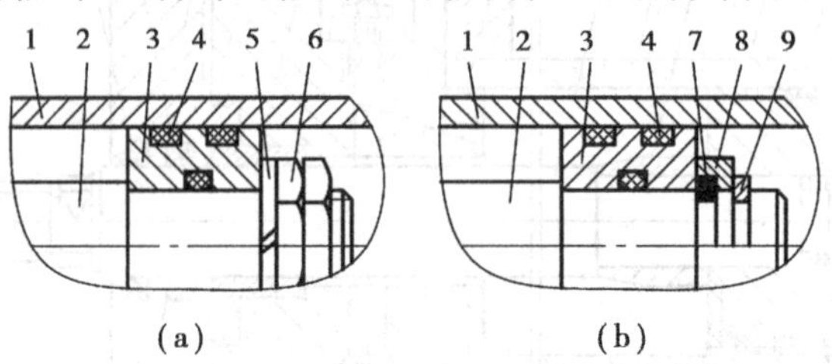

图4.17 活塞与活塞杆结构

1—缸筒;2—活塞杆;3—活塞;4—密封装置;

5—弹簧垫圈;6—螺母;7—半环;8—轴套;9—卡圈

(3)密封装置

液压缸中常见的密封装置如图4.18所示。如图4.18(a)所示为间隙密封,它依靠运动间的微小间隙来防止泄漏。为了提高这种装置的密封能力,常在活塞的表面上制出几条细小的环形槽,以增大油液通过间隙时的阻力。它的结构简单,摩擦阻力小,可耐高温,但泄漏大,加工要求高,磨损后无法恢复原有能力,只有在尺寸较小、压力较低、相对运动速度较高的缸筒和活塞间使用。如图4.18(b)所示为摩擦环密封,它依靠套在活塞上的摩擦环(尼龙或其他高分子材料制成)在O形密封圈弹力作用下贴紧缸壁而防止泄漏。这种密封效果较好,摩擦阻力较小且稳定,可耐高温,磨损后有自动补偿能力,但加工要求高,装拆不方便,适用于缸筒和活塞之间的密封。如图4.18(c)、图4.18(d)所示为密封圈(O形圈、V形圈等)密封。它利用橡胶或塑料的弹性使各种截面的环形圈贴紧在静、动配合面之间来防止泄漏。它结构简单,制造方便,磨损后有自动补偿能力,性能可靠,在缸筒和活塞之间、缸盖和活塞杆之间、活塞和活塞杆之间、缸筒和缸盖之间都能使用。

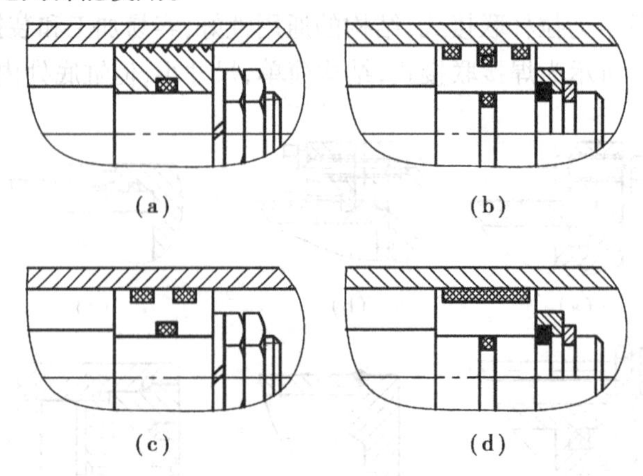

图4.18 液压缸密封装置

对于活塞杆外伸部分来说，由于它很容易把脏物带入液压缸，使油液受污染、密封件磨损，因此，常需在活塞杆密封处增添防尘圈，并放在向着活塞杆外伸的一端。

(4)缓冲装置

液压缸一般都设置缓冲装置，特别是对大型、高速或要求高的液压缸，为了防止活塞在行程终点时和缸底或缸盖相互撞击，引起噪声、冲击，则必须设置缓冲装置。

缓冲装置的工作原理是利用活塞或缸筒在其走向行程终端时封住活塞和缸底或缸盖之间的部分油液，强迫它从小孔或细缝中挤出，以产生很大的阻力，使工作部件受到反向推力而制动，逐渐减慢运动速度，达到缓冲目的。

如图4.19(a)所示缓冲装置，由于针形节流阀是可调的，因此，缓冲作用也可调节，但速度减低后缓冲作用减弱。如图4.19(b)所示，当缓冲柱塞进入与其相配的缸盖上的内孔时，孔中的液压油只能通过间隙δ排出，使活塞速度降低。由于配合间隙不变，故随着活塞运动速度的降低，缓冲作用也减弱。如图4.19(c)所示，在缓冲活塞上开有三角槽，如图4.19(d)所示在缓冲柱塞上为一圆锥形的凸台，随着柱塞逐渐进入孔中，其节流面积越来越小，解决了在行程最后阶段缓冲作用过弱的问题。

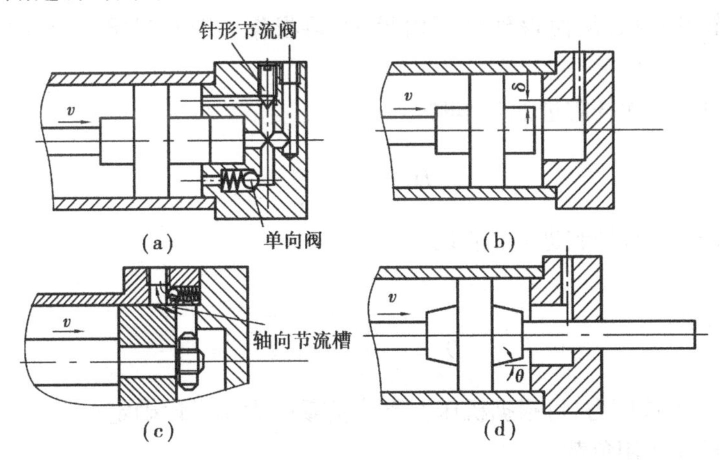

图4.19　液压缸缓冲装置

(5)排气装置

液压缸在安装过程中或长时间停放重新工作时，液压缸内和管道系统中会渗入空气，为了防止执行元件出现爬行、噪声和发热等不正常现象，需把缸内和系统中的空气排出。一般可在液压缸的最高处设置排气口，也可在最高处设置如图4.20所示的排气阀。

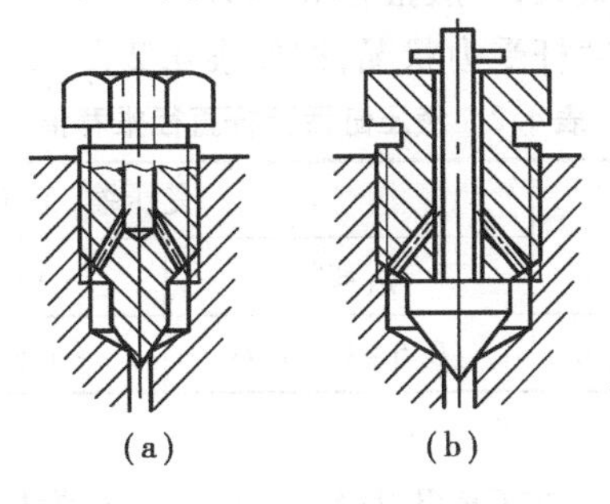

图4.20　液压缸排气装置

4.3.5 液压缸的设计和计算

设计时先根据使用要求选择结构类型，按负载情况、运动要求、最大行程等确定其主要工作尺寸，并进行强度、稳定性和缓冲验算，最后再进行结构设计。

(1)液压缸的设计内容和步骤

①选择液压缸的类型和各部分结构形式。

②确定液压缸的工作参数和结构尺寸。

③结构强度、刚度的计算和校核。

④导向、密封、防尘、排气及缓冲等装置的设计。

⑤绘制装配图、零件图、编写设计说明书。

(2)液压缸主要尺寸的确定

液压缸的结构尺寸主要有3个：缸筒内径D、活塞杆外径d和缸筒长度L。

1)缸筒内径D的确定

液压缸的缸筒内径D是根据负载的大小和选定的工作压力或往返运动速度比，求得液压缸活塞的有效作用面积，从而得到缸筒内径D，再根据GB/T 2348—1993标准圆整到标准系列。

对单杆活塞缸，若无杆腔进油工作时

$$D=\sqrt{\frac{4F_{max}}{\pi p_1}} \tag{4.41}$$

对单杆活塞缸，若有杆腔进油工作时

$$D=\sqrt{\frac{4F_{max}}{\pi p_1}+d^2} \tag{4.42}$$

式中 p_1——进油工作压力，可根据机床类型或负载的大小类比确定；

F_{max}——最大作用负载。

2)活塞杆直径d的确定

活塞杆直径d通常由速比λ_v来确定，然后再校核其结构强度和稳定性，即

$$d=\sqrt{\frac{\lambda_v-1}{\lambda_v}}\cdot D \tag{4.43}$$

为了不使往复运动速度差太大，一般推荐$\lambda_v<1.6$。

活塞杆直径d也可根据活塞杆受力状况，按如表4.2所示来确定。

表4.2 液压缸活塞杆直径推荐值

活塞杆受力情况	受拉伸	受压缩，工作压力p_1/MPa		
		$p_1\leq5$	$5\leq p_1<7$	$p_1>7$
活塞杆直径	$(0.3\sim0.5)D$	$(0.5\sim0.55)D$	$(0.6\sim0.7)D$	$0.7D$

计算出的活塞杆直径d，均应按GB/T 2348—1993圆整为标准系列。

3)缸筒长度 L

缸筒长度 L 由最大工作行程加上各种结构需要的尺寸来确定,一般为

$$L = l + B + A + M + C \tag{4.44}$$

式中　l——活塞的最大工作行程;

B——活塞宽度,一般为$(0.6\sim1)D$;

A——活塞杆导向长度,取$(0.6\sim1.5)D$;

M——活塞杆密封长度,由密封方式确定;

C——其他长度。

一般缸筒的长度最好不超过内径的20倍。

4)最小导向长度 H

当活塞杆全部外伸时,从活塞支承面中点到导向套滑动面中点的距离称为最小导向长度,如图4.21所示。如果导向长度过小,将使液压缸的初始挠度(间隙引起的挠度)增大,影响液压缸的稳定性,因此,设计时必须保证有一最小导向长度。

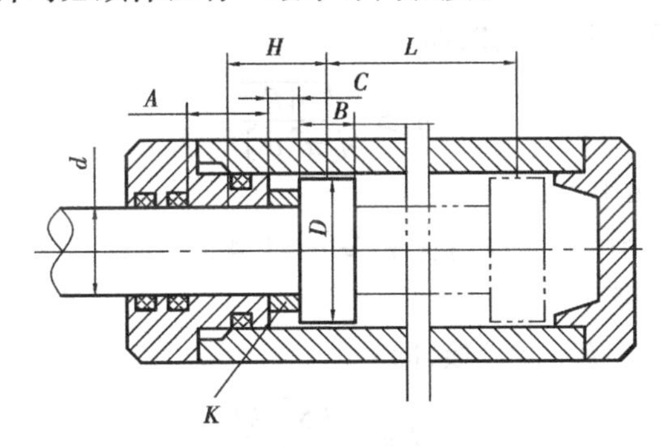

图4.21　油缸的导向长度

对于一般的液压缸,其最小导向长度 H 应满足下式,即

$$H \geqslant \frac{L}{20} + \frac{D}{2} \tag{4.45}$$

式中　L——液压缸最大工作行程,m;

D——缸筒内径,m。

一般导向套滑动面的长度 A,在 $D<80$ mm 时,取 $A=(0.6\sim1.0)D$;在 $D>80$ mm 时,取 $A=(0.6\sim1.0)d$。活塞的宽度 B 则取 $B=(0.6\sim1.0)D$。为保证最小导向长度,过分增大 A 和 B 都是不适宜的,最好在导向套与活塞之间装一隔套 K,隔套宽度 C 由所需的最小导向长度决定,即

$$C = H - \frac{A+B}{2} \tag{4.46}$$

采用隔套不仅能保证最小导向长度,还可改善导向套及活塞的通用性。

5)缸筒壁厚 δ 和外径 $D_{外}$

当 $D/\delta \geqslant 10$ 时,按薄壁圆筒计算,即

$$\delta > \frac{p_t D}{2[\sigma]} \tag{4.47}$$

式中　D——缸筒内径;

p_t——缸筒试验压力，当缸的额定压力 $p_n \leqslant 16$ MPa 时，取 $p_t = 1.5p_n$，p_n 为缸生产时的试验压力；当 $p_n > 16$ MPa 时，取 $p_t = 1.25p_n$；

$[\sigma]$——缸筒材料的许用应力，$[\sigma] = \sigma_b/n$，σ_b 为材料的抗拉强度，n 为安全系数，一般取 $n = 5$。

当 $D/\delta < 10$ 时，按厚壁圆筒计算，即

$$\delta \geqslant \frac{D}{2}\left(\sqrt{\frac{[\sigma] + 0.4p_t}{[\sigma] - 1.3p_t}} - 1\right) \tag{4.48}$$

缸筒外径 $D_{外}$ 则为

$$D_{外} = D + 2\delta \tag{4.49}$$

同样的，$D_{外}$ 也应圆整到标准系列。

(3)活塞杆强度校核

对液压缸的活塞杆直径 d 和缸盖固定螺栓，在高压系统中必须进行强度校核。

1)活塞杆直径校核

活塞杆的直径 d 按下式进行校核，即

$$d \geqslant \sqrt{\frac{4F}{\pi[\sigma]}} \tag{4.50}$$

式中　F——活塞杆上的作用力；

$[\sigma]$——活塞杆材料的许用应力，$[\sigma] = \sigma_b/1.4$。

2)液压缸盖固定螺栓强度校核

液压缸盖固定螺栓直径按下式校核，即

$$d \geqslant \sqrt{\frac{5.2kF}{\pi Z[\sigma]}} \tag{4.51}$$

式中　F——液压缸负载；

Z——固定螺栓个数；

k——螺纹拧紧系数，$k = 1.12 \sim 1.5$；$[\sigma] = \sigma_s/(1.2 \sim 2.5)$，$\sigma_s$ 为材料的屈服极限。

3)稳定性校核

活塞杆受轴向压缩负载时，其直径 d 一般不小于长度 L 的 1/15。当 $L/d \geqslant 15$ 时，须进行稳定性校核，应使活塞杆承受的力 F 不能超过使它保持稳定工作所允许的临界负载 F_K，以免发生纵向弯曲，破坏液压缸的正常工作。F_K 的值与活塞杆材料性质、截面形状、直径和长度以及缸的安装方式等因素有关，验算可根据机械设计手册进行。

4)缓冲计算

液压缸的缓冲计算主要是估计缓冲时缸中出现的最大冲击压力，以便用来校核缸筒强度、制动距离是否符合要求。

液压缸在缓冲时，缓冲腔内产生的液压能 E_1 和工作部件产生的机械能 E_2 分别为

$$E_1 = p_c A_c l_c \tag{4.52}$$

$$E_2 = p_p A_p l_c + \frac{1}{2}mv^2 - F_f l_c \tag{4.53}$$

式中　p_c，p_p——缓冲腔中的平均缓冲压力和供油压力；

A_c，A_p——缓冲腔、进油腔的有效作用面积；

l_c——缓冲行程长度；

m——工作部件质量；

v——工作部件运动速度；

F_f——摩擦力。

当 $E_1 = E_2$ 时，工作部件的机械能全部被缓冲腔液体所吸收。由式(4.52)和式(4.53)可得平均缓冲压力 p_c 为

$$p_c = \frac{E_2}{A_c l_c} \tag{4.54}$$

如缓冲装置为节流口可调式缓冲装置，在缓冲过程中的缓冲压力逐渐降低。假定缓冲压力线性地降低，则最大缓冲压力即冲击压力为

$$p_{c\max} = p_c + \frac{mv^2}{2A_c l_c} \tag{4.55}$$

(4)液压缸设计中应注意的问题

液压缸的设计和使用正确与否，直接影响到它的性能和易否发生故障。在这方面，经常碰到的是液压缸安装不当、活塞杆承受偏载、液压缸或活塞下垂以及活塞杆的压杆失稳等问题。因此，在设计液压缸时，必须注意以下6点：

①尽量使液压缸的活塞杆在受拉状态下承受最大负载，或在受压状态下具有良好的稳定性。

②考虑液压缸行程终了处的制动问题和液压缸的排气问题。缸内如无缓冲装置和排气装置，系统中需有相应的措施，但是并非所有的液压缸都要考虑这些问题。

③正确确定液压缸的安装、固定方式。如承受弯曲的活塞杆不能用螺纹联接，要用止口联接。液压缸不能在两端用键或销定位，只能在一端定位。目的是不致阻碍它在受热时的膨胀。如冲击载荷使活塞杆压缩，定位件须设置在活塞杆端，如为拉伸则设置在缸盖端。

④液压缸各部分的结构需根据推荐的结构形式和设计标准进行设计，尽可能做到结构简单、紧凑、加工、装配和维修方便。

⑤在保证能满足运动行程和负载力的条件下，应尽可能地缩小液压缸的轮廓尺寸。

⑥要保证密封可靠，防尘良好。液压缸可靠的密封是其正常工作的重要因素。例如，泄漏严重，不仅降低液压缸的工作效率，甚至会使其不能正常工作(如满足不了负载力和运动速度要求等)。良好的防尘措施，有助于提高液压缸的工作寿命。

常见液压缸的安装形式如表4.3所示。

表4.3　常见液压缸的安装形式

安装方式		安装简图	说　明
法兰型	头部法兰		头部法兰型安装螺钉受拉力较大；尾部法兰型安装螺钉受力较小
	尾部法兰		

续表

安装方式		安装简图	说　明
销轴型	头部销轴	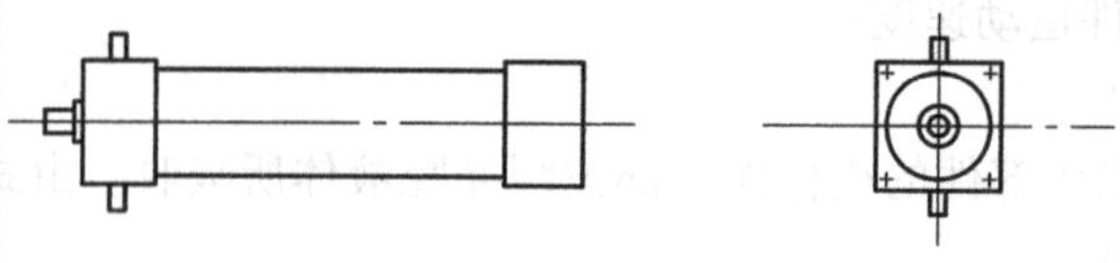	液压缸在垂直面内可摆动。尾部轴销型安装时,活塞杆受弯曲作用最大,中间销轴型次之,头部销轴型最小
	中间销轴	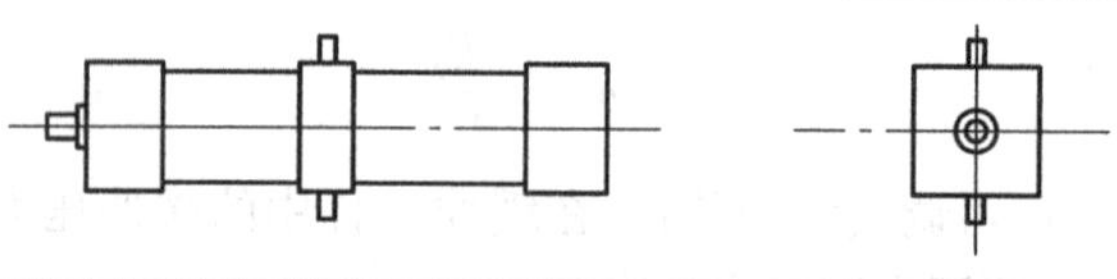	
	尾部销轴	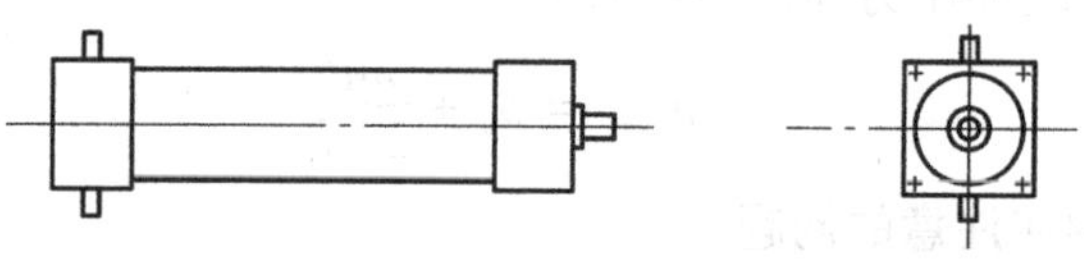	
耳环型	尾部单耳环	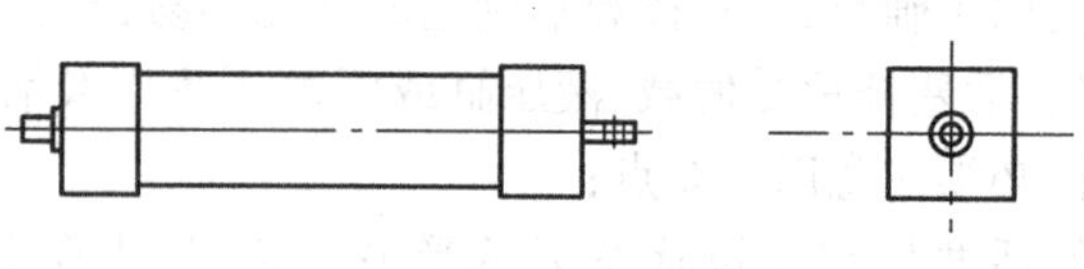	液压缸在垂直面内可摆动
	尾部双耳环	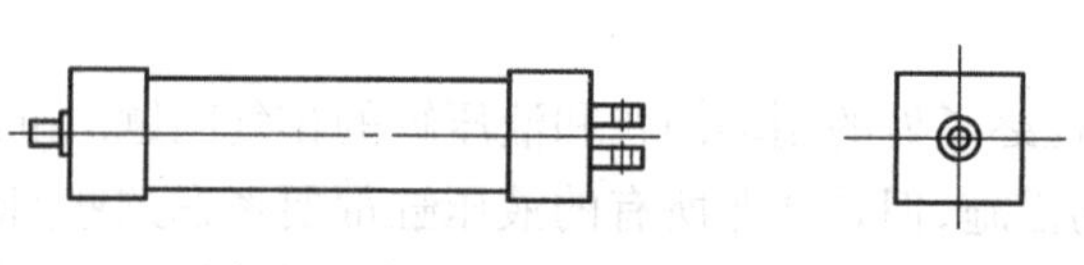	
底座型	切向底座	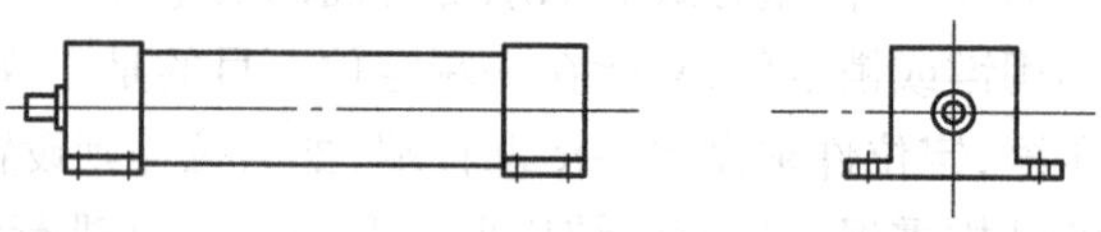	切向底座安装时,受倾翻力矩较大
球头型	尾部球头	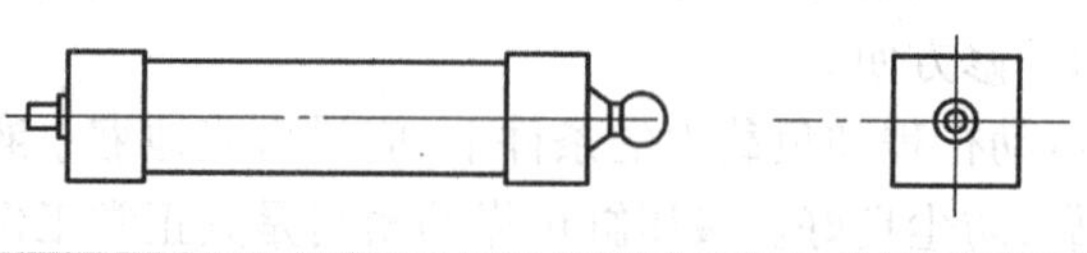	液压缸可在一定空间内摆动

4.4　气　缸

4.4.1　气缸的分类

气缸是气动系统中使用最为广泛的一种元件。根据使用条件的不同,其结构、形状和功能也不一样。常用的有以下 4 种:

(1)按压缩空气对活塞的端面作用分类

1)单作用气缸

气缸只有一个方向的运动是压缩空气驱动,活塞的复位靠弹簧力或自重和其他外力。

2)双作用气缸

压缩空气驱动活塞做往复运动。

(2)按气缸的结构特征分类

1)活塞式气缸

活塞式气缸是一种利用压缩空气通过活塞推动活塞杆进行直线往复运动的气缸。活塞式气缸在一个工作循环中,活塞要在气缸内经过4个冲程,依次是进气冲程、压缩冲程、膨胀冲程及排气冲程。

2)薄膜式气缸

薄膜式气缸是利用压缩空气通过薄膜推动活塞杆做往复直线运动

3)伸缩式气缸

伸缩式气缸是可以得到较长工作行程的具有多级套筒形活塞杆的气缸。

(3)按气缸的安装形式分类

1)固定式气缸

气缸安装在机体上固定不动,有耳座式、凸缘式和法兰式。

2)轴销式气缸

缸体围绕一固定的轴可做一定角度的摆动。

3)回转式气缸

缸体固定在机床主轴上,可随机床主轴做高速旋转运动。常用于机床上气动卡盘中,以实现工件的自动装夹。

4)嵌入式气缸

气缸直接制作在夹具本体内。

(4)按气缸的功能分类

1)普通气缸

普通气缸包括单作用式和双作用式气缸,常用于无特殊要求的场合。

2)缓冲气缸

气缸的一端或两端带有缓冲装置,以防止和减轻活塞运动到端点时对气缸缸体的碰击。

3)气-液阻尼缸

气缸与液压缸串联,可控制气缸活塞的运动速度,并使速度相对稳定。

4)摆动气缸

摆动气缸用于要求气缸叶片轴在一定角度内绕轴线回转的场合,如夹具转位、阀门的启闭等。

5)冲击气缸

冲击气缸是一种以活塞杆高速运动形成冲击力的高能缸,可用于冲压、切断等。

6)步进气缸

步进气缸是一种根据不同的控制信号,使活塞杆伸出相应位置的气缸。

除几种特殊气缸外,普通气缸的种类、结构形式和功能与液压缸基本相同。标准气缸其结构和参数都已系列化、标准化、通用化。普通标准气缸结构如图4.22所示。

下面介绍几种常用的典型的特殊气缸。

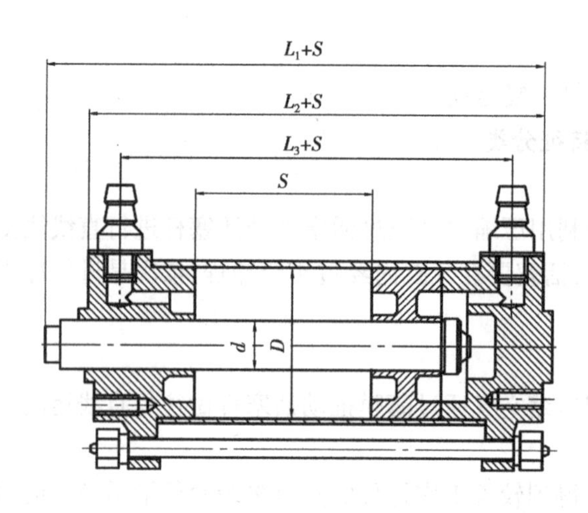

图 4.22　QGA 系列无缓冲普通气缸结构图

4.4.2　冲击气缸

冲击气缸是一种体积小、结构简单、易于制造、耗气功率小但能产生相当大的冲击力的一种特殊气缸。与普通气缸相比,冲击气缸的结构特点是增加了一个具有一定容积的蓄能腔和喷嘴。它的工作原理如图 4.23 所示。

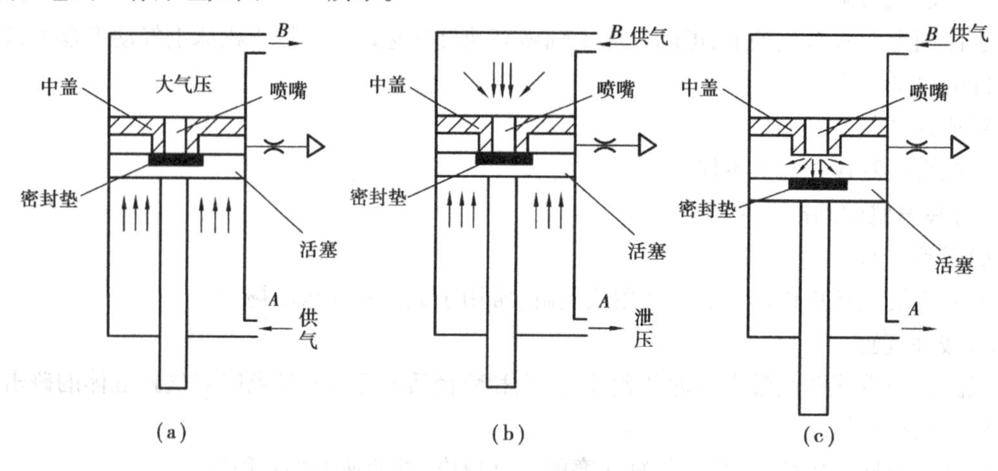

图 4.23　冲击气缸工作原理图

冲击气缸的整个工作过程可简单地分为 3 个阶段。第一个阶段如图 4.23(a)所示,压缩空气由孔 A 输入冲击缸的下腔,蓄气缸经孔 B 口排气,活塞上升并用密封垫封住喷嘴,中盖和活塞间的环形空间经排气孔与大气相通。第二阶段如图 4.23 (b)所示,压缩空气改由孔 B 进气,输入蓄气缸中,冲击缸下腔经孔 A 排气。由于活塞上端气压作用在面积较小的喷嘴上,而活塞下端受力面积较大,一般设计成喷嘴面积的 9 倍,缸下腔的压力虽因排气而下降,但此时活塞下端向上的作用力仍然大于活塞上端向下的作用力。第三阶段如图 4.23 (c)所示,蓄气缸的压力继续增大,冲击缸下腔的压力继续降低,当作用于活塞上腔的力大于下腔力时,活塞开始向下移动,活塞一旦离开喷嘴,蓄气缸内的高压气体迅速充入活塞与中盖间的空间,使活塞上端受力面积突然增大数倍,于是活塞将以极大的加速度向下运动,气体的压力能转换成活塞的动能。利用这个能量对工件进行冲击做功,产生很大的冲击力。

4.4.3　薄膜式气缸

薄膜式气缸是一种利用压缩空气通过膜片推动活塞杆做往复直线运动的气缸。它由缸体、膜片、膜盘和活塞杆等主要零件组成。其功能类似于活塞式气缸,它可分单作用式和双作用式两种,如图4.24所示。

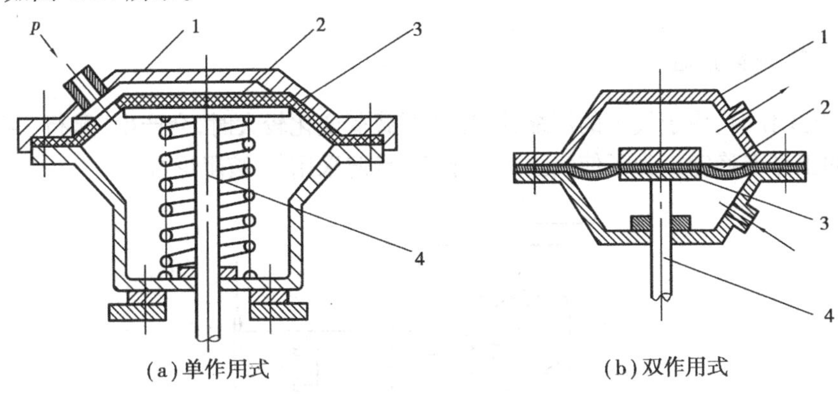

图4.24　薄膜式气缸结构简图

1—缸体;2—膜片;3—膜盘;4—活塞杆

薄膜式气缸的膜片可做成盘形膜片和平膜片两种形式。膜片材料为夹织物橡胶、钢片或磷青铜片。常用的是夹织物橡胶,橡胶的厚度为5~6 mm,有时也可用1~3 mm。金属式膜片只用于行程较小的薄膜式气缸中。

薄膜式气缸和活塞式气缸相比较,具有结构简单、紧凑、制造容易、成本低、维修方便、寿命长、泄漏小、效率高等优点。但是膜片的变形量有限,故其行程短(一般不超过40~50 mm),且气缸活塞杆的输出力随着行程的加大而减小。

4.4.4　无杆气缸

如图4.25所示,铝制缸筒2沿轴向方向开槽,为防止内部压缩空气泄漏和外部杂物侵入,

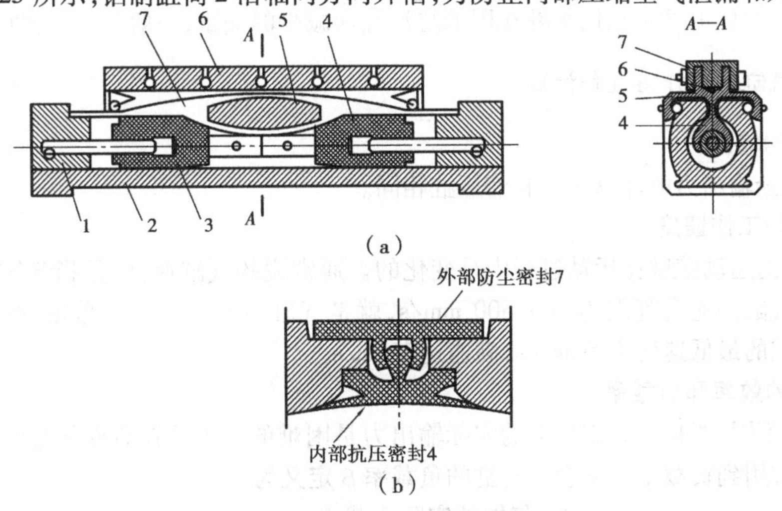

图4.25　无杆气缸

1—左右端盖;2—缸筒;3—无杆活塞;4—内部抗压密封件;

5—传动舌片;6—导架;7—外部防尘密封件

槽被内部抗压密封件4 和外部防尘密封件7 密封,塑料的内外密封件互相夹持固定着。无杆活塞3 两端带有唇型密封圈,活塞两端分别进、排气,活塞将在缸筒内往复移动。通过缸筒槽的传动舌片5,该运动被传递到承受负载的导架6 上。此时,传动舌片将密封件4,7 挤开,但它们在缸筒的两端仍然是互相夹持的。因此,传动舌片与导架组件在气缸上移动时无压缩空气泄漏。

4.4.5 气-液阻尼缸

普通气缸工作时,由于气体的压缩性,当外部载荷变化较大时,会产生"爬行"或"自走"现象,使气缸的工作不稳定。为了使气缸运动平稳,普遍采用气-液阻尼缸。

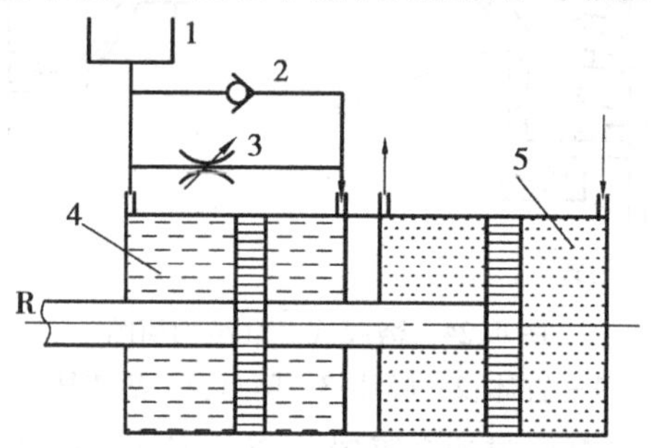

图4.26 气-液阻尼缸的工作原理图

1—油箱;2—单向阀;3—节流阀;4—液体;5—气体

气-液阻尼缸是由气缸和油缸组合而成,如图4.26 所示。它将油缸和气缸串联成一个整体,两个活塞固定在一根活塞杆上。当气缸右端供气时,气缸克服外负载并带动油缸同时向左运动,此时油缸左腔排油、单向阀关闭,油液只能经节流阀缓慢流入油缸右腔,对整个活塞的运动起阻尼作用。调节节流阀的阀口大小就能达到调节活塞运动速度的目的。当压缩空气经换向阀从气缸左腔进入时,油缸右腔排油,此时因单向阀开启,活塞能快速返回原来位置。

这种气-液阻尼缸的结构一般是将双活塞杆缸作为油缸。因为这样可使油缸两腔的排油量相等,此时油箱内的油液只用来补充因油缸泄漏而减少的油量,一般用油杯就行了。

4.4.6 气缸的工作特性和计算

(1)气缸的输出力

气缸的理论输出力的计算公式和液压缸相同。

(2)气缸的工作速度

气缸活塞的运动速度在运动过程中是变化的。通常说的气缸速度,是指气缸活塞的平均速度,如普通气缸的速度范围为50~500 mm/s,就是气缸活塞在全行程范围内的平均速度。目前,普通气缸的最低速度为5 mm/s,高速达17 m/s。

(3)气缸的效率和负载率

与液压缸不同,要精确确定气缸的实际输出力是困难的。于是在研究气缸性能和确定气缸的出力时,常用到负载率的概念。气缸的负载率β定义为

$$\beta = \frac{\text{气缸的实际负载 } F}{\text{气缸的理论输出力 } F_t} \times 100\% \tag{4.56}$$

气缸的实际负载(轴向负载)由工况决定,若确定了气缸负载率β,则由定义就可确定气缸

的理论输出力,从而可计算气缸的缸径。气缸负载率 β 的选取与气缸的负载性质及气缸的运动速度有关。

对于阻性负载,如气缸用作气动夹具,负载不产生惯性力,一般选取负载率 β 为0.8;对于惯性负载,如气缸用来推送工件,负载将产生惯性力,负载率 β 的取值如下:

当气缸低速运动,$v<100$ mm/s 时,$\beta<0.65$;

当气缸中速运动,$v=100\sim500$ mm/s 时,$\beta<0.5$;

当气缸高速运动,$v>500$ mm/s 时,$\beta<0.35$。

(4)气缸耗气量

气缸的耗气量是指气缸在往复运动时所消耗的压缩空气量,耗气量大小与气缸的性能无关,但它是选择空压机排量的重要依据。

最大耗气量 q_{max} 是指气缸活塞完成一次行程所需的自由空气耗气量,即

$$q_{max}=\frac{As}{t\eta_v}\frac{p+p_a}{p_a} \tag{4.57}$$

式中　A——气缸的有效作用面积;

s——气缸行程;

t——气缸活塞完成一次行程所需时间;

p,p_a——工作压力和大气压;

η_v——气缸容积效率,一般取 $\eta_v=0.9\sim0.95$。

(5)气缸的设计计算

气缸的设计计算需根据其负载大小、运行速度和系统工作压力来决定。其设计计算方法和步骤与液压缸类似,这里不再重复讲述。一般情况下,根据工作要求和条件,正确选择气缸的类型。

复习思考题

4.1　试简要叙述液压缸的类型,并写出其速度、推(拉)力的计算公式,设回油压力为零。

4.2　柱塞式液压缸与活塞液压缸相比有哪些优缺点?柱塞式液压缸怎样实现柱塞返回?

4.3　什么是单活塞液压缸的速比?它表示什么意义?

4.4　对于伸缩套筒式液压缸,其伸出和缩回的顺序是否相同?伸出速度和缸内压力如何变化?在输入缸内压力不变时,其推(或拉)力又将是怎样变化?

4.5　液压缸固定或活塞杆固定的两种液压缸,其进油方向和负载的运动方向之间是什么关系?

4.6　液压缸的泄漏途径有哪些?

4.7　如果将差动式液压缸的活塞杆直径变小,其速度和推力将如何变化?要使差动联接时的速度为快速返回时的2倍,其活塞与活塞杆直径关系又将怎样?

4.8　液压缸的安装方式有哪几种?各用于什么场合?

4.9　液压缸的设计中应注意考虑哪些主要问题?

4.10　简要叙述液压缸缓冲装置的缓冲机理。

4.11　某液压马达排量 $V_M = 250$ mL/r,入口压力为 9.8 MPa,出口压力为 0.49 MPa,其总效率为 $\eta_M = 0.9$,容积效率 $\eta_{VM} = 0.92$。当输入流量为 22 L/min 时,试求:

1)液压马达的输出转矩;

2)液压马达的输出转速。

4.12　如图 4.27 所示,A_1 和 A_2 分别为两液压缸有效作用面积,$A_1 = 50$ cm², $A_2 = 20$ cm²,液压泵流量 $q_p = 0.05 \times 10^{-3}$ m³/s,负载 $W_1 = 5\ 000$ N, $W_2 = 4\ 000$ N,不计损失,求两缸工作压力 p_1, p_2 及两活塞运动速度 v_1, v_2。

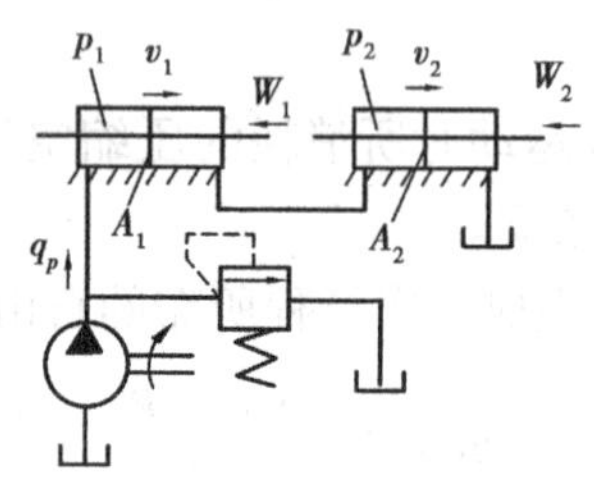

图 4.27

4.13　有一增压液压缸,大缸筒内径 $D = 0.04$ m,柱塞杆直径 $d = 0.01$ m,忽略各种效率,问:

1)若希望输出压力 $p_b = 10^7$ Pa,输入压力 p_a 为多少?

2)若输入流量 $q = 0.25 \times 10^{-3}$ m³,柱塞运动速度是多少?柱塞腔向外排油量是多少?

4.14　一单杆油缸快速进给时采用差动联接,快速退回时高压油液进入油缸的有杆腔。假如此油缸往复快动时的速度都是 0.1 m/s,慢速移动时,活塞杆受压,其推力为 2.5×10^4 N,已知输入油缸油液流量为 2.5×10^{-4} m³/s,回油背压力 2×10^5 Pa。

1)试确定活塞和活塞杆直径;

2)缸筒材料采用钢,试计算缸筒壁厚。

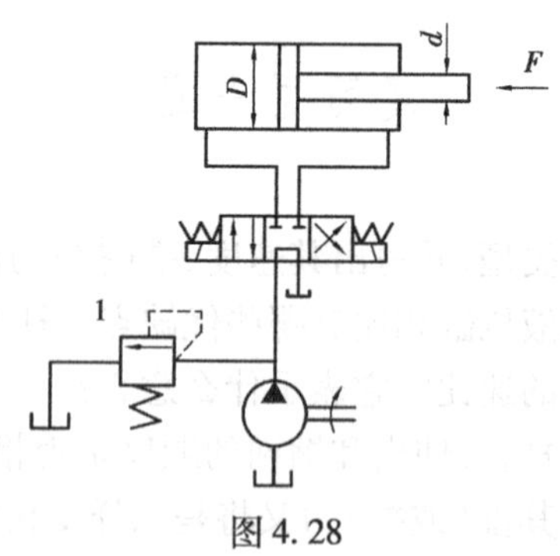

图 4.28

4.15　如图 4.28 所示液压系统中,活塞右行为工作行程,所遇到的总阻力 $F = 6 \times 10^3$ N,左行为空行程,阻力很小,要求活塞左、右行的速度比 $v_{左}/v_{右} = 2$,选择液压缸的工作压力 $p = 2 \times 10^6$ Pa,活塞右行速度 $v_{右} = 0.3$ m/s,阀 1 为安全阀,系统正常工作时是关闭的。试计算:

1)液压缸内径 D 及活塞杆直径 d(提示:D, d, δ 值圆整到 0 或 5);

2)液压缸的供油流量及压力;

3)当液压缸的总效率 $\eta = 0.8$ 时,选择驱动液压泵电动机的功率。

4.16　气缸有哪些种类?各种气缸有哪些特点?

4.17　简述缓冲气缸的工作原理。

第5章 控制元件

在液压、气动系统中，控制元件就是各种类型的控制阀，主要用来控制流体流动的方向、流量和压力，以满足负载对力、速度和运动方向的要求。它是直接影响液压、气动系统工作过程和工作特性的重要元件。

5.1 概 述

5.1.1 控制阀的基本结构和工作原理

在液压、气动系统中，各类控制阀虽然形式不同，控制功能也各有差异，但都具有一些相同的共性。例如，一是从结构上看，所有的阀都由阀体、阀芯（转阀或滑阀）和驱使阀芯在阀体内移动的装置（如弹簧、电磁铁等）组成；二是从工作原理上看，都是利用阀芯在阀体内移动来控制阀口的通断及开口大小，从而实现压力、流量和方向的控制。

由流体力学知，流经阀口的流量 q 与阀口前后压力差 Δp 和阀口面积 A 有关，即

$$q = KA\Delta p^{m} \tag{5.1}$$

式中 K——与阀口形状、流体流态、介质性质有关的系数；

m——与阀口形状有关的指数。

5.1.2 控制阀的分类

控制阀按不同的特征进行分类，如表5.1所示。

表5.1　控制阀的分类

分类方法	种　类	类　型
按功能分类	压力控制阀	溢流阀、顺序阀、卸荷阀、平衡阀、减压阀、比例压力控制阀、缓冲阀、仪表截止阀、限压切断阀、压力继电器
	流量控制阀	节流阀、单向节流阀、调速阀、分流阀、集流阀、比例流量控制阀
	方向控制阀	单向阀、液控单向阀、换向阀、行程减速阀、充液阀、梭阀、比例方向阀
按结构分类	滑阀	圆柱滑阀、旋转滑阀、平板滑阀
	座阀	椎阀、球阀、喷嘴挡板阀
	射流管阀	射流阀
按操作方法分类	手动阀	手把及手轮、踏板、杠杆
	机动阀	挡块及碰块、弹簧、液压、气动
	电动阀	电磁铁控制、伺服电动机和步进电动机控制
	液动阀	液动换向阀
	电液动	电液换向阀
按联接方式分类	管式联接	螺纹式联接、法兰式联接
	板式及叠加式联接	单层联接板式、双层联接板式、整体联接板式、叠加阀
	插装式联接	螺纹式插装(二、三、四通插装阀)、法兰式插装(二通插装阀)
按其他方式分类	开关或定值控制阀	压力控制阀、流量控制阀、方向控制阀
按控制方式分类	电液比例阀	电液比例压力阀、电液比例流量阀、电液比例换向阀、电流比例复合阀、电流比例多路阀、三级电液流量伺服阀
	伺服阀	单、两级(喷嘴挡板式、动圈式)电液流量伺服阀、三级电液流量伺服阀
	数字控制阀	数字控制、压力控制流量阀与方向阀

5.1.3　控制阀的性能参数

(1)公称通径

公称通径表示阀的通流能力的大小,对应于阀的额定流量。阀工作时的实际流量应小于或等于其额定流量,最大不得大于额定流量的10%。与阀进出口相接的管道通径规格一般至少应与阀的通径相同。

(2)额定压力

额定压力是指控制阀在长期工作状态下所允许的最高压力。实际工作压力应小于或等于额定压力,一般不允许超过额定压力。

5.1.4　控制阀的基本要求

①动作灵敏、使用可靠、工作时冲击和振动小。
②流经阀的油液压力损失小。
③密封性能好。
④结构紧凑，安装、调整、使用、维护方便，通用性好。

5.2　方向控制阀

方向控制阀通过控制阀口的启闭来控制油路的通断或改变流体的流动方向，从而改变执行元件的启动、停止或改变其运动方向。它主要有单向阀和换向阀两大类。单向阀可分普通单向阀和液控单向阀。换向阀按操纵阀芯移动的外力不同，可分为手动换向阀、机动换向阀、电磁换向阀、液（气）动换向阀及电液（气）换向阀等。

5.2.1　单向阀

(1)普通单向阀的结构及其图形符号

普通单向阀的作用，是使流体只能沿一个方向流动，不许它反向倒流。如图5.1(a)所示是一种普通单向阀的原理结构图。压力油从阀体下端的通口 *A* 流入时，克服弹簧3作用在阀芯1上的力，使阀芯向上移动而打开阀口，油液从阀体2右端的通口 *B* 流出。当压力油从通口 *B* 流入时（见图5.1(b)），经阀芯的径向孔进入阀芯上端，液压力和弹簧力一起作用使阀芯向下移动，锥面压紧在阀座上使阀口关闭，油液无法通过通口 *A* 流出。如图5.1(c)所示是单向阀的图形符号。

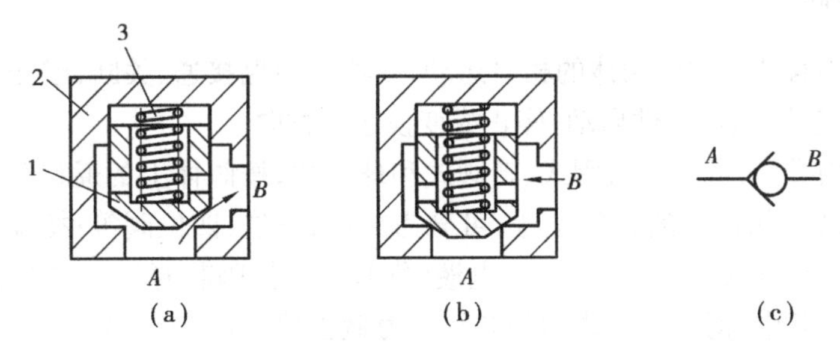

图5.1　单向阀的工作原理
1—阀芯;2—阀座;3—弹簧

对单向阀的性能要求如下：
①开启压力要小。
②反向的泄漏要小。
③正向导通时，阀的阻力损失要小。
④阀芯运动平稳，无振动、冲击或噪声。

(2)液控单向阀的结构及其图形符号

液控单向阀，又称液压锁，如图5.2(a)所示为液控单向阀的结构图。当控制口 *K* 无压力油通入时，它的工作机制和普通单向阀一样，即压力油只能从通口 A 流向通口 B，而不能从通口 B 流向通口 A。但当控制口 K 有控制压力油时，控制活塞 4 上移，推动顶杆顶开单向阀芯 1，使通口 A 和 B 接通，油液就可在两个方向自由通流。需要指出的是，控制压力油口 K 不工作时，应使其通回油箱，否则控制活塞不能复位，单向阀反向不能截止液流。如图 5.2(b)所示为液控单向阀的图形符号。

如图 5.3 所示为带卸载小阀芯的液控单向阀。其工作原理是当控制活塞上移，推杆先顶开单向阀芯 1 上的小阀芯 5，使孔口 B 与 A 预先接通，B 口高压油泄压，然后再推开单向阀的主阀芯 1。由于卸载阀芯很小，其控制压力仅需工作压力的 4.5% 左右。没有卸载小阀芯的液控单向阀的控制压力则为工作压力的 40% ~50%。

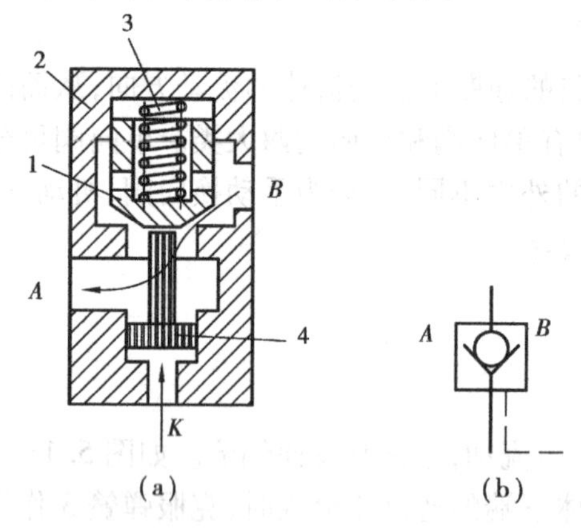

图 5.2　液控单向阀的工作原理

1—阀芯；2—阀座；3—弹簧；4—控制活塞

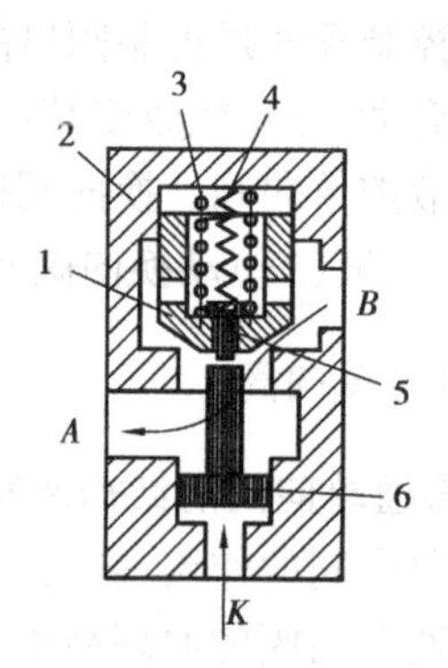

图 5.3　带卸载小阀芯的液控单向阀

1—主阀芯；2—阀座；3—主阀芯弹簧；4—小阀芯弹簧；5—小阀芯；6—控制活塞

5.2.2　换向阀

换向阀是利用阀芯相对于阀体的相对运动，使液(气)路接通、关断，或变换液(气)流的方向，从而使液压(气动)执行元件启动、停止或变换运动方向。

换向阀按结构类型，可分为滑阀式、转阀式和球阀式；按阀体上的通口数，可分为二通、三通、四通等；按阀芯在阀体内的工作位置，可分为二位、三位、四位阀等；按操作阀芯动作的方式，可分为手动、机动、电磁动、液(气)动、电液(气)动等；按阀芯的定位方式，可分为钢球定位和弹簧复位两种。其中，钢球定位式的阀芯在外力撤去后，可固定在某一工作位置，适用于一个工作位置须长时间停留的场合。弹簧复位式(或对中式)的阀芯在外力撤去后将恢复到常位，这种方式适用于换向次数频繁、要求动作可靠的场合。

(1)滑阀式换向阀

1)滑阀式换向阀的结构及其工作原理

如图 5.4(a)所示，滑阀式换向阀由阀体 1、阀芯 2 以及驱动阀芯移动的装置构成(图中未画出)。阀体上开有多个油口和沉割槽，阀芯移动后可以停留在不同的工作位置上。图示滑阀的阀体上有 4 个油口 P,A,B,T 和 5 个沉割槽。当阀芯处于中间位置(图示位置)，油口 P，A,B,T 互不相通；当阀芯往左移动时，P 与 B 通、A 与 T 通；当阀芯往右移动时，P 与 A 通、B 与 T 通。因此，阀芯有 3 个工作位置，即三位四通阀。

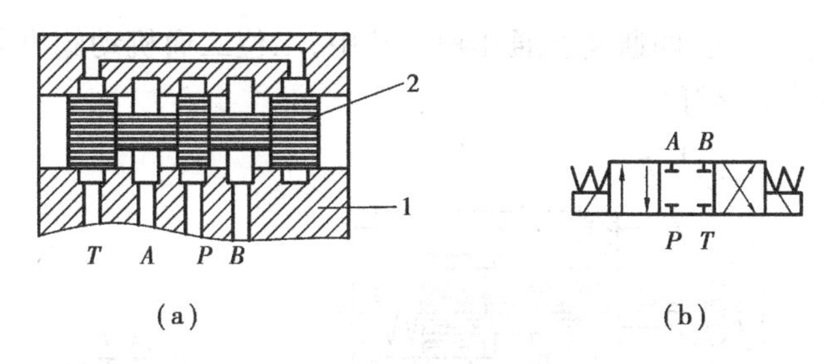

图5.4　四通滑阀结构

如图5.4(b)所示为三位四通电磁换向阀的图形符号。其含义是:方框表示阀芯的工作位置;方框内的箭头表示阀内油口接通状态,但箭头方向不一定表示液流的实际方向;方框内符号"⊥"或"⊤"表示油路不通;方框外部的油口个数表示"几通"。符号两端的图形代表阀芯的操纵方式。其操纵方式含义如图5.5所示。

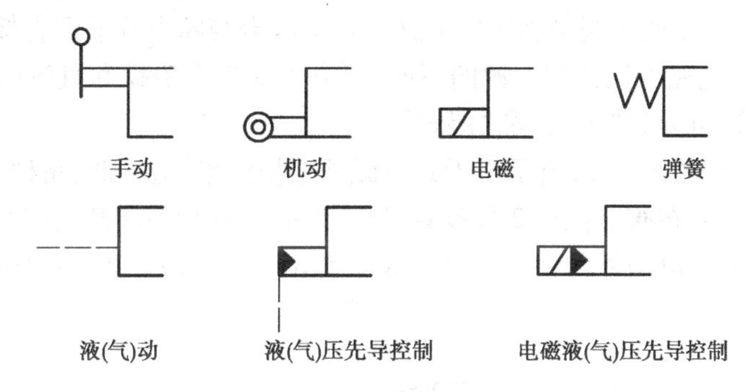

图5.5　换向阀的操纵方式

2)滑阀式换向阀的操纵方式

①手动换向阀。如图5.6(a)所示为自动复位式手动换向阀。放开手柄,阀芯在弹簧的作用下自动回复中位。该阀适用于动作频繁、工作持续时间短的场合,操作比较方便,常用于工程机械的液压传动系统中。如图5.6(b)所示为三位四通手动换向阀的图形符号。

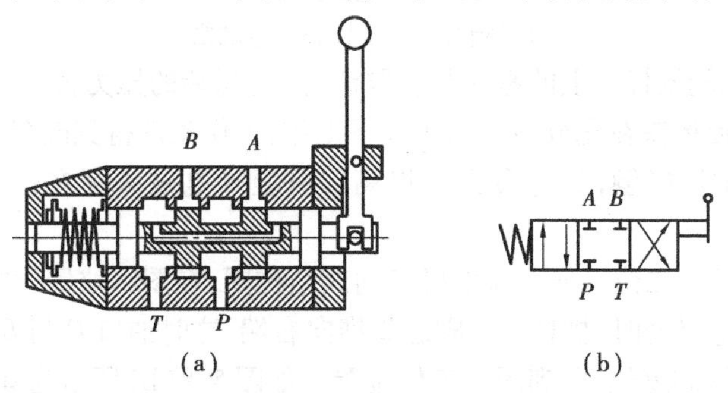

图5.6　手动换向阀

②机动换向阀。如图5.7(a)所示为滚轮式机动换向阀。在图示位置阀芯3被弹簧5压向左端,油口P和A通,B口关闭;当挡铁或凸轮1压住滚轮2使阀芯3向右移动时,就使P口和B口接通,A口关闭,实现换向。

机动换向阀又称行程阀,它主要用来控制机械运动部件的行程,它是借助于安装在工作台上的挡铁或凸轮来迫使阀芯移动,从而控制流体的流动方向,实现运动部件反向。机动换向阀通常是二位的,有二通、三通、四通及五通几种。其中,二位二通机动阀可分常闭和常开两种。如图 5.7 (b)所示为其图形符号。

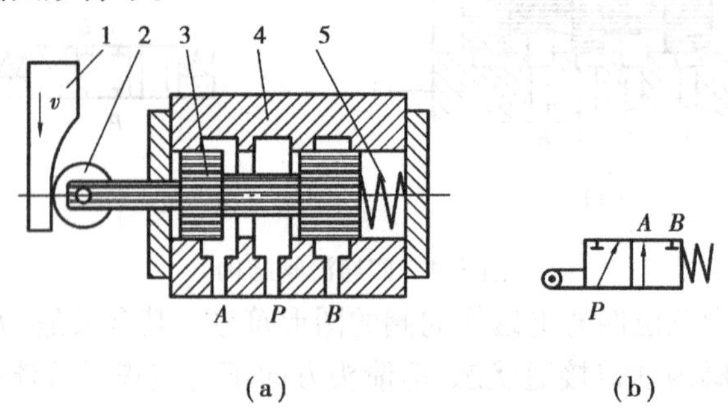

图 5.7　机动换向阀

1—挡铁;2—滚轮;3—阀芯;4—阀体;5—弹簧

③电磁换向阀。电磁换向阀是利用电磁铁的通电吸合与断电释放而直接推动阀芯移动来控制液(气)流方向。电磁铁按使用电源的不同,可分为交流电磁铁和直流电磁铁两种。按衔铁工作腔是否有油液,可分为“干式”和“湿式”。

电磁换向阀结构如图 5.8(a)所示。干式电磁铁结构简单、造价低、品种多、应用广泛。但为了保证电磁铁不进油,在阀芯推杆 2 处设置了密封圈,此密封圈所产生的摩擦力消耗了部分电磁推力,同时也限制了电磁铁的使用寿命。如图 5.8(b)所示为三位四通电磁换向阀的图形符号。

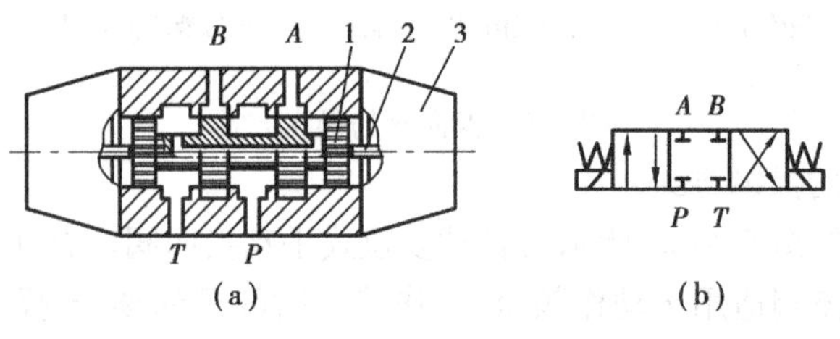

图 5.8　电磁换向阀

1—阀芯;2—推杆;3—电磁铁

湿式电磁铁电磁阀推杆 2 上的密封圈被取消,换向阀端的压力油直接进入衔铁与导磁导套缸之间的空隙处,使衔铁在充分润滑的条件下工作,工作条件得到改善。线圈安放在导磁导套缸的外面不与液压油接触,其寿命大大提高。但湿式电磁铁存在造价高,换向频率低等缺点。

如图 5.9(a)所示为二位三通交流电磁换向阀结构图,在图示位置,油口 P 和 A 相通,油口 B 断开;当电磁铁通电吸合时,推杆 1 将阀芯 2 推向右端,这时油口 P 与 B 相通,而当磁铁断电释放时,弹簧 3 推动阀芯复位,回到图示工作位置。如图 5.9(b)所示为其图形符号。

直流电磁铁所使用的直流电源通常有 12,24,36,110 V,工作可靠,吸合、释放动作时间为 0.05 ~0.08 s,允许使用的切换频率较高,一般可达 120 次/min,最高可达 300 次/min,且冲击小、体积小、寿命长。但需有专门的直流电源,成本较高。

交流电磁铁可直接使用 110,220,380 V 交流电源,启动力较大,不需要专门的电源,吸合、释放快,动作时间为 0.01 ~0.03 s。其缺点是若电源电压下降 15% 以上,则电磁铁吸力明显减小。若衔铁不动作,干式电磁铁会在 10 ~15 min 后烧坏线圈(湿式电磁铁为 1 ~1.5 h),且冲

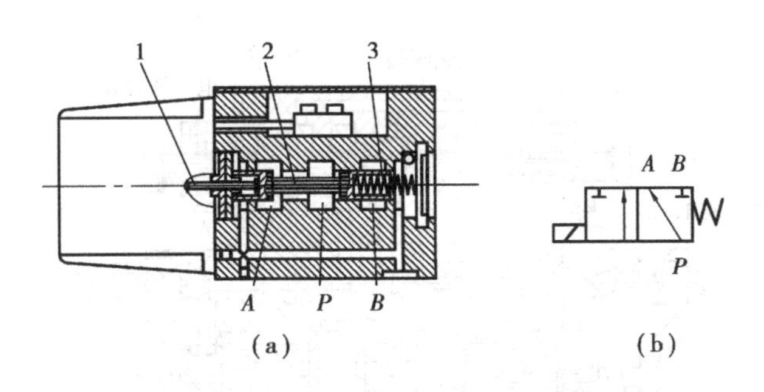

图5.9 二位三通电磁换向阀

1—推杆;2—阀芯;3—弹簧

击及噪声较大、寿命低,因而在实际使用中交流电磁铁允许的切换频率一般为10次/min,不得超过30次/min。

④液(气)动换向阀。液(气)动换向阀是利用液压(气动)力来移动阀芯位置的换向阀。如图5.10(a)所示为三位四通液(气)动换向阀的结构示意图。在图示位置,A,B,T相通,P口不通;当控制油路的压力油(压缩空气)从阀右边的控制口K_2进入滑阀右腔时,K_1口通回油箱(大气),阀芯向左移动,使P口与B口相通,A口与T口相通;当K_1口接通压力油(压缩空气),K_2口通回油箱(大气)时,阀芯向右移动,使得P口与A口相通,B口与T口相通;当K_1,K_2都接通油箱(大气)时,阀芯在两端弹簧和定位套作用下回到中间位置(图示位置)。液(气)动换向阀可用于高压大流量的场合。如图5.10(b)所示为三位四通液(气)动换向阀的图形符号。

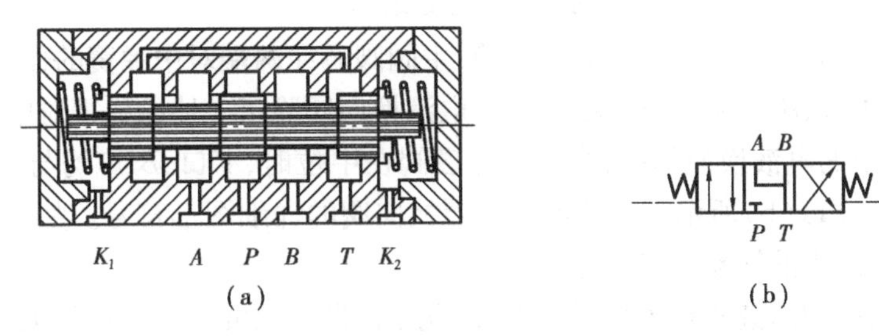

图5.10 液动换向阀

在大中型液压设备中,当通过阀的流量较大时,作用在滑阀上的摩擦力和液动力较大,此时电磁换向阀的电磁铁推力无法使阀芯可靠地换向,此时需要用电液换向阀。

⑤电液换向阀。电液换向阀是由电磁滑阀和液动滑阀组合而成。电磁滑阀起先导作用,它通过改变控制液流的方向来改变液动滑阀阀芯的位置。

如图5.11(a)所示为弹簧对中型三位四通电液换向阀的结构图。当先导电磁阀电磁铁2YA通电后,其阀芯向右移动,来自主阀P口(或外接油口的控制压力油P')可经先导电磁阀的A'口和单向阀I_2进入主阀阀芯左端容腔,这时主阀阀芯右端容腔中的油液经节流阀R_1、先导电磁阀的B'口及T'口流回油箱,并推动主阀阀芯向右移动(主阀阀芯的移动速度可由节流阀R_1调节),从而使主阀P口与A口相通、B口和T口相通;反之,当先导电磁阀电磁铁1YA通电,可使P口与B口相通、A口与T口相通;当先导电磁阀的两个电磁铁均不带电时,先导电磁阀阀芯在其对中弹簧作用下回到中位,此时来自主阀P口(或外接控制压力油P')不能进入主阀芯的左、右两容腔,而主阀芯左右两腔的油液经先导电磁阀中间位置的A'口、B'口与T'口

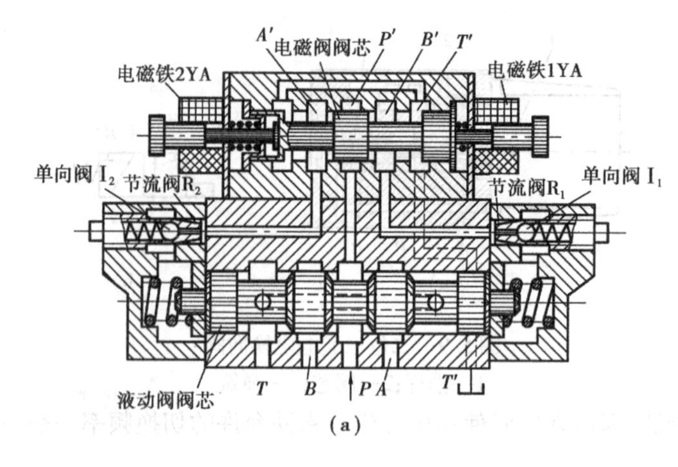

(a)

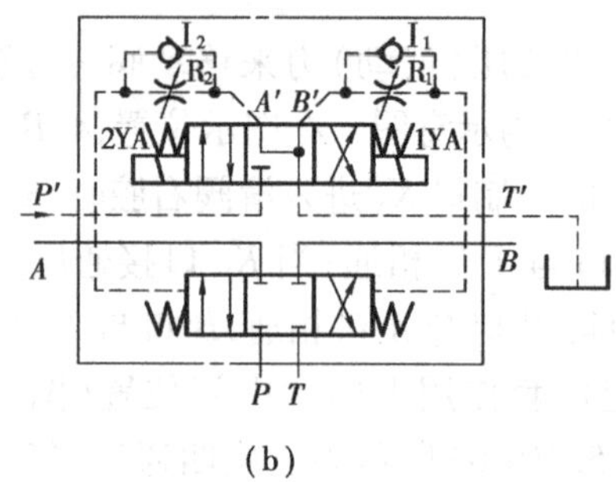

(b)

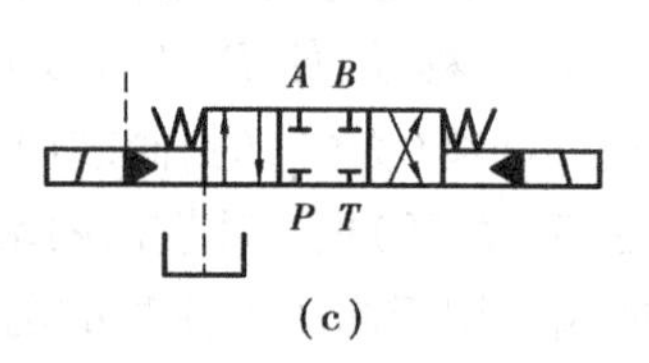

(c)

图 5.11　电液换向阀

相通，再从主阀的 T 口（或外接 T'口）通回油箱，主阀阀芯在两端对中弹簧的作用下回到中位，此时主阀的 P 口、A 口、B 口和 T 口均不相通。电液换向阀除了上述的弹簧对中以外还有液压对中的，在液压对中的电液换向阀中，先导式电磁阀在中位时，A'口、B'口均与油口 P 联通，而 T'口则封闭。如图 5.11(b)所示为三位四通电液换向阀的详细图形符号。如图 5.11(c)所示为三位四通电液换向阀的简易图形符号。

由于操纵液动滑阀的液压推力可以很大，因此主阀芯的尺寸可以做得很大，允许有较大的流量通过。这样就可以用较小的电磁铁来控制较大的流量。

必须注意以下 4 点：

①主阀采用弹簧对中时，其先导阀在中位时 A'口、B'口必须同时与油口 T'联通，使主阀芯左、右两腔回油箱，以保证主阀在弹簧的作用下能准确回到中位。

②控制压力油 P'可以取至主油路的 P 口（内控式），也可以另设独立油源（外控式）。采用内控式而主油路有卸载需要时，必须在主阀的 P 口安装一背压阀，以保证最低控制压力，背压阀可以是开启压力为 0.4 MPa 的单向阀。采用外控时，独立油源的流量不得小于主阀最大通流量的 15%，以保证换向的时间要求。

③电磁换向阀的回油口 T'可以单独引回油箱（外排），也可以在阀体内与主阀回油口 T 接通，然后一起回油箱（内排）。

④液动滑阀两端控制油路上的节流阀 R_1，R_2 用来控制油液进出主阀阀芯两端的流量，从而调节主阀的换向速度，即换向时间。若节流阀阀口关闭，则液动滑阀无法移动，主油路不能换向。

3)滑阀式换向阀的性能

①中位机能。三位换向阀的阀芯在中位时,各油口间有不同的联通方式,可满足不同的回路要求,这种不同的联通方式体现了换向阀在中位时不同的控制机能,称为换向阀的中位机能。三位四通换向阀常见的中位机能、符号及其特点如表5.2所示。

表5.2 滑阀式换向阀的中位机能

中位机能形式	中间位置时的滑阀状态	中间位置的符号		机能特点和应用
		三位四通	三位五通	
O	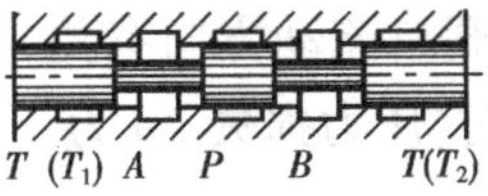 T (T_1) A P B T(T_2)	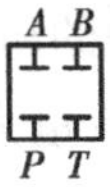 A B P T	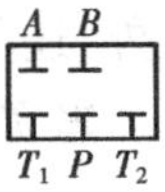 A B T_1 P T_2	4个油口均封闭,液压缸活塞锁住不动,液压泵不卸载,可用于多个换向阀并联工作
H	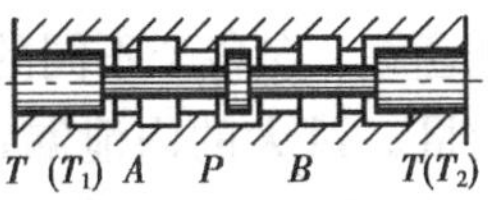 T (T_1) A P B T(T_2)	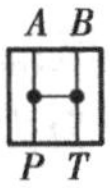 A B P T	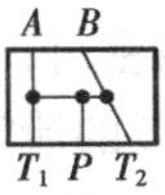 A B T_1 P T_2	4个油口互通,液压缸两腔同时通回油,活塞浮动,即在外力作用下活塞可以移动,液压泵出口油液回油箱卸载
Y	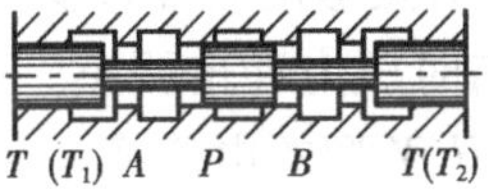 T (T_1) A P B T(T_2)	 A B P T	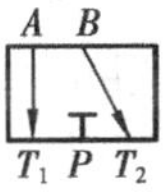 A B T_1 P T_2	油口P封闭,油口A,B,T互通,缸活塞浮动,可在外力作用下移动,液压泵不卸载
J	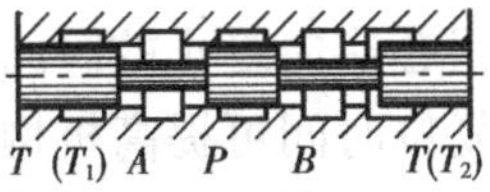 T (T_1) A P B T(T_2)	 A B P T	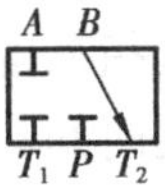 A B T_1 P T_2	油口A封闭,油口B回油箱,液压缸活塞锁住不动,液压泵不卸载
C	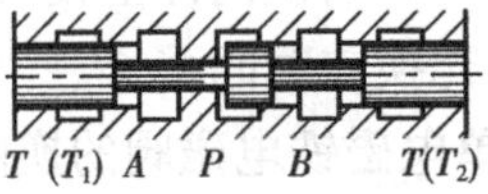 T (T_1) A P B T(T_2)	 A B P T	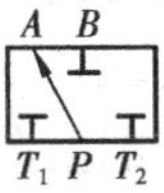 A B T_1 P T_2	油口A通压力油,油口B封闭,液压泵不卸载
P	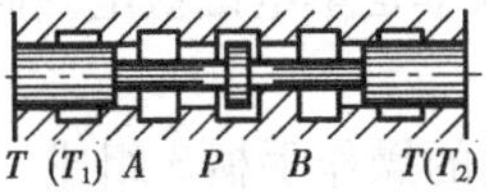 T (T_1) A P B T(T_2)	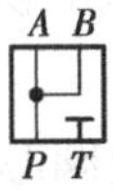 A B P T	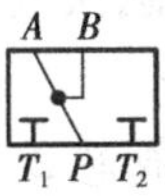 A B T_1 P T_2	油口T封闭,油口P,A,B互通,多用于单活塞杆液压缸的差动联接,使活塞快速向外伸出
K	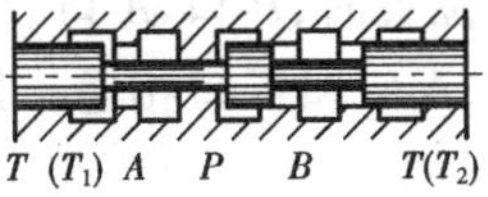 T (T_1) A P B T(T_2)	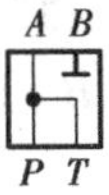 A B P T	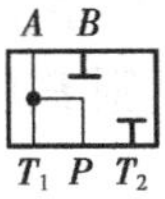 A B T_1 P T_2	油口P,A,T互通,油口B封闭,液压泵卸载,缸一腔闭锁
X	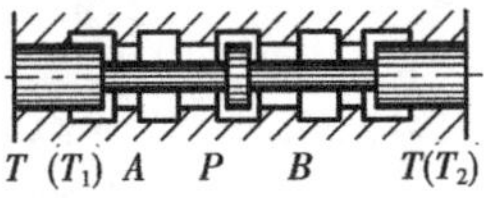 T (T_1) A P B T(T_2)	 A B P T	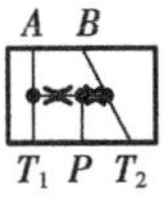 A B T_1 P T_2	4个油口A,B,P,T互通,液压缸浮动,换向冲击小,液压缸不能急停
M	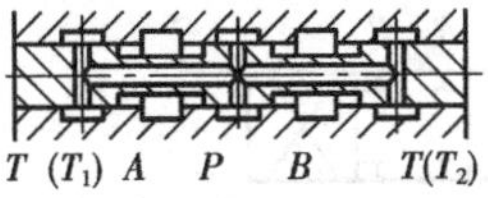 T (T_1) A P B T(T_2)	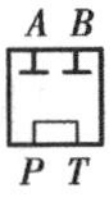 A B P T	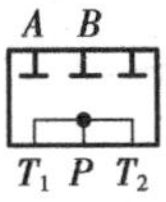 A B T_1 P T_2	油口A,B封闭,油口P,T互通,液压缸锁住不动,液压泵卸载
U	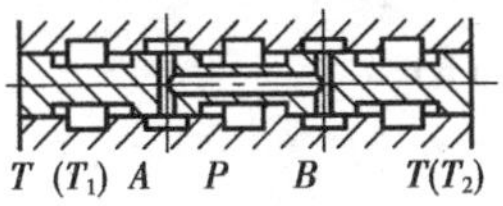 T (T_1) A P B T(T_2)	 A B P T	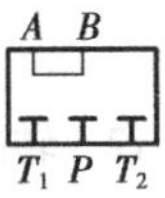 A B T_1 P T_2	液压缸两腔互通,液压泵不卸载,换向冲击小

②换向的可靠性。换向阀的换向可靠性包括两个方面:一是电磁铁通电后,阀芯能灵敏地移动到工作位置;二是电磁铁断电后,阀芯能在弹簧的作用下自动复位。工作可靠性主要取决于设计和制造,且与使用也有关系。液动力和液压卡紧力的大小对工作可靠性影响很大,而这两个力与通过阀的流量和压力有关。因此,电磁阀也只有在一定的流量和压力范围内才能正常工作。

③压力损失。换向阀的压力损失包括阀口压力损失和流道压力损失。由于电磁阀的开口很小(为1.5~2 mm),阀口流速高,故液流流过阀口时产生较大的压力损失。而当阀体采用铸造流道,流道形状接近于流线时,流道压力损失可降到很小。

换向阀的压力损失除与通流量有关外,还与阀的机能、阀口流动方向有关,一般限定在额定流量 q_s 下压力损失不超过一定值 Δp_s。当实际流量为 q 时,压力损失 Δp 为

$$\Delta p = \Delta p_s \left(\frac{q}{q_s}\right)^2 \tag{5.2}$$

④内泄漏量。滑阀式换向阀为间隙密封,内部泄漏不可避免。在各个不同的工作位置,在规定的工作压力下,从高压腔漏到低压腔的泄漏量为内泄漏量。过大的内泄漏量不仅会降低系统的效率,引起过热,而且还会影响执行机构的正常工作。因此,一般应尽可能减小阀芯与阀体孔的径向间隙并保证其同心,同时使阀芯台肩与阀体孔有足够的封油长度。

⑤换向平稳性。换向阀换向平稳,实际上就是要求换向时压力冲击要小。手动和电液换向阀可以通过控制换向时间来改变压力冲击。中位机能为 H,Y 型的电磁换向阀,因液压缸两腔同时通回油箱,换向经过中位时压力冲击值迅速下降,因此换向较平稳。

⑥换向时间和换向频率。换向时间指从电磁铁通电到阀芯换向终止的时间;复位时间指从电磁铁断电到阀芯回复到初始位置的时间。减小换向和复位时间可提高机构的工作效率,但会引起液压冲击。交流电磁阀的换向时间一般为0.03~0.05 s,换向冲击较大;而直流电磁阀的换向时间为0.1~0.3 s,换向冲击较小。通常复位时间比换向时间稍长。

换向频率是在单位时间内阀所允许的换向次数。目前单电磁铁电磁阀的换向频率一般为60次/min,有的高达240次/min。双电磁铁电磁阀的换向频率是单电磁铁电磁阀的2倍。

(2)转阀

如图5.12(a)所示,转阀由阀体1、阀芯2和使阀芯转动的操作手柄3组成。在图示位置,P 口和 A 口相通、B 口和 T 口相通;当操作手柄转换到"中"位置时,P 口、A 口、B 口和 T 口均不相通;当操作手柄转换到"右"位置时,则 P 口和 B 口相通,A 口和 T 口相通。如图5.12(b)所示为它的图形符号。

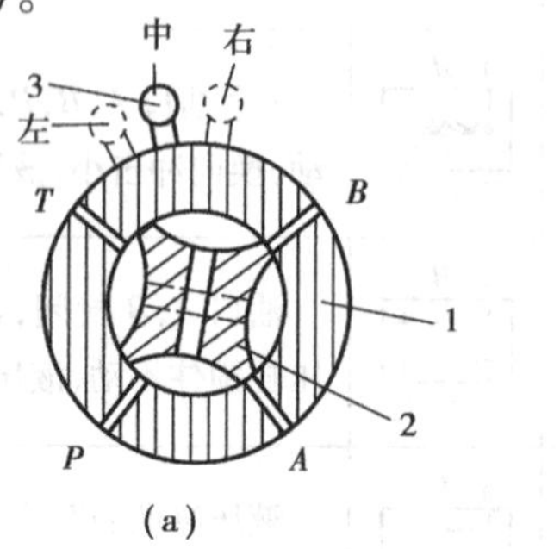

(a)

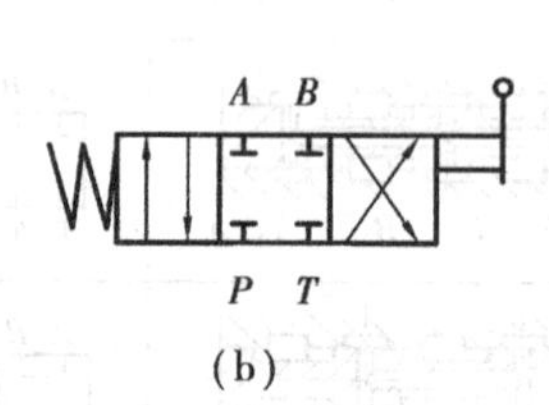

(b)

图5.12　转阀结构示意图

1—阀体;2—阀芯;3—操作手柄

(3)球阀

如图5.13(a)所示为电磁球阀结构图,它主要由左阀座4、右阀座6、阀芯5、操纵杆2、杠杆3、弹簧7和电磁铁8等组成。图中,P口压力油除通过右阀座孔作用在球阀的右边外,还经过阀体上的通道b进入杠杆的空腔并作用在球阀的左边,故球阀所受轴向液压力平衡。

当电磁铁不得电时,球阀在右端弹簧的作用下紧压在左阀座孔上,P口与A口通,T口关闭。当电磁铁得电时,电磁力推动铁芯左移,杠杆3绕支点逆时针方向转动,电磁力经放大(3~4倍)后通过操纵杆2给球阀芯5施加一个向右的力并克服弹簧力将球阀芯推向右阀座,使P口与A口不通,A口与T口相通,油路换向。

如图5.13(b)所示为电磁球阀的图形符号。

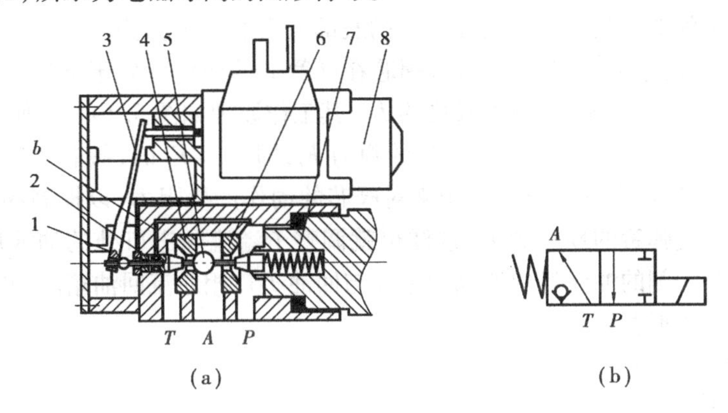

图5.13　电磁球阀结构示意图

1—支点;2—操纵杆;3—杠杆;4—左阀座;5—阀芯;6—右阀座;7—弹簧;8—电磁铁

电磁球阀具有以下特点:

①无液压卡紧现象,对油液污染不敏感,换向性能好。

②密封为线密封,密封性能好,最高工作压力可达63 MPa。

③电磁吸力经杠杆放大后传给阀芯,推力大。

④使用介质的黏度范围大,可直接用于高水基乳化液。

⑤球阀换向时,中间过渡位置3个油口互通,故不能像滑阀那样具有多种中位机能。

⑥因要保证左、右阀座孔与阀体孔的同心,因此,加工、装配工艺难度大,成本较高。

⑦目前主要用在超高压小流量的液压系统或作二通插装阀的先导阀。

5.3　压力控制阀

压力控制阀是用来控制系统中流体的压力或通过流体的压力信号来实现控制的一类阀。其基本的工作原理是利用流体压力在阀芯上所产生的力与弹簧力相比较,从而控制阀口的开启和关闭,实现对压力的控制。

压力控制阀按其功能可分为溢流阀、减压阀、顺序阀及压力继电器。溢流阀和减压阀是用来控制系统压力的阀类,顺序阀和压力继电器是利用压力变化作为控制信号,来控制其他元件动作的阀类。

5.3.1　溢流阀

溢流阀的功用是当系统的压力达到其调压弹簧的调定值时阀口开启而开始溢流，将系统的压力基本稳定在某一调定的数值上。按调压性能和结构形式不同可分为直动型溢流阀和先导型溢流阀两大类。

(1)溢流阀的结构及工作原理

1)直动型溢流阀

如图5.14(a)所示为直动型溢流阀的结构示意图。P是进油口，T是回油口，从P口来的压力油经阀芯3中间的阻尼孔a作用在阀芯的底部端面上，当进油压力较小时，油液压力所产生推力F_p小于弹簧的弹力F_t，即$F_p < F_t$，阀芯在弹簧2的作用下处于下端位置，阀芯上的凸肩将T口封闭，P口和T口不通，封油长度为L。其工作原理如图5.14(b)所示。当油压力升高，作用在阀芯下端的液压力F_p超过弹簧的弹力F_t，即$F_p > F_t$时，阀芯上升，P口与T口相通，油液排回油箱。阀芯上的阻尼孔a用来对阀芯的动作产生阻力，以提高阀的工作平稳性，调整螺母1可以改变弹簧的预压紧力，这样也就调整了溢流阀进口处的油液压力p。经溢流阀芯泄漏到弹簧腔一侧的油液经内泄漏通道b与回油T口相通流回油箱。如图5.14(c)所示为直动型溢流阀的图形符号。

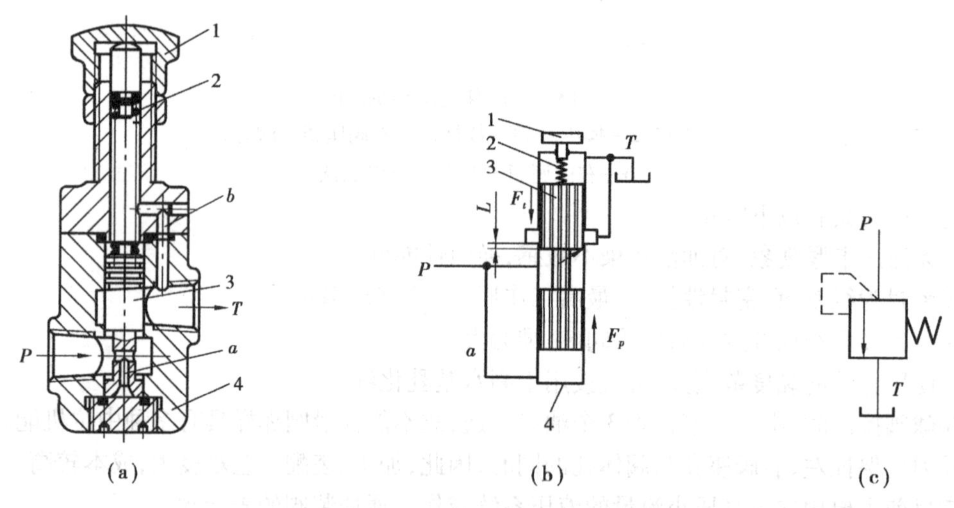

图5.14　直动型溢流阀

1—调节螺母;2—弹簧;3—阀芯;4—阀座

直动型溢流阀是依靠系统中的压力油直接作用在阀芯的端面上并与阀芯另一端的弹簧力相比较，以控制阀芯的启闭动作，如图5.14(b)所示。设通流量为q，进口压力为p，阀芯直径为D，通过额定流量q_s时的进口压力为p_s，则阀口刚开启时的阀芯受力平衡关系式为

$$p_k \frac{\pi D^2}{4} = K(x_0 + L) \tag{5.3}$$

式中　p_k——阀口刚开启时的进口压力；

K——弹簧刚度；

x_0——预压缩量。

阀口开启溢流时阀芯受力平衡关系式为

$$p\frac{\pi D^2}{4}=K(x_0+L+x)+F_s \tag{5.4}$$

式中　x——阀口开度；

F_s——作用在阀芯上的稳态液动力。

阀口开启溢流的压力流量方程为

$$q=C_d\pi Dx\sqrt{\frac{2}{\rho}p} \tag{5.5}$$

式中　q——阀口溢流量；

C_d——流量系数；

ρ——液体密度。

联立求解式(5.4)和式(5.5)可求得不同流量下的进口压力。

由式(5.3)可知，弹簧力的大小与控制压力成正比，因此，如果要提高被控压力，一方面可用减小阀芯的面积来达到，另一方面则可增加弹簧刚度 K 或预压缩量。因受结构限制，当采用大刚度的弹簧时，在阀芯相同位移的情况下，弹簧力变化较大，因而阀的调压精度就低。因此，这种低压直动式溢流阀一般用于压力小于2.5 MPa的小流量场合。

2)先导型溢流阀

如图5.15(a)所示为先导型溢流阀的结构示意图。图中压力油从 P 口进入，经阻尼孔 e 进入主阀芯上腔，再经通道 f,h 作用在先导阀芯7上。当进油口压力较低时，先导阀芯上的液压力不足以克服调压弹簧8的作用力时，先导阀关闭，主阀芯上腔压力与进口压力相等，但结构上上腔作用面积比下腔的作用面积稍大，故阀芯所受的液压力加上主阀弹簧作用力向下，主阀芯2压在阀座4上，溢流阀 P 口和 T 口被切断。当进油口压力升高，作用在先导阀芯上的液压力大于调压弹簧作用力时，先导阀开启，压力油经阻尼孔 e、通道 f,h 和先导阀及主阀芯上的中心孔 b 流回油箱，由于阻尼孔 e 的作用产生压力降，使主阀芯上腔的压力小于下腔压力，作用在主阀芯上的液压力向上，当向上的液压力大于主阀弹簧力 F_s 时，主阀芯上移，阀口开启，

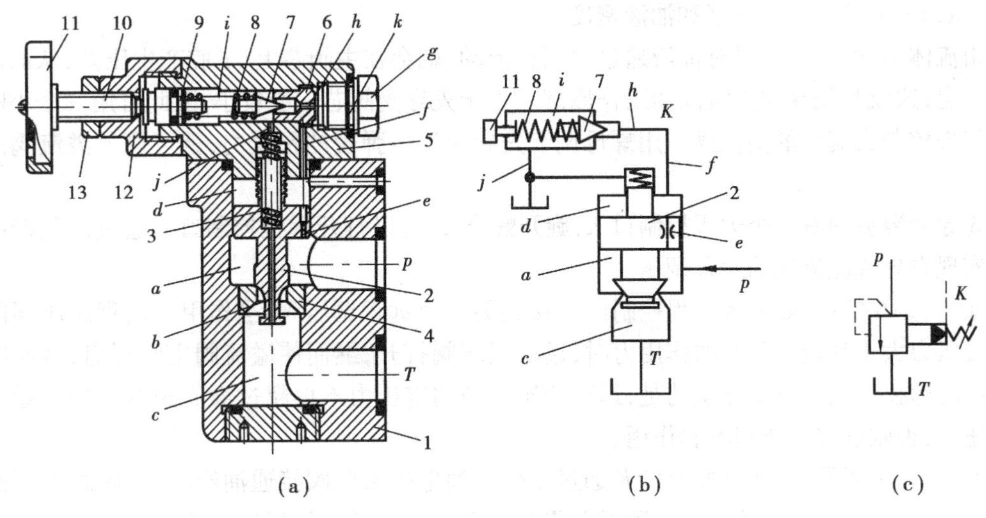

图5.15　先导型溢流阀

压力油从 P 口经 T 口流回油箱，实现溢流。

先导型溢流阀的静态特性可用下列 5 个方程描述：

①先导阀阀芯受力平衡方程，即

$$p_1 \frac{\pi d^2}{4} = K_2(x_0 + x) \tag{5.6}$$

②先导阀阀口压力流量方程，即

$$q_x = C_2 \pi dx \sin\varphi \sqrt{\frac{2}{\rho} p_1} \tag{5.7}$$

③主阀芯受力平衡方程，即

$$pA = p_1 A_1 + K_1(y_0 + y) + C_1 \pi Dyp \sin 2\alpha \tag{5.8}$$

④主阀阀口压力流量方程，即

$$q = C_1 \pi Dy \sqrt{\frac{2}{\rho} p} \tag{5.9}$$

⑤流经阻尼孔的压力流量方程，即

$$q_l = q_x = \frac{\pi \phi^4}{128 \mu l}(p - p_1) \tag{5.10}$$

式中 A_1, A——主阀上、下腔的作用面积；

K_1, K_2——主阀弹簧、先导阀调压弹簧的刚度；

x_0, y_0——先导阀调压弹簧、主阀弹簧的预压缩量；

y, x——主阀和先导阀开口长度；

q, q_x, q_l——流经主阀阀口和先导阀阀口的流量以及流经阻尼孔的流量；

D, d——主阀和先导阀阀座孔直径；

α, φ——主阀芯和先导阀阀芯半锥角；

ϕ, l——阻尼孔直径和长度；

μ, ρ——油液动力黏度和油液密度。

由流体力学可知，只要有油液通过阻尼孔流动，就会在主阀芯上、下腔产生压差，从而使主阀芯开启，这就是先导型溢流阀的工作原理。由于先导阀阀芯一般较小，因此可用一个小刚度的弹簧来控制大流量的溢流阀。用螺母调节先导阀调压弹簧的预紧力，就可调节溢流阀的溢流压力。

先导型溢流阀有一个远程控制口 K，旋开螺塞 g，可以打开远程控制口。通过远程控制口可以实现先导式溢流阀的远程调压。

如图 5.16 所示，如果将远程控制口 K 接到另一个远程调压阀，当作用在远程调压阀阀芯上的液压力大于其调压弹簧的作用力时，远程调压阀打开，继而使溢流阀主阀开启，从而实现溢流阀的远程调压。需要注意的是，远程调压阀的调定压力不得超过溢流阀本身的先导阀的调整压力，否则远程调压阀不起作用。

如图 5.17 所示，当远程控制口 K 通过二位二通电磁换向阀接通油箱时，主阀芯上端的压力接近于零，主阀芯在下腔压力作用下上移到最高位置，阀口开得最大，油液通过溢流阀主阀流回油箱，实现卸荷。

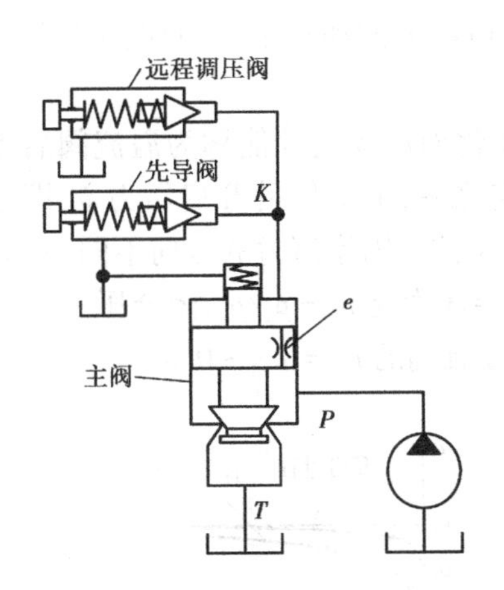

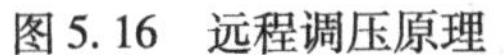

图5.16　远程调压原理

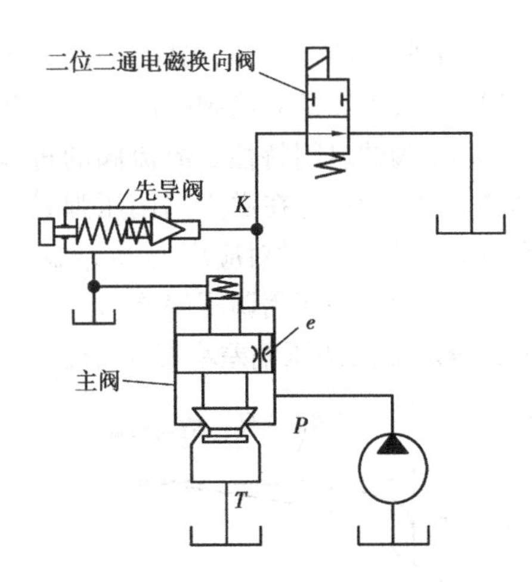

图5.17　电磁溢流阀卸荷原理图

如图5.18所示,若远程调压阀的调定值小于先导阀的调定值,则当二位二通电磁换向阀断电时,溢流阀的进口压力由先导阀调定;当二位二通电磁换向阀通电时,溢流阀的进口压力由远程调压阀调定,实现二级调压。以此类推,也可实现多级调压。

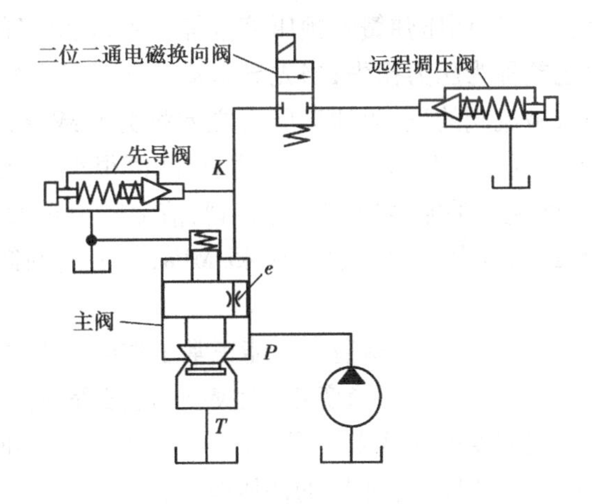

图5.18　多级调压原理

(2)溢流阀的性能

溢流阀的性能主要有静态特性和动态特性两类。

1)静态特性

溢流阀的静态特性是指阀在系统压力没有突变的稳态情况下,所控制流体的压力、流量的变化情况。溢流阀的静态特性主要指压力-流量特性、启闭特性、压力调节范围、流量许用范围、卸荷压力及压力损失等。

①溢流阀的压力-流量特性。溢流阀的压力-流量特性是指溢流阀入口压力与流量之间的变化关系。如图5.19所示为溢流阀的静态特性曲线。其中,p_{k1}为直动型溢流阀的开启压力,当阀的入口压力大于p_{k1}时,溢流阀开始溢流。p_{k2}为先导式溢流阀的开启压力,当阀的进口压力小于p_{k2}时,先导阀关闭,溢流量为零;当进口压力大于p_{k2}时,先导阀开启,然后主阀芯打开,溢流阀开始溢流。在两种阀中,当入口压力达到调定压力p_n时,通过阀的流量达到额定溢流量q_n。

由溢流阀的特性可知，当阀溢流量发生变化时，阀进口压力波动越小，阀的性能越好。由图5.19可知，先导型溢流阀的性能优于直动式溢流阀。

②溢流阀的启闭特性。溢流阀的进口压力随流量变化而波动的性能称为溢流阀启闭特性，如图5.20所示。在溢流阀调压弹簧的预压缩量调定之后，溢流阀的开启压力 p_k 即已确定，设流量为额定值时对应压力为 p_s，阀口关闭时的压力为 p_b。因摩擦力的方向不同，$p_b<p_k$。压力流量特性的好坏用调压偏差(p_s-p_k)，(p_s-p_b)或开启压力比 $n_k=p_k/p_s$，闭合压力比 $n_b=p_b/p_s$ 评价。显然调压偏差小好，n_k，n_b 大好，一般先导型溢流阀的 $n_k=0.9\sim0.95$。

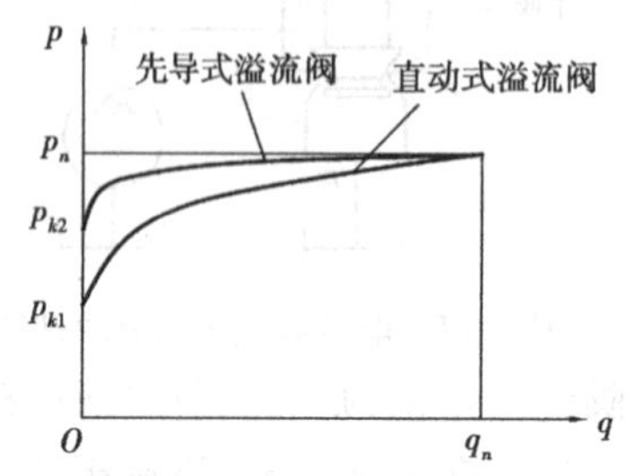

图5.19　溢流阀的静态特性曲线

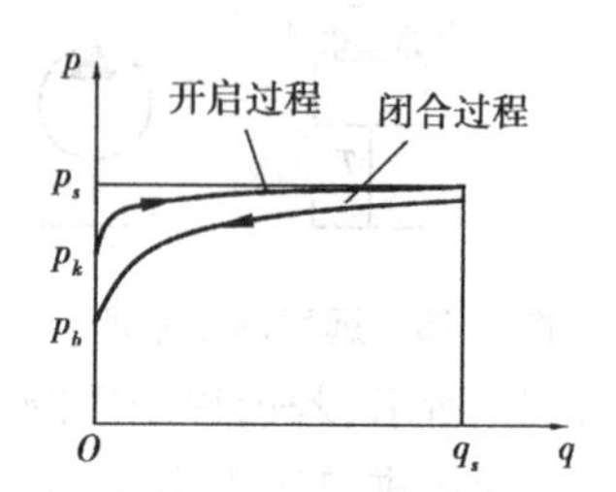

图5.20　溢流阀的启闭特性曲线

③压力损失和卸载压力。当调压弹簧的预压缩量等于零，且流经阀的流量为额定流量时，溢流阀的进、出油口压力之差称为压力损失；当先导型溢流阀的远程控制口 K 直接回油箱，而流经阀的流量为额定值时，溢流阀的进、出油口压力之差称为卸载压力。这两种工况，溢流阀的进口压力因只需克服主阀复位弹簧力和阀口液动力，其值很小，一般小于0.5 MPa。其中，“压力损失”因主阀上腔油液流回油箱需要经过先导阀，液流阻力稍大，因此，压力损失略高于卸载压力。一般溢流阀的卸载压力最大不超过0.45 MPa，溢流阀的卸载压力越小，系统的发热越少。

④调压范围。溢流阀的调压范围是指溢流阀能正常工作时压力的使用范围。溢流阀在调压范围内调节压力时，进口压力能保持平稳变化，无突变、迟滞等现象。高压溢流阀为了改善调节性能，一般通过更换不同刚度的弹簧来实现。根据弹簧的刚度不同，可得到0.6～8 MPa，4～16 MPa，8～20 MPa，16～32 MPa 4个不同的调压范围。

2）动态特性

如图5.21所示，溢流阀的动态特性是指在系统压力突变时，阀在响应过程中所表现出来的性能指标。溢流阀由卸载状态突然向额定压力工况转变或由零流量状态向额定压力、额定流量工况转变时，由于阀芯运动惯性、黏性摩擦以及油液压缩性等影响，阀的进口压力将先迅速升高到某一压力峰值 p_{max}，然后逐渐衰减波动，最后稳定为调定压力 p_s。溢流阀的动态特性指标如下：

①压力超调量 Δp。最大峰值压力与调定压力之差，称为压力超调量。压力超调量越小，阀的稳定性越好。

②过渡时间 Δt。是指溢流阀从压力开始升高至达到稳定在调定压力时所用的时间。过渡时间越小，阀的灵敏性越高。

③溢流阀的压力稳定性。系统在工作过程中，由于油泵的流量脉动及负载变化的影响，导致溢流阀的主阀芯一直处于振动状态，阀所控制的油液的压力也因此产生波动。溢流阀压力稳定性用两个指标度量：一是在整个调压范围内，阀在额定流量状态下的压力波动值；二是在

额定压力和额定流量状态下,3 min 内的压力偏移值。上述两个指标越小越好。

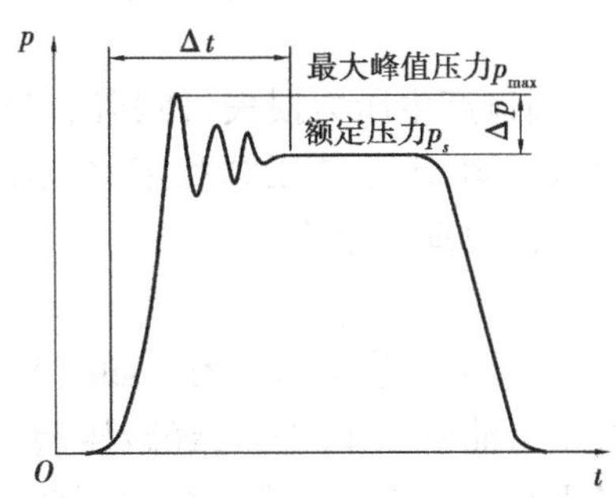

图5.21　溢流阀的动态特性曲线

(3)溢流阀的应用

溢流阀应用十分广泛,每一个液压系统都会使用溢流阀。溢流阀在液压系统中的应用主要有以下5个方面:

1)作定压阀

如图5.22所示,在定量泵供油的节流调速回路中,定量泵输出的流量大于节流阀允许通过的流量,多余的流量经溢流阀流回油箱,溢流阀开启并保持泵的出口压力恒定。此时泵和溢流阀组成一个恒压油源。

2)作安全阀

如图5.23所示,由变量泵组成的液压系统中,用溢流阀限制系统的最高工作压力,防止系统过载。系统在正常工作状态下,溢流阀关闭。当系统过载时,溢流阀打开,使压力油经溢流阀流回油箱。此时的溢流阀作安全阀用。

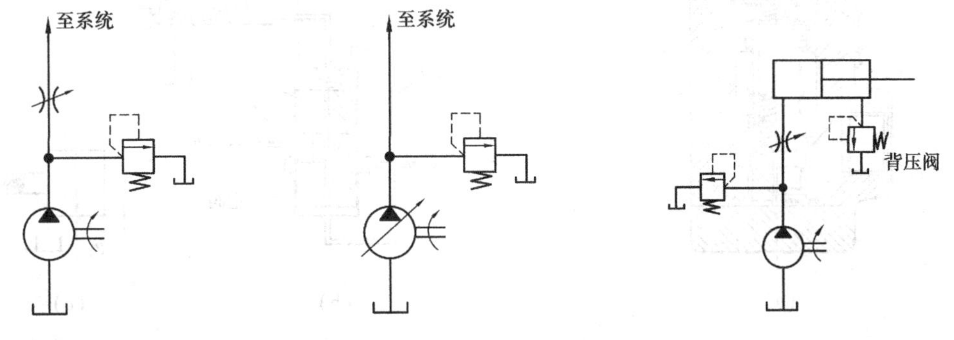

图5.22　溢流阀起定压溢流作用　图5.23　溢流阀起安全阀作用　图5.24　溢流阀作背压阀用

3)作背压阀

如图5.24所示液压回路中,溢流阀串联在液压缸的回油路上,使液压缸的回油腔产生背压,以提高运动部件运动的平稳性。

4)作卸荷阀

如图5.17所示液压回路中,在溢流阀的远程控制口串接一小流量的电磁阀,当电磁铁断电时,溢流阀的远程控制口通油箱,此时液压泵卸荷,溢流阀作卸荷阀使用。

5)远程调压和多级调压

如图5.18所示,在先导型溢流阀的远程控制口串接一个二位二通电磁换向阀和一个远程调压阀,可实现远程调压和多级调压。

5.3.2 减压阀

减压阀是一种利用液流流过阀口产生压力损失,使其出口压力低于进口压力的压力控制阀。它按结构不同,可分为定值减压阀、定差减压阀和定比减压阀。其中,定值减压阀应用最广,这里着重介绍定值减压阀的工作原理和用途。

(1)减压阀的工作原理

如图5.25(a)所示为先导型减压阀的结构示意图。如图5.25(b)所示为先导型减压阀的工作原理图。当阀正常工作时,压力油由p_1口进入,经减压阀口e后从p_2口流出。压力油经油槽a到达主阀芯下腔,然后经主阀芯中心阻尼孔b到主阀芯上腔,再由通道d作用在先导阀的阀芯上。当先导阀芯上的液压力小于调压弹簧力时,主阀芯上下两腔的压力相等,主阀芯在主阀弹簧的作用下处于最下端,阀口全开不起减压作用;当出口压力p_2增大,作用在先导阀芯上的液压力大于调压弹簧的作用力时,油液经先导阀回油箱,先导阀打开,压力油在阻尼孔中流动并产生压力损失,从而使主阀芯下腔压力大于上腔压力,主阀芯在压差作用下克服主阀弹簧力向上移动,阀口e减小,起减压作用,使出口压力p_2低于进口压力p_1,并保持在调定值上。如图5.25(c)所示为先导型减压阀的图形符号。

与先导型溢流阀相似,先导型减压阀也有一个远程控制口,利用远程控制口可实现远程调压和多级调压。

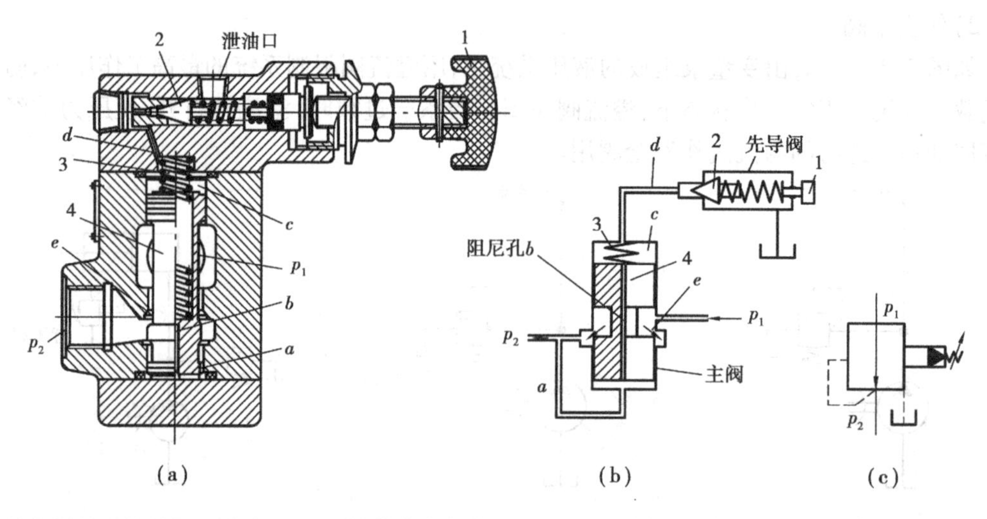

图5.25 先导型减压阀

(2)减压阀的特点和用途

1)减压阀的特点

先导型减压阀和先导式溢流阀比较,它们之间有如下几点异同:

①减压阀控制油路来自出油口,保证出口压力恒定;溢流阀的控制油路来自进油口,保证进口压力恒定。

②减压阀常开,进、出油口互通;溢流阀阀口常闭,进、出油口不通。

③为保证减压阀出口压力调定值恒定,它的先导阀需单独设泄油口回油箱(外泄);溢流阀的出口是通油箱的,因此它的先导阀的油液可通过阀体上的通道和出口联通,一起回油箱(内泄)。

④减压阀的出口的油液去系统工作;溢流阀出口的油液直接流回油箱。

先导型减压阀和先导型溢流阀的共同点是都利用压差作用使阀芯移动;它们都有远程控制口,可实现远程调压和多级调压。

2)减压阀的用途

减压阀用在液压系统中可以获得压力低于系统压力的二次油路,用于如夹紧油路、润滑油路和控制油路。必须注意:减压阀的出口压力与出口的负载有关,若因负载压力低于调定压力,则出口压力由负载决定,此时减压阀不起减压作用,进、出口压力相等。

如图5.26所示为减压回路,在系统支路上串联一减压阀,使支路压力低于系统压力,同时保持出口压力基本稳定。

当执行元件正、反向压力不同时,可用如图5.27所示单向减压回路。图中的双点画线框表示具有单向阀和减压阀功能的组合阀。

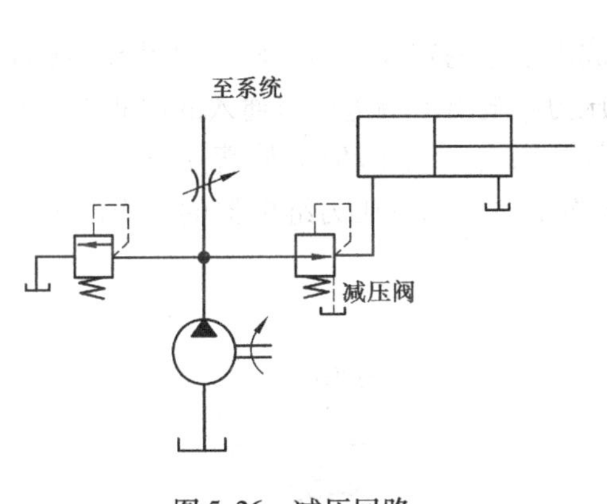

图5.26 减压回路

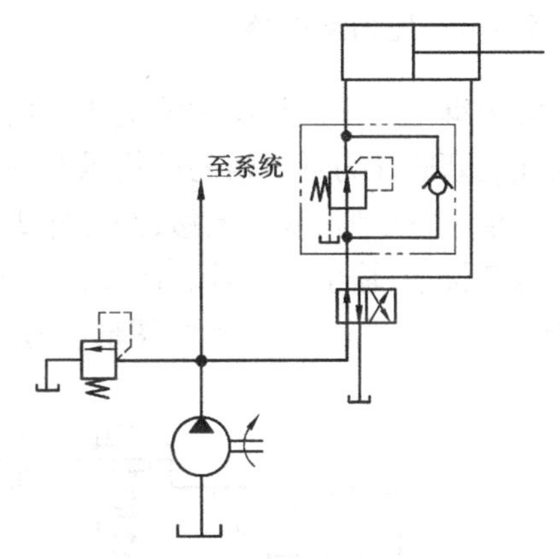

图5.27 单向减压回路

5.3.3 顺序阀

顺序阀是用来控制液(气)压系统中多执行元件的动作顺序。顺序阀可分为内控式和外控式。内控式用阀的进口油压力控制阀芯的动作,而外控式则用外来的控制压力油控制阀芯的动作。顺序阀还可根据阀芯泄油方式分为内泄式和外泄式两种,内泄式顺序阀弹簧腔的油从阀体内部引到出口回油箱,外泄式顺序阀弹簧腔的油有泄油口单独引回油箱。因此,顺序阀就有4种结构形式:内控外泄、外控外泄、内控内泄和外控内泄。

如图5.28所示为内控外泄式顺序阀的工作原理图和图形符号。当进油口压力 p_1 较低时,作用在阀芯上的液压力小于弹簧力,阀芯处于下端位置, p_1 口和 p_2 口不相通;当 p_1 升高,作用在阀芯下端的液压力大于弹簧力时,阀芯向上移动,阀口打开, p_1 口和 p_2 口相通,油液便流向执行元件。

内控外泄顺序阀与溢流阀的相同点是阀口常闭,进口压力控制阀芯的动作。不同点是顺序阀的出口压力油去驱动执行元件,而溢流阀出口油直接回油箱;顺序阀出口压力不等于零,因此,阀芯上弹簧腔的油必须由单独泄油口回油箱,而溢流阀弹簧腔的油通过阀体上的通道和出口联通一起回油箱。

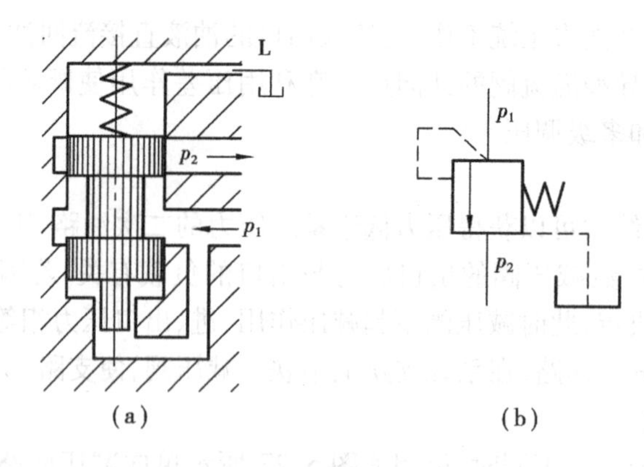

图 5.28　内控外泄顺序阀

5.3.4　压力继电器

压力继电器是一种将油液的压力信号转换成电信号的转换控制元件。如图 5.29(a)所示为常用柱塞式压力继电器的结构示意图。当从压力继电器下端进油口通入的油液压力大于调定压力值时,推动柱塞 1 上移,经杠杆 2 放大后推动微动开关 4 动作,使簧片与触点 6 断开而与触点 7 接通,输出电信号。调节弹簧 3 的预压缩量即可调节压力继电器的动作压力。如图 5.29(c)所示为压力继电器的图形符号。

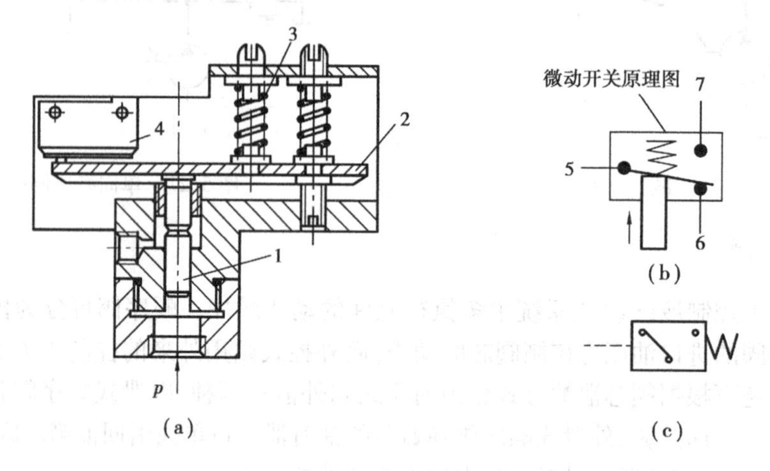

图 5.29　压力继电器

1—柱塞;2—杠杆;3—调压弹簧;4—微动开关;5,6,7—触点

5.4　流量控制阀

流量控制阀简称流量阀,它通过改变节流口通流面积实现对流量的控制,从而改变执行元件的运动速度。常用的流量控制阀有普通节流阀、调速阀、溢流节流阀及分流集流阀等。

5.4.1　流量控制原理

节流阀的节流口通常有3种基本形式:薄壁小孔、细长小孔和短孔。但无论节流口采用何种形式,通过节流口的流量 q 均可用下式来表达为

$$q = KA\Delta p^{m} \tag{5.11}$$

式中　q——通过节流口的流量;

K——与节流口形状、液体流态、油液性质有关的系数;

A——节流孔面积;

Δp——节流口两端的压力差;

m——与节流口形状有关的指数,细长孔 $m=1$,薄壁孔 $m=0.5$。

如图5.30所示为几种常用的节流口结构形式。如图5.30(a)所示为针阀式节流口,它通道长,湿周大,易堵塞,流量受油温影响较大,一般用于对性能要求不高的场合;如图5.30(b)所示为偏心槽式节流口,一般用于压力较低、流量较大和流量稳定性要求不高的场合;如图5.30(c)所示为轴向三角槽式节流口,其结构简单,但油温变化对流量有一定的影响;如图5.30(d)所示为周向缝隙式节流口,沿阀芯周向开有一条宽度不等的狭槽,转动阀芯就可改变开口大小,其性能接近于薄壁小孔,适用于低压小流量场合;如图5.30(e)所示为轴向缝隙式节流口,在阀孔的衬套上加工出图示薄壁阀口,阀芯做轴向移动即可改变开口大小,其性能与周向缝隙式节流口相似。

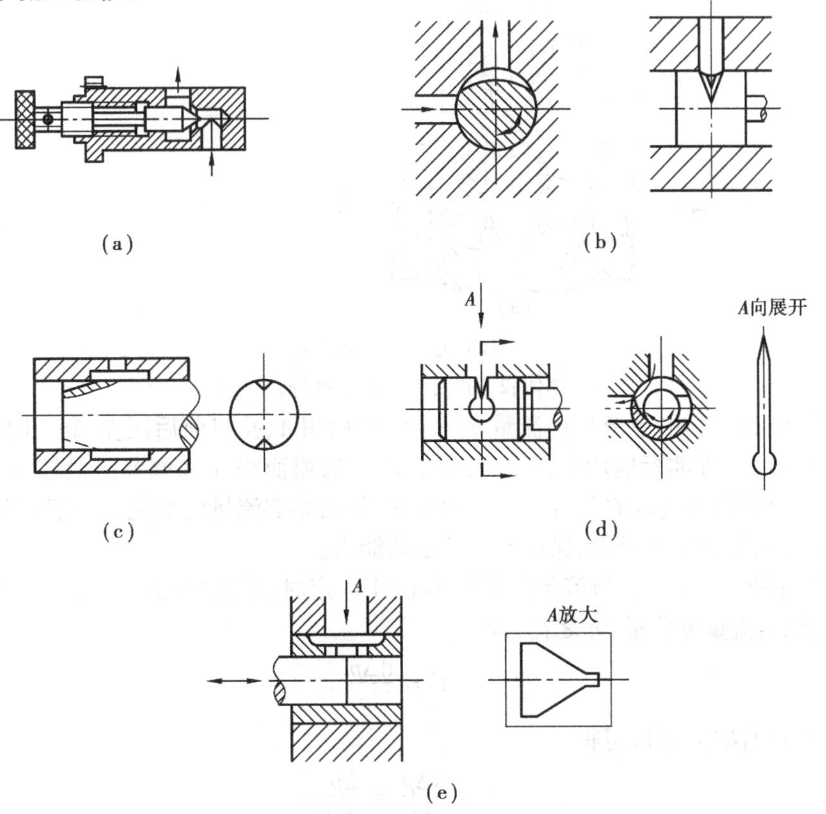

图5.30　常用节流口的结构形式

薄壁小孔、短孔和细长孔3种节流口的流量特性曲线如图5.31所示。

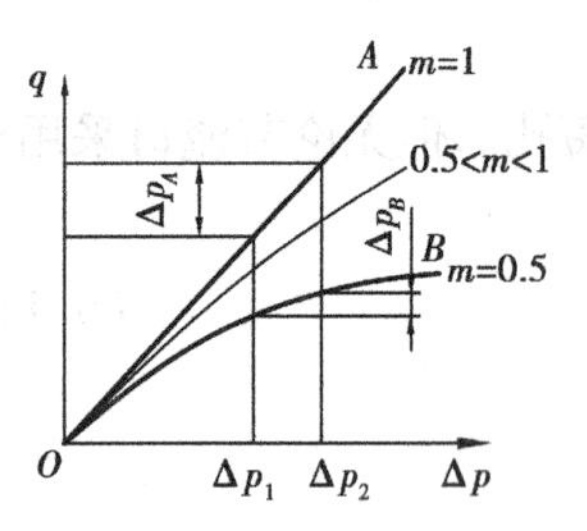

图5.31 节流阀的特性曲线

3种结构形式的节流口中,通过薄壁小孔的流量受到压差改变的影响最小。

液压传动系统对流量控制阀的主要要求如下:

①较大的流量调节范围,且流量调节要均匀。

②当阀前、后压力差发生变化时,通过阀的流量变化要小,以保证负载运动的稳定。

③油温变化对通过阀的流量影响要小。

④液流通过全开阀时的压力损失要小。

⑤当阀口关闭时,阀的泄漏量要小。

5.4.2 普通节流阀

如图5.32(a)所示为一种普通节流阀的结构示意图。这种节流阀的节流通道呈轴向三角槽式布置。压力油从p_1口流入,经节流阀芯4的轴向三角槽后从p_2口流出。转动手柄3,通过推杆2使阀芯上、下移动,从而改变节流口的通流面积实现流量调节。这种节流阀的进出油口可互换。如图5.32(b)所示为普通节流阀的图形符号。

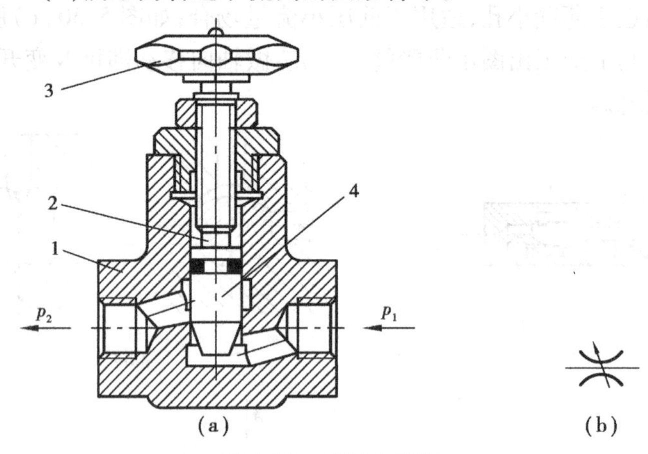

图5.32 普通节流阀

1—阀体;2—推杆;3—调节螺母;4—阀芯

根据式(5.11)可知,节流口的流量q与节流口面积A、孔口前后压差Δp、孔口形状系数K以及指数m有关。在实际应用中,一般是通过改变通流面积A来调节流量较方便,但当负载发生变化时,会导致节流口的前后压差发生变化,从而影响流量的变化。一般用节流阀的刚性来表示它抵抗负载变化的干扰、保持流量稳定的能力。

节流阀的刚性T定义为节流阀的开口面积A一定时,节流阀的前后压力差Δp的变化量$\mathrm{d}\Delta p$与流经阀的流量变化量$\mathrm{d}q$之比,即

$$T = \frac{\mathrm{d}\Delta p}{\mathrm{d}q} \tag{5.12}$$

由式(5.11)两边微分,可得

$$T = \frac{\mathrm{d}\Delta p}{\mathrm{d}q} = \frac{\Delta p^{1-m}}{KAm} \tag{5.13}$$

由式(5.13)可知,薄壁小孔($m=0.5$)的刚性最大,细长孔($m=1$)的刚性最低,故通常选

薄壁小孔作为节流阀的节流口。

如图5.33所示为不同通流面积的节流口的流量特性曲线，节流口的通流面积 $A_1>A_2>A_3$，从图中可知，流量特性曲线上某点的斜率的倒数就是节流阀的刚度 T，即

$$T=\frac{1}{\tan\alpha} \tag{5.14}$$

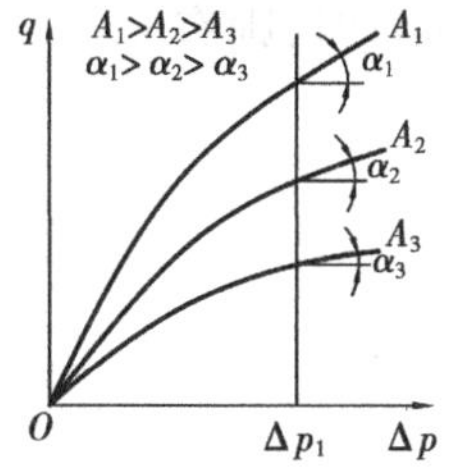

图5.33　不同通流面积的节流口的流量特性曲线

由图5.33和式(5.14)可以得出如下结论：

①同一节流阀，阀前后压力差 Δp 相同，节流开口小时，刚度大。

②同一节流阀，在节流开口一定时，阀前后压力差 Δp 越小，刚度越低。为了保证节流阀具有足够的刚度，节流阀只能在某一最低压力差 Δp 的条件下，才能正常工作，但提高 Δp 将引起压力损失的增加。

③取小的指数 m 可以提高节流阀的刚度，因此，在实际使用中多希望采用薄壁小孔式节流口。

如图5.34(a)所示为单向节流阀，其阀芯由上阀芯4和有轴向节流槽的下阀芯5组成，下阀芯在底部弹簧的作用下紧靠上阀芯，流体由 p_1 流向 p_2 时，与普通节流阀一样。当流体由 p_2 流向 p_1 时，油液的压力把下阀芯5压下，使节流阀口完全打开，实现流体反向自由流动。如图5.34(b)所示为单向节流阀的图形符号。

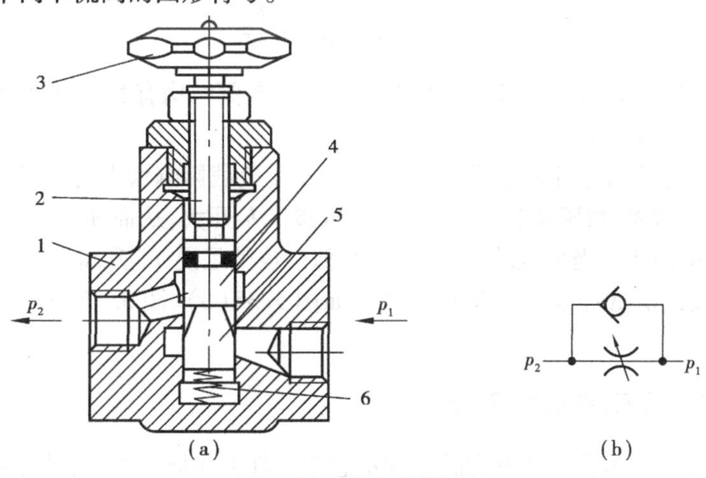

图5.34　单向节流阀

1—阀体；2—调节螺杆；3—调节螺母；4—上阀芯；5—下阀芯；6—弹簧

5.4.3　调速阀

普通节流阀由于刚性差，在节流开口一定的条件下通过它的工作流量受工作负载变化的影响，因此，只适用于工作负载变化不大和速度稳定性要求不高的场合。为了改善调速系统的性能，通常对节流阀进行压力补偿，即采取措施使节流阀前后压力差在负载变化时始终保持不变。由 $q=KA\Delta p^m$ 可知，当 Δp 基本不变时，通过节流阀的流量只由其通流面积 A 决定。使 Δp 基本保持不变可有两种方法：一是将定差式减压阀与节流阀串联起来构成调速阀；二是将差压式溢流阀与节流阀并联起来构成溢流节流阀。

如图5.35(a)所示为调速阀的结构示意图，调速阀是在节流阀2前面串接一个定差减压阀1组合而成。进口压力油 p_1 经减压阀减压为 p_2 后进入节流阀入口，再经节流口流向调速

阀出口 p_3，p_2 经通道 e、f 作用到减压阀芯的下腔 d 和中腔 c；节流阀的出口压力 p_3 经反馈通道 a 作用到减压阀的上腔 b，当减压阀的阀芯在弹簧力 F_S、油液压力 p_2 和 p_3 作用下处于某一平衡位置时，则有

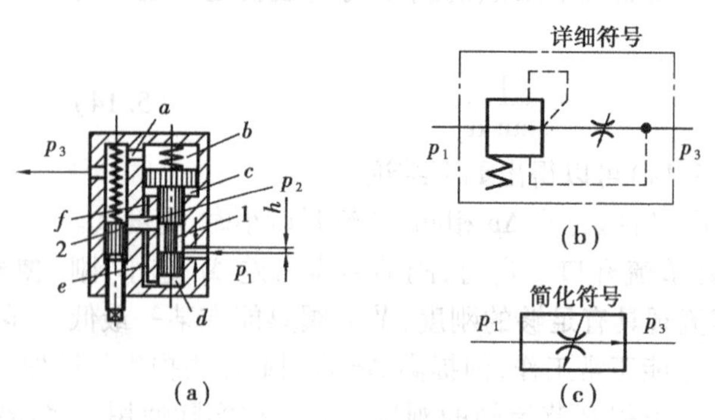

图 5.35　调速阀

1—减压阀；2—节流阀

$$p_2A_1 + p_2A_2 = p_3A + F_S \tag{5.15}$$

式中　A, A_1, A_2——b 腔、c 腔和 d 腔阀芯的有效面积，且 $A = A_1 + A_2$。

故节流阀的前后压差 Δp 为

$$\Delta p = p_2 - p_3 = \frac{F_S}{A} \tag{5.16}$$

由式(5.16)可知，节流阀两端压力差 $\Delta p = p_2 - p_3$ 与阀结构有关，不受负载变化影响，从而保证了通过节流阀的流量稳定。

调速阀动作过程如下：当调速阀的出口压力 p_3 受负载影响增大时，作用在减压阀阀芯上端的液压力也随之增大，减压阀芯向下移动，减压阀口 h 开大，从而使 p_2 升高，直到阀芯在新的位置上达到平衡为止。当负载减小时，情况类似。也就是说，p_3 升高（或降低），p_2 也跟着升高（或降低），但其差值 $\Delta p = p_2 - p_3$ 保持不变。如图 5.35(b)、图 5.35(c)所示为调速阀的图形符号。

5.4.4　溢流节流阀（旁通型调速阀）

如图 5.36(a)所示为溢流节流阀的结构示意图。其工作原理如下：节流阀 2 的出口 p_2 与溢流阀阀芯 1 的上腔 a 相通，溢流阀的入口压力 p_1 经通道 f，e 分别与溢流阀芯中腔 b 和下腔 c 相通。当负载压力 p_2 升高时，a 腔的液压力增大，使溢流阀芯 1 下移，关小溢流口，从而使供油

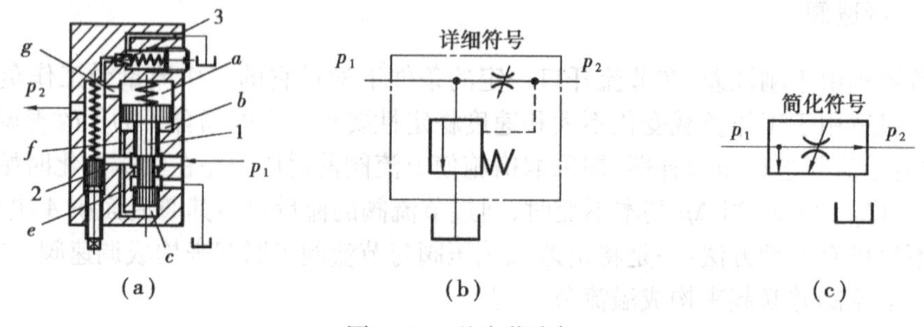

图 5.36　溢流节流阀

1—溢流阀；2—节流阀；3—安全阀

压力 p_1 上升，节流阀2的前、后压差 $(p_1 - p_2)$ 保持不变；反知亦然。这种溢流阀一般附带一个安全阀3，以避免系统过载。如图5.36(b)，图5.36(c)为溢流节流阀的图形符号。

5.4.5 节流阀的温度补偿

普通调速阀的流量基本上不受外部负载变化的影响，但当流量较小时，节流口的通流面积较小，这时节流口的长度与通流截面水力直径的比值相对地增大，因而油液的黏度变化对流量的影响也增大，故当油温升高后油的黏度变小时，流量仍会增大。为了减小温度对流量的影响，可以采用温度补偿调速阀。

如图5.37(a)所示，其工作原理是在节流阀阀芯和调节螺钉之间放置一个温度膨胀系数较阀体大的聚氯乙烯推杆，当油温升高时，流量增加，这时推杆伸长使节流阀口变小，从而补偿了油温对流量的影响，在20～60 ℃的温度范围内流量的变化率不超过10%，最小稳定流量可达20 mL/min。如图5.37(b)为温度补偿调速阀的图形符号。

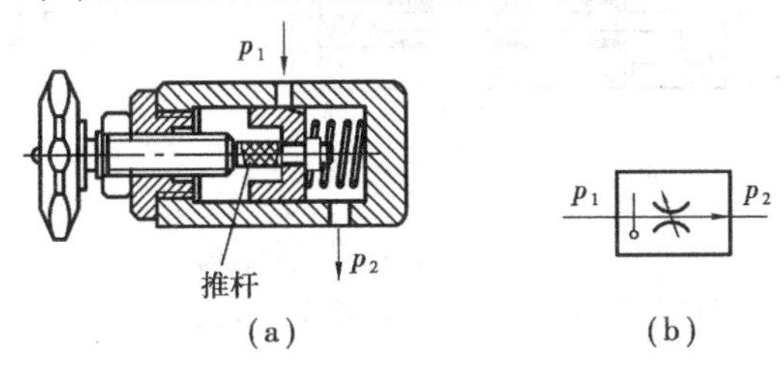

图5.37 节流阀的温度补偿原理

5.5 气动控制阀

气动控制阀是在气动系统中用来控制和调节压缩空气的流动方向、流量、压力和发送信号的重要元件，利用它们可以组成各种气动控制回路。气动控制阀在元件结构、功能等方面与液压控制阀基本相同，不再赘述。下面介绍一些在气动系统中用到的特殊阀。

5.5.1 快速排气阀

快速排气阀是为了加快气缸运动速度做快速排气用的，常装在换向阀与气缸之间，其结构如图5.38(a)所示。当 p 口有压缩气体输入时，膜片1被压下，堵住排气口 T，气流经膜片四周小孔 B 流向 A 口。当 p 口排空时，A 口压力将膜片顶起，关闭 p 口与 A 口的通路，而接通 A 口与 T 口的通路，A 口气体快速排放。如图5.38(b)所示为快速排气阀的图形符号。

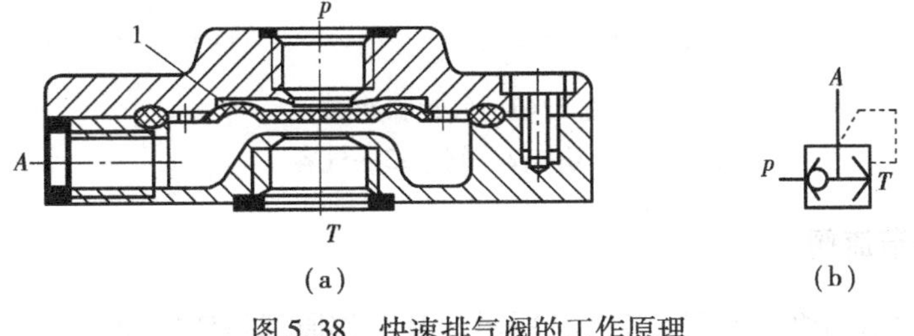

图5.38 快速排气阀的工作原理

5.5.2 延时阀

如图5.39(a)所示为二位三通气动延时阀的结构示意图,由延时控制部分和主阀组成。常态时,弹簧的作用使阀芯2处在左端位置,p 口与 A 口相通,T 口不通。当从 K 口通入气控信号时,气体通过可调节流阀4(气阻)使气容腔1充气,当气容腔内的压力达到一定值时,通过阀芯2压缩弹簧使阀芯向右移动,换向阀换向,p 口不通,A 口与 T 口相通;气控信号消失后,气容腔中的气体通过单向阀3快速卸压,当压力降到某值时,阀芯2在弹簧力作用下左移,换向阀复位。如图5.39(b)所示为气动延时阀的图形符号。

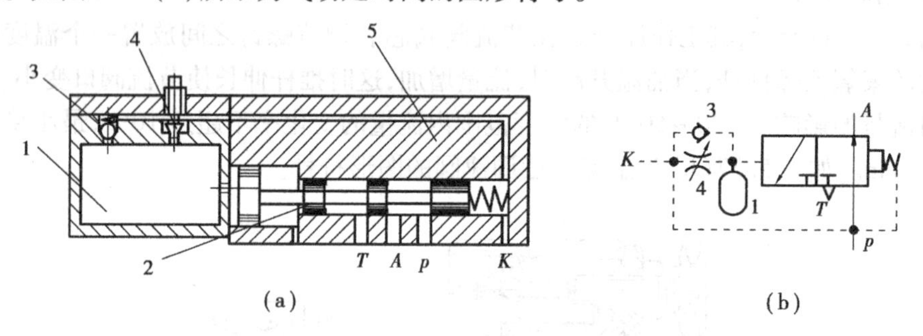

图5.39　气动延时控制阀

1—气容;2—阀芯;3—单向阀;4—节流阀;5—阀体

5.5.3 脉冲阀

脉冲阀是靠气流经过气阻、气容的延时作用,使输入的长信号变成脉冲信号输出的阀。如图5.40(a)所示为一滑阀式脉冲阀的结构示意图。p 口有输入信号时,由于阀芯2上腔气容3中压力较低,并且阀芯中心阻尼孔很小,故阀芯向上移动,使 p 口、A 口相通,A 口有信号输出;同时从阀芯中心阻尼孔不断给气容3充气,因为阀芯2的上、下端作用面积不等,气容3中的压力上升达到某值时,阀芯2下降封闭 p 口、A 口通道,使 A 口、T 口相通,A 口无信号输出。这样,p 口的连续信号就变成 A 口输出的脉冲信号。如图5.40(b)所示为气动脉冲阀的图形符号。

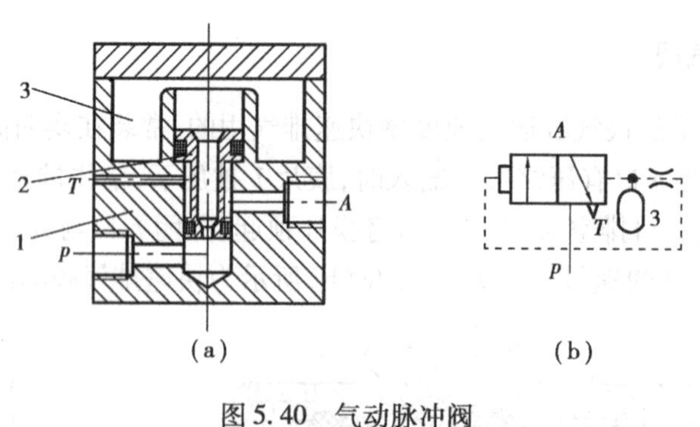

图5.40　气动脉冲阀

1—阀体;2—阀芯;3—气容

5.5.4 柔性节流阀

柔性节流阀的结构原理如图5.41(a)所示。其工作原理是依靠阀杆1夹紧柔韧的橡胶管

2产生变形来减小通道的口径实现节流调速作用的。如图5.41(b)所示为柔性节流阀的图形符号。

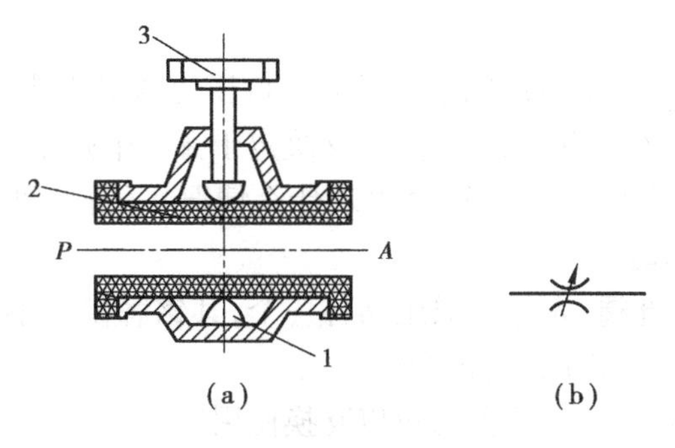

图5.41　柔性节流阀

1—阀杆;2—橡胶管;3—调节螺母

5.5.5　排气节流阀

排气节流阀安装在系统的排气口处限制气流的流量,一般情况下还具有减小排气噪声的作用,故常称排气消声节流阀。

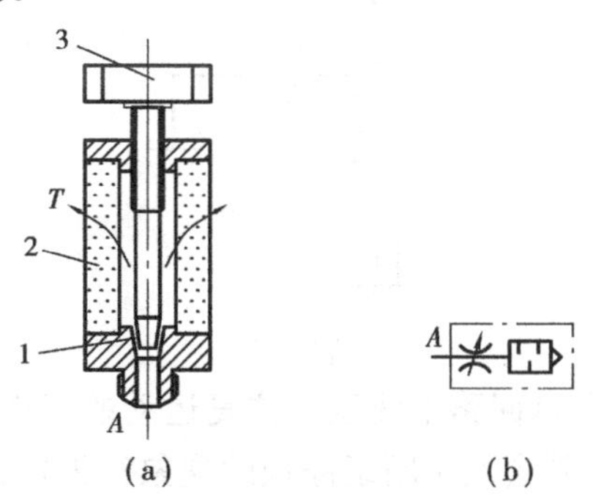

图5.42　排气节流阀

1—节流口;2—消声套;3—调节螺母

图5.42(a)所示为排气节流阀的结构示意图。气流从*A*口进入阀内,由节流口1节流后经消声套2排出。节流口的排气经过由消声材料制成的消声套,在节流的同时减少排气噪声,排出的气体一般通入大气。排气节流阀通常安装在换向阀的排气口处,与换向阀联用,起单向节流作用。如图5.42(b)所示为排气节流阀的图形符号。

复习思考题

5.1　电液动换向阀的先导阀,为何选用Y型中位机能?改用其他型中位机能是否可以?为什么?

5.2　二位四通电磁换向阀能否作二位三通或二位二通换向阀使用?具体接法如何?

5.3　什么是换向阀的常态位?

5.4　两个不同调整压力的溢流阀串联后的出口压力取决于哪一个溢流阀?为什么?如

两个不同调整压力的溢流阀并联时,出口压力又决定于哪一个溢流阀?为什么?

5.5 若减压阀在使用中不起减压作用,原因是什么?如果出口压力调不上去,原因又是什么?

5.6 两个不同调整压力的减压阀串联后的出口压力取决于哪一个减压阀?为什么?如两个不同调整压力的减压阀并联时,出口压力又决定于哪一个减压阀?为什么?

5.7 若将减压阀的进出油口接反,会出现什么情况?(分两种情况:压力高于减压阀的调定压力和低于调定压力时)

5.8 现有先导型溢流阀、先导型减压阀各一个,其铭牌模糊不清,试问在不拆阀的情况下,如何判断哪个是减压阀,哪个是溢流阀?

5.9 内控内泄顺序阀和溢流阀是否可以互换使用?

5.10 节流阀的最小稳定流量有什么意义?影响其数值的因数主要有哪些?

5.11 试比较溢流阀、减压阀、内控外泄式顺序阀三者之间的异同。

5.12 如图5.43所示液压缸,$A_1=30\ \text{cm}^2$,$A_2=12\ \text{cm}^2$,$F=30\times10^3\ \text{N}$,液控单向阀用作闭锁以防止液压缸下滑,阀内控制活塞面积A_k是阀芯承压面积A的3倍,若摩擦力、弹簧力均忽略不计,试计算需要多大的控制压力才能开启液控单向阀?开启前液压缸中最高压力为多少?

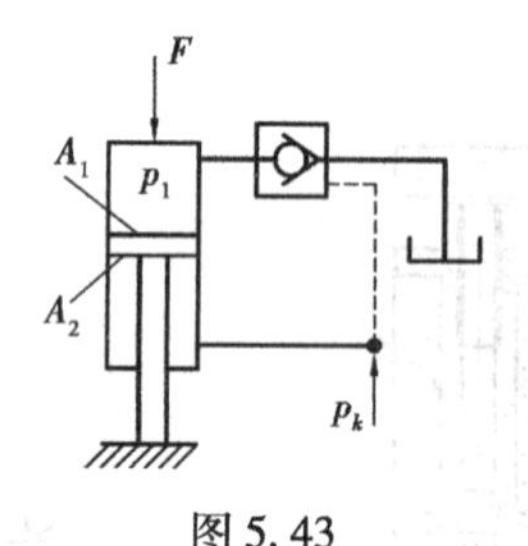

图5.43

5.13 试说明如图5.44所示回路中液压缸往复运动的工作原理。为什么无论是进还是退,只要负载G过中线,液压缸就会发生断续停顿的现象?为什么换向阀一到中位,液压缸便左右推不动?

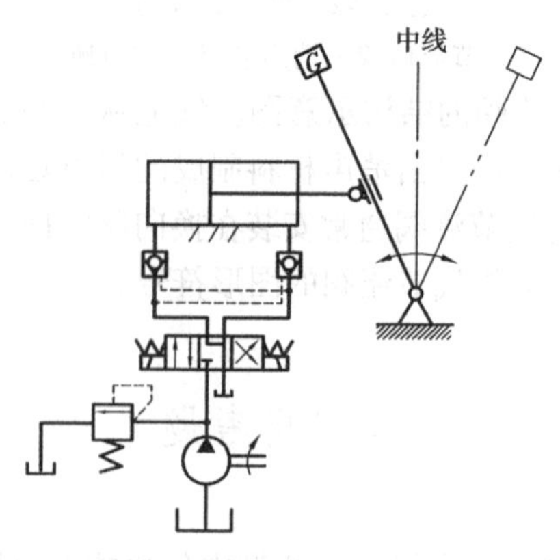

图5.44

5.14 如图5.45所示回路最多能实现几级调压?各溢流阀的调定压力p_{Y1},p_{Y2},p_{Y3}之间的大小关系如何?

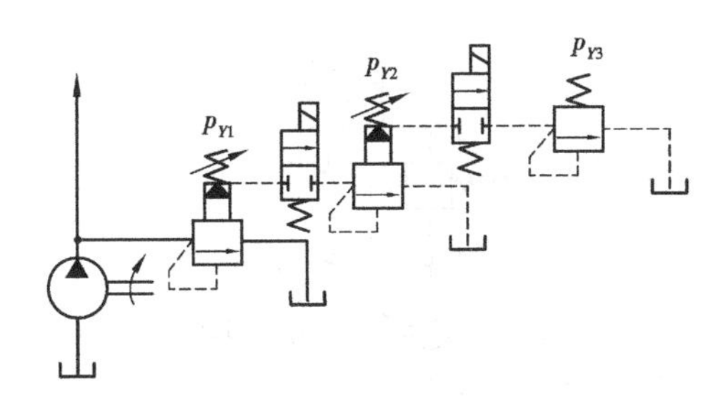

图5.45

5.15　如图5.46所示3个回路中各溢流阀的调定压力分别为 $p_{Y1}=3$ MPa，$p_{Y2}=2$ MPa，$p_{Y3}=4$ MPa。问在外负载无穷大时，泵的出口压力 p_p 各为多少？

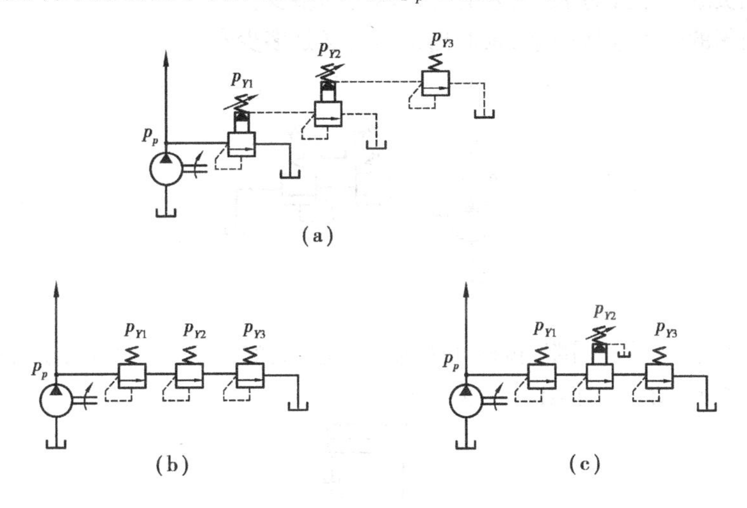

图5.46

5.16　一夹紧回路，如图5.47所示，若溢流阀的调定压力为 $p_Y=5$ MPa，减压阀的调定压力为 $p_J=2.5$ MPa，试分析活塞快速运动时，A，B 两点的压力各为多少？减压阀阀芯处于什么状态？工件夹紧后，A，B 两点的压力各为多少？减压阀的阀芯又处于什么状态？此时减压阀阀口有无流量通过？为什么？

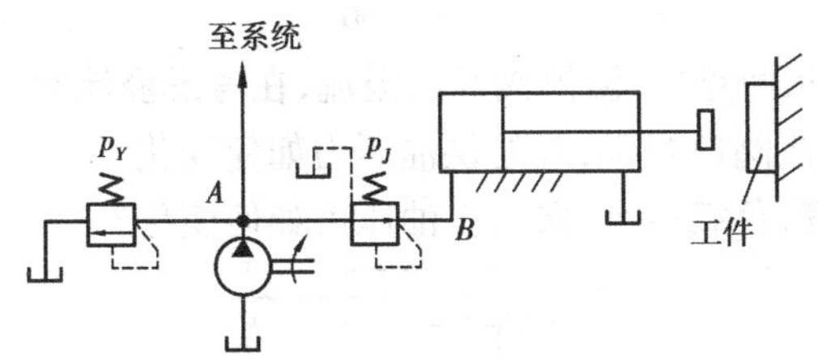

图5.47

5.17　如图5.48所示回路，顺序阀调定压力为 $p_X=3$ MPa，溢流阀的调定压力为 $p_Y=5$ MPa，求在下列情况下，A，B 点的压力等于多少？

1）液压缸运动时，负载压力 $p_L=4$ MPa；

2）液压缸运动时，负载压力 $p_L=1$ MPa；

3）活塞运动到右端位置不动时。

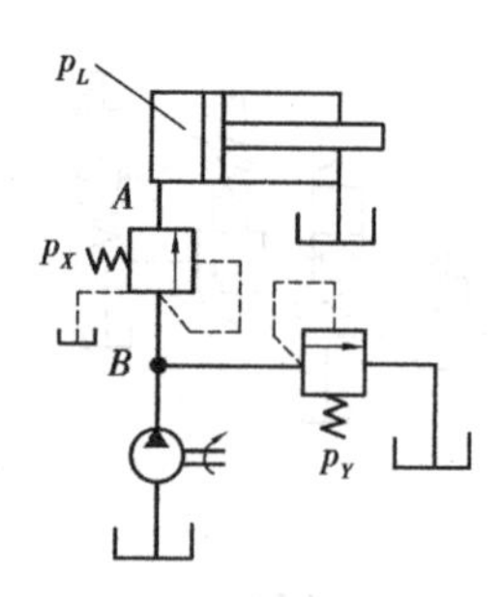

图 5.48

5.18 如图 5.49 所示回路，顺序阀和溢流阀串联，其调整压力分别为 p_X 和 p_Y。求：

1）当系统负载趋于无穷大时，泵的出口压力为多少？

2）若将两阀的位置互换一下，泵的出口压力又是多少？

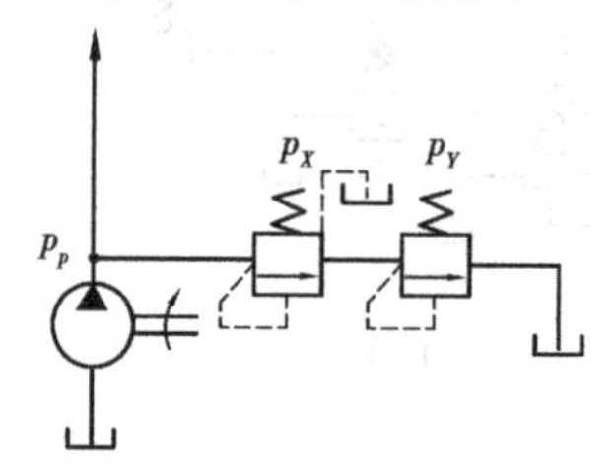

图 5.49

5.19 如图 5.50 所示回路，负载压力为 p_L，减压阀的调定压力为 p_J，溢流阀的调定压力为 p_Y，且 $p_Y > p_J$，试分析泵的工作压力为多少？

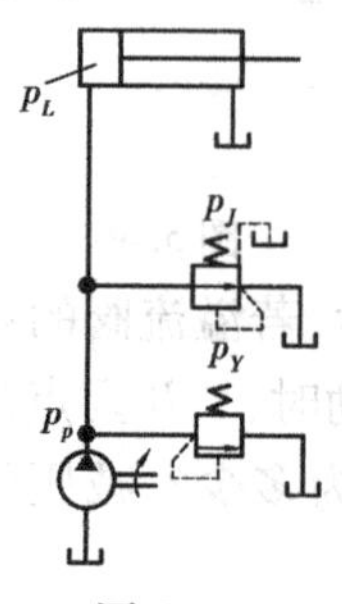

图 5.50

5.20 如图 5.51 所示回路中，溢流阀开启溢流，在考虑溢流阀的调压偏差时，试分析：

1）若负载不变，将节流阀口减小，泵的供油压力如何变化？

2）若节流阀开口不变，负载减小，泵的供油压力如何变化？

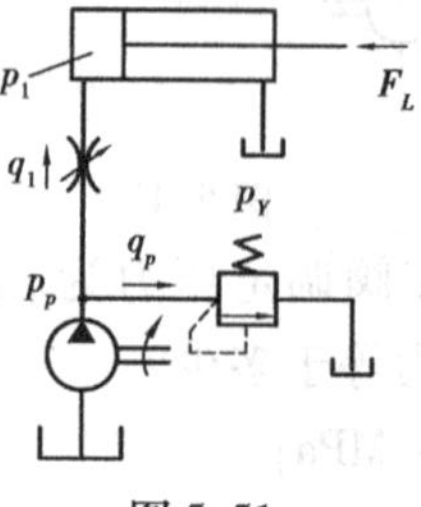

图 5.51

第6章 辅助元件

在液压、气动系统中除动力元件、执行元件和控制元件以外的其他元件，如油箱、过滤器、密封装置、蓄能器、热交换器、管道、管接头、压力表等属于辅助元件。在液压、气动系统中，辅助元件大部分都已标准化、系列化，并有专业厂家生产，设计时选用即可。

6.1 油　箱

油箱的功能主要是储存液压系统所需的工作介质；散发液压系统工作中产生的一部分热量；沉淀混入工作介质中的杂质；分离混入工作介质中的空气和水分。

有些小型液压设备为了节省空间，常将泵-电机装置及液压控制阀安装在油箱的顶部组成一体，称为液压站。大中型液压设备一般采用独立油箱，即油箱和泵-电机装置、液压控制阀等分开设置，称为分离式。

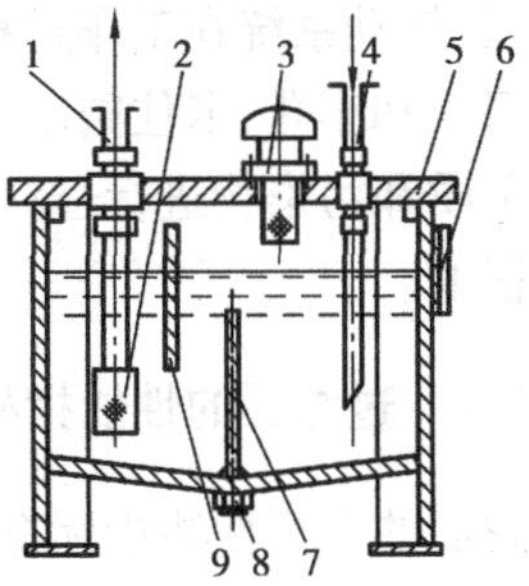

油箱一般由钢板焊接而成。如图6.1所示为分离式式油箱典型结构示意图。油箱内部用隔板7,9将吸油管1与回油管4隔开。隔板7阻挡杂质沉淀物进入吸油管；隔板9防止泡沫进入吸油管；放油阀8用于排放污油；空气过滤器3设在箱盖上部，兼有加油和排气作用；液位指示器6和油温指示器设在油箱两侧。彻底清洗油箱时可将上盖5打开，便于清洗操作。

图6.1　分离式油箱

1—吸油管；2—滤油网；3—空气过滤器；4—回油管；5—上盖；6—油位计；7,9—隔板；8—放油阀

油箱一般由用户自行设计，设计时应注意以下问题：

①油箱要有足够的容量。油箱的容量要根据热平衡来确定。考虑到液压系统回油不至溢出，油面高度一般不超过油箱高度的80%。一般来说，油箱的有效容积可以按液压泵的额定流量 q_p 估计出来，即

$$V = \xi q_p \tag{6.1}$$

式中 V——油箱的有效容积，m^3；

ξ——与系统压力有关的经验数值，低压系统 $\xi=2\sim4$，中压系统 $\xi=5\sim7$，高压系统 $\xi=10\sim12$。

②油箱应有足够的强度和刚度。

③清洗维护方便。油箱底部做成适当斜度，并安放油塞。大油箱为清洗方便应在侧面设计清洗窗口。油箱箱盖上安装空气过滤器，其通气流量不小于泵流量的1.5倍，以保证具有较好的抗污能力。

④油箱内壁应进行必要的处理。为了防锈、防凝水，新油箱内壁经喷丸、酸洗和表面清洗，可涂一层与工作油液相容的塑料薄膜或耐油清漆。

⑤防止吸入空气和杂质。吸油管和回油管要用隔板分开，增加油液循环的距离，使油液有足够的时间分离气泡、沉淀杂质。隔板高度一般取油面高度的3/4。吸油管离油箱底面距离 $H\geqslant2D$（D 吸油管内径），距油箱壁不小于 $3D$，以利于吸油通畅。回油管插入最低油面以下，防止回油时带入空气，距油箱底面 $h\geqslant2d$（d 回油管内径），回油管的排油口应面向箱壁，管端切成45°，以增大通流面积。泄漏油管则应在油面以上。

⑥保持油温在允许范围内。油箱中如要安装热交换器，必须考虑好它的安装位置，以及测温、控制等措施。油箱侧壁安装油位指示器，以指示最低、最高油位。

⑦大、中型油箱应设起吊钩或孔。具体尺寸、结构可参看有关资料及设计手册。

6.2 过滤器

液压、气动系统在工作过程中，工作介质中的污染物不仅会加速元件的磨损，而且会堵塞元件的间隙和小孔，卡住阀芯，划伤密封件，使控制元件失效，系统产生故障。因此，必须对油液中的杂质和污染物进行过滤。过滤器的主要功用就是对流体介质进行过滤，控制工作介质的洁净程度。

6.2.1 过滤器的性能指标

过滤器的主要性能指标有过滤精度、通流能力、压力损失等，过滤精度是重要指标。

(1)过滤精度

过滤精度是指过滤器从液压油中所过滤掉的杂质颗粒的大小，以污物颗粒平均直径 d 表示。目前，所使用的过滤器按过滤精度可分为粗过滤（$d\geqslant100\ \mu m$）、普通过滤（$d\geqslant10\sim100\ \mu m$）、精过滤（$d\geqslant5\sim10\ \mu m$）及特精过滤器（$d\geqslant1\sim5\ \mu m$）4个等级。

(2)通流能力

过滤器的通流能力一般用额定流量表示，它与过滤器滤芯的过滤面积成正比。

(3)压力损失

压力损失是指过滤器在额定流量下的进、出油口间的压差。一般过滤器的通流能力越好，压力损失就越小。

(4)其他性能

过滤器的其他性能主要指滤芯强度、滤芯寿命以及滤芯耐腐蚀性等定性指标。不同过滤器这些性能会有较大的差异，可通过比较各自的优劣进行选取。

6.2.2　过滤器的类型

过滤器按滤芯的结构，可分为网式、线隙式、磁性、烧结式及纸质等；按过滤的方式，可分为表面型、深度型和中间型过滤器。下面简单介绍其中几种过滤器。

(1)表面型过滤器

表面型过滤器的过滤作用是由一个几何面来实现，就像筛网一样把杂质颗粒阻留在其表面上。最常见的是金属网制成的网式过滤器，如图6.2(a)所示。它是用细铜丝网1作为过滤材料，包在周围开有很多窗孔的塑料或金属筒形骨架2上。一般滤去杂质颗粒 $d>0.08\sim0.18$ mm，阻力小，其压力损失不超过0.01 MPa，安装在液压泵吸油口处，保护泵不受大颗粒杂质的影响。此种过滤器结构简单，清洗方便。如图6.2(b)所示为线隙式过滤器，它由壳体3，筒形骨架4和滤芯5组成，利用线间的间隙进行过滤。一般滤去杂质颗粒 $d>0.03\sim0.1$ mm，压力损失为0.07～0.35 MPa，常用在回油低压管路或泵吸油口。上述两种滤芯清洗后可重复使用，故被广泛应用于液压系统的进、回油粗过滤。如图6.2(c)所示为过滤器的图形符号。

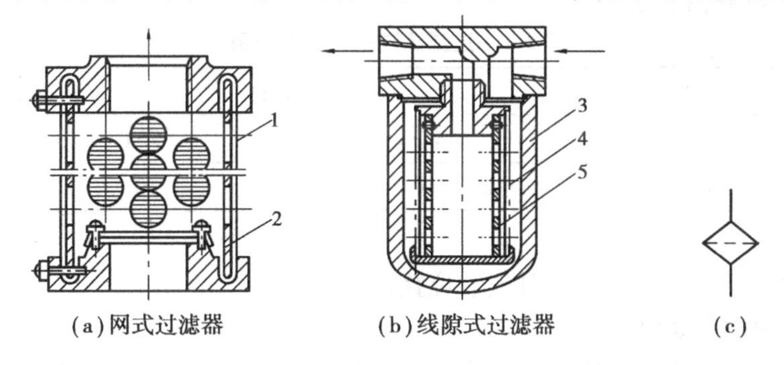

(a)网式过滤器　(b)线隙式过滤器　(c)

图6.2　表面型过滤器

1—铜丝网；2—筒形骨架；3—壳体；4—骨架；5—滤芯

(2)深度型过滤器

深度型过滤器的滤芯由多孔可透性材料制成，材料内部具有曲折迂回的通道，大于表面孔径的粒子直接被拦截在靠油液上游的外表面。滤芯材料有纸芯、烧结金属、毛毡和各种纤维类等。

如图6.3所示为深度型过滤器。如图6.3(a)所示的滤芯是用颗粒状青铜粉烧结而成。油液从左侧油孔进入，经杯状滤芯过滤后，从下部油孔流出。它可滤去 $d\geqslant0.01\sim0.1$ mm颗粒，但压力损失较大(为0.03～0.2 MPa)，多用在排油或回油路上。

如图6.3(b)所示为纸质滤芯，它由折叠形的微孔纸芯1包在由铁皮制成的骨架2上构成。油液从外进入纸芯1后流出。它可滤去 $d\geqslant0.05\sim0.03$ mm颗粒，压力损失为0.08～0.4 MPa，常用于对油液要求较高的场合。此种过滤器过滤效果好，滤芯无法清洗，只能更换纸芯。这种过滤器也只能安装在排油或回油路上。

中间型过滤器的过滤方式介于深度型和表面型之间。

(3)磁性过滤器

磁性过滤器的滤芯采用永磁材料，将油液中对磁性敏感的金属颗粒吸附。它常与其他形式滤芯一起制成复合式过滤器，对加工金属的机床液压系统特别适用。

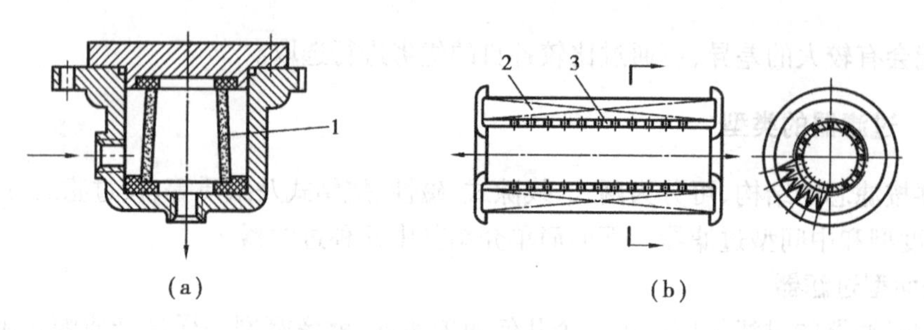

图 6.3　深度型过滤器

1—烧结滤芯;2—纸芯;3—骨架

6.2.3　过滤器的选用和安装

过滤器的选用应根据系统要求,按过滤精度、通油能力、工作压力等来选取不通类型和型号的过滤器。过滤精度选用的原则是使所过滤污物颗粒的尺寸要小于液压元件密封间隙尺寸的一半。系统压力越高,液压件内相对运动零件的配合间隙越小,需要的过滤精度也就越高。如表 6.1 所示为过滤精度选择推荐值。

表 6.1　过滤器过滤精度推荐值

系统类型	润滑系统	传动系统			伺服系统
压力/ MPa	0 ~ 2.5	<14	$14<p<21$	>21	21
过滤精度/μm	100	25 ~ 50	25	10	5

过滤器在液压系统中有以下几种安装位置:

(1)安装在泵的吸油口

如图 6.4(a)所示,在泵的吸油口安装网式或线隙式过滤器,防止大颗粒杂质进入泵内,同时有较大通流能力,防止空穴现象。

(2)安装在泵的出口

如图 6.4(b)所示,安装在泵的出口可保护除泵以外的元件,但须选择过滤精度高,能承受油路上工作压力和冲击压力的过滤器,压力损失一般小于 0.35 MPa。此种方式常用于过滤精度要求高的系统及伺服阀和调速阀前,以确保它们的正常工作。为保护过滤器本身,应选用带堵塞发信装置的过滤器。

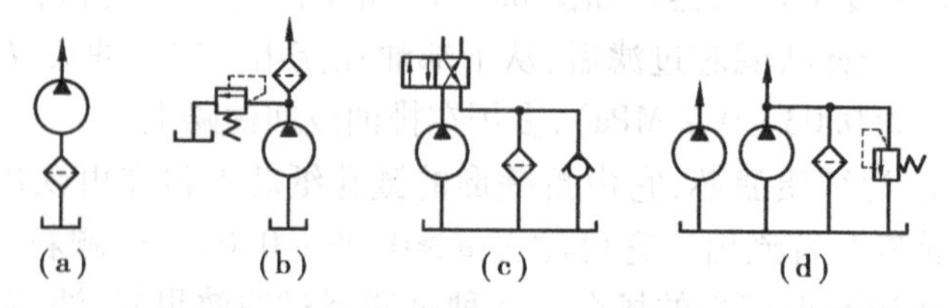

图 6.4　过滤器的安装位置

(3)安装在系统的回油路上

如图 6.4(c)所示,安装在回油路上可滤去油液回油箱前侵入系统或系统生成的污物。由于回油压力低,可采用滤芯强度低的过滤器,其压力降对系统影响不大,为了防止过滤器阻塞,一般与过滤器并联一安全阀或安装堵塞发信装置。

(4)安装独立的过滤系统

如图6.4(d)所示,在大型液压系统中,可专设由液压泵和过滤器组成的独立过滤系统,专门滤去液压系统中的污物,通过不断循环,提高工作介质清洁度。专用过滤车就是一种独立的过滤系统。

在使用过滤器时还应注意过滤器只能单向使用,按规定流向安装,以利于滤芯清洗和安全。清洗或更换滤芯时,要防止外界污染物侵入液压系统。

6.3　密封装置

在液压(气动)系统中,密封装置用来防止工作介质的内外泄漏及外界灰尘和异物的侵入,其中起密封作用的元件称为密封件。

6.3.1　密封件的工作原理

接触式密封的密封件,根据其工作原理可分为压紧型密封和自紧型密封。压紧型密封如O形密封圈和各种垫片,它们通过密封介质的工作压力产生压紧力,使密封件与耦合面紧密接触来达到密封。自紧型密封件,如Y形密封圈、V形密封圈、防尘圈等,它们利用其自变形进行初始密封,在介质压力的作用下撑开密封唇缘,使之紧贴耦合件表面达到密封。工作压力越高,密封性能越好。

6.3.2　密封件的分类及特点

密封件可分为动密封和静密封。常用的有以下5种:

(1)O形密封圈

O形密封圈由合成橡胶制成,其截面为圆形,如图6.5(a)所示。其优点是既可用于静密封又可用于动密封,其内侧和外侧都能起密封作用,且密封性好、寿命长。缺点是作动密封时,启动摩擦阻力较大,寿命相应缩短。

O形密封圈的工作情况如图6.5(b)所示,O形密封圈依靠预压缩消除间隙而实现密封。当介质工作压力$p>10$ MPa时,O形密封圈可能被压力油挤入间隙,如图6.6(a)所示。为此需要在O形密封圈低压侧安置聚四氟乙烯挡圈,如图6.6 (b)所示,以防止密封圈提早损坏。当双向受压力油作用时,两侧都要加挡圈,如图6.6(c)所示。

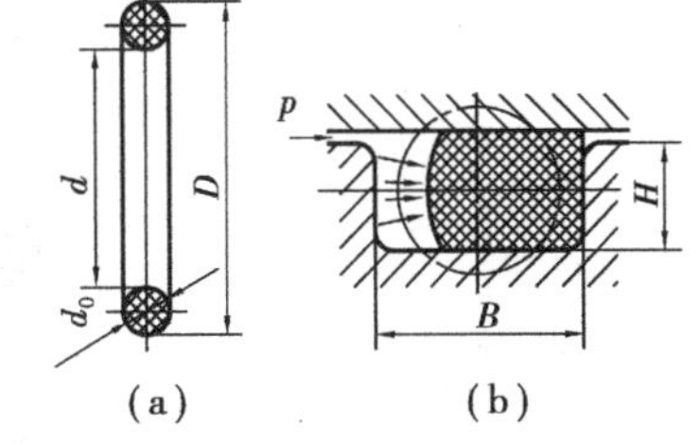

图6.5　O形密封圈

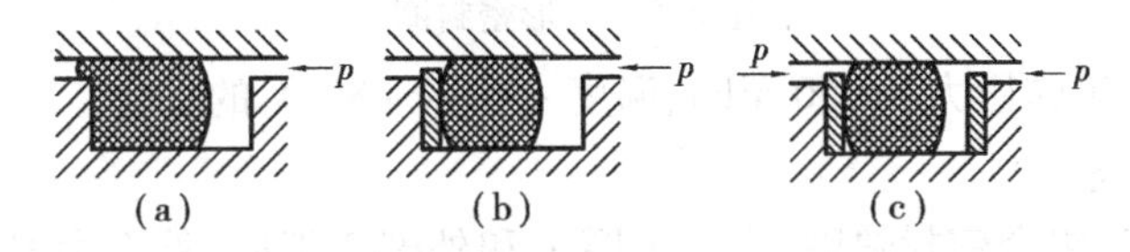

图6.6　O形密封圈的挡圈安装

(2)Y 形密封圈

如图6.7(a)所示为Y形密封圈,其截面呈Y形,一般由丁腈橡胶材料制成,Y形密封圈的唇口对着压力高的一侧。适合工作压力 $p \leq 20$ MPa、工作温度 -30 ~ +100 ℃、运动速度 ≤0.5 m/s的场合。

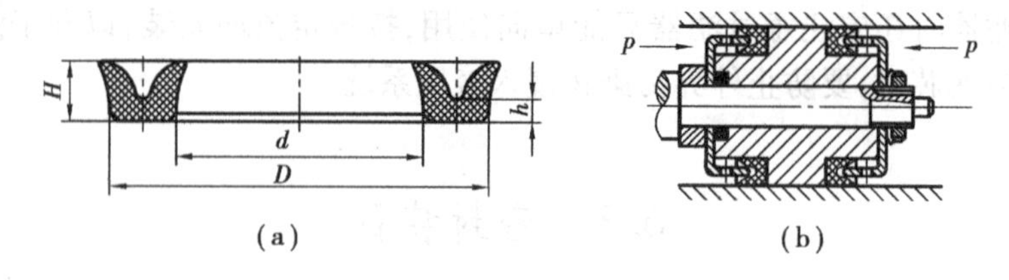

图6.7 Y形密封圈

为了防止Y形密封圈的翻转,当压力较大或滑动速度较高时,应加支撑环固定密封圈,以保证良好密封,如图6.7(b)所示。

如图6.8所示,Y_X 密封圈由Y形密封圈改进设计而成,通常用聚氨酯材料压制而成。其断面高度与宽度之比大于2,因而不易翻转,稳定性好,有孔用(见图6.8(a))和轴用(见图6.8(b))两种。Y_X 密封圈的两个唇边高度不等,其短边为密封边,与密封面接触,滑动摩擦阻力小;长边与非滑动表面接触,增加了压缩量,使摩擦阻力增大,工作时不易串动。Y_X 形密封圈一般用于工作压力≤32 MPa、使用温度为 -30 ~ +100 ℃的场合。

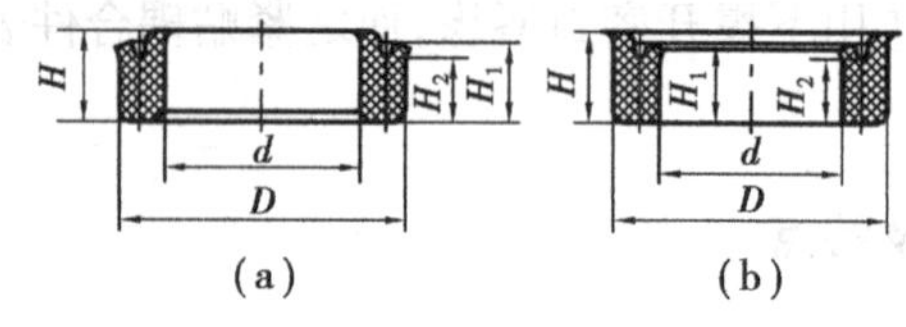

图6.8 Y_X 形密封圈

(3)V 形密封圈

如图6.9所示为V形密封圈,它由多层涂胶织物压制而成。通常由支承环、密封环和压环3部分组成一套使用。安装时,V形密封圈的V形口一定要面向压力高的一侧。

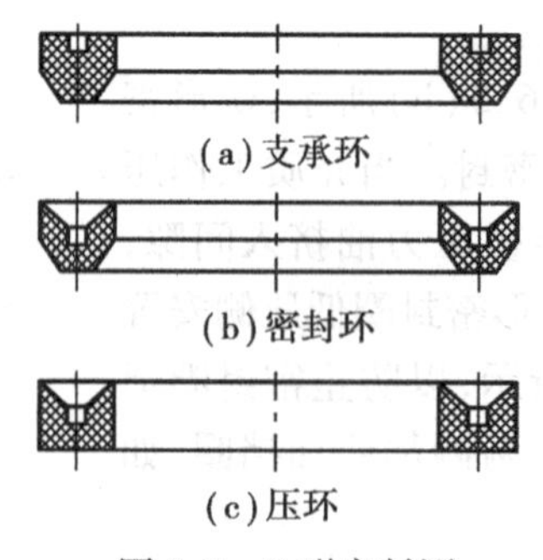

图6.9 V形密封圈

V形密封圈适用工作压力 $p \leq 50$ MPa、温度 -40 ~ +80 ℃的场合。

(4)组合密封装置

如图6.10所示为组合密封垫圈,它由内圈1和外圈2组成,外圈由Q235钢制成,内圈为耐油橡胶,主要用在管接头的断面密封。安装时外圈紧贴两密封面,内圈厚度 s 与外圈厚度 h 之差为橡胶的压缩量。因为它安装方便、密封可靠,故应用非常广泛。

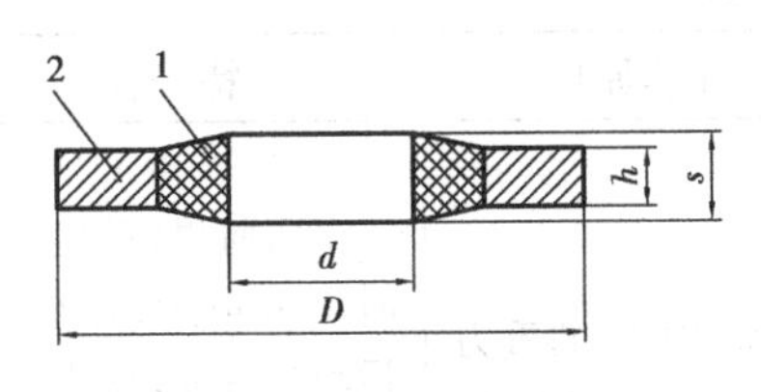

图6.10 组合密封垫圈
1—内圈;2—外圈

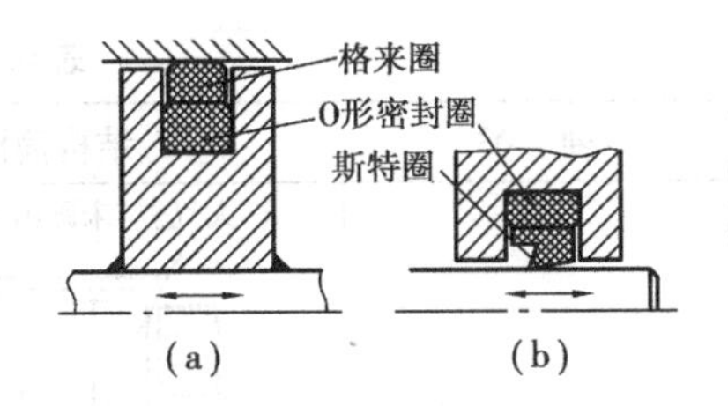

图6.11 橡胶组合密封装置

如图6.11(a)所示为O形密封圈与截面为矩形的聚四氟乙烯塑料滑环(格莱圈)组成的孔用组合密封装置。其中,滑环紧贴密封面,O形圈为滑环提供弹性预压力,在无介质压力时构成密封,由于密封间隙靠滑环,而不是O形圈,因此,摩擦阻力小而且稳定,可以用于40 MPa的高压;往复运动密封时,速度可达15 m/s;往复摆动与螺旋运动密封时,速度可达5 m/s。矩形滑环组合密封的缺点是抗侧倾能力稍差,在高低压交变的场合下工作容易漏油。

如图6.11(b)所示为由支持环(斯特圈)和O形圈组成的轴用组合密封。由于支持环与被密封件之间为线密封,其工作原理类似唇边密封。支持环采用一种经特别处理的化合物,具有极佳的耐磨性、低摩擦和保形性,不存在橡胶密封低速时易产生的"爬行"现象。工作压力可达80 MPa。

组合式密封装置由于充分发挥了橡胶密封圈和滑环(支持环)的长处,因此,不仅工作可靠,摩擦力低而稳定,而且使用寿命比普通橡胶密封提高近百倍,在工程上的应用日益广泛。

(5)回转轴密封

回转密封用于防止油液外泄和外界尘土、杂质侵入内部的动密封元件。如图6.12所示为一种耐油橡胶制成的回转轴用密封圈。它的内部有直角形圆环铁骨架支撑着,密封圈的内边围着一条螺旋弹簧,把内边收紧在轴上来进行密封。这种密封圈主要用作液压泵、液压马达和回转式液压缸的伸出轴的密封,以防止油液漏到壳体外部,它的工作压力一般不超过0.1 MPa,最大允许线速度为4~8 m/s,且常在有润滑情况下工作。

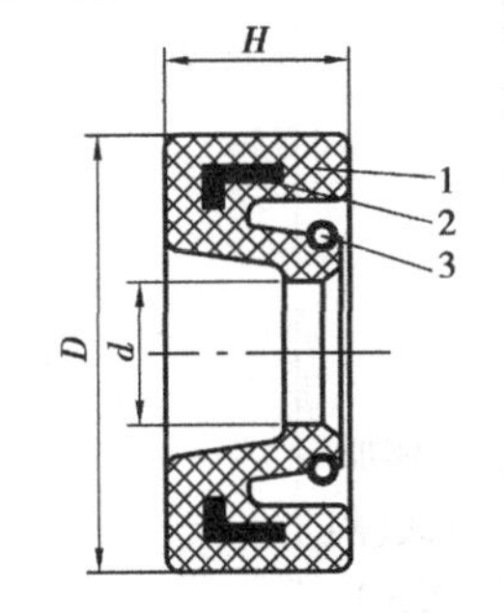

图6.12 骨架式油封
1—耐油橡胶;2—骨架;
3—螺旋弹簧

对密封件的选用主要考虑密封介质类型和工作压力,同时需考虑以下因素:

①动密封还是静密封;平面密封还是环形间隙密封。

②同时考虑相对运动偶合面之间的运动速度。

③制造和拆装方便。

④工作温度(包括环境温度)对密封件材质的要求。

6.4 蓄能器

蓄能器是液压系统中一种存储和释放能量的装置,可分为重力加载式(重锤式)、弹簧加载式(弹簧式)和气体加载式。各类蓄能器的结构简图、工作原理及特点如表6.2所示。

表 6.2　蓄能器的种类及特征

种　类		结构简图	工作原理	特　点
重力加载式（重锤式）		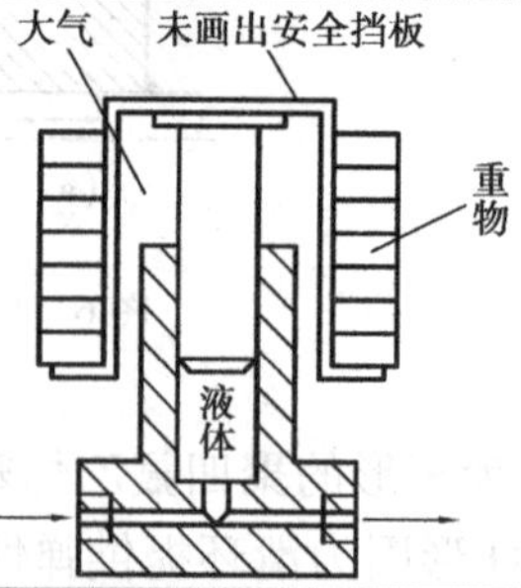 大气　未画出安全挡板　重物　液体	利用重锤的重力加载，以位能的形式存储能量	结构简单；输出能量时压力恒定；体积大，运动惯量大，反应不灵敏；密封处易漏油；一般用于固定设备作储能用
弹簧加载式（弹簧式）		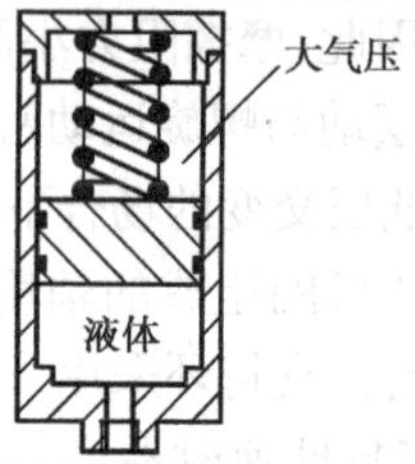 大气压　液体	利用弹簧的压缩储存能量	结构简单、容量小；低压（ <1.2 MPa） 使用寿命取决于弹簧的寿命 用于储能及缓冲
气体加载式（隔离式）	活塞式	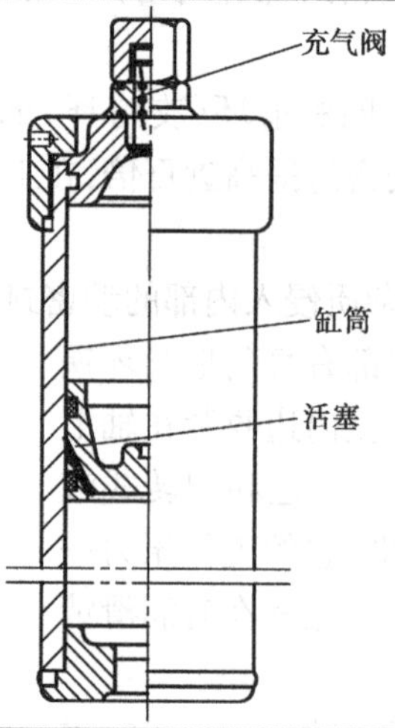 充气阀　缸筒　活塞	浮动活塞不仅将气-液隔开，而且将液体的压力能转换为气体的压力能储存	结构简单，寿命长 最高工作压力为 20 MPa；最大容量为 100 L 液气隔离，活塞惯性大，反应灵敏性差 用于储能，不适于吸收脉动和防止压力冲击
	气囊式	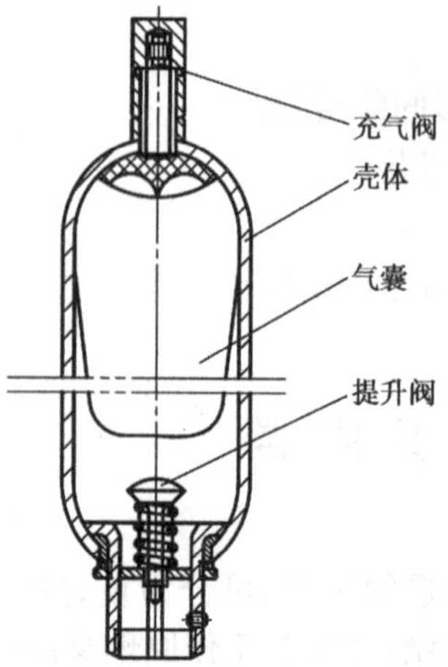 充气阀　壳体　气囊　提升阀	安装在均质无缝钢瓶内的气囊将液气隔离，液体的压力能经气囊转换为气体的压力能储存	气-液可靠隔离、密封好、无泄漏；气囊惯性小，反应灵敏；结构紧凑、质量轻；最高工作压力 32 MPa；最大气体容量 1 502 L 可用于储能、吸收脉动和防止压力冲击

6.4.1　蓄能器的功用

(1)作辅助动力源

若液压系统的执行元件在一个工作循环内运动速度相差较大,为节省液压系统的动力消耗,可在液压系统中设置蓄能器作为辅助动力源。当执行元件不工作或运动速度很低时,蓄能器存储部分能量;当执行元件工作或运动速度较高时,蓄能器释放能量独立工作或与液压泵一起同时向执行元件供油。

(2)补偿泄漏和保持恒压

若液压系统的执行元件需长时间保持某一工作状态,如夹紧工件或举顶重物,可在执行元件的进口处并联蓄能器,液压泵卸载,由蓄能器补偿泄漏、保持恒压。

(3)作紧急动力源

某些液压系统要求在液压泵发生故障或失去动力时,执行元件应能继续完成必要的动作以紧急避险、保证安全。为此可在液压系统中设置适当容量的蓄能器作为紧急动力源,避免事故发生。

(4)吸收流量脉动、降低噪声

液压系统因压力脉动而引起振动和噪声。在液压泵的出口安装蓄能器可吸收流量脉动、降低噪声,减少因振动损坏仪表和管接头等元件。

(5)防止液压冲击

由于换向阀的突然换向、液压泵的突然停车、执行元件运动的突然停止等原因,液压系统产生液压冲击。因这类液压冲击大多发生于瞬间,液压系统中的安全阀来不及开启,因此,通常造成液压系统中的仪表、密封件损坏或管道破裂。若在冲击源的前端管路安装蓄能器,则可吸收或缓和这种液压冲击。

6.4.2　蓄能器的基本参数

(1)蓄能器的充气压力 p_0

当蓄能器用作辅助动力源、补偿泄漏保持恒压或紧急动力源时,为使单位容积的蓄能器存储的能量最大,当蓄能器工作在等温过程(气体压缩或膨胀的时间在1 min以上)时,充气压力 $p_0=0.5p_2$;蓄能器工作在等熵过程(气体压缩或膨胀的时间在1 min以内)时,充气压力 $p_0=0.47p_2$。其中,p_2 为蓄能器的最高工作压力。

当蓄能器用于吸收液压冲击时,充气压力 p_0 取为液压系统最大工作压力的90%。

当蓄能器用于吸收液压泵的流量脉动时,充气压力 p_0 取为液压系统额定工作压力的60%。

(2)蓄能器的容积 V_0

当蓄能器用作辅助动力源、补偿泄漏保持恒压或紧急动力源时,蓄能器的充气容积 V_0 可按下式计算,即

$$V_0=\frac{\Delta V}{p_0^{1/k}\left[\left(\frac{1}{p_1}\right)^{1/k}-\left(\frac{1}{p_2}\right)^{1/k}\right]} \tag{6.2}$$

式中　p_0——充气压力,Pa;

p_1, p_2——最低工作压力和最高工作压力,Pa;

k——指数,等温过程取1、等熵过程取1.4;

ΔV——蓄能器的有效排油量,可参看有关手册选取计算。

当蓄能器用于吸收泵的流量脉动时,在液压泵流量的一个脉动周期内,瞬时流量高于平均流量的部分液体被蓄能器吸收,瞬时流量低于平均流量的部分由蓄能器补充。由于瞬时流量的脉动周期很短,因此,蓄能器用于吸收泵的流量脉动时气体来不及与外界进行换热,蓄能器工作在等熵过程,其容积 V_0 的计算公式为

$$V_0 = \frac{\Delta V}{1 - \left(\frac{p_1}{p_2}\right)^{1/1.4}} \tag{6.3}$$

式中 p_1——蓄能器设置点脉动的最低压力,Pa,它等于蓄能器的充气压力;

p_2——蓄能器设置点脉动的最高压力,Pa;

ΔV——液压泵瞬时流量脉动的一个周期内,瞬时流量高于平均流量部分的体积,可参看有关手册选取计算。

当蓄能器用于吸收液压冲击时,为保证吸收效果,蓄能器应设在尽量靠近冲击点(如调节装置和阀门等)。当调节装置或阀门突然关闭或使液流运动突然停止时,液体的动能全部转换为势能并全部为蓄能器所吸收。在工程实际中,常采用下列经验公式估算,即

$$V_0 = \frac{240 q_V p_2 (0.016\,4L - t)}{p_2 - p_1} \tag{6.4}$$

式中 q_V——调节装置或阀门关闭前管路流量,m^3/s;

L——产生冲击波的管段长度,m;

p_1——调节装置或阀门关闭前的压力,即系统的最低工作压力,Pa;

p_2——系统允许的最大冲击压力,Pa,计算时可取 $p_2 = 1.5p_1$。

6.4.3 蓄能器的安装使用

蓄能器在液压回路中的安放位置随其功用而不同。吸收液压冲击或流量脉动时宜放在冲击源或脉动源近旁;补油保压时宜放在尽可能接近有关的执行元件处。

使用蓄能器须注意以下5点:

①充气式蓄能器中应使用惰性气体(一般为氮气),允许工作压力视蓄能器结构形式而定,如皮囊式为3.5~32 MPa。

②不同的蓄能器各有其适用的工作范围,如皮囊式蓄能器的皮囊强度不高,不能承受很大的压力波动,且只能在-20~70 ℃的温度范围内工作。

③皮囊式蓄能器原则上应垂直安装(油口向下),只有在空间位置受限制时才允许倾斜或水平安装。

④装在管路上的蓄能器须用支板或支架固定。

⑤蓄能器与管路系统之间应安装截止阀,供充气、检修时使用。蓄能器与液压泵之间应安装单向阀,防止液压泵停车时蓄能器内储存的压力油液倒流而使泵反转。

6.5 管道和管接头

管道和管接头是用来联接液压、(气动)元件和输送流体介质的液压辅助元件,统称管件。管件要有足够的强度和良好的密封性能,绝对不允许有外泄漏存在。油液流经管件时压力损失要小,且装拆方便。

6.5.1 管道

液压(气动)中管道可分为硬管和软管两种。对总管和支管等一些固定不动的、不需要经常装拆的地方,使用硬管。联接运动部件和临时使用、希望装拆方便的管路应使用软管。硬管有铁管、铜管、黄铜管、紫铜管和硬塑料管等;软管有塑料管、尼龙管、橡胶管、金属编织塑料管以及挠性金属导管等。常用的是紫铜管和尼龙管。常用道管的特点及适用场合如表6.3所示。

表6.3 各种油管的特点及适用场合

种类		特点和适用场合
硬管	钢管	耐油、耐高温、强度高、工作可靠,但装配时不便弯曲,常在装拆方便处用作压力管道。中压以上用无缝钢管,低压用焊接钢管
	紫铜管	价高,承受能力低(6.5~10 MPa),抗冲击和振动能力差,易使油液氧化,易弯曲成各种形状,常用在仪表和液压系统装配不便处
软管	塑料管	耐油、价低、装配方便,长期使用易老化,只适用于压力低于0.5 MPa的回油管或泄油管
	尼龙管	乳白色透明,可观察流动情况,价低,加热后可随意弯曲,扩口、冷却后定形,安装方便承压能力因材料而异(2.5~8 MPa),今后有扩大使用的可能
	橡胶软管	用于相对运动的部件联接,分高压和低压两种。高压软管由耐油橡胶夹有几层钢丝编织网(层数越多耐压越高)制成,价高,用于压力管路。低压软管由耐油橡胶夹帆布制成,用于回油管路

(1)管道计算

管道的尺寸计算主要是内径 d 和壁厚 δ。油管的内径确定主要取决于允许的通流量和流速,而允许的流速又与管道在液压系统中的用途有关。一般推荐按下式确定其内径 d,即

$$d = \sqrt{\frac{4q_V}{\pi v_0}} \tag{6.5}$$

式中 q_V——流经管道的流量,m^3/s;

v_0——允许的液流速度。对压油管道:当压力 $p < 2.5$ MPa 时,$v_0 = 2$ m/s;当压力 $p = (2.5 \sim 16)$ MPa 时,$v_0 = (3 \sim 4)$ m/s;当压力 $p > 16$ MPa 时,$v_0 < 5$ m/s。若为行走机械,且 $p > 21$ MPa 时,$v_0 = (5 \sim 6)$ m/s。对回油管道:$v_0 \leqslant (1.5 \sim 2.5)$ m/s。

对吸油管道：$v_0 = (0.5 \sim 1.5)$ m/s。

计算所得的管道内径，一般按大的方向圆整为标准系列。

管道壁厚的确定主要是保证其强度要求，可按拉伸薄壁筒的公式计算，即

$$\delta = \frac{pd}{2[\sigma]} \tag{6.6}$$

式中 p——工作压力，Pa；

$[\sigma]$——许用拉伸应力。对于铜管，$[\sigma] < 25$ MPa；对于钢管，$[\sigma] = \sigma_b / n$，σ_b 为管材的抗拉强度，n 为安全系数，当 $p < 7$ MPa 时，$n = 8$；当 $p < 17.5$ MPa 时，$n = 6$；当 $p > 17.5$ MPa 时，$n = 4$。

管道的外径 D 则为

$$D = d + 2\delta \tag{6.7}$$

管道外径也要圆整到标准系列。

(2)油管的安装使用

①硬管安装时，对于平行或交叉管道，相互之间须有 10 mm 以上的空隙，以防止干扰和振动。在高压大流量场合，为防止管道振动，需每隔 1 m 左右用管夹将管道固定在支架上。

②管道安装时路线应尽可能短，布管要整齐，直角转弯要少。其弯曲半径应大于管道外径的 3 倍，弯曲后管道的椭圆度小于 10%，不得有波浪变形、凹凸不平及压裂和扭坏等现象。

③对安装前的钢管应检查其内壁是否有锈蚀现象，一般应用 20% 的硫酸或盐酸进行酸洗，酸洗后用 10% 的苏打水中和，再用温水洗净、干燥、涂油，进行静压试验，确认合格后再安装。

6.5.2 管接头

管接头是管道之间、管道与液压(气动)元件之间的可拆式连接件。管接头的种类很多，其规格品种可查阅有关手册。下面介绍几种常用的管接头。

(1)扩口式管接头

如图 6.13 所示为扩口式管接头。接管 2 的端部用扩口工具扩成 74° ~ 90°的喇叭口，拧紧螺母 3，通过导套 4 压紧接管 2 扩口和接头体 1 相应锥面联接与密封。扩口式管接头结构简单，重复使用性好，适用于薄壁管件联接，一般工作压力不超过 8 MPa。

(2)焊接式管接头

如图 6.14 所示为焊接式管接头。螺母 3 套在接管 2 上，管道端部与接管 2 焊接，旋转螺母 3 将接管 2 与接头体 1 联接在一起。接管 2 与接头体 1 接合处可采用 O 形圈密封，也可采

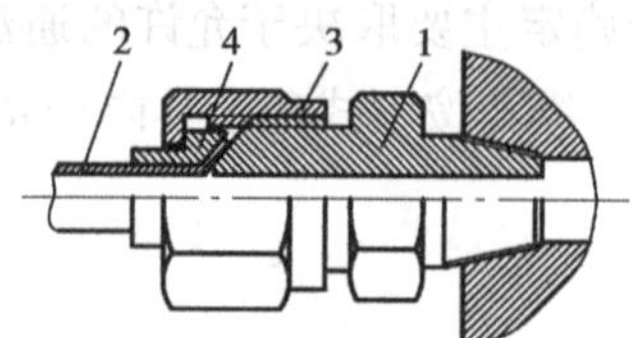

图 6.13 扩口式管接头
1—接头体；2—接管；
3—接头螺母；4—导套

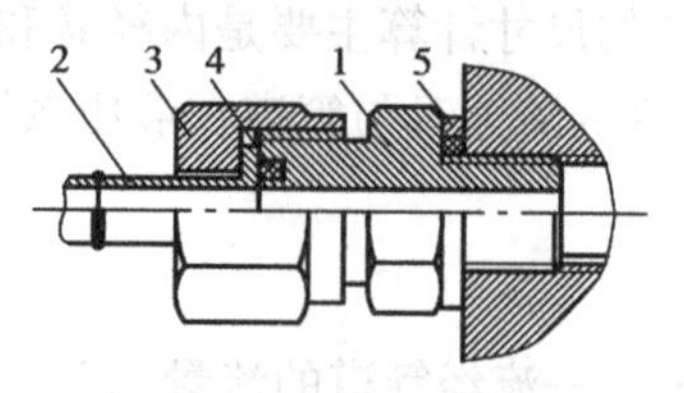

图 6.14 焊接式管接头
1—接头体；2—接管；3—螺母；
4—O 形密封圈；5—组合密封圈

用球面密封。接头体1和本体(指与之联接的阀、阀块、泵或马达)若用圆柱螺纹联接时,要加组合密封圈5进行密封,以提高密封性能。若采用锥螺纹联接,在螺纹表面包一层聚四氟乙烯密封带,旋入形成密封。焊接式管接头装拆方便,工作可靠,工作压力可达32 MPa或更高。但装配工作量大,要求焊接质量高。

(3)卡套式管接头

如图6.15所示为卡套式管接头的一种基本形式,它由接头体4、卡套2和螺母3等零件组成。

卡套2具有尖锐的内刃,拧紧接头螺母3时,卡套2的刃口切入接管1,如图6.15(b)所示,卡套同时起联接和密封作用。

如图6.15(c)所示卡套式管接头在卡套和接头体之间增加了一个独立的橡胶密封件5和定位环6,卡套2只起联接作用,橡胶密封在接头体的锲形槽内密封。这种弹性密封结构在降低金属零件加工精度的同时,延长了使用寿命,特别适用于高压、有压力冲击和易振动的场合,最高工作压力可达40 MPa。

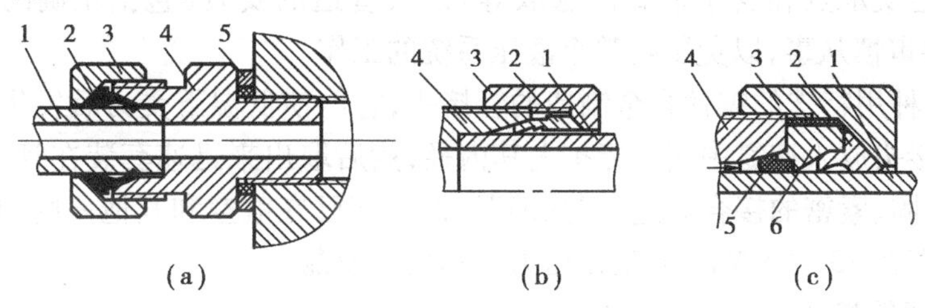

图6.15　卡套式管接头

1—管道;2—卡套;3—螺母;4—接头体;5—组合密封圈

(4)橡胶软管接头

橡胶软管接头有可拆式和扣压式两种。

如图6.16所示为可拆式橡胶软管接头。在胶管4上剥去一段外层胶,将六角形的接头外套3套装在胶管4上,再将锥形接头体2拧入,由锥形接头体2和外套3上带锯齿形倒内锥面把胶管4夹紧。

如图6.17所示为扣压式橡胶软管接头。扣压式与可拆式区别是外套3为圆柱形。另外,扣压式接头要用专门模具在压力机上将外套3进行挤压收缩,使外套变形后紧紧地与橡胶管4和接头体2联成一体。工作压力6~40 MPa。一般橡胶软管与接头集成供应,橡胶管的选用根据工作压力和流量决定。

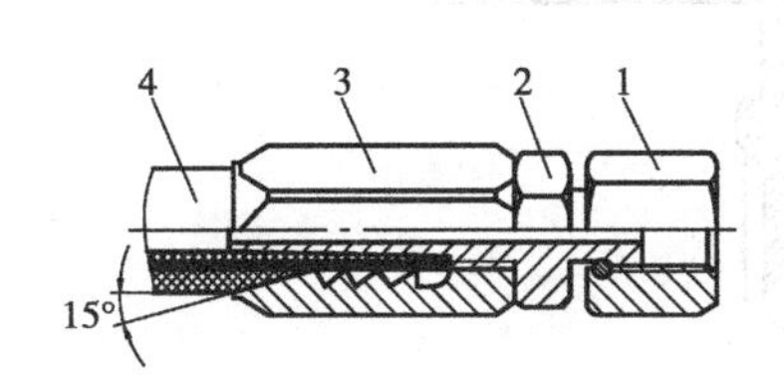

图6.16　可拆式橡胶软管接头

1—螺母;2—接头体;3—外套;4—胶管

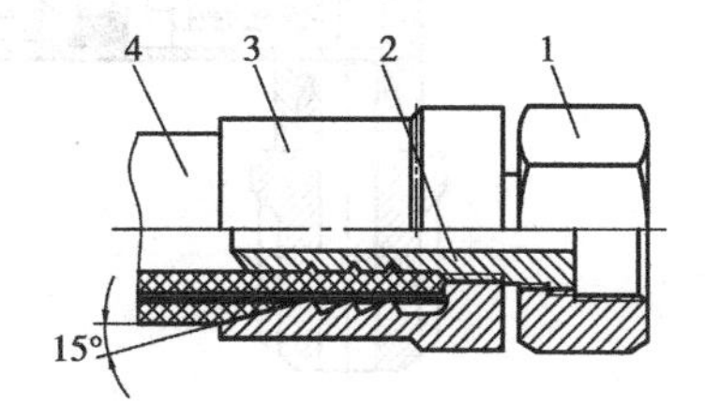

图6.17　扣压式橡胶软管接头

1—螺母;2—接头体;3—外套;4—胶管

(5)快换管接头

如图6.18所示为一种快换管接头,图示是联接状态。当需要拆分时,用力将外套3向左移,钢球5从槽中滑出,拔出接头体6,此时单向阀阀芯2和7分别在弹簧1和8作用下封闭管路。联接过程与之相反。此种管接头拆、装方便、快捷,但结构复杂,压力损失大。

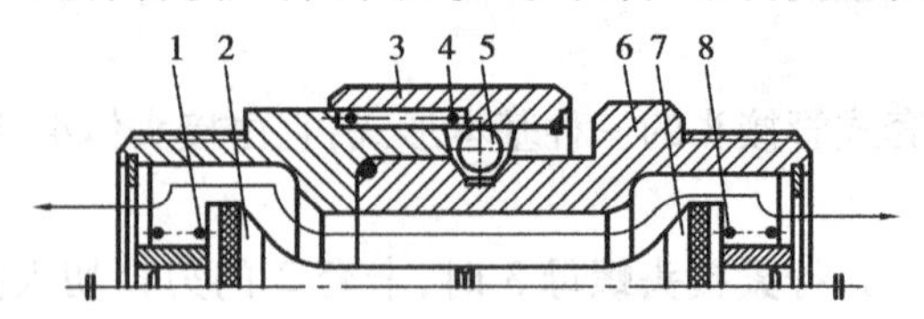

图6.18　快换管接头

1,4,8—弹簧;2,7—阀芯;3—外套;5—钢球;6—接头体

值得注意的是,液压系统中的泄漏问题大部分都出现在管系中的接头上,为此,对管材的选用,接头形式的确定(包括接头设计、垫圈、密封、箍套、防漏涂料的选用等),管系的设计(包括弯管设计、管道支承点和支承形式的选取等)以及管道的安装(包括正确的运输、储存、清洗、组装等)都要审慎从事,以免影响整个液压系统的工作。

最近出现一种用特殊的镍钛合金制造的管接头,它能使低温下受力后发生的变形在升温时消除,即把管接头放入液氮中用心棒扩大其内径,然后取出来迅速套装在管端上,便可使它在常温下得到牢固、紧密的接合。这种"热缩"式的联接已在航空和其他一些加工行业中得到了应用,它能保证在40~55 MPa的工作压力下不出现泄漏。

(6)自密封式管接头

气动控制系统由于压力不大,一般均使用自密封式快速接头,如图6.19所示。当需要联接时,只要将气管1插入接头内便可以完成。其内部有一锁紧钩3将气管牢牢地锁住。若要将气管与接头分开时,只要将快速接头的顶盖2向下压,其释放环可顶开锁紧钩3,使管路与接头分开,即可拔出气管。

自密封式管接头内置一个单向阀,故在拔出气管后,它也不会漏气。如图6.19(a)所示为无管子推入状态,管接头内单向阀切断空气通路。如图6.19(b)所示为管子推入时状态,此时单向阀开启,管接头通道打开,气流可以通过。

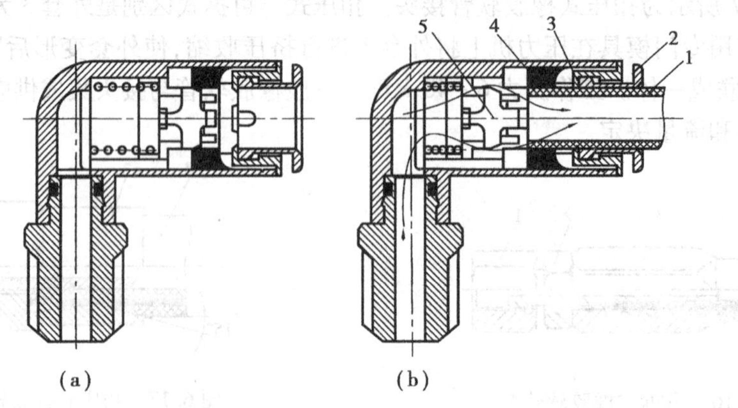

图6.19　自密封式管接头

1—气管;2—顶盖;3—锁紧钩;4—阀座;5—单向阀芯

6.6　气动辅助元件

在气动系统中除了管道、管接头、过滤器、密封装置、压力表等辅助元件外,还有一些气动系统所特有的辅助元件。

6.6.1　气动三大件

分水滤气器、减压阀、油雾器一起被称为气动三联件,是气动系统不可缺少的辅助元件。

(1)分水滤气器

分水滤气器滤灰能力较强,属于二次过滤器。分水滤气器利用惯性、阻隔和吸附方法将灰尘和杂质分离。普通分水滤气器的结构如图6.20(a)所示。其工作原理如下:压缩空气从输入口进入后被引入旋风叶子1,旋风叶子上有很多成一定角度的小缺口,迫使空气沿切线方向产生强烈的旋转。这样夹杂在气体中的较大水滴、油滴、灰尘等便获得较大的离心力,并高速与存水杯3内壁碰撞,而从气体中分离出来沉淀于存水杯3中。气体通过中间的滤芯2,部分灰尘、雾状水被拦截而滤除,洁净的空气便从输出口排出。挡水板4是防止气体漩涡将杯中积存的污水卷起而破坏过滤作用。为保证分水滤气器正常工作,必须及时将存水杯中的污水通过排水阀5放掉。在某些人工排水不方便的场合,可采用自动排水式分水滤气器。分水滤气器必须垂直安装,并将排水阀朝下。存水杯由透明材料制成,便于观察工作情况、污水情况和滤芯污染情况。滤芯目前采用铜粒烧结而成。滤芯可采用酒精清洗,干燥后再装上继续使用。如图6.20(b)所示为分水滤气器的图形符号。

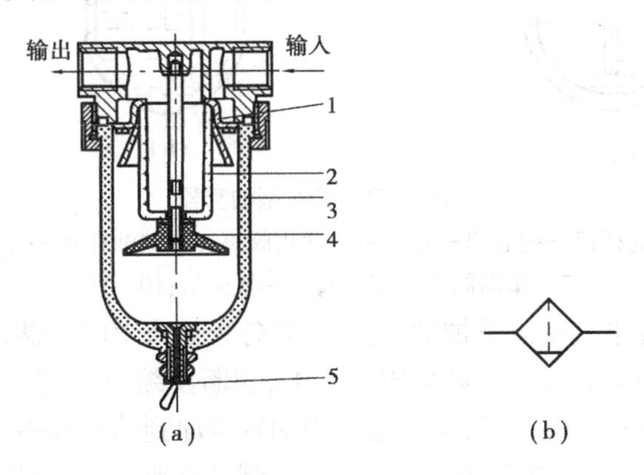

图6.20　普通分水滤气器结构图

1—旋风叶子;2—滤芯;3—存水杯;4—挡水板;5—手动排水阀

(2)油雾器

油雾器以压缩空气为动力,将润滑油喷射成雾状并混合于压缩空气中,使压缩空气具有润滑气动元件的能力。目前,气动控制阀、气缸和气马达主要是靠这种带有油雾的压缩空气来实现润滑的,其优点是方便、干净,润滑质量高。

1)油雾器的工作原理

油雾器的工作原理如图6.21所示。当输入压力为 p_1 的气流通过文氏管后压力降为 p_2,

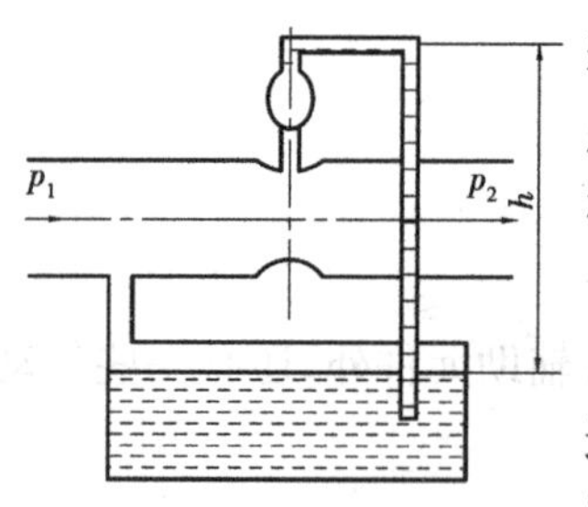

图 6.21　油雾器工作原理

若压差 $\Delta p = p_1 - p_2 < \rho gh$ 时,润滑油被吸入排出口,形成油雾并随压缩空气输送出去。在气动装置中,一般选用 HU20—HU30 气轮机(透平)油作为润滑油。

2)普通型油雾器结构简介

如图 6.22 所示为普通型油雾器的结构示意图。压缩空气从进气口进入后,部分气体通过立杆 1 上的小孔进入截止阀座 4 的腔内,在截止阀的阀芯 2 上下表面形成压力差,此压力差被弹簧 3 的部分弹簧力所平衡,而使阀芯处于中间位置,因而压缩空气就进入储油杯 5 的上腔 c,油面受压,压力油经吸油管 6 将单向阀 7 的阀芯托起,阀芯上部管道有一个边长小于阀芯(钢球)直径的四方孔,使阀芯不能将上部管道封死,压力油能不断地流入视油口 9 内,再滴入立杆 1 中,被通道中的气流从小孔中引射出来,雾化后流出排气口。视油口上部的节流阀 8 用以调节滴油量,可在 0 ~ 200 滴/min 范围内调节。如图 6.22(c)所示为油雾器的图形符号。

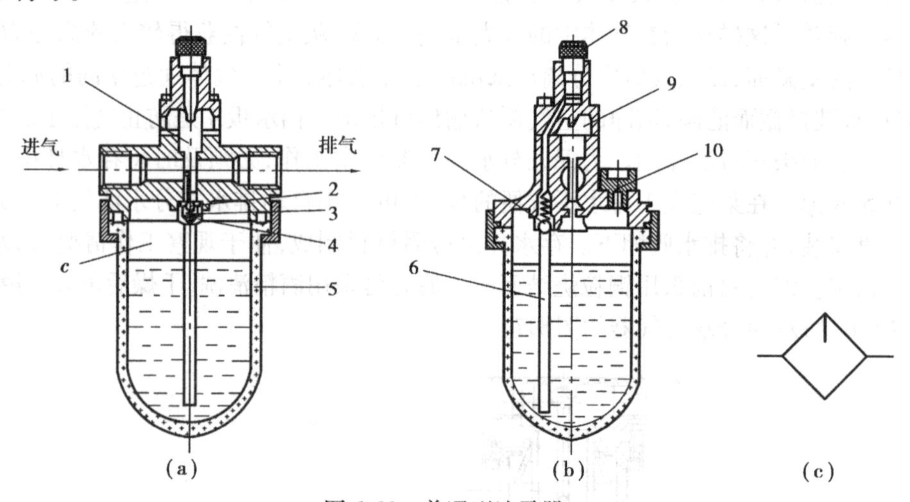

图 6.22　普通型油雾器

1—立杆;2—阀芯;3—弹簧;4—截止阀座;5—储油杯;6—吸油管;
7—单向阀;8—节流阀;9—视油口;10—油塞

普通型油雾器能在进气状态下加油,这时只要拧松油塞 10 后,储油杯上腔便通大气,同时输入进来的压缩空气将阀芯 2 压在截止阀座 4 上,切断压缩空气进入 c 腔的通道。又由于吸油管 6 中单向阀 7 的作用,压缩空气也不会从吸油管倒灌到储油杯中,故就可以在不停气状态下向油塞口加油。加油完毕,拧上油塞。由于截止阀稍有泄漏,储油杯上腔的压力又逐渐上升到将截止阀打开,油雾器又重新开始工作。油塞上开有半截小孔,当油塞向外拧出时,油塞尚未完全打开,小孔已经与外界相通,油杯中的压缩空气逐渐向外排空,以免在油塞打开的瞬间产生压缩空气突然排放现象。

储油杯一般由透明的聚碳酸酯制成,能清楚地看到杯中的储油量和清洁程度,以便及时补充与更换。视油口用透明的有机玻璃制成,能清楚地看到油雾器的滴油情况。

油雾器的主要性能指标包括:

①流量特性:指油雾器中通过其额定流量时,输入压力与输出压力之差,一般不超过 0.15 MPa。

②起雾空气流量:当油位处于最高位置,节流阀8全开,气流压力为0.5 MPa时,起雾时的最小空气流量规定为额定空气流量的40%。

③油雾粒径:在规定的试验压力0.5 MPa下,输油量为30滴/min,其粒径不大于50 μm。

④加油后恢复滴油时间:加油完毕后,油雾器不能马上滴油,要经过一定的时间,在额定工作状态下,一般为20~30 s。

油雾器在使用中一定要垂直安装,它可以单独使用,也可与分水滤气器、减压阀和油雾器3件联合使用,组成气源调节装置即为气动三联件,使之具有过滤、减压和油雾的功能。联合使用时,其顺序应为分水滤气器→减压阀→油雾器,不能颠倒,安装中气动三联件应尽量靠近气动设备附近,距离不应大于5 m。

6.6.2　消声器

消声器是指阻止声音传播而允许气流通过的一种气动元件。气压传动装置的噪声一般都比较大,尤其当压缩气体直接从气缸或阀中排向大气,较高的压差使气体体积急剧膨胀,产生涡流,引起气体的振动并发出强烈的啸叫声。为消除这种噪声应安装消声器。气动系统中的消声器主要有阻性消声器、抗性消声器及阻抗复合消声器3大类。

(1)阻性消声器

阻性消声器主要利用吸声材料(玻璃纤维、毛毡、泡沫塑料、烧结金属、烧结陶瓷以及烧结塑料等)来降低噪声。在气体流动的管道内固定吸声材料,或按一定方式在管道中排列,这就构成了阻性消声器。当气流流入时,一部分声音能被吸收材料吸收,起到消声作用。这种消声器能在较宽的中高频范围内消声,特别对刺耳的高频声波消声效果更为显著。如图6.23(a)所示为其结构示意图。如图6.23(b)所示为消声器的图形符号。

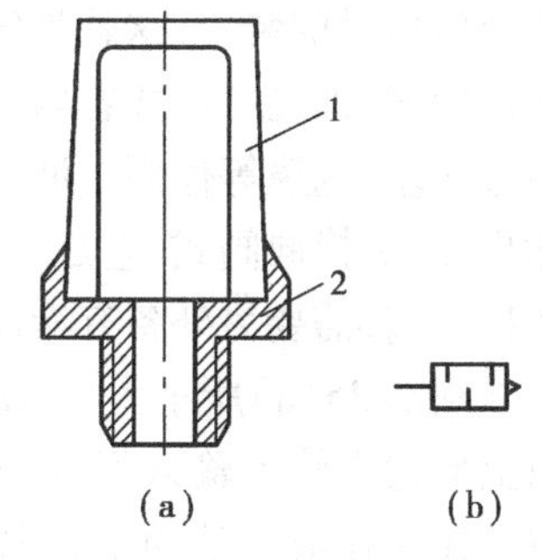

图6.23　阻性消声器

1—消声套;2—联接螺栓

(2)抗性消声器

抗性消声器又称声学滤波器,是根据声学滤波原理制造的。它具有良好的低频消声性能,但消声频带窄,对高频消声效果差。抗性消声器最简单的结构是一段管件,如将一段粗而长的塑料管接在元件的排气口,利用气流在管道里膨胀、扩散、反射、相互干涉而消声。

(3)阻抗复合消声器

阻抗复合消声器是综合上述两种消声器的特点而构成的,这种消声器既有阻性吸声材料,又有抗性消声器的干涉等作用,能在很宽的频率范围内起消声作用。

6.6.3　转换器

与其他自动控制装置一样,在气动控制系统中也有发信、控制和执行部分,其控制部分工作介质为气体,而信号传感部分和执行部分不一定全用气体,可能用电或液体传输,这就要通过转换器来转换。常用的转换器有气-电、电-气、气-液等。

(1)气-电转换器及电-气转换器

气-电转换器是将压缩空气的气信号转变成电信号的装置,即用气信号(气体压力)接通或断开电路的装置,也称为压力继电器。

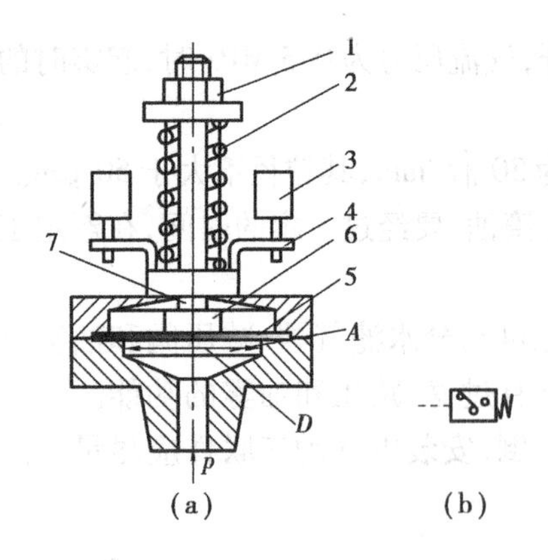

图 6.24　高中压型压力继电器
1—螺母;2—弹簧;3—微动开关;
4—爪枢;5—膜片;6—圆盘;7—顶杆

压力继电器按信号压力的大小可分为低压型(0～0.1 MPa)、中压型(0～0.6 MPa)和高压型(>1.0 MPa)3种。如图6.24(a)所示为高中压型压力继电器的原理示意图。气压p进入A室后,膜片5受压产生推力,该力推动圆盘6和顶杆7克服弹簧2的弹簧力向上移动,同时带动爪枢4,使两个微动开关3发出电信号。旋转定压螺母1,可以调节控制压力范围。调压范围分别是0.025～0.5 MPa,0.065～1.2 MPa和0.6～3.0 MPa 3种。这种压力继电器结构简单,调压方便。安装气-电转换器时应避免安装在振动较大的地方,且不应倾斜和倒置,以免使控制失灵,产生误动作而造成事故。如图6.24(b)所示为压力继电器的图形符号。

电-气转换器的作用正好与气-电转换器的作用相反,它是将电信号转换成气信号的装置。实际上各种电磁换向阀都可作为电-气转换器。

(2)气-液转换器

气动系统中常常用到气-液阻尼缸或使用液压缸作执行元件,以求获得较平稳的运动速度,因而就需要一种把气信号转换成液压信号的装置,这就是气-液转换器。主要有两种:一是直接作用式,即在一筒式容器内,压缩空气直接作用在液面上或通过活塞、隔膜等作用在液面上,推压液体以同样的压力向外输出;二是换向阀式,它是一个气控液压换向阀。采用气控液压换向阀,需要另外备有液压源。

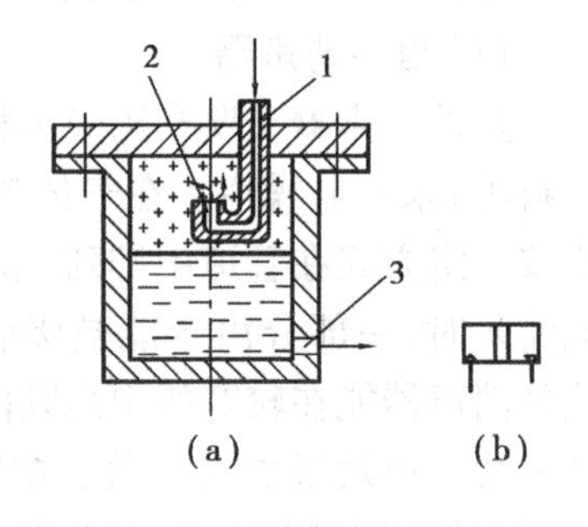

图 6.25　气-液转换器工作示意图
1—输入管;2—缓冲装置;
3—排油孔

如图6.25(a)所示为气-液直接接触式转换器。当压缩空气由上部输入管1输入后,经过管道末端的缓冲装置2使压缩空气作用在液压油面上,因而液压油即以压缩空气相同的压力,由转换器主体下部的排油孔3输出到液压缸,使其动作,气-液转换器的储油量应不小于液压缸最大有效容积的1.5倍。如图6.25(b)所示为气-液转换器的图形符号。

6.6.4　延时器

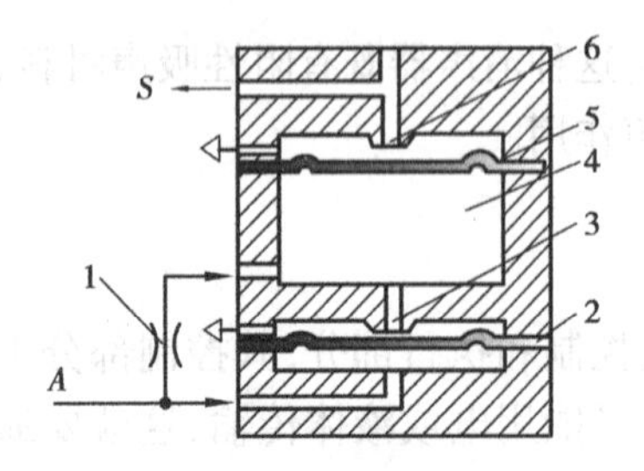

图 6.26　气动延时器结构示意图
1—节流口;2,5—膜片;
3,6—喷嘴;4—气室

气动延时器的结构示意图如图6.26所示,当输入气体分两路进入延时器时,由于节流口1的作用,膜片2下腔的气压首先升高,使膜片堵住喷嘴3,切断气室4的排气通路;同时,输入气体经节流口1向气室4缓慢充气。当气室4的压力逐渐上升到一定压力时,膜片5堵住上喷嘴6,切断低压气源的排空通路,于是输出口S便有信号输出,这个输出信号S发出的时间在输入信号A以后,延迟了一段时间,延迟时间的大小取决于节流口的大小、气室的大小及膜片5的刚度。当输入信号消失后,膜片2复位,气室内的气体经下喷嘴3排空;膜片5复位,气源经上喷嘴6排空,输出端无输出。节流口1可调时,该延时器称为可调式,反之称为固定式。

6.6.5　真空元件

利用真空吸附工件,其最简单的方法是由真空发生器和真空吸盘构成一体的组件来完成。典型的真空组件由真空泵或真空发生器、真空吸盘、压力开关和控制阀构成。

真空泵和真空发生器的主要差别是通常真空泵要联接一个气罐,使其随时都有高的抽吸流量,甚至还高于泵的工作能力;而对于真空发生器来说,不需要附带气罐。

(1)真空发生器

如图6.27所示为真空发生器结构示意图,由先收缩后扩张的喷嘴1、扩散管2和过滤片3等组成。压缩空气从输入口供给,在喷嘴两端压差高于一定值后,喷嘴射出超声速气射流或近声速气射流。由于高速气射流的卷吸作用,将扩散腔的空气抽走。使该腔形成真空。在吸附口4接上真空吸盘,便可形成一定的吸力,吸起各种物体。

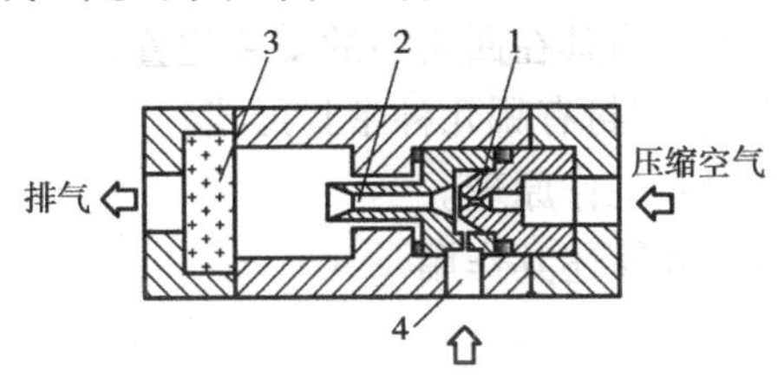

图6.27　真空发生器结构原理图

1—喷嘴;2—扩散管;3—过滤片;4—吸附口

真空发生器的吸力可按下式计算,即

$$F = \frac{pAn}{\alpha} \tag{6.8}$$

式中　F——吸力,N;

p——真空度,Pa;

A——吸盘的有效面积,m^2;

n——吸盘数量;

α——安全系数。

(2)真空吸盘

吸盘常采用丁腈橡胶、硅橡胶、氟橡胶和聚氨酯等材料制成碗状或杯状,如图6.28(a)所示。根据工件的形状和大小,可以在安装支架上安装单个或多个真空吸盘。如图6.28(b)所示为真空吸盘的图形符号。

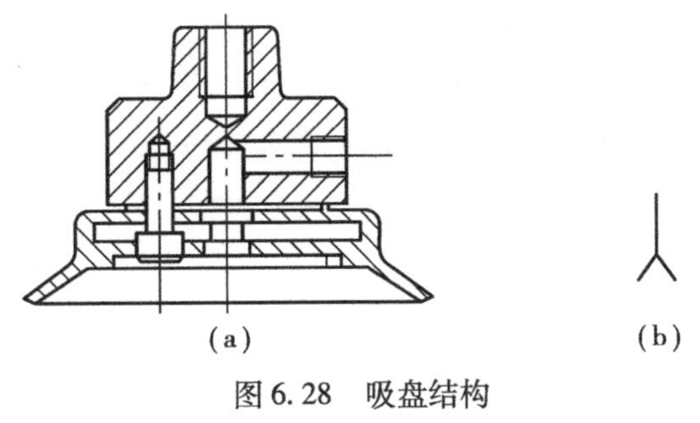

图6.28　吸盘结构

(3)真空开关

一般在真空组件里内置真空开关,其用途如下:

①真空系统的真空度控制。

②有无工件的确认。

③工件吸着确认。

④工件脱离确认。

复习思考题

6.1 油箱的功用是什么?设计油箱时有哪些注意事项?油箱体积如何确定?

6.2 蓄能器的功用是什么?常用的蓄能器有哪些类型?

6.3 过滤器有哪些类型?说明其在回路中的安装位置。

6.4 根据密封的原理不同,密封有哪几种密封形式?

6.5 简述油雾器的作用以及工作原理。

6.6 常用转换器有哪些?并简述其作用。

第7章 基本回路

任何一个液压、气动系统都是由一个或若干个基本回路组成的。所谓基本回路，是指能够完成某种特定控制功能的液压、气动元件以及管道组成的通路结构。基本回路按其控制目的、控制功能，可分为方向控制回路、压力控制回路和速度控制回路等。

7.1 方向控制回路

方向控制回路的作用是利用各种方向控制元件来控制流体的通断和流向，以控制执行元件的启动、停止和换向。常用的方向控制回路有换向回路和锁紧回路。

7.1.1 换向回路

运动部件的换向，一般可采用各种换向阀来实现。在容积调速的闭式回路中，也可利用双向变量泵控制油流的方向来实现液压缸(或液压马达)的换向。

采用二位三通电磁换向阀的换向回路如图7.1所示。当电磁换向阀通电，右位工作时，活塞杆伸出；当换向阀失电，左位工作时，活塞杆在弹簧力的作用下退回。

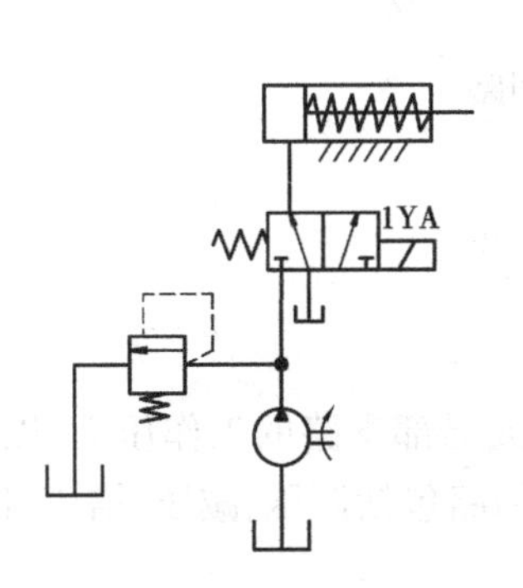

图7.1 采用二位三通电磁换向阀的换向回路

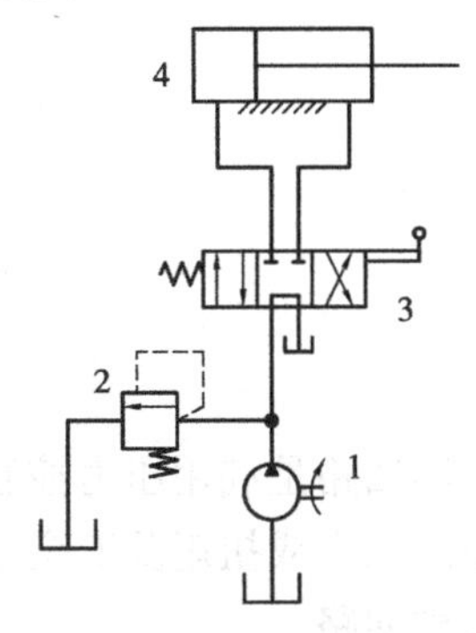

图7.2 采用三位四通手动换向阀的换向回路

采用三位四通手动换向阀的换向回路如图 7.2 所示。当阀处于中位时，M 型滑阀机能使泵卸荷，缸两腔油路封闭，活塞制动。操纵换向阀 3 手柄至左位，活塞杆伸出；操纵换向阀 3 手柄至右位，活塞杆退回。

7.1.2 锁紧回路

锁紧回路的功用是在执行元件不工作时，切断其进、出油路，使它准确地停留在任意位置上。

如图 7.3 所示为采用液控单向阀的锁紧回路。它能在缸不工作时使活塞迅速、可靠且长时间地被锁住，不会因外力而移动。图 7.3(a)中，当手动换向阀 3 处于中位时，缸 6 上腔油被封死，缸在负载作用下不会向下移动。当换向阀 3 处于左位时，向油缸 6 下腔供油，从控制油路 5 来的液压油打开液控单向阀 4，上腔油经过单向阀 4 流回油箱。图 7.3(b)是用两个液控单向阀的锁紧回路，活塞可在两个方向实现锁紧，称为双向液压锁。此种回路到了需要停留的位置，只要使换向阀 3 电磁铁均断电，阀处于中位，因阀的中位为 H 型机能，故两个液控单向阀 4,5 均关闭，液压缸双向锁紧，液压泵 1 通过换向阀 3 中位卸荷。这种回路常用于汽车起重机的支腿油路和矿井采掘机械的液压支柱等有较高锁紧要求的工程机械中。但应当注意，使用液控单向阀的锁紧回路，其换向阀的中位机能不宜采用 O 型，而应采用 H 型或 Y 型，以便在中位时，液控单向阀的控制压力能立即释放，单向阀迅速关闭，活塞停止运动。

由于液控单向阀具有很好的密封性(线密封)，液压缸锁紧可靠，其锁紧精度主要取决于液压缸的泄漏。若缸的活塞密封性能好，可长时间锁紧在某一位置。

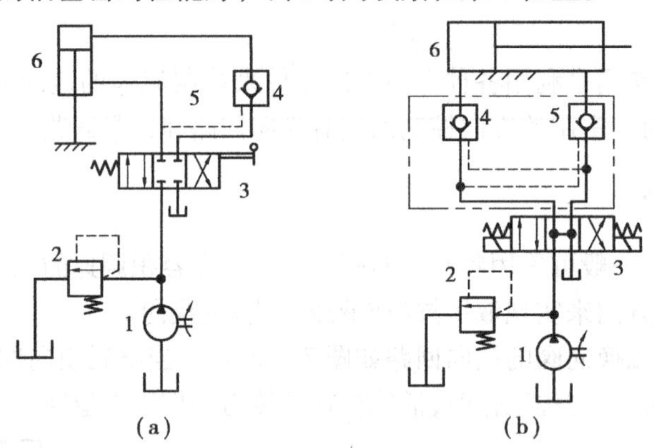

图 7.3 液控单向阀锁紧回路

7.2 压力控制回路

压力控制回路是利用压力控制元件来控制整个系统或局部支路的工作压力，以保证执行元件所需要的推力或扭矩及安全可靠地工作。压力控制回路包括调压、减压、增压、保压、卸荷及平衡等多种回路。

7.2.1　调压回路

调压回路使系统或系统某支路的压力保持恒定或不超过某一设定值，或者使工作部件在运动过程中的不同阶段有不同的压力以适应不同负载的要求。在定量泵系统中，液压泵供油压力通过溢流阀来调节；在变量泵系统中，用溢流阀来限制系统的最高压力，防止系统过载。

(1)单级调压回路

如图7.4所示，通过液压泵和溢流阀的并联联接，即可组成单级调压回路。回路中油液的流量除通过节流阀外，多余的油液通过溢流阀流回油箱，液压泵的工作压力决定于溢流阀的调定压力。当溢流阀的调定压力确定后，液压泵就在溢流阀的调定压力工作。从而实现了对液压系统进行调压和稳压控制，此时溢流阀作定压阀用。

如图7.5所示为变量泵限压回路。回路中油液的流量由变量泵调节，正常情况下，系统的工作压力低于溢流阀的调定压力，溢流阀常闭，起安全阀作用。当系统非正常工作，压力上升时，一旦压力达到溢流阀的调定压力，溢流阀将开启溢流，并将系统的工作压力限制在溢流阀的调定压力下，起到保障系统安全的作用，此时溢流阀作安全阀用。

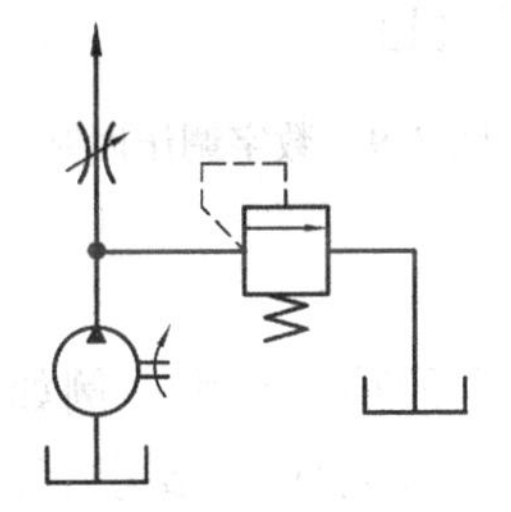

图7.4　定量泵单级调压回路

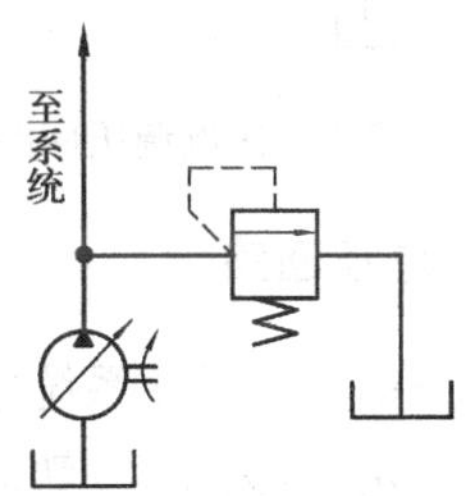

图7.5　变量泵限压回路

(2)多级调压回路

如图7.6所示为二级调压回路，该回路可实现两种不同的系统压力控制。先导溢流阀2的遥控口接直动式溢流阀4。当二位二通电磁换向阀3处于图示位置时，系统压力由溢流阀2调定；当电磁换向阀3得电处于左位时，系统压力由溢流阀4调定。但要注意：溢流阀4的调定压力一定要小于溢流阀2的调定压力，否则不能实现二级压力控制。由于通过溢流阀2的遥控口可以实现远程调压，这个回路又称为远程调压回路。

有的液压系统，在工作过程中需要多个工作压力，利用先导式溢流阀、远程调压阀和电磁换向阀的有机组合，能够实现回路的多级调压。如图7.7所示为三级调压回路，主溢流阀1的

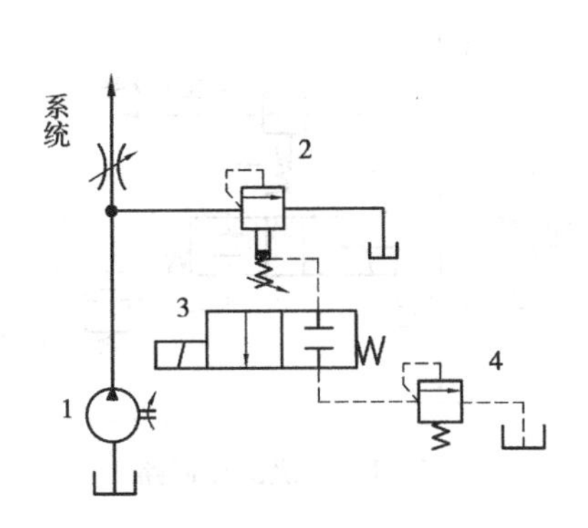

图7.6　二级调压回路

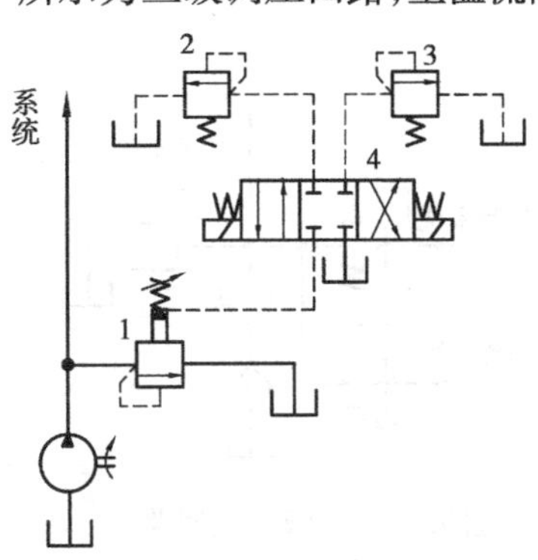

图7.7　多级调压回路

遥控口通过三位四通换向阀 4 分别接到具有不同调定压力的远程调压阀 2 和 3 上。当换向阀处于左位时,系统压力由溢流阀 2 调定;当换向阀处于右位时,系统压力由溢流阀 3 调定;当换向阀处于中位时,系统压力由溢流阀 1 调定。回路中溢流阀 2 和 3 的调定压力必须小于溢流阀 1 的调定压力。

(3)无级调压回路

通过电液比例压力阀或电液数字压力阀,液压系统可以实现连续的无级调压。如图 7.8 所示为比例调压回路,连续调节输入比例溢流阀 2 的控制电流,即可连续改变系统的压力,达到无级调压目的。如图 7.9 所示为数字调压回路,来自控制器的脉冲序列直接输入数字压力阀 2,即可实现对系统工作压力的连续无级调节。

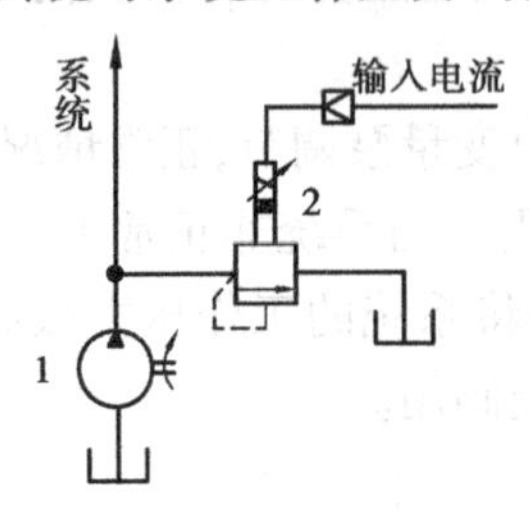

图 7.8　比例调压回路

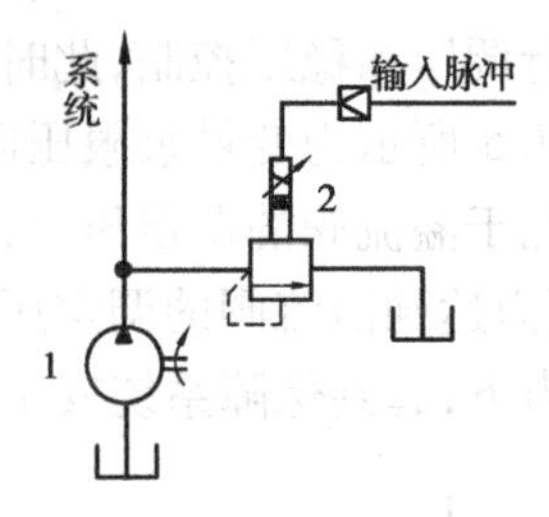

图 7.9　数字调压回路

7.2.2　减压回路

减压回路的功用是使系统中的某支路获得低于主系统压力的稳定压力。例如,机床液压系统中的工件定位、夹紧、导轨润滑以及液压元件的控制油路等,它们往往要求有比主油路较低的压力。减压回路一般是在所需低压的支路上串接减压阀。采用减压回路虽能方便地获得某支路稳定的低压,但压力油经减压阀口时要产生压力损失,这是它的缺点。

如图 7.10 所示为常见的定值减压回路,通过减压分别去控制系统和润滑系统。如图 7.11 所示为二级减压回路,利用先导减压阀 1 的遥控口接溢流阀 5,当二位二通电磁换向阀 4 处于左位时,则可由溢流阀 5 调定输出低压。但要注意的是,溢流阀 5 的调定压力值一定要低于减压阀 3 的调定压力值。

为了使减压回路工作可靠,减压阀的最低调定压力不应小于 0.5 MPa,最高调定压力至少应比系统压力小 0.5 MPa。当减压回路中的执行元件需要调速时,调速元件应放在减压阀的后面,以避免减压阀泄漏(指由减压阀泄油口流回油箱的油液)对执行元件的速度产生影响。

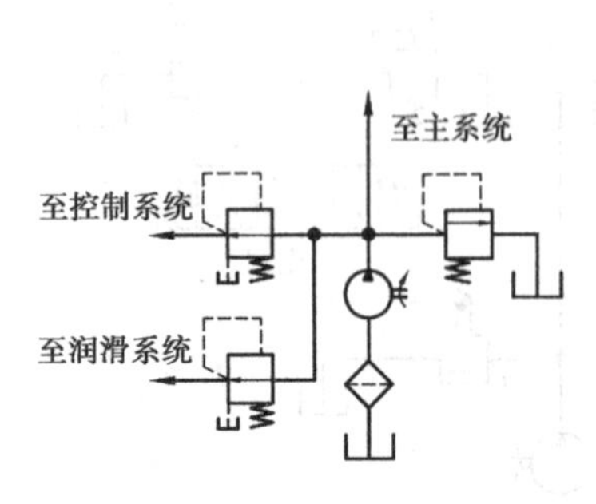

图 7.10　一级减压回路

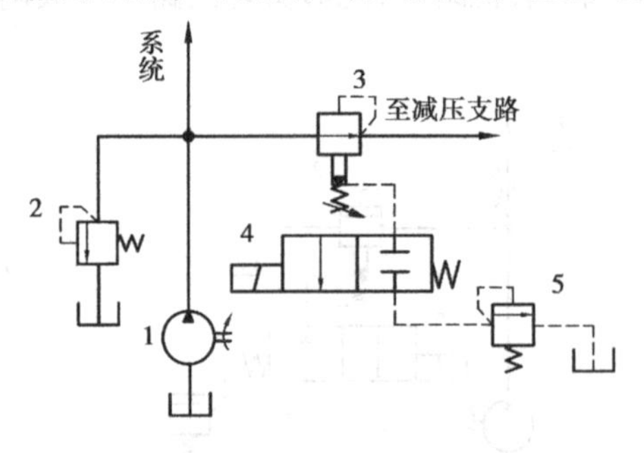

图 7.11　二级减压回路

7.2.3 增压回路

如果系统的某一支路需要压力较高但流量又不大的压力油时，采用增压回路比选用高压泵要经济得多，且系统工作较可靠，噪声小。增压回路中提高压力的主要元件是增压缸或增压器。

(1)单作用增压缸的增压回路

如图7.12所示，当换向阀3处于左位工作时，泵1输出的低压油进入增压缸4大活塞左腔，活塞右行，小活塞右腔油液增压后供液压缸7,8使用，增压倍数等于增压缸4大、小活塞的有效作用面积之比。当换向阀3处于右位工作时，增压缸返回，缸7,8的活塞在弹簧力作用下复位，高位油箱5可通过单向阀6补充增压缸高压油腔油液的漏损。该回路只能间歇增压，故称为单作用增压回路。卧式压铸机的压力缸、高压多触头造型机的增压缸均采用这种增压回路。

(2)双作用增压缸的增压回路

如图7.13所示为双向增压回路。当换向阀3处于左位时，泵1输出的压力油经单向阀2、换向阀3的左位进入增压缸大活塞5左腔，大活塞5右腔的油回油箱，右端小活塞腔油液增压后经单向阀10输出，此时单向阀8,9关闭，辅助泵14经单向阀7向增压缸左端小活塞腔补充低压油液；当大活塞5移到右端时，换向阀3换向，增压缸大活塞5向左移动，左端小活塞腔油液增压后经单向阀8输出，此时单向阀7,10关闭，低压油经单向阀9向右端小活塞腔补充油液。这样，增压缸的活塞不断往复运动，两端便交替输出高压油液，实现了连续增压。图中，11为蓄能器，可防止压力波动，保持输出油液压力的稳定。

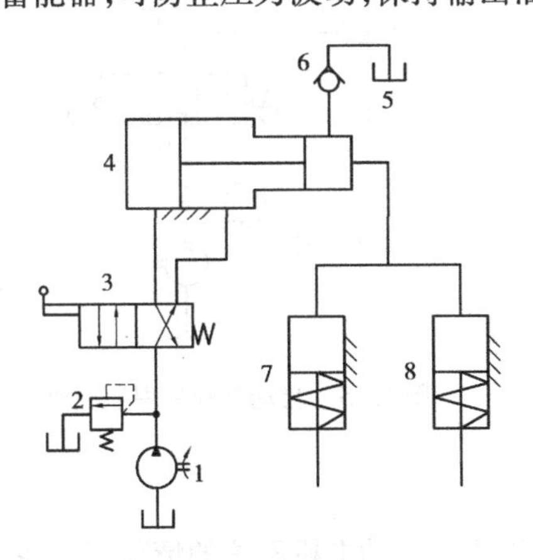

图7.12 单作用增压缸的增压回路

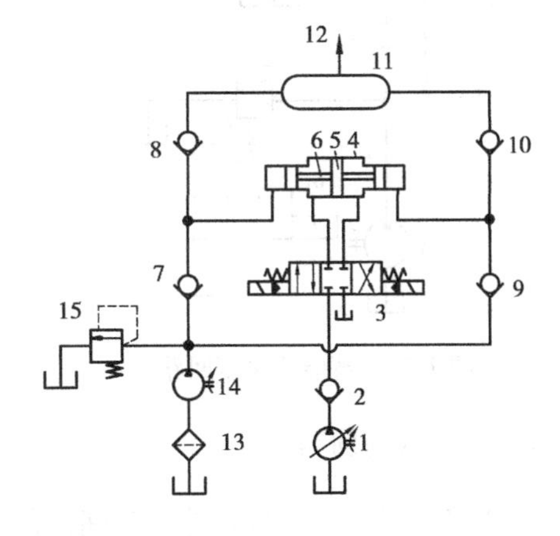

图7.13 双作用增压缸的增压回路

7.2.4 保压回路

保压回路的功用是使系统在液压缸不动或仅有工件变形所产生的微小位移的情况下，仍能稳定地维持压力。常用的保压回路有以下两种：

(1)利用蓄能器的保压回路

如图7.14所示，泵经单向阀2向液压缸7及蓄能器4提供压力油。当系统压力达到压力继电器5的调定压力时，压力继电器发信号使电磁换向阀6得电换向，换向阀6处于左位，泵1

经溢流阀3卸荷,液压缸7由蓄能器4维持压力。当缸内压力因泄漏等因素降低至压力继电器5调定压力时,使电磁换向阀6断电,换向阀6回右位,泵1又向液压缸7及蓄能器4供油。此回路可实现循环保压。保压时间的长短取决于蓄能器容量。调节压力继电器的工作区间即可调节缸中压力的最大值和最小值,溢流阀3的调定压力应大于压力继电器5的调定压力。

(2)自动补油的保压回路

采用液控单向阀和电接触式压力表可实现自动补油保压。

如图7.15所示的5为电接触式压力表,可实现压力信号与电信号的转换。当电磁换向阀3右位工作时,泵向液压缸6无杆腔供油,有杆腔回油,活塞下行,当活塞杆接触工件,压力上升至电接触式压力表5的上限值时,电接触式压力表5的压力指针拨动电接点,发信号使换向阀3电磁铁失电,换向阀3回到中位,液压泵卸荷,液压缸6由液控单向阀4保压。经过一段时间,当液压缸6上腔压力下降到电接触式压力表5预定的下限值时,电接触式压力表又发出信号使换向阀3右位工作,液压泵再次向系统供油,使压力上升。当压力达到上限值时,上触点又发出信号,使换向阀3电磁铁失电,换向阀3回到中位。因此,这一回路能自动地使液压缸补充压力油,使其压力能长时间保持在一定范围内。当电磁换向阀3左位工作时,活塞快速退回。

这种回路保压时间长,压力稳定性高。适用于保压性能较高的系统,如液压机等。

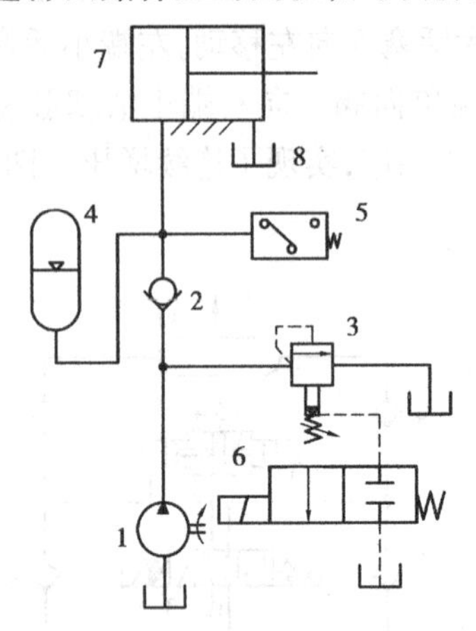

图7.14 蓄能器保压回路

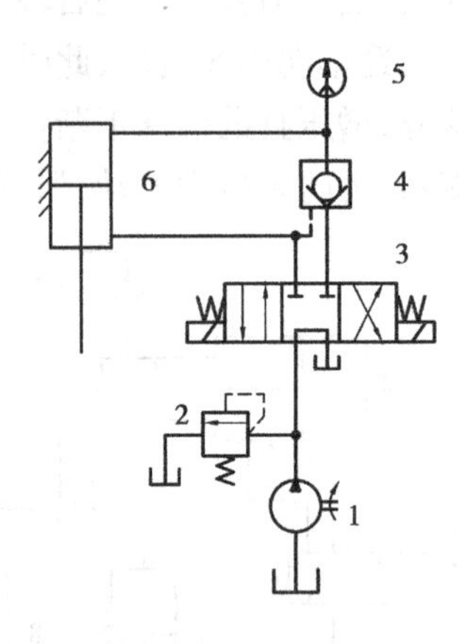

图7.15 自动补油的保压回路

7.2.5 卸荷回路

卸荷回路用于在执行元件短时间内停止工作时,在液压泵驱动电机不停的情况下,使液压泵在功率损耗接近于零的情况下运转,以节省功率消耗,减少液压系统的发热和泵的磨损,延长泵和电机的使用寿命。

液压泵的输出功率为其流量和压力的乘积,因而,两者任一近似为零,功率损耗即近似为零,称为卸荷。对于变量泵可以使泵的输出流量为零,实现流量卸荷;对于定量泵,如果泵的输出流量直接回油箱,可使输出压力接近为零,实现压力卸荷。

(1)用换向阀中位的卸荷回路

如图7.16所示,利用换向阀的中位机能使油泵供油直接回油箱,进行卸荷。三位换向阀可卸荷的中位机能有M型、H型、K型等。

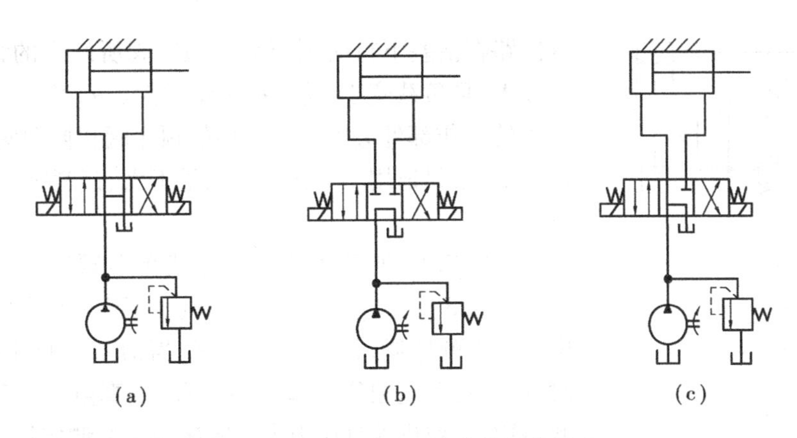

图7.16　用主换向阀中位的卸荷回路

图7.16 (a)是采用H型中位机能卸荷的回路(非保压卸荷);图7.16 (b)是采用M型中位机能卸荷的回路(保压卸荷);图7.16 (c)是采用K型中位机能卸荷的回路(非保压卸荷)。这种卸荷方式结构简单,液压泵在极低的压力下运转,但切换时压力冲击较大,只适用于低压小流量系统。

(2)用电磁换向阀的卸荷回路

如图7.17所示,在液压泵出口处并联一个二位二通电磁换向阀3。当系统正常工作时,换向阀3电磁铁断电,换向阀3处于左位,切断液压泵出口通向油箱的通道,泵输出油液进入系统;当工作部件停止运动时,换向阀3电磁铁通电,泵输出的油液经换向阀3右位直接回油箱,实现卸荷。在这种回路中,电磁换向阀的规格必须与液压泵的额定流量相适应,且受电磁铁吸力限制,不适用于大流量系统,通常仅用于$q_{泵} < 1.05 \times 10^{-3}\ m^3/s$的场合。

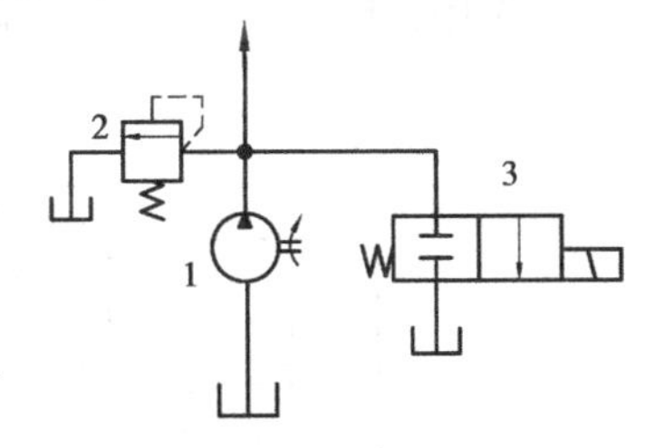

图7.17　用二位二通电磁换向阀的卸荷回路

(3)用先导型溢流阀的卸荷回路

如图7.14所示,将先导式溢流阀3的遥控口通过二位二通电磁换向阀6与油箱相通。当电磁铁通电时,溢流阀3的遥控口通油箱,溢流阀3主阀打开,液压泵1输出的油液全部经溢流阀3回油箱,液压泵1卸荷。这种回路的卸荷压力小,切换时冲击也小。二位二通换向阀只需通过控制油液,可采用小流量规格,这种卸荷方式要比直接用二位二通电磁换向阀的卸荷回路平稳(见图7.17),适用于大流量系统。实际产品中,将电磁换向阀与先导式溢流阀组合在一起,这种组合阀称为电磁溢流阀。

7.2.6　平衡回路

平衡回路的功用在于防止垂直(或倾斜)放置的液压缸和与之相联的工作部件因自重而自行下落或在下行运动中由于自重而造成失速的不稳定状态。

(1)采用顺序阀的平衡回路

如图7.18所示为采用内控式单向顺序阀(又称平衡阀)的平衡回路。当换向阀3切换至左位工作时,液压缸5的活塞下行,缸下腔的油液经平衡阀4中的顺序阀流回油箱,只要使顺序阀4的调定值大于活塞及其相联工作部件的重力在缸下腔产生的压力值,活塞就可以平稳下落。当换向阀处于中位时,液压缸活塞被平衡阀中的单向阀锁住而不会因自重而下降。这

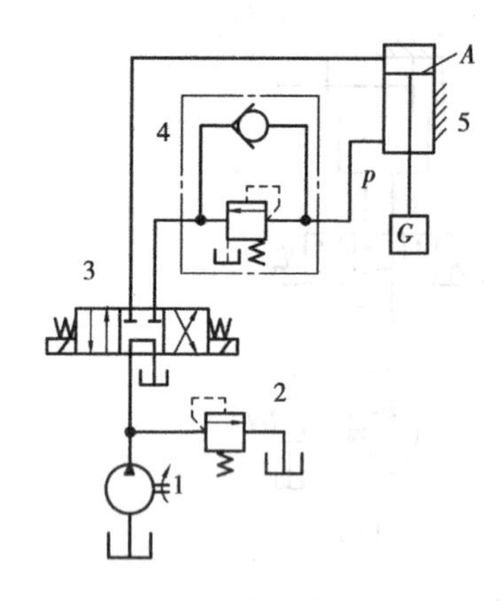

图 7.18　内控式单向顺序阀的平衡回路

种回路在活塞下行时因要克服顺序阀所产生的背压，功率损失较大，且负载变小，功率损失将增大。另锁紧时活塞和与之相联的工作部件会因滑阀结构的顺序阀和换向阀的泄漏而缓慢下落，故只适用于工作部件质量不大、锁紧定位要求不高的场合。

如图 7.19 所示为采用外控式单向顺序阀的平衡回路。当换向阀 3 处于左位，活塞下行时，控制压力油打开平衡阀 4 中的外控顺序阀，活塞平稳下落；当活塞因自重而加速下行时，液压缸 5 上腔压力骤降，甚至产生真空，顺序阀关闭。因此，只有上腔进油且压力大于顺序阀 4 的调定压力时，活塞才下行，比较安全可靠，但活塞下行时平稳性较差。当停止工作时，平衡阀 4 中的单向阀锁住油路，以防止活塞和工作部件因自重而下降。

(2)采用液控单向阀的平衡回路

如图 7.20 所示为采用液控单向阀的平衡回路。当换向阀 1 处于中位时，液控单向阀 2 处于关闭状态，活塞停止运动。当换向阀 1 处于左位时，控制油路打开液控单向阀 2，节流阀 4 起背压作用，活塞可以稳定地下降。

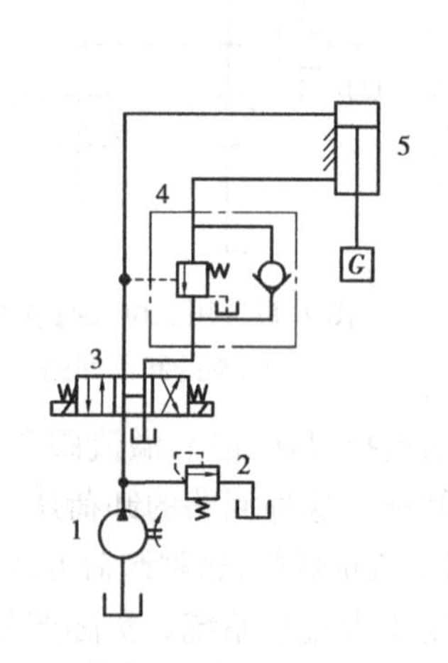

图 7.19　外控式单向顺序阀的平衡回路

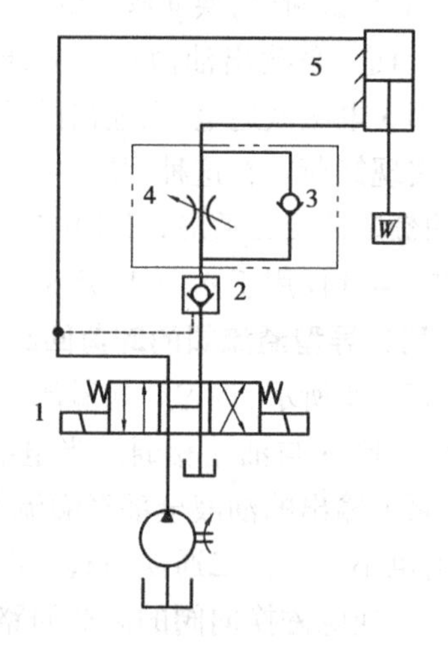

图 7.20　采用液控单向阀的平衡回路

7.3　速度控制回路

速度控制回路是利用流量控制元件对液压（气动）系统中执行元件的运动速度进行调节和变换，以满足负载所需速度的要求。速度控制回路包括调速回路、快速运动回路和速度换接回路。速度控制回路往往是液压（气动）系统中的核心部分，其工作性能的优劣对整个系统起着决定性的作用。

7.3.1　调速回路

调速回路用于调节执行元件的运动速度。液压系统常用调速回路可分为节流调速回路、容积调速回路和容积节流调速回路等。

(1)节流调速回路

节流调速回路是由定量泵供油,流量控制阀调节流入或流出执行元件的流量来实现调速。根据节流阀或调速阀在回路中的安装位置的不同,常用的节流调速回路可分为进油节流调速、回油节流调速和旁路节流调速3种基本形式。

1)进油节流调速回路

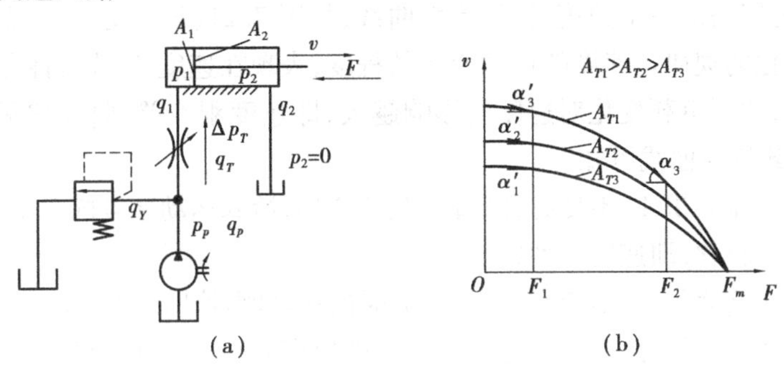

图7.21　进油节流调速回路

如图7.21(a)所示,节流阀安装在执行元件的进油路上,改变其通流截面积 A_T 的大小即可调节液压缸活塞的运动速度 v。定量泵的工作压力 p_p 由溢流阀调定并基本恒定。定量泵输出的流量 q_p 一部分经节流阀进入液压缸,多余的流量 q_y 通过溢流阀溢流回油箱。液压缸活塞的运动速度 v 取决于进入液压缸的流量 q_1 和液压缸活塞的有效作用面积 A_1,即

$$v = \frac{q_1}{A_1}$$

液压缸活塞克服外负载力 F 做等速运动时,活塞上的力平衡方程为

$$p_1A_1 - p_2A_2 = F \tag{7.1}$$

式中　A_1,A_2——液压缸活塞无杆腔、有杆腔的有效作用面积;

p_1,p_2——液压缸进油腔、回油腔的压力。

不计管路的压力损失,$p_2=0$,则

$$p_1 = \frac{F}{A_1} \tag{7.2}$$

设液压泵输出的油压为 p_p,流经换向阀及管路等的压力损失忽略不计,则节流阀前后压差为

$$\Delta p_T = p_p - p_1 = p_p - \frac{F}{A_1} \tag{7.3}$$

液压泵的供油压力 p_p 由溢流阀调定后基本不变,因此,节流阀前后压差 Δp_T 将随负载 F 的变化而变化。

根据节流阀的流量特性方程,通过节流阀的流量 q_1 为

$$q_1 = KA_T(\Delta p_T)^m = KA_T\left(p_p - \frac{F}{A_1}\right)^m \tag{7.4}$$

式中　A_T——节流阀阀口的通流面积；

K——流量系数；

m——节流阀孔口形状指数。

则活塞运动速度为

$$v = \frac{q_1}{A_1} = \frac{KA_T}{A_1}\left(p_p - \frac{F}{A_1}\right)^m \tag{7.5}$$

式(7.5)即为进油节流调速回路的速度负载特性方程。将式(7.5)按不同的 A_T 值作 v-F 坐标曲线图,可得回路的一组速度-负载特性曲线,如图7.21(b)所示。它描述了执行机构运动速度随负载变化的规律。速度随负载变化的程度,表现在速度-负载特性曲线上就是其斜率不同。曲线越陡,说明负载变化对速度的影响越大,即速度刚性差;曲线越平缓,刚性就越好。因此,从速度-负载特性曲线可知:

①在节流阀通流面积 A_T 不变时,随着负载的增加,活塞运动速度随之下降。因此,这种回路的速度负载特性较软,即速度刚性差。

②在节流阀通流面积 A_T 不变时,负载较大时的速度刚性比负载较小时的速度刚性差。

③在相同负载下工作时,节流阀通流面积大的速度刚性要比通流面积小的速度刚性差,即速度越高,速度刚性越差。

④如图7.21(b)所示,多条特性曲线汇交于横坐标上的一点,该点对应的 F 值即为进油节流调速回路的最大承载能力 $F_{max} = p_p A_1$。在液压泵供油压力 p_p 已调定的情况下,其承载能力不随节流阀通流面积 A_T 的变化而变化,故属恒推力或恒转矩调速。

进油节流调速的特点:由于进口有节流阀,流量输入平稳,无冲击,液压缸回油路压力较低,当采用单杆活塞液压缸且油液进入无杆腔中,活塞有效工作面积较大,可以得到较大的推力和较低的运动速度;由于回油路上没有背压,不能承受负值负载,当负载变化时,运动速度不够平稳;由于这种回路总存在溢流功率损失和节流功率损失,故回路的效率较低。

由上述分析可知,进油节流调速回路适用于轻载、低速、负载变化不大和对速度稳定性要求不高的小功率场合。

2)回油节流调速回路

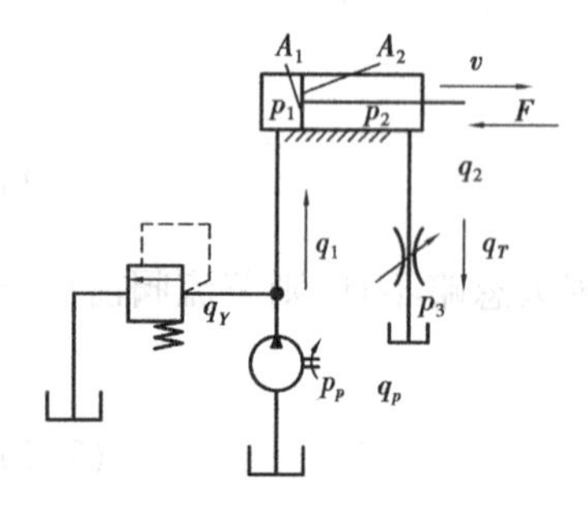

图7.22　回油路节流调速回路

如图7.22所示,节流阀安装在执行元件的回油路上,改变其通流截面积 A_T 的大小即可调节液压缸活塞的运动速度 v。定量泵的工作压力 p_p 由溢流阀调定并基本恒定,定量泵输出的流量 q_p 一部分进入液压缸,多余的流量 q_Y 通过溢流阀溢流回油箱。

液压缸活塞的运动速度 v 取决于流出液压缸的流量和液压缸活塞的有效作用面积 A_2,即 $v = \frac{q_2}{A_2}$。与进油路节流调速回路的推导过程相似,可导出缸的运动速度为

$$v = \frac{q_2}{A_2} = \frac{KA_T}{A_2}\left(p_p \frac{A_1}{A_2} - \frac{F}{A_2}\right)^m \tag{7.6}$$

式中　A_2——有杆腔活塞的有效作用面积；

q_2——通过节流阀的流量；

其他符号意义与式(7.5)同。

比较式(7.5)与式(7.6)可知，两者的形式和所含参数完全一样。这说明：进油、回油节流调速回路的速度-负载特性和速度刚性基本相同。若液压缸两腔有效作用面积相同(双活塞杆缸)，则两种节流调速回路的速度-负载特性和速度刚度就完全一样。因此，前面对进油节流调速回路的分析和结论也适用于回油节流调速回路。在相同条件下，其回路效率与进油节流调速回路也相同。但是，这两种调速回路仍有不同之处：

①回油节流调速回路的节流阀使液压缸的回油腔形成一定的背压，因而能承受负值负载，并提高了活塞的运动平稳性。

②进油节流调速回路容易实现压力控制。因当工作部件在行程终点碰到死挡铁后，缸的进油腔油压会上升到等于泵的输出压力，利用这个压力变化，可使并联于此处的压力继电器发出信号，对系统的下一步动作实现控制。而在回油节流调速时，进油腔压力没有变化，不易实现压力控制。

③若回路使用单活塞杆缸，无杆腔进油流量大于有杆腔回油流量。故在缸径、活塞的运动速度相同的情况下，进油节流调速回路的节流阀开口较大，低速时不易堵塞。因此，进油节流调速回路能获得更低的稳定速度。

④在回油节流调速回路中，长期停机以后，回油腔油液会缓慢流入油箱，当泵重新向液压缸供油时，由于进油路上没有节流阀控制流量，会使活塞前冲；而在进油节流调速回路中，活塞前冲很小，甚至没有前冲。

⑤发热和泄漏对进油节流调速的影响均大于回油节流调速。因为进油节流调速回路中，经节流阀发热后的油液直接进入执行元件；而在回油节流调速回路中，经节流阀发热后的油液直接流回油箱冷却。

为了提高回路的综合性能，一般常采用进油节流调速，并在回油路上加背压阀，使其兼具二者的优点。

3)旁路节流调速回路

如图7.23(a)所示，节流阀安装在旁通油路上，定量泵的供油量 q_p 是一定的，其中一部分流量 q_T 通过节流阀流回油箱，其余部分进入液压缸推动活塞工作。改变节流阀的过流面积就改变了进入油缸的流量 q_1，从而达到调节活塞运动速度的目的。若不考虑管道等压力损失，油泵的供油压力 p_p 等于进入油缸的工作压力 p_1，它的大小完全取决于负载而不恒定。此时，溢流已由节流阀承担，故溢流阀只在过载时才打开，起安全阀的作用。溢流阀的调节压力一般为液压缸克服最大负载所需工作压力的1.1～1.2倍。

按照前面同样的分析方法，可以导出这种回路的速度-负载特性方程为

$$v = \frac{q_1}{A_1} = \frac{q_p - q_T}{A_1} = \frac{q_p - KA_T\left(\frac{F}{A_1}\right)^m}{A_1} \tag{7.7}$$

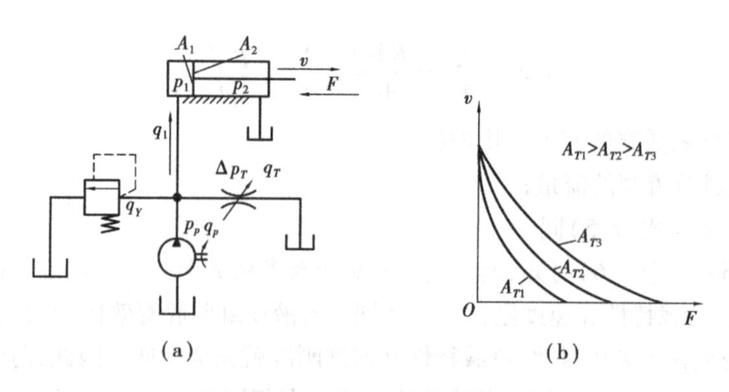

图 7.23 旁油路节流调速回路

按式(7.7)选取不同的 A_T 值可作一组速度-负载特性曲线,如图 7.23(b)所示。由曲线可知,当节流阀通流面积一定而负载增加时,速度下降较前两种回路更为严重,即特性很软,速度稳定性很差;在重载高速时,速度刚度较好,这与前两种节流调速回路恰好相反。其最大承载能力随节流口 A_T 的增加而减小,即旁路节流调速回路的低速承载能力很差,调速范围也小。

这种回路只有节流损失而无溢流损失;泵工作压力随负载变化,即节流损失和输入功率随负载而增减。因此,本回路比前两种回路效率高、发热量小。

由于旁路节流调速回路的速度-负载特性很软,低速承载能力差,故其应用比前两种回路少,只适用于高速、重载、对运动速度平稳性要求不高的大功率系统,如牛头刨床主运动系统、输送机械液压系统等。

4)采用调速阀的节流调速回路

采用普通节流阀的节流调速回路,节流阀两端的压差随负载的变化而变化,故速度平稳性都差。为了克服这个缺点,回路中的普通节流阀可改用调速阀。由于调速阀本身能在负载变化的条件下保证节流阀进、出口压差基本不变,故回路的速度-负载特性将得到改善,提高回路的速度稳定性,旁路节流调速回路的承载能力也不因活塞速度降低而减小。

在采用调速阀的调速回路中,虽然解决了速度稳定性问题,但由于调速阀中包含了减压阀和节流阀的压力损失,而且同样存在着溢流阀的功率损失,故采用调速阀的调速回路的功率损失比普通节流阀调速回路还要大些。

在机床的中、低压、小功率系统中,广泛使用调速阀的节流调速回路。

(2)容积调速回路

通过改变回路中变量泵(或变量马达)的排量来调节执行元件运动速度的方法称为容积调速。其主要优点是功率损失小(没有溢流损失和节流损失),且其工作压力随负载变化,因而效率高,系统温升小,适用于高速大功率系统。

容积调速回路根据油液的循环方式,可分为开式回路和闭式回路两种。在开式回路中,泵从油箱吸油后输入执行元件,执行元件的回油直接回油箱,因此,油液能得到较好冷却,但油箱尺寸体积大,空气和脏物易进入回路,影响正常工作。在闭式回路中,执行元件的回油直接与液压泵的吸油口相联,结构紧凑,只需很小的补油箱,空气和脏物不易进入回路,但油的冷却条件差,为了补充(回路中的)泄漏、并进行换油和冷却,需附设补油泵。补油泵的流量一般为主泵流量的 10% ~15%,压力为 0.3 ~0.5 MPa。

容积调速回路通常有 3 种基本形式:变量泵和液压缸(定量马达)组成的容积调速回路;

定量泵和变量马达组成的容积调速回路；变量泵和变量马达组成的容积调速回路。

1）变量泵-液压缸（定量马达）回路

如图7.24所示为变量泵-液压缸组成的开式容积调速回路，改变变量泵1的排量可实现对液压缸的无级调速。正常工作时，溢流阀2关闭，作安全阀用，单向阀3用来防止停机时油液倒流入液压泵及空气进入系统。为了使运动平稳，回油路上增加了背压阀6。

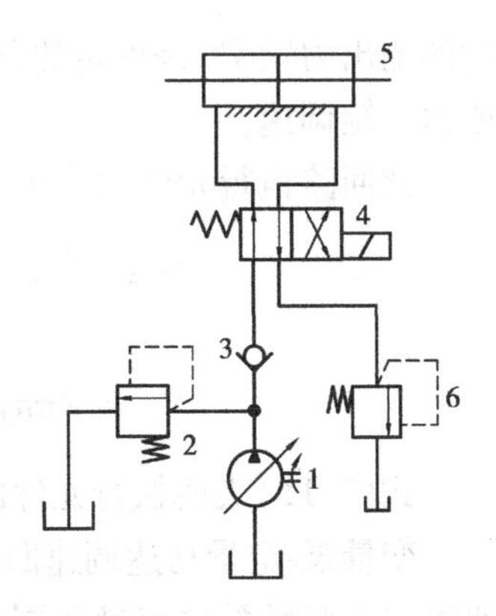

图7.24　变量泵-液压缸容积调速回路图

如图7.25（a）所示为变量泵-定量马达组成的闭式容积调速回路，通过改变变量泵3的排量来调节液压马达5的转速。此回路为闭式回路，为了补充回路的泄漏和降低温升，保证系统正常工作，用辅助泵1向变量泵的吸油口补油，补油压力由低压溢流阀6调节。溢流阀4作安全阀用，以防止系统过载。

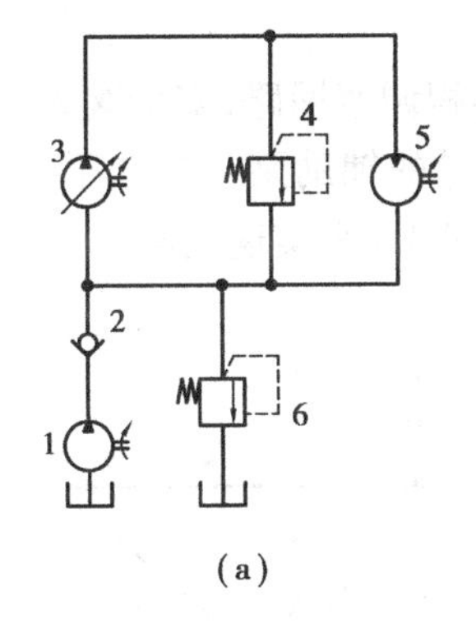

（a）

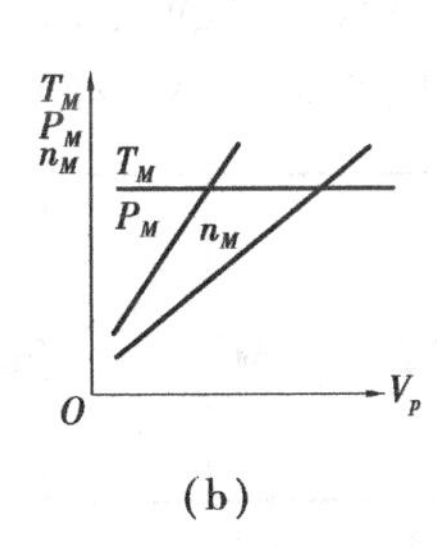

（b）

图7.25　变量泵-定量马达容积调速回路

在上述回路中，泵的输出流量全部进入液压缸（或液压马达），在不考虑泄漏影响时，液压缸活塞的运动速度v为

$$v = \frac{q_p}{A_1} = \frac{V_p n_p}{A_1} \tag{7.8}$$

液压马达的转速n_M为

$$n_M = \frac{q_p}{V_M} = \frac{V_p n_p}{V_M} \tag{7.9}$$

式中　q_p——变量泵的输出流量；

V_p, V_M——变量泵和液压马达的排量；

n_p, n_M——变量泵和液压马达的转速；

A_1——液压缸的有效作用面积。

这种调速回路执行元件输出的推力或力矩分别为

$$\left.\begin{aligned} F &= (p_p - p_0)A_1 \\ T_M &= (p_p - p_0)V_M \end{aligned}\right\} \tag{7.10}$$

由式（7.10）可知，当泵的输出压力p_p和吸油（回油）压力p_0不变时，缸的输出推力F或马

达的输出力矩 T_M 是恒定的，而与变量泵的调节参数 V_p 无关。因此，这种调速回路称为恒推力或恒力矩调速。

此回路执行元件的输出功率为

$$\left.\begin{aligned} P &= Fv = (p_p - p_0)A_1\frac{q_p}{A_1} = (p_p - p_0)V_p n_p \\ P_M &= 2\pi n_M T_M = 2\pi\frac{q_M}{V_M}\frac{(p_p - p_0)}{2\pi}V_M = (p_p - p_0)V_p n_p \eta_m \end{aligned}\right\} \tag{7.11}$$

式(7.11)表明执行元件的输出功率随变量泵的排量 V_p 增减而线性地增减。

变量泵-定量马达调速回路的调速特性曲线如图7.25(b)所示。这种回路的调速范围，主要决定于变量泵的变量范围，其次是受回路的泄漏和负载的影响。当采用变量叶片泵时为10，若采用高质量的轴向变量柱塞泵可达40。这种回路的调速范围较大，效率较高，但低速稳定性较差，适用于要求恒推力(或恒力矩)调速的大功率液压系统，如大型机床的主运动或进给系统中。

2)定量泵-变量马达回路

如图7.26(a)所示为定量泵-变量马达闭式容积调速回路，安全阀3可防止系统过载。其调定压力应高于最大负载所需的工作压力。小流量的辅助泵4向低压油路补油，其压力由低压溢流阀6调定。此回路是由调节变量马达的排量 V_M 来实现调速。

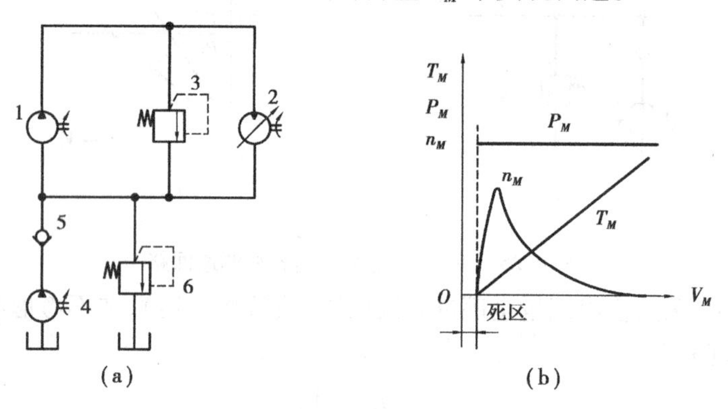

图7.26 定量泵-变量马达的容积调速回路

由式(7.9)可知，当输入流量一定时，马达的转速 n_M 与其排量 V_M 成反比，即当排量 V_M 最小时，马达的转速最高。式(7.10)表明，马达的转矩 T_M 与排量 V_M 成正比变化，当 V_M 减小到一定程度，T_M 不足以克服负载时，马达便停止转动。其调速范围也很小，一般为3～4。式(7.11)表明，马达输出的功率 P_M 与排量 V_M 无关，当进油路压力 p_p 和回油路压力 p_0 不变时，功率 P_M 是恒定的，故称这种回路为恒功率调速回路，其调速特性曲线如图7.26(b)所示。此回路能适应机床主运动所要求的恒功率调速的特点，但调速范围小，若用液压马达来换向，反向易出故障。因此，这种调速回路目前较少单独使用。

3)变量泵-变量马达回路

如图7.27(a)所示，它是由双向变量泵4和双向变量马达11以及其他元件组成的闭式调速回路。调节变量泵的排量 V_p 或调节变量马达的排量 V_M 都可以改变马达的输出转速 n_M。补油泵1通过单向阀3,5(或单向阀6)向回路补油，其补油压力由溢流阀2调节。安全阀8可通过单向阀7和9调定马达正、反转时所需的过载保护压力。当进油压力和回油压力差 $p_p - p_0$ 大于一定值时,液动换向阀10处于上位(或下位),使回油路接通溢流阀12,部分发热油液经换向阀10和背压阀12流回油箱。因此,背压阀12的调定压力应稍低于溢流阀2的调定压力。

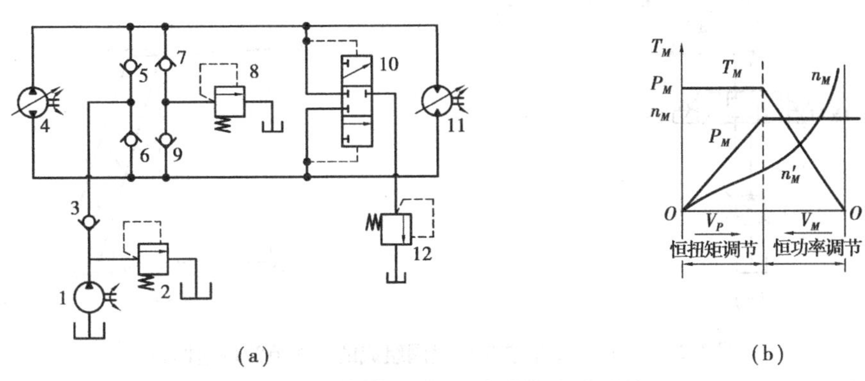

图7.27　变量泵-变量马达容积调速回路

这种调速回路实质上是上述两种调速回路的组合,具有二者的优点,其调速特性如图7.27(b)所示。此调速回路马达输出的转速 n_M、力矩 T_M 和功率 P_M 也可以分别用式(7.9)、式(7.10)和式(7.11)表示。

为合理地利用变量泵和变量马达调速中各自的优点,克服其缺点。在实际应用时,一般采用分段调速的方法,调速可分为恒力矩调节和恒功率调节两个阶段。

①恒力矩调速阶段。将马达的排量 V_M 调至最大并保持不变,然后将变量泵的排量 V_p 由最小值逐渐调至最大值,则马达转速 n_M 相应地从最小值逐渐升高。在此过程中,输出功率 P_M 随 V_p 的增加而线性增加,而马达输出扭矩是不变的。这一段相当于变量泵和定量马达的调速回路,属恒力矩调速(见图7.27(b)中的左半部分)。

②恒功率调速阶段。将泵的排量 V_p 保持在最大值,然后将马达排量从最大值逐渐调至最小值,马达转速 n_M 进一步升高至最高转速。在此过程中,马达输出的力矩逐渐减小,而输出功率保持恒定。这一段相当于定量泵和变量马达的调速回路,属恒功率调速(见图7.27(b)中的右半部分)。这种调节顺序可满足大多数机械中,低速运转时保持较大转矩,高速时能输出较大功率的要求。

这种容积调速回路的调速范围是变量泵调节范围和变量马达调节范围之乘积,因此其调速范围大(可达100),并且有较高的效率,它适用于大功率的场合,如矿山机械、起重机械以及大型机床的主运动液压系统。

(3)容积节流调速回路

容积节流调速回路的工作原理是采用压力补偿型变量泵供油,用节流阀(或调速阀)调节进入液压缸的流量来改变活塞的运动速度,并使变量泵的输出流量自动地与液压缸所需的流量相适应。这种回路既有容积调速回路无溢流损失、效率较高的优点,又有调速阀节流调速回路速度稳定性好、调节方便的优点。

常用的容积节流调速回路有限压式变量泵与调速阀组成的容积节流调速回路;差压式变量泵与节流阀等组成的容积节流调速回路。

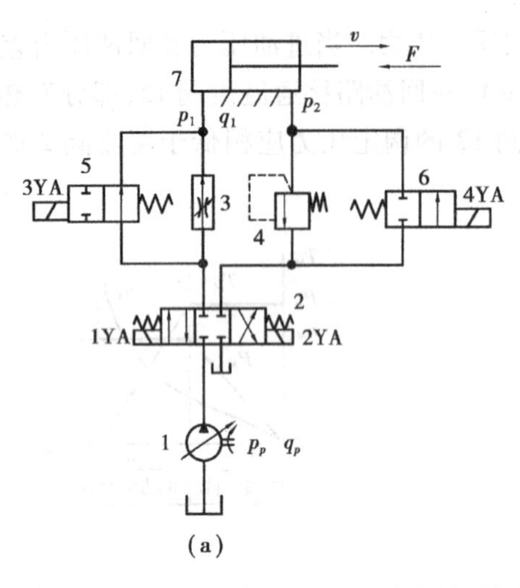

(a)

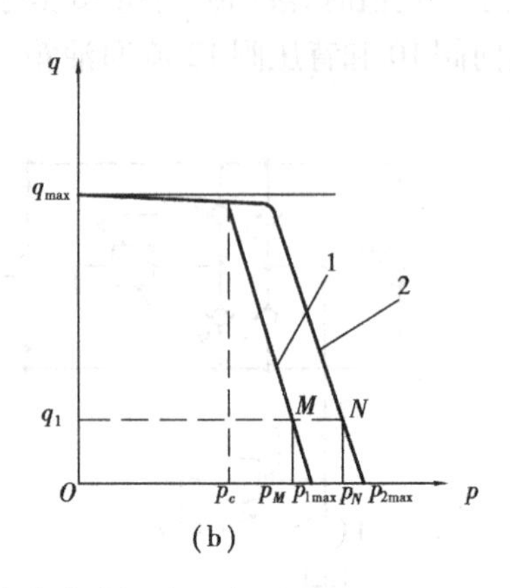

(b)

图 7.28　限压式变量泵与调速阀组成的容积节流调速回路

1)限压式变量泵与调速阀组成的容积节流调速回路

如图 7.28(a)所示,当1YA,4YA 通电时,泵输出的流量 q_p 经换向阀5右位进入液压缸7的左腔,右腔回油经换向阀6右位回油箱,使活塞快速向右运动。当1YA,3YA 通电时,泵1的流量 q_p 通过调速阀3进入缸7的左腔,此时活塞的运动速度 v 由调速阀的通流面积 A_T 控制,其回油经背压阀4流回油箱。限压式变量叶片泵输出的流量 q_p 将和调速阀所控制的进入缸的流量 q_1 自动相适应,即当 $q_p>q_1$ 时,泵的工作压力 p_p 便上升,使泵的流量自动减小到 $q_p\approx q_1$;反之,当 $q_p<q_1$ 时,泵的压力 p_p 便下降,使泵的流量自动增加到 $q_p\approx q_1$。当2YA 和4YA 通电时,泵输出的流量 q_p 进入液压缸7的有杆腔,使活塞快速退回。由于回路没有溢流损失,故效率较高。

限压式变量叶片泵和调速阀组成的容积节流调速回路的调速特性如图 7.28(b)所示。当泵的出口压力小于拐点压力 p_c 时,泵的流量接近于理论流量 q_{max},仅有一部分内泄漏损失,适用于快速行程。当泵的出口压力大于 p_c 时,泵的流量随压力升高而下降,压力达到 p_{max} 时,泵的输出流量为零,适用于工作行程。曲线1上的 M 点为调速阀流量为 q_1 时与变量泵工作曲线相匹配的工作点。此时,泵的工作压力为 p_M。当负载变化引起压力发生变化时,调速阀自动补偿,保持节流阀口的压差不变,从而保持 q_1 不变。此时,泵的工作压力为 p_N,如图 7.28 所示的曲线2,N 点为调速阀流量为 q_1 时与变量泵工作曲线相匹配的工作点。

在调节变量泵的压力调节螺钉时,应使其供油压力比液压缸的工作压力 p_1 大 0.5 MPa 左右,以补偿油液流经调速阀的压力损失,保证调速阀工作时所必需的最小压差。

这种调速回路的优点是泵的压力和流量能根据工况要求自动改变,减少了能量损失,降低了温升,运动平稳。但是这种回路不宜用于负载变化大且长时间在低负载下工作的场合。因为当负载减小时,使调速阀上的压力损失过大,回路效率降低。这种调速回路广泛应用于负载变化不大的中、小功率组合机床的进给系统中。

2)差压式变量泵与节流阀组成的容积节流调速回路

如图 7.29(a)所示的差压式变量泵与节流阀组成的容积节流调速回路。其工作原理与上述回路基本相似,当电磁换向阀4通电换向时,节流阀5控制进入液压缸的流量 q_1,并使泵的输出流量 q_p 自动和 q_1 相适应。当 $q_p>q_1$ 时,泵的工作压力 p_p 上升,控制活塞1,2的合力向右,推动变量泵定子右移,减小泵的偏心距,使泵输出流量下降到 $q_p \approx q_1$;反之,当 $q_p < q_1$ 时,泵的压力 p_p 下降,控制活塞1,2的合力推动定子左移,加大泵的偏心距,使泵输出流量增大到 $q_p \approx q_1$。图7.29(a)中阻尼孔6的作用是防止变量泵定子移动过快而发生振动,节流阀5的位置也可以安装在回油路上。

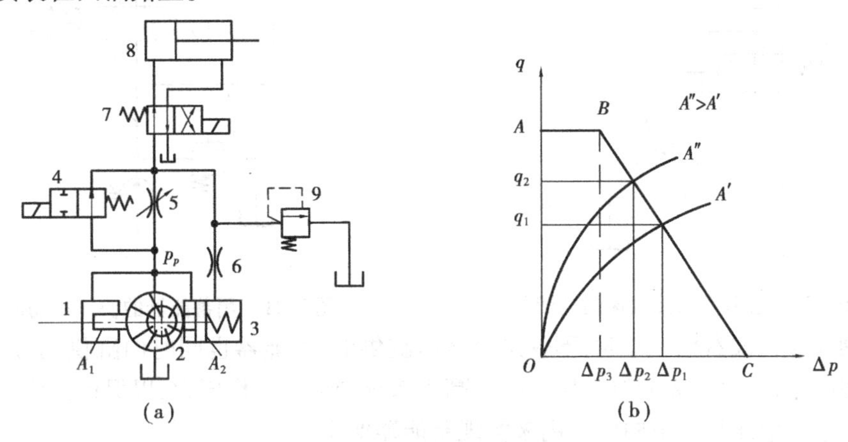

图7.29 差压式变量叶片泵和节流阀组成的容积节流调速回路

此回路的调速特性曲线如图7.29(b)所示。特性曲线的 BC 段表示变量泵的流量随节流阀压差的变化而变化:当节流阀通流截面积为 A'时,对应的压差为 Δp_1,流量为 q_1;当节流阀通流截面积为 A''时,对应的压差为 Δp_2,流量为 q_2。输入液压缸的流量 q_1 基本上不受负载力 F 变化的影响,因为节流阀的压差 $\Delta p = p_p - p_1$ 由作用在稳流式变量叶片泵控制柱塞上的弹簧力来确定,这与调速阀的原理相似。因此,这种调速回路的速度刚性、运动平稳性、承载能力及调速范围等都与采用限压式变量叶片泵和调速阀的调速回路类似,且低速稳定性更好。它适用于负载变化大,速度较低的中、小功率液压系统。

7.3.2 快速运动回路

快速运动回路又称增速回路,其功用是加快执行元件的空载运行速度,缩短辅助时间,以提高系统的工作效率。常用的方法有以下4种:

(1)液压缸差动联接快速运动回路

如图7.30所示的回路是利用二位三通电磁换向阀4实现液压缸差动联接的回路。在这种回路中,若换向阀3处于左位而换向阀4也处于左位(即图示位置)时,液压缸呈差动联接,泵输出的油液和液压缸有杆腔返回的油液合流,一起进入液压缸的无杆腔,实现活塞快速运动。当电磁换向阀4通电,处于右位时,差动联接被切断,液压缸有杆腔回油到油箱,实现慢速工进。换向阀3,4右位接入时,液压缸活塞快退。

采用差动联接的快速运动回路结构简单、经济,应用较多。但液压缸的速度增加有限,当活塞两端有效面积为2∶1时,差动联接快进速度只比非差动联接的最大速度快1倍,有时不能满足主机快速运动的要求,因此常要和其他方法联合使用。

(2)用蓄能器的快速运动回路

如图7.31所示,当换向阀5处于中位时,泵1经单向阀3向蓄能器4充液,蓄能器储存能量。当蓄能器充液压力达到外液控顺序阀2的调定压力时,控制压力油 K 打开顺序阀2,使泵

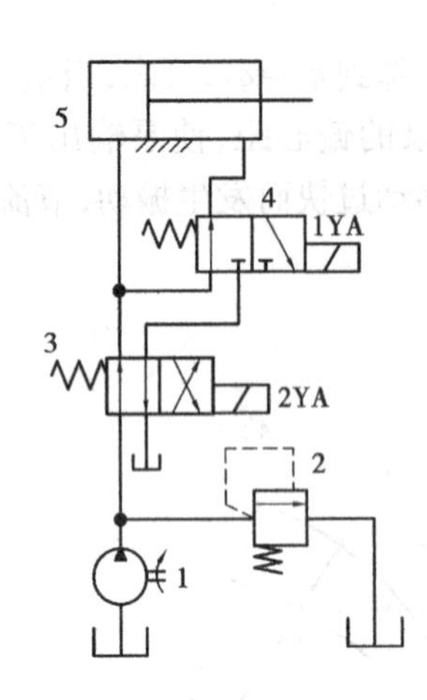

图 7.30　液压缸差动联接快速运动回路

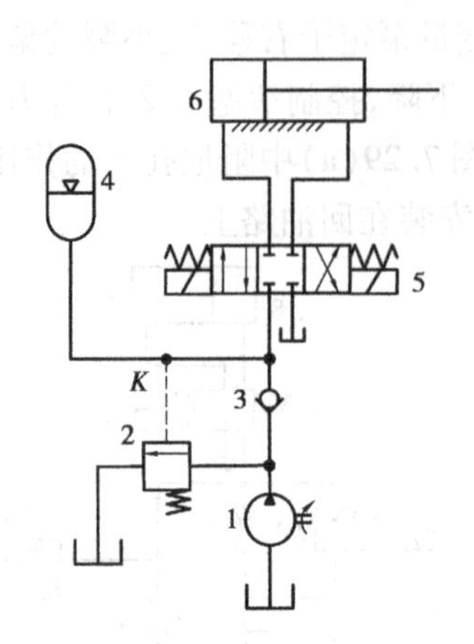

图 7.31　用蓄能器的快速运动回路

卸荷。当阀 5 左位或右位工作时，不仅泵向液压缸供油，蓄能器也同时向缸供油，从而实现快速运动。回路中，顺序阀 2 的调整压力必须高于系统的最高工作压力，以保证工作行程期间泵的流量全部进入液压缸。单向阀 3 用来实现蓄能器保压。

这种回路适用于短时间内需要大流量的系统，并能以小流量泵获得很高的工作速度。但实现快速运动的行程较短，而且不能连续工作，必须有足够时间让蓄能器充液。

(3) 双泵供油快速运动回路

如图 7.32 所示，当换向阀 7，9 的电磁铁 1YA，3YA 通电，顺序阀 3 关闭时，低压大流量泵 1 和高压小流量泵 2 并联向系统供油，液压缸体向左快速运动；在工进阶段，负载力增大，系统压力随之升高，当压力达到顺序阀 3 的调定值后，主油路上的控制压力油 K 打开顺序阀 3，低压大流量泵 1 卸荷，系统仅由高压小流量泵 2 单独供油，缸慢速进给运动，同时 3YA 失电，有杆腔回油经节流阀 8 流回油箱，形成背压使工作进给速度平稳。溢流阀 6 的压力根据工作进给最高压力调定。顺序阀 3 的调定压力应高于快速行程时的工作压力，低于溢流阀 6 的调定压力。

这种双泵供油回路的优点是功率损耗少，系统效率高，因而应用较为普遍。在实际应用时，常常选择一个由大流量泵和小流量泵并联成一体的双联泵供油，这样可使液压站结构简单而紧凑。

(4) 用增速缸的快速运动回路

如图 7.33 所示，增速缸是由柱塞缸和活塞缸组成的复合液压缸。柱塞 8 固定在缸体 7 上。当电磁铁 1YA 通电，换向阀 4 切换至左位工作时，压力油首先经柱塞上通道进入增速缸的 Ⅰ 腔，由于 Ⅰ 腔的有效工作面积小，因此活塞 9 快速向右运动，Ⅱ 腔经换向阀 5 左位从油箱补油。当活塞快速运动到预先调定位置后，碰到行程开关，使 3YA 通电，换向阀 5 右位工作，压力油同时进入 Ⅰ 腔和 Ⅱ 腔，由于活塞的有效作用面积增大，活塞变为慢速运动。此时，液压缸推力增大，正好满足工作行程需要。当 1YA，3YA 失电，2YA 通电时，换向阀 4 切换至右位工作，换向阀 5 左位工作，压力油进入 Ⅲ 腔，活塞 9 快速缩回。Ⅰ 腔的油液经换向阀 4 右位流回油箱，Ⅱ 腔的油液经换向阀 5 左位流回油箱。

这种回路可在不增加泵流量的情况下获得较快的速度，使功率利用比较合理。其缺点是结构比较复杂，液压缸需特制。它常用于空行程速度要求较快的卧式液压机上。

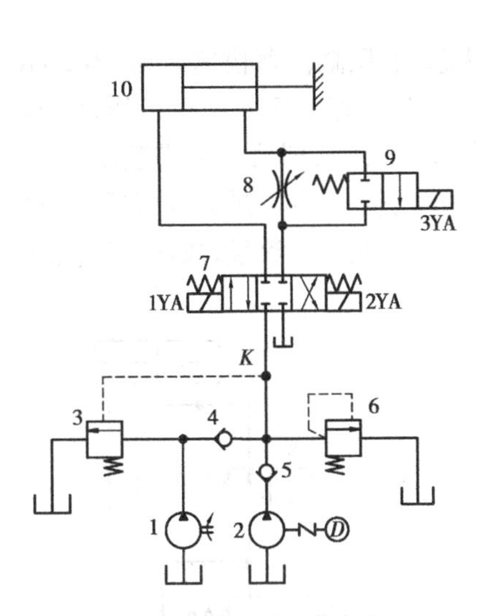

图7.32　双泵供油快速运动回路

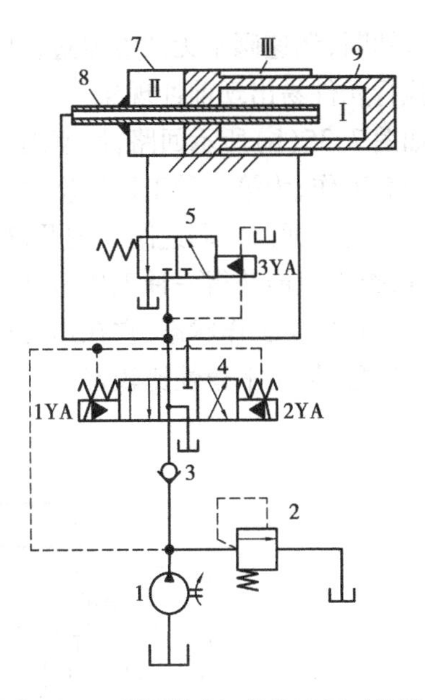

图7.33　采用增速缸的快速运动回路

7.3.3　速度换接回路

速度换接回路的功用是使液压执行元件在一个工作循环中,从一种速度变换成另一种运动速度。

(1)快速与慢速的速度换接回路

如图7.34所示的速度换接回路采用行程阀实现快速与慢速的转换。图示状态,泵输出油液进入液压缸3无杆腔,液压缸3有杆腔的油液经行程阀4下位直接流回油箱,活塞杆快速向右运动。当活塞杆上挡块压下行程阀4,有杆腔的油液必须通过节流阀6回油箱,这时活塞转换为慢速运动。当换向阀2右位接通时,泵的流量经单向阀5进入液压缸的有杆腔,无杆腔回油,使活塞快速向左返回。

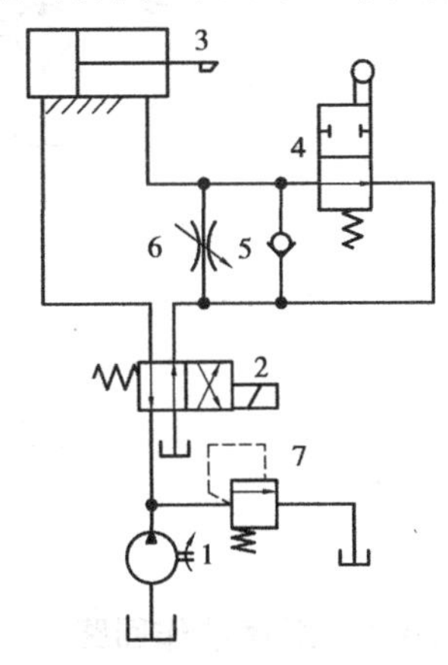

图7.34　用行程阀的快慢速换接回路

在这种速度换接回路中,因为行程阀的通油路是由液压缸活塞杆的行程控制阀芯移动而逐渐关闭的,故换接时的位置精度高,冲出量小,运动速度的变换也比较平稳。它的缺点是行程阀安装位置不能任意布置。这种回路中的行程阀如果改用电磁阀,通过挡块压下电气行程开关来控制电磁换向阀换向,同样可以实现上述的快慢速自动换接。用电磁换向阀换接,安装位置可以灵活布置,但其换接过程平稳性较差,换接冲击较大。

(2)两种不同慢速的换接回路

如图7.35(a)所示回路,调速阀5,6并联,由电磁换向阀7实现两种工作速度的切换。图示状态,电磁换向阀7的左位工作,调速阀5工作,实现第一种工进速度。当第一种工进速度完毕,电磁换向阀7的2YA得电,右位工作,调速阀6工作,实现第二种工进速度。这种调速回路的特点是两种工进速度可任意调节,互不影响。但一个调速阀工作时,另一个调速阀出口油路被切断,调速阀中无油液流过,其减压阀的减压口开到最大,速度换接时,大量油液通过该处使执行元件易出现前冲现象。

如图7.35(b)所示回路,调速阀5,6串联,图示状态,液压缸活塞快速运动;当2YA得电,调速阀5工作,为第一种工进速度;当2YA,3YA都得电时,调速阀5,6同时工作,为第二种工进速度。这种回路中调速阀6的开口必须小于调速阀5的开口,即第一工进速度大于第二工进速度,否则只能获得一种工作速度。这种调速回路的特点除两种工进速度可任意调节外,调速阀5一直处于工作状态,它在速度换接时限制着进入调速阀6的流量,故速度切换时不会产生前冲现象,换接平稳性比较好。

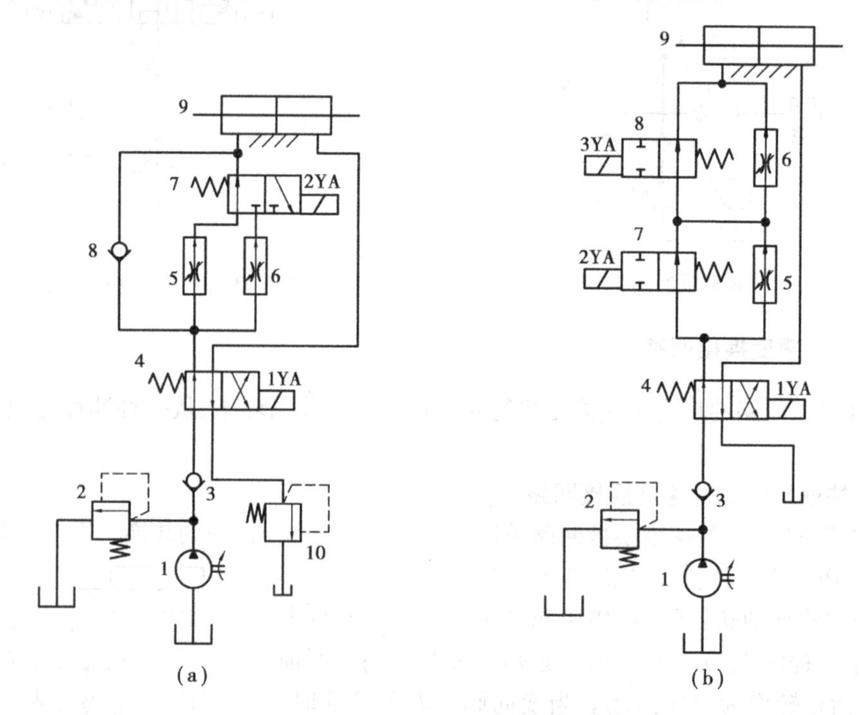

图7.35 用两个调速阀的速度换接回路

7.4 多执行元件控制回路

7.4.1 顺序动作回路

在多执行元件系统中,往往需要按照一定的要求顺序动作。例如,自动车床中刀架的纵横向运动、夹紧机构的定位和夹紧等。顺序动作回路按其控制方式不同,可分为行程控制、压力控制和时间控制3类。

(1)行程控制顺序动作回路

行程控制顺序动作回路是利用工作部件到达某一位置时,发出信号来控制其他执行元件的先后动作顺序。它可以利用行程阀、行程开关或顺序阀来实现。

如图7.36所示,当电磁铁1YA得电时,换向阀3左位接入系统中,液压缸5的活塞向右运动,实现动作①;当活塞杆运动至挡块压下行程阀4后,液压缸6的活塞向右运动,实现动作②。当电磁铁1YA失电时,换向阀3切换到右位(图示位置)时,液压缸5的活塞首先返回,实现动作③;随着挡块后移,行程阀4复位,缸6活塞向左返回,实现动作④,从而完成一个工作循环。

如图7.37所示,利用电气行程开关来实现顺序动作回路。当1YA得电时,液压缸5活塞向右运动;当活塞杆挡块触动行程开关2XK时,2XK发信号使2YA得电,液压缸6活塞向右运动;当活塞杆挡块触动行程开关3XK,3XK发信号使1YA失电,液压缸5活塞向左退回;当活塞杆挡块触动行程开关1XK时,1XK发信号使2YA失电,液压缸6活塞再向左退回,从而实现①、②、③、④顺序动作。这种回路调整行程大小和改变动作顺序均方便,且可利用电气互锁使动作顺序可靠。

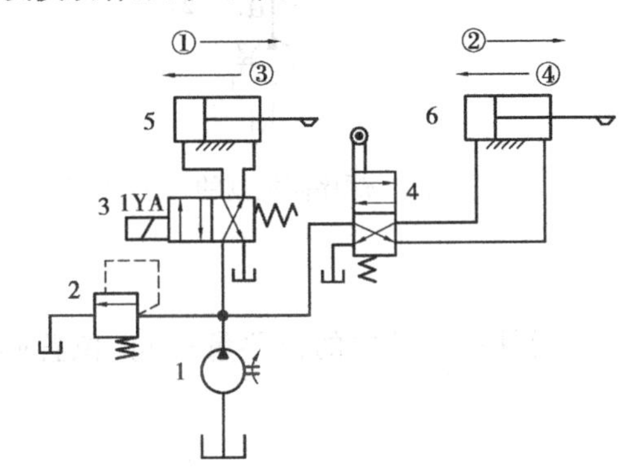

图7.36　用行程阀控制的顺序动作回路

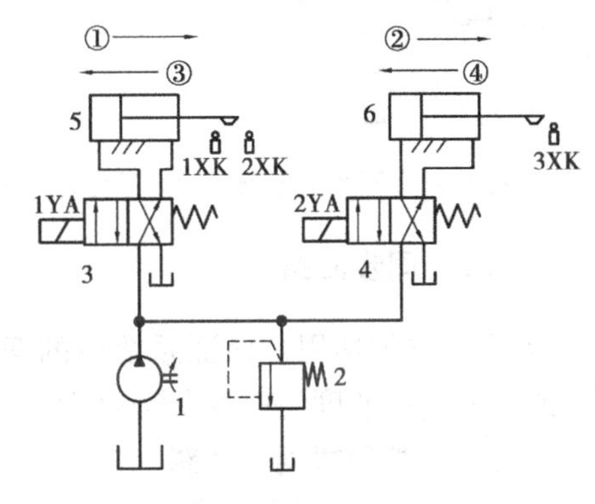

图7.37　用行程开关控制的顺序动作回路

(2)压力控制顺序动作回路

利用油路本身的压力变化来控制液压缸的先后动作顺序,它主要利用压力继电器和顺序阀来实现顺序动作。

如图7.38所示为用压力继电器控制的顺序动作回路。当1YA得电时,电磁换向阀3处于左位,液压缸5活塞向右运动,到达终点后进油路压力升高,当达到压力继电器1YJ调定值,1YJ发信号使3YA得电,液压缸6活塞向右运动到终点,此时3YA失电、4YA得电,液压缸6活塞向左运动,到达终点后压力升高,达到压力继电器2YJ调定值时,2YJ发信号使1YA失电、2YA得电,液压缸5活塞向左运动。为了防止误动作,压力继电器的调整压力应比先动作的液压缸的最高工作压力高0.5 MPa左右。

如图7.39所示为用顺序阀控制的顺序动作回路。其中,单向顺序阀4控制两液压缸活塞杆伸出时的先后顺序,单向顺序阀3控制两液压缸活塞杆缩回时的先后顺序。当电磁换向阀1YA得电时,压力油进入液压缸1的无杆腔,有杆腔油液经单向顺序阀3中的单向阀回油,此时由于压力较低,顺序阀4关闭,缸1的活塞先动,实现动作①。当液压缸1的活塞运动至终点时,油液压力升高达到顺序阀4的调定压力时,顺序阀4开启,压力油进入液压缸2的无杆腔,有杆腔直接回油,缸2的活塞向右移动,实现动作②。当液压缸2的活塞右行到终点后,电磁换向阀1YA失电、2YA得电,换向阀5处于右位,此时压力油进入液压缸2的有杆腔,无杆腔油液经单向阀回油,缸2的活塞向左返回,实现动作③。当缸2的活塞运动至终点时,油液压力升高打开顺序阀3,从而使液压缸1的活塞返回,实现动作④。

这种顺序动作回路的可靠性在很大程度上取决于顺序阀的性能及其压力调整值。顺序阀的调整压力应比先动作的液压缸的工作压力高 0.8 ~1 MPa，以免在系统压力波动时，发生误动作。

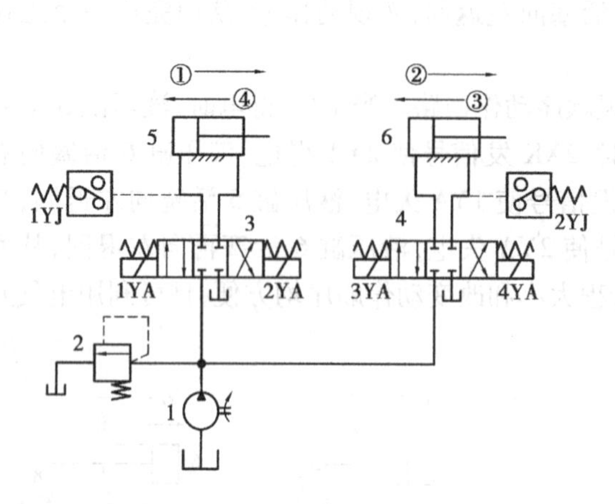

图 7.38　压力继电器控制的顺序动作回路

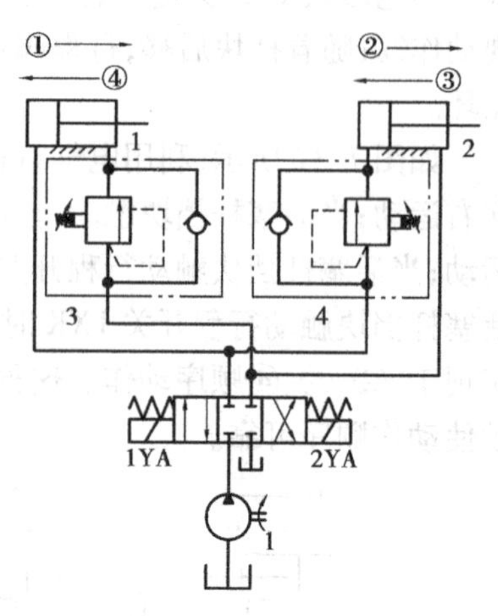

图 7.39　顺序阀控制的顺序动作回路

7.4.2　同步回路

同步回路的功用是保证系统中的两个或多个执行元件在运动中的位移量相同（位置同步）或以相同的速度（速度同步）运动。

(1)容积控制式同步回路

1)同步马达的同步回路

如图 7.40 所示为用两个同轴等排量液压马达作配流元件，输出相同流量的油液来实现两液压缸双向同步运动。由单向阀 8,9,10,11 和溢流阀 12 组成交叉补油回路，可在行程端点消除同步误差。图示位置，压力油经换向阀 3 进入液压缸 6,7 上腔，缸 6,7 活塞同步下行，下腔回油经等量马达流回油箱。若缸 6 的活塞先到达行程终点，缸 7 活塞继续运动，下腔排出的油液推动液压马达 5 并带动液压马达 4 同步回转，马达 4 通过单向阀 10 从油箱吸油，直至缸 7 活塞运动到行程终点为止。此时是控制等排量回油。当 1YA 得电时，压力油经换向阀 3 右位供给液压马达 4,5 使之同步回转，由马达 4,5 排出的等量油液分别推动缸 6,7 活塞同步上行，此时是控制等排量进油。若缸 7 活塞先到达行程终点，马达 5 排出的油液经单向阀 9、安全阀 12 回油箱，马达 4 排出的油液继续推动缸 6 活塞运动到终点。安全阀 2 的调定压力应比克服负载所需最高工作压力高 0.3 ~0.5 MPa。

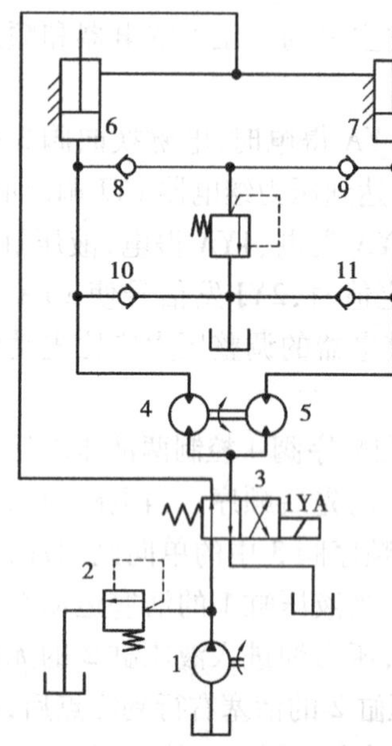

图 7.40　同步马达的同步回路

这种回路的同步精度取决于马达的排量误差、容积效率及两缸负载之差。采用柱塞式液压马达时，同步精度为 1.5% ~5%，用叶片式、齿轮式液压马达时，同步精度为 2% ~10%。这种同步回路适用于重载、大功率系统。

2）同步缸的同步回路

如图7.41所示，同步缸3由两个尺寸相同的双杆缸联接而成。当同步缸的活塞左移时，a腔与b腔中的油液使液压缸1,2同步上升。若缸1的活塞先到达终点，则a腔的余油经单向阀4和溢流阀5回油箱，b腔的油继续进入缸2下腔，使之到达终点。同理，若缸2的活塞先到达终点，也可使缸1的活塞相继达到终点。这种回路同步精度主要取决于同步缸、工作缸的制造精度和泄漏。

3）串联液压缸的同步回路

如图7.42所示，1YA得电，换向阀3处于左位，油液进入液压缸Ⅰ上腔，其下腔回油进入液压缸Ⅱ上腔，液压缸Ⅱ下腔回油至油箱，两缸活塞同步下行；当2YA得电，压力油进入液压缸Ⅱ下腔，其上腔回油进入液压缸Ⅰ下腔，缸Ⅰ上腔回油至油箱，两缸活塞同步上行。联通两缸的油路可通过液控单向阀5、换向阀4进行补油或放油，以修正由于泄漏和损失引起的同步误差。若两缸下行时缸Ⅰ活塞先到达终点，其挡块压下行程开关1XK使3YA得电，压力油经换向阀4、单向阀5对缸Ⅱ上腔补油，使缸Ⅱ活塞加速下行至终点；反之，若缸Ⅱ活塞先到终点，其挡块压下行程开关2XK使4YA得电，缸Ⅰ下腔的压力油经换向阀4、单向阀5放油至油箱，使缸Ⅰ活塞也迅速下行至终点。

这种回路结构简单，不需要同步元件，其同步精度取决于缸的制造误差和密封性，速度同步误差为2%～3%。这种同步回路适用于负载较小的系统。

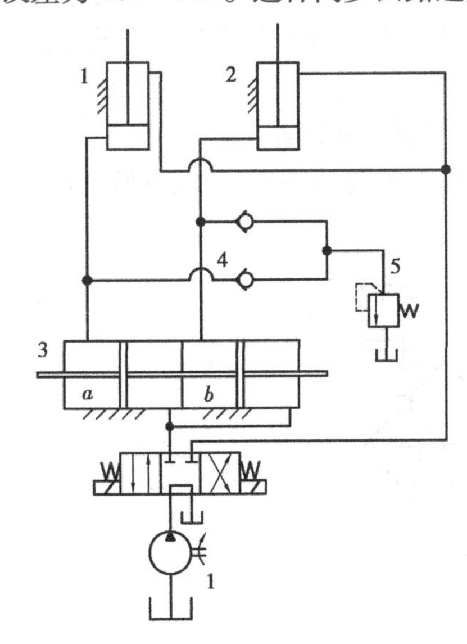

图7.41　同步缸的同步回路

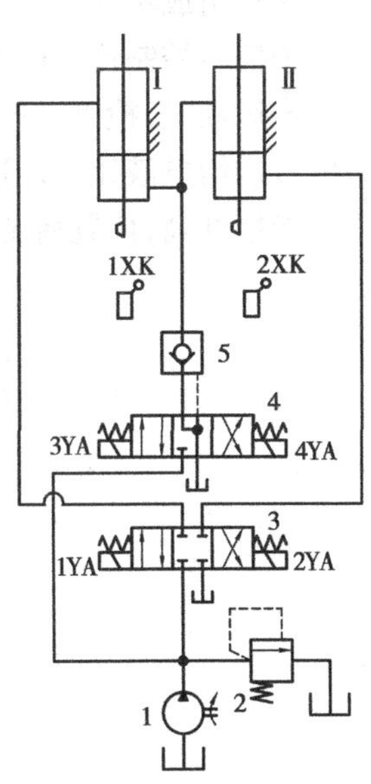

图7.42　串联液压缸的同步回路

（2）流量控制式同步回路

1）用调速阀控制的同步回路

如图7.43所示为用调速阀控制的同步回路。图示位置，压力油同时进入两缸无杆腔，活塞上升。根据两缸活塞有效面积的大小，分别调节回油路上的调速阀4和5的开度，可使两缸活塞速度同步。这种回路结构简单，成本低，可以调速，能实现多缸同步。由于受到油温变化以及调速阀性能差异等影响，同步精度较低，一般速度同步误差为5%～8%。这种同步回路仅适用于负载变化不大的小功率系统。

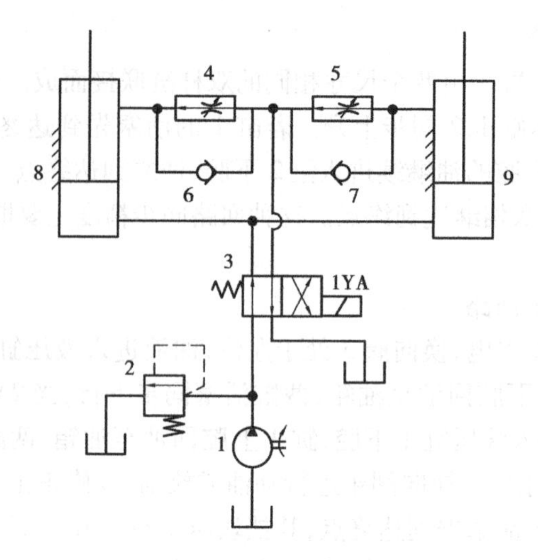

图 7.43　调速阀控制的同步回路

2）用电液比例调速阀的同步回路

如图 7.44 所示的同步回路，由于调速阀要求液流有固定的流向，因此，用调速阀 5 和电液比例调速阀 6 组成单向阀桥式整流油路，从而在两个方向可实现速度同步。比例调速阀 6 可以接受电子信号控制比例电磁铁动作，自动改变调速阀开口大小以调节流量。当液压缸 7，8 的活塞同步运动时，检测元件没有信号输出。当两缸活塞出现位置误差时，检测元件将放大后的偏差信号送给电液比例调速阀 6，自动调节节流口使缸 8 活塞始终跟随缸 7 活塞同步运动。本回路同步精度高，位置精度可达 0.5 mm，虽然精度没有伺服阀回路高，但成本低，抗污染能力强。

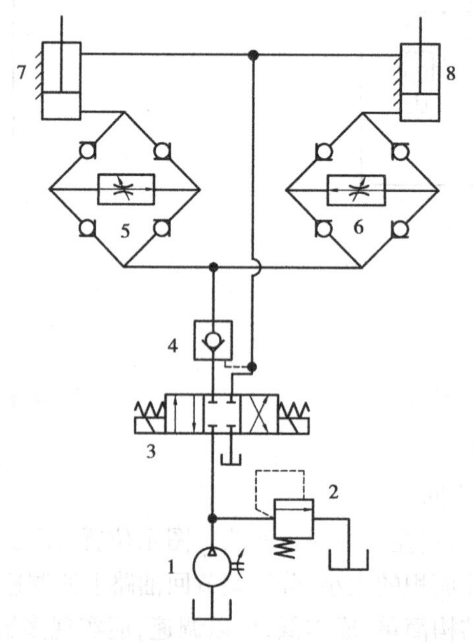

图 7.44　用比例调速阀的同步回路

3)用电液伺服阀的同步回路

如图7.45所示,泵1输出的压力油经单向阀3后分两路:一路经换向阀4的左位、调速阀6供给液压缸7无杆腔,有杆腔回油,活塞上行。另一路经过滤器12后,经伺服阀5进入液压缸8的无杆腔,缸8的活塞也上行。该回路以缸7活塞位移量为基准,使缸8活塞跟随其同步运动。工作时,位移传感器9,10不断检测两个活塞的位置误差,将偏差信号输入伺服放大器11,控制电液伺服阀5的开口,使缸8始终与缸7活塞同步运动。这种回路同步精度可达0.05~0.2 mm,但成本较高,抗污染能力差,因此,在伺服阀前安装了精密过滤器12。

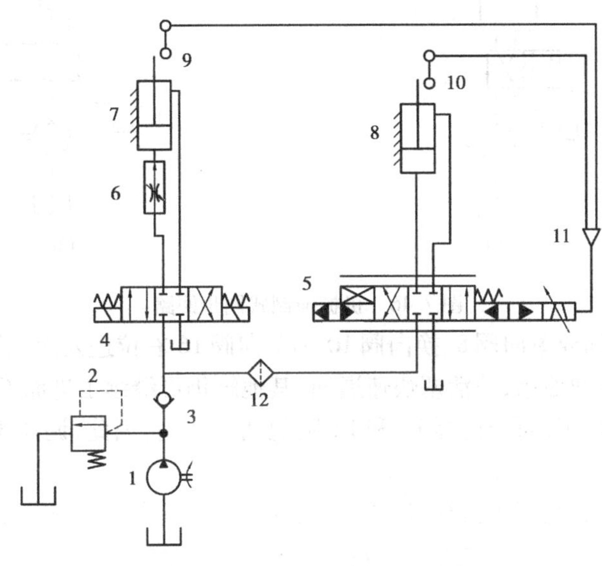

图7.45　用电液伺服阀的同步回路

(3)机械强制式同步回路

机械强制式同步回路将同时动作的缸体或活塞杆用机械联接的方法,使其成为刚性整体,从而强制其实现同步运动。如图7.46(a)所示为用齿轮轴与固定齿条实现两缸活塞同步。同步精度取决于齿轮、齿条配合间隙、齿轮轴刚度和安装误差。如图7.46(b)所示为依靠导轨强制两缸活塞同步,同步精度取决于导轨配合间隙与连接件的刚度。

7.4.3　多缸快慢速互不干扰回路

多缸快慢速互不干扰回路的功用是防止液压系统中的多个液压缸因速度不同而形成的动作上的干扰。

如图7.47所示为双泵供油来实现多缸快慢速互不干扰回路。图中,液压泵1和2分别为高压小流量泵和低压大流量泵,它们的压力分别由溢流阀3和4调节。当1YA,2YA得电,换向阀9,10处于左位,两泵同时供油,液压缸17,18活塞同时向右快速运动。假如液压缸17先快速到位,挡块压下行程阀13而转为慢速运动,油压升高使单向阀7关闭,液压缸17由高压小流量泵1供油,压力油经调速阀5、换向阀9左位进入液压缸17的无杆腔;液压缸17有杆腔回油经调速阀11、换向阀9左位流回油箱,其慢速运动速度由调速阀11决定。液压缸18则继续快速运动,对液压缸17的慢速运动无干扰。当两缸都转为慢速运动时,则单向阀7,8均关闭,两缸都由高压小流量泵1供油。假如缸18先慢速运动到位,使换向阀10失电,右位工作,

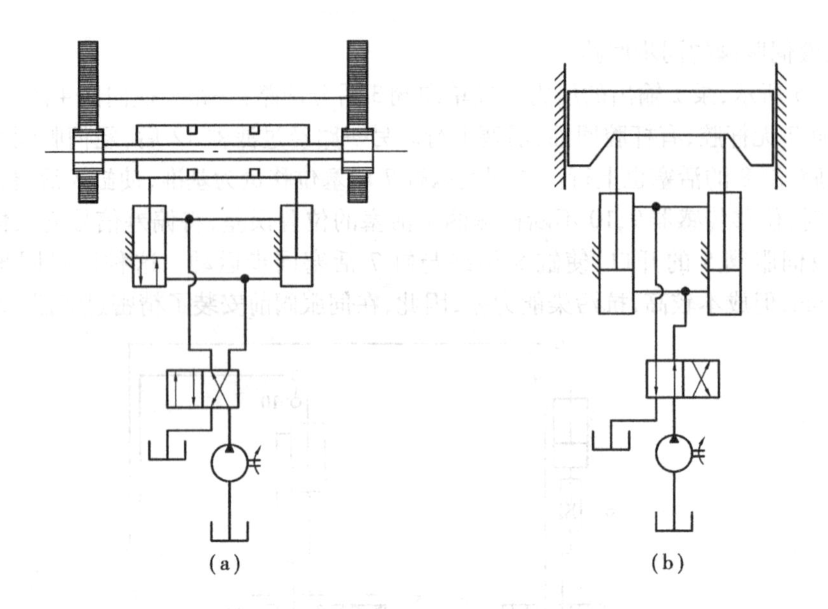

图 7.46　机械强制式同步回路

大流量泵 2 输出压力油经单向阀 8、换向阀 10 和单向阀 16 右位进入液压缸 18 的有杆腔,其无杆腔回油经换向阀 10 回油箱,使活塞快速退回,其他缸仍可继续工进而不受干扰。由此可知,调速阀 5 和 6 起限流作用,而调速阀 11 和 12 则起调速作用,因此,调速阀 5,6 的调节流量应分别大于调速阀 11,12 的流量。

这种回路效率较高,适用于具有多个执行元件各自分别完成动作循环的液压系统中。

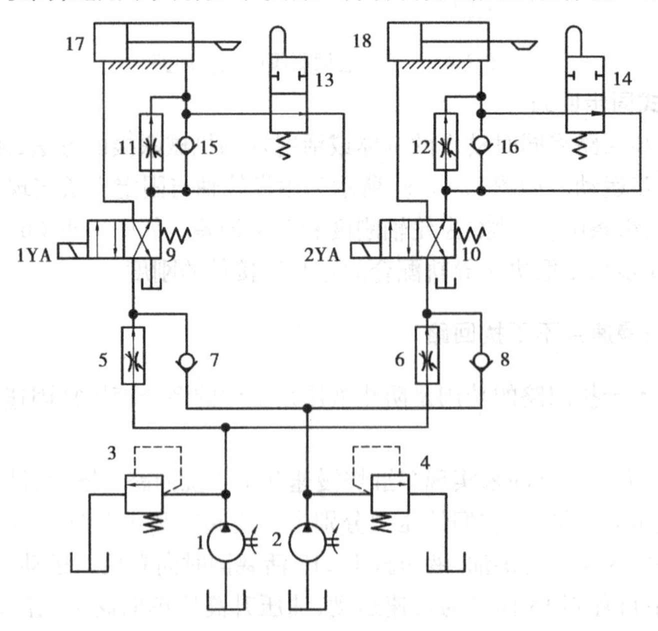

图 7.47　采用双泵的多缸互不干扰回路

7.5　常用气动基本回路

复杂的气动系统是由气动基本回路有机组合在一起而构成的。气动基本回路与液压基本回路基本相同,但由于工作介质的不同,气动基本回路有其显著特点,例如,气动基本回路没有回油支路,压缩空气做功以后直接排到大气中。下面介绍一些常用气动基本回路。

7.5.1　换向控制回路

在气动系统中,执行元件的启动、停止或改变运动方向,是利用控制进入执行元件的压缩空气的通、断或变向来实现的,这类控制回路就是换向控制回路。

(1)单作用气缸换向回路

如图7.48(a)所示为二位三通电磁换向阀控制的换向回路,一般在气缸缸径较小的情况下使用。电磁阀通电活塞上升,断电时靠弹簧力使活塞下降。如图7.48(b)所示为用两个二位二通电磁换向阀代替图7.48(a)中的二位三通电磁换向阀控制单作用缸的回路。两电磁阀同时通电,活塞外伸,同时断电,靠弹簧使活塞回退。如图7.48(c)所示为三位三通电磁换向阀控制单作用气缸的回路。气缸活塞可在任意位置停留,但由于存在内泄漏,其定位精度不高、定位时间不长。

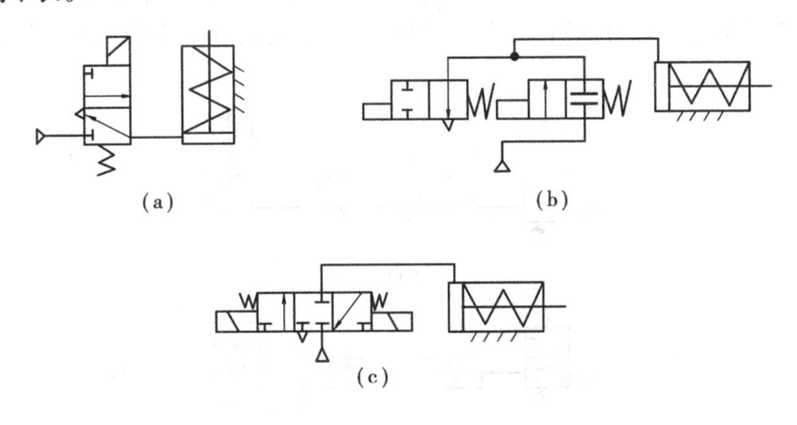

图7.48　单作用气缸换向回路

(2)双作用气缸换向回路

如图7.49所示为双作用气缸的换向回路。图7.49(a)是二位五通电磁换向阀控制的换向回路。当电磁铁通电时,活塞杆伸出;当电磁铁断电时,活塞杆返回。图7.49(b)是二位五通单气控换向阀控制的换向回路,气控换向阀由二位三通手动换向阀切换。按钮按下时,活塞杆伸出;反之,活塞杆退回。图7.49(c)是双气控换向阀控制的换向回路,主阀由两侧的两个二位三通手动换向阀控制,可远距离控制,但两阀不能同时按下。图7.49(d)是三位五通电磁换向阀控制的换向回路。

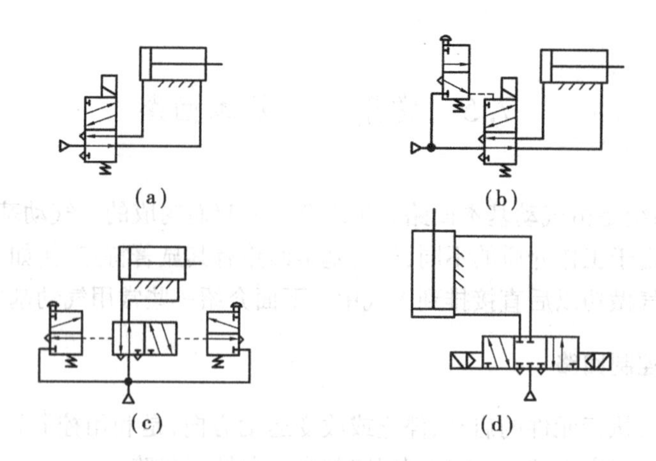

图 7.49　双作用气缸换向回路

7.5.2　速度控制回路

速度控制回路就是通过控制流量的方法来控制气缸的运动速度的回路。气动系统功率不大,主要用节流调速的方法。但由于气体的可压缩性和膨胀性远比液体的大,故气压传动中气缸的节流速度在速度平稳性上的控制远比液压传动中困难,速度负载特性差,动态响应慢。

(1)单作用气缸调速回路

如图 7.50(a)所示为双向速度调节回路,升降速度分别由两个单向节流阀控制;如图 7.50(b)所示为单向速度调节回路,活塞返回时,气缸下腔通过快速排气阀排气,但是返回速度不能调节。

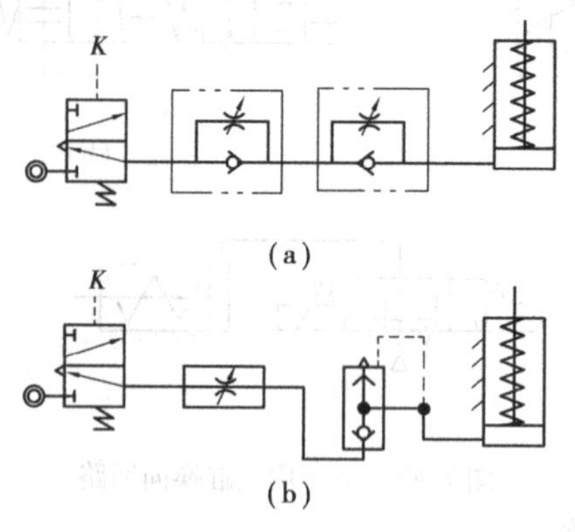

图 7.50　单作用气缸速度控制回路

(2)双作用气缸的速度控制回路

如图 7.51(a)所示为节流供气调速回路。*A* 腔节流进气,气压上升缓慢,推动负载运动后,气体膨胀,压力下降,作用力减小,气缸停止。由于负载及供气的原因使活塞忽走忽停的现象,称气缸的"爬行"。

节流供气调速的特点:

①当负载方向与活塞运动方向相反时,活塞运动易出现不平稳现象,即"爬行"现象。

②当负载方向与活塞运动方向一致时,由于排气经换向阀快排,几乎没有阻尼,故负载易产生"跑空"现象,使气缸失去控制。因此,节流供气多用于垂直安装的气缸的供气回路中。

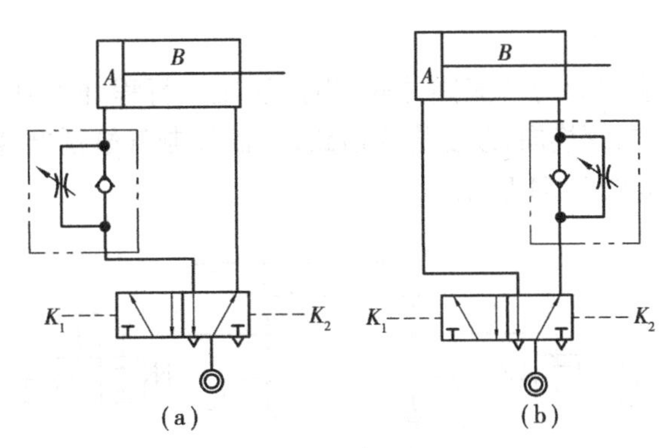

图7.51　单向调速

如图7.51(b)所示 *B* 腔的排气经过节流阀后通大气,有一定的背压,活塞在压差作用下前进,减小了“爬行”的可能。该回路有以下特点:

①气缸速度随负载变化较小,运动较平稳。

②能承受与活塞运动方向相同的负载(负值负载)。

以上的讨论,适用于负载变化不大的情况。当负载突然增大时,由于气体的可压缩性,就将迫使缸内的气体压缩,使活塞运动速度减慢;反之,当负载突然变小时,气缸内被压缩的空气必然膨胀,使活塞运动加快,这称为气缸的“自走”现象。因此,在要求气缸具有准确而平稳的速度时(尤其在负载变化较大的场合),就需要采用气-液相结合的调速方式。

如图7.52所示为双向调速回路,通过两个单向节流阀或两个排气节流阀控制气缸伸缩的速度。

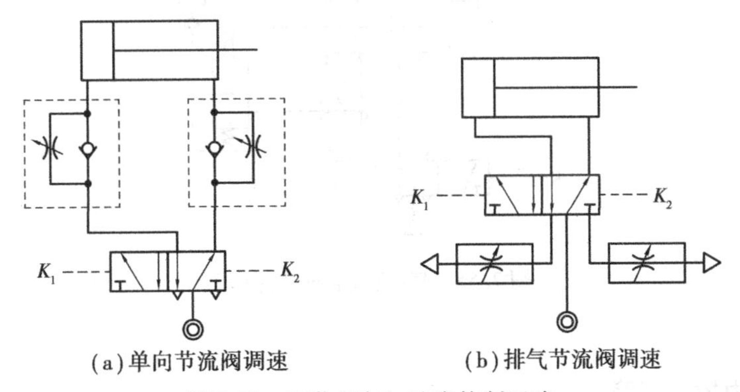

(a)单向节流阀调速　　(b)排气节流阀调速

图7.52　双作用气缸速度控制回路

(3)快速往返运动回路

用两个快排阀实现双作用气缸的快速往返,可达到节省时间的要求,如图7.53所示。

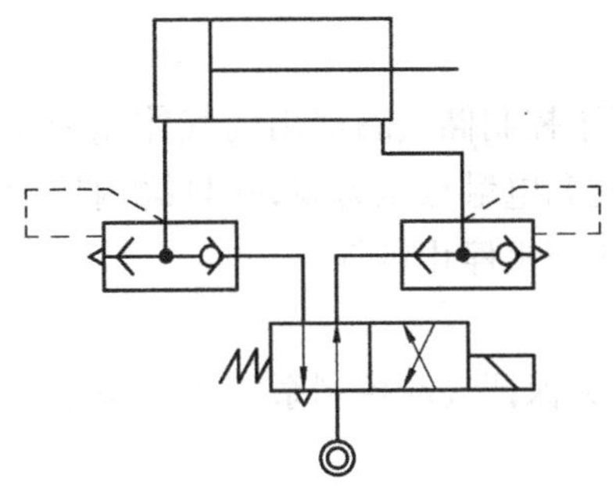

图7.53　快速往返运动回路

(4)速度换接回路

采用二位二通电磁换向阀与节流阀并联,当挡块压下行程开关时,由行程开关发出电信号,控制二位二通电磁换向阀换向,改变排气通路,从而控制气缸活塞速度换接。行程开关的位置,可根据需要选定,如图 7.54 所示。

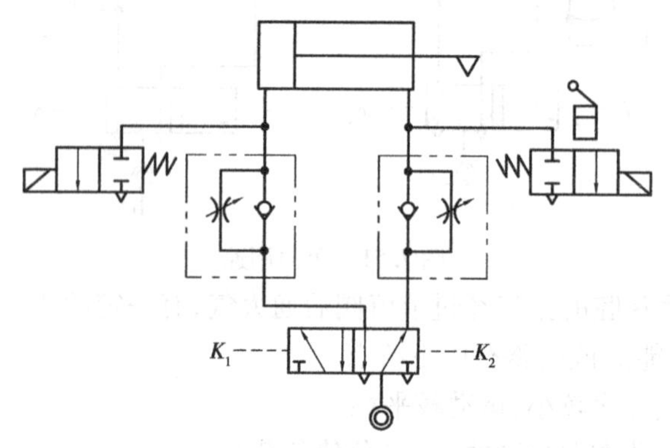

图 7.54　速度换接回路

(5)气-液阻尼缸变速回路

气-液阻尼缸变速回路如图 7.55 所示。该回路采用行程阀实现气-液阻尼缸的速度变换。当活塞向右运动时,液压缸右腔的出油经过行程阀后进入液压缸左腔,实现气-液阻尼的快速运动。当撞块压下机动行程阀后,液压缸右腔的出油只能通过节流阀进入液压缸左腔,从而实现慢速运动。行程阀的位置可根据需要进行调整,高位油箱起补充泄漏油液的作用。

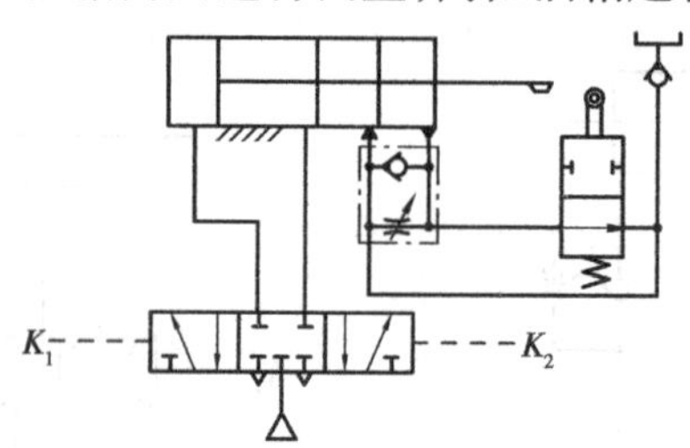

图 7.55　气-液阻尼缸变速回路

7.5.3　压力控制回路

压力控制回路是使回路中的压力保持在一定范围以内,或使回路得到高、低不同的两种压力。

(1)一次压力控制回路

一次压力控制回路主要用于控制储气罐送出的气体压力不超过规定压力。如图 7.56 所示,在储气罐上安装一个安全阀和电触点压力表,一旦罐内压力超过规定压力时,一方面安全阀向大气放气,另一方面控制压缩机停止供气。

(2)二次压力控制回路

二次压力控制回路主要是为保证气动控制系统的气源压力的稳定,通过减压阀实现定压控制,如图 7.57 所示。

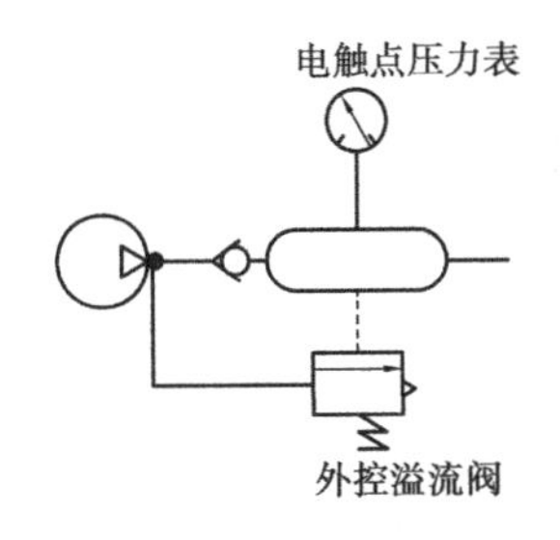

图7.56 一次压力控制回路

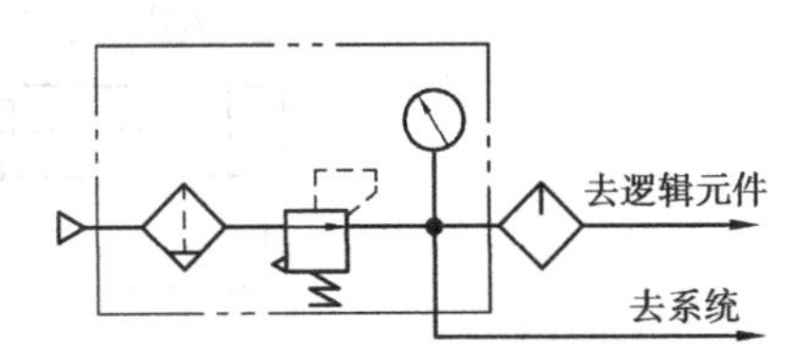

图7.57 二次压力控制回路

(3)高低压转换回路

利用两个调压阀和一个换向阀来实现间或输出低压或高压气源,如图7.58所示。当换向阀3处于下位时,输出压力由减压阀2调定;当换向阀3处于上位时,输出压力由减压阀1调定。

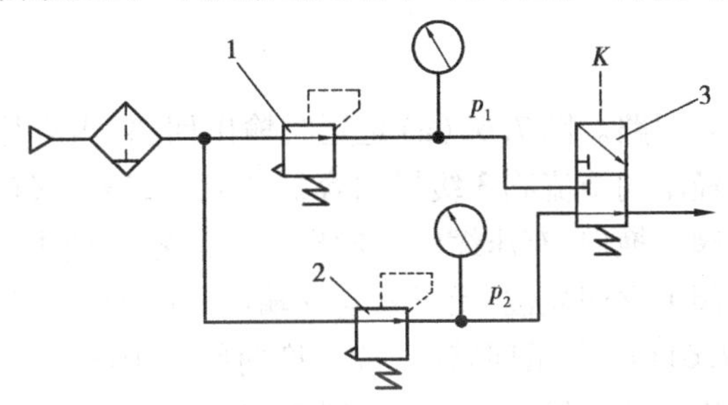

图7.58 高低压转换回路

7.5.4 气-液联动速度控制回路

气-液联动速度控制回路是利用气动控制实现液压传动,具有运动平稳、停止准确、泄漏途径少、制造维修方便、能耗小等特点。如图7.59所示,压缩空气由气源经换向阀进入气-液转换器1(或2)的气腔,并将气体压力转换为液体压力,通过改变两个单向节流阀的开度,来实现液压缸往复运动的无级调速。这种回路要求气-液转换器的储油量大于液压缸的容积,并要注意油气间的密封,以免气体窜入油液中,保证运动速度的稳定。

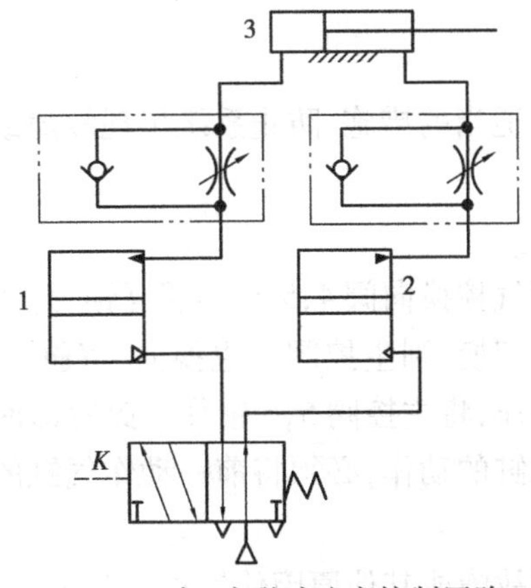

图7.59 气-液联动速度控制回路

如图7.60所示为气-液阻尼缸慢进快退速度控制回路。调节节流阀的开度,即可控制活塞的前进速度;活塞返回时,气-液阻尼缸中液压缸左腔油液通过单向阀快速流入右腔,故返回速度较快。高位油箱是为补充液压缸的泄漏而设置的。

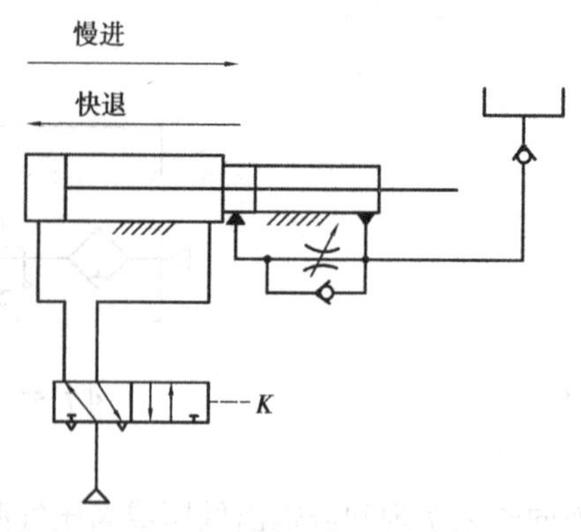

图 7.60　气-液阻尼缸的速度控制回路

7.5.5　延时回路

如图 7.61 所示为延时回路。图 7.61(a)是延时输出回路,当有控制信号 K 输入时,换向阀 4 换向,此时压缩空气经单向节流阀 3 缓慢向容器 2 充气,经一段时间延时后,容器 2 内压力升高到预定值,使换向阀 1 换向,有压缩空气输出。当信号 K 消失后,容器 2 中的气体可经过单向阀迅速排出,换向阀 1 立即复位,无压缩空气输出。改变节流口开度,即可调节延时换向时间的长短。在如图 7.61(b)所示回路中,按下换向阀 1,则气缸向外伸出,当气缸在伸出行程中压下行程阀 5 后,压缩空气经节流阀到容器 3,延时后才将换向阀 2 切换,气缸退回。

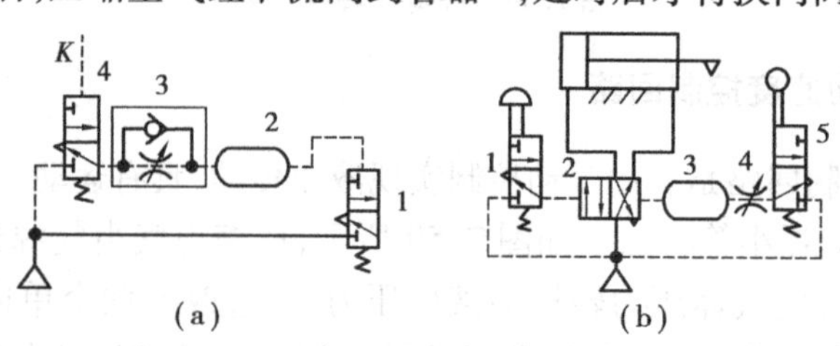

图 7.61　延时回路

7.5.6　安全保护回路

安全保护回路是通过采取适当的措施,防止系统出现故障或过载,避免发生人身伤害事故和设备损坏的控制回路。

(1)互锁回路

该回路利用梭阀 1,2,3 和气控换向阀 4,5,6 实现互锁,防止各缸活塞同时动作,保证只有一个活塞动作。若换向阀 7 被切换,则主控阀 4 也换向,气缸 A 活塞伸出。与此同时,气缸 A 进气管路的气体使梭阀 1,2 动作,将主控阀 5,6 锁住。此时即使换向阀 8,9 有切换信号,气缸 B,C 也不会动作。如要改变气缸的动作,必须将前一动作气缸的主控阀复位,如图 7.62 所示。

(2)过载保护回路

当活塞杆伸出过程中遇到故障或其他原因使气缸过载时,活塞应自动返回,实现保护。如图 7.63 所示,操纵手动换向阀 1 使主控阀 4 处于左位时,活塞杆伸出,当活塞杆挡块压下行程阀 5 时,活塞缩回。若气缸伸出过程中遇到障碍时或其他原因过载时,气缸左腔压力升高,当压力超过顺序阀 3 的预定值时,顺序阀 3 打开,控制气体经过梭阀 2 使主控阀 4 换向,使活塞

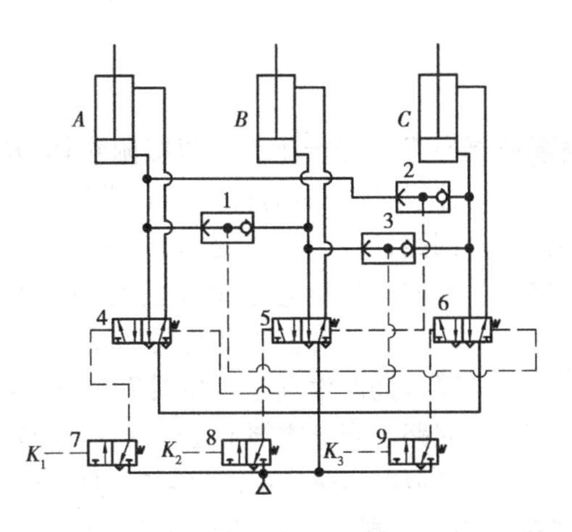

图7.62　互锁回路

1,2,3—梭阀;4,5,6,7,8,9—气控换向阀

缩回,气缸的左腔的空气经主控阀4排出,防止系统过载,起到安全保护作用。

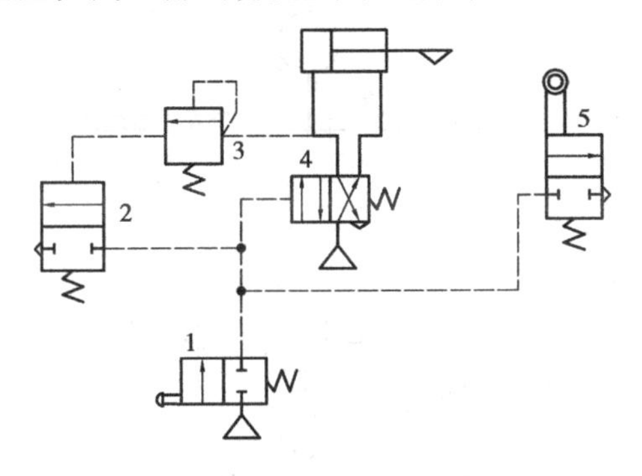

图7.63　过载保护回路

(3)双手操作回路

所谓双手操作安全回路,就是使用了两个启动用手动换向阀,只有同时按动这两个阀时才动作的回路,对操作人员的手起到安全保护作用。在冲床、锻压机床中常用来避免误动作,以保护操作者的安全和设备的安全,如图7.64所示。需要注意的是,两个手动阀的安装距离必须保证单手不能同时操作。

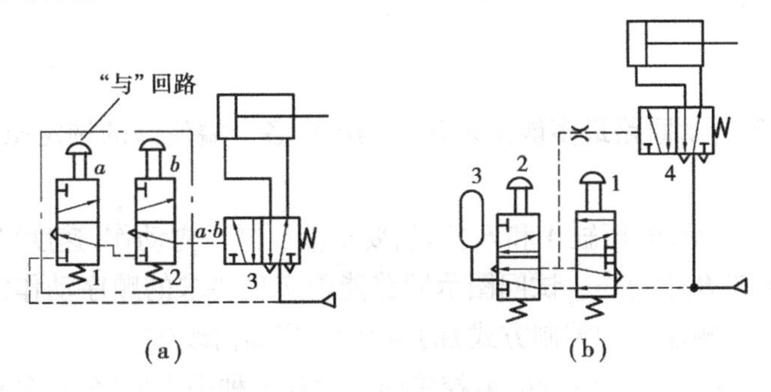

图7.64　双手操作保护回路

7.5.7 真空回路

真空吸盘是利用真空泵或真空发生器产生真空以吸附物体,从而达到吊运物体、移动物体、组装产品的目的。如图7.65所示为真空泵组成的真空回路,当真空用电磁换向阀2通电后,吸盘5将工件吸起,当换向阀2断电时,真空消失,工件依靠自重与吸盘脱离。

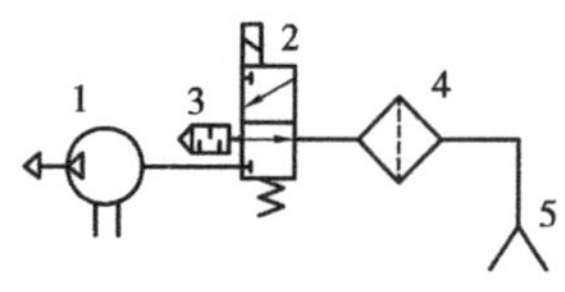

图7.65 真空泵回路
1—真空泵;2—电磁换向阀;
3—消声器;4—过滤器;5—吸盘

真空发生器是利用压缩空气通过喷嘴时的高速流动在喷口处产生真空。如图7.66所示为采用真空发生器组件的回路。当电磁阀1通电后,压缩空气通过真空发生器3,由于气流的高速运动产生真空,真空开关5检测真空度发出信号给控制器,吸盘7将工件吸起。当电磁阀1失电,电磁阀2得电时,真空发生器停止工作,真空消失,压缩空气进入真空吸盘,将工件与吸盘吹开。此回路中,过滤器6的作用是防止在抽吸过程中将异物和粉尘吸入发生器。

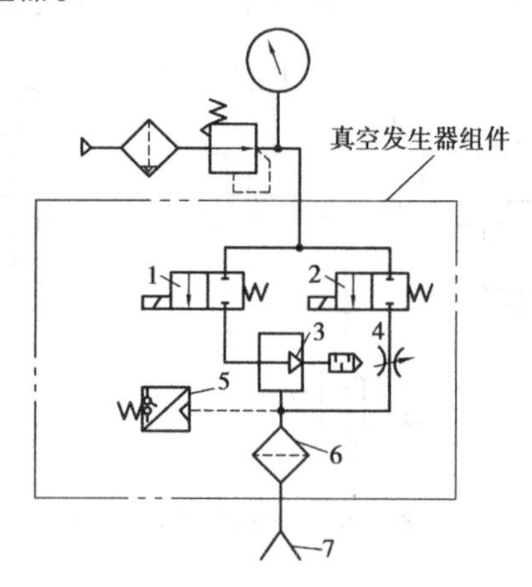

图7.66 采用真空发生器组件的回路
1,2—电磁阀;3—真空发生器;4—节流阀;5—真空开关;6—过滤器;7—吸盘

复习思考题

7.1 如图7.67所示回路最多能实现几级调压?各个溢流阀的调定压力p_{Y1},p_{Y2},p_{Y3}之间的关系是怎样的?

7.2 如图7.68所示,液压缸A和B并联,要求液压缸A先动作,速度可调,且当A缸活塞运动到终点后,液压缸B才动作。试问图示回路能否实现要求的顺序动作?为什么?在不增加元件数量(允许改变顺序阀的控制方式)的情况下,应如何改进?

7.3 分别用顺序阀、液控顺序阀、液控单向阀设计3种平衡回路,并分析比较其特点。

7.4 如图7.69所示,一个液压系统,当液压缸固定,活塞杆带动负载实现"快速进给→工作进给→快速退回→原位停止→油泵卸荷"5个工作循环。试列出各电磁铁的动作顺序表。

7.5 简述双作用气缸换向回路的特点。

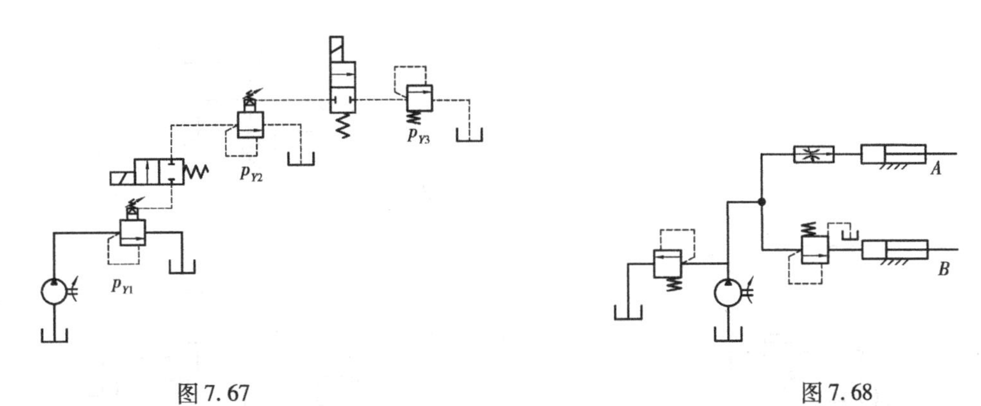

图 7.67　　　　图 7.68

7.6　试设计一种常用的“快进—慢进—快退”的气控回路。

7.7　试简述单缸单往复动作回路工作原理。

7.8　如图 7.70 所示的进口节流调速系统中，液压缸大小腔面积各为 $A_1 = 100\ \text{cm}^2$，$A_2 = 50\ \text{cm}^2$，且负载 $F_{\max} = 25\ \text{kN}$。

1）若节流阀的压降在 $F_{\max}$ 时为 3 MPa，问液压泵的工作压力 p_p 和溢流阀的调整压力各为多少？

2）若溢流阀按上述要求调好后，负载从 $F_{\max} = 25\ \text{kN}$ 降为 15 kN 时，液压泵工作压力和活塞的运动速度各有什么变化？

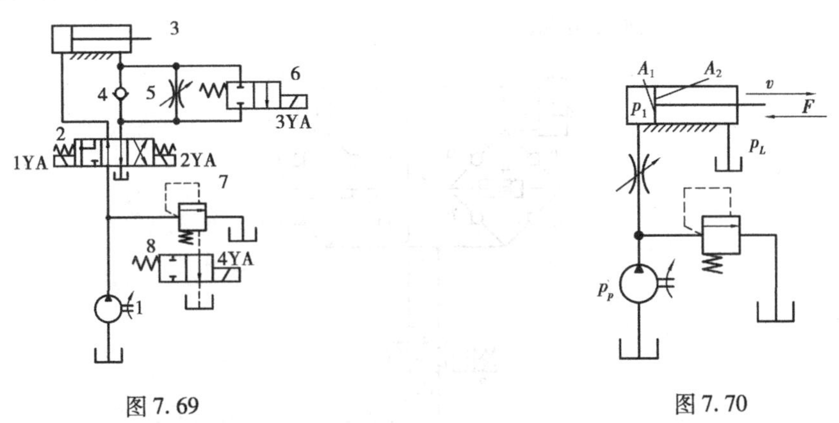

图 7.69　　　　图 7.70

7.9　如图 7.71 所示，如变量泵的转速 $n = 1\ 000\ \text{r/min}$，排量 $V = 40\ \text{mL/r}$，泵的容积效率 $\eta_v = 0.9$，机械效率 $\eta_m = 0.9$，泵的工作压力 $p_p = 6\ \text{MPa}$，进油路和回油路压力损失 $\Delta p_{进} = \Delta p_{出} = 1\ \text{MPa}$，液压缸大腔面积 $A_1 = 100\ \text{cm}^2$，小腔面积 $A_2 = 50\ \text{cm}^2$，液压缸的容积效率 $\eta_v = 0.98$，机械效率 $\eta_m = 0.95$，试求：

1）液压泵电机驱动功率；

2）活塞推力；

3）液压缸输出功率；

4）系统的效率。

7.10　改正如图 7.72 所示进口节流调速回路中的错误，并简要分析出现错误的原因（压力继电器用来控制液压缸反向）。

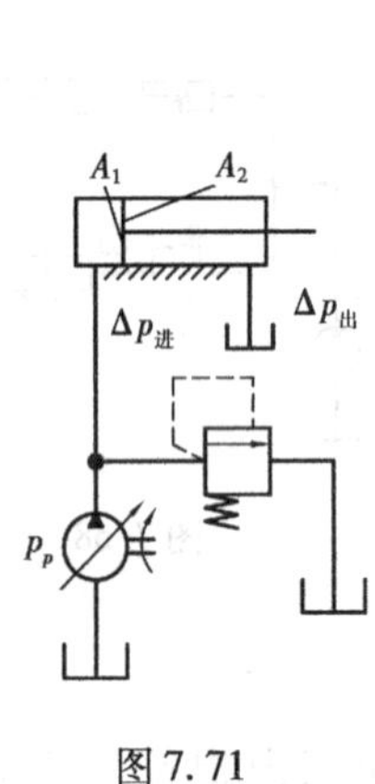

图 7.71

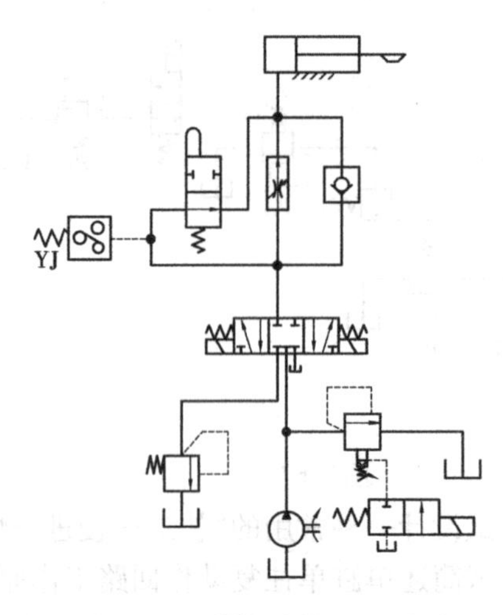

图 7.72

7.11　分别用电磁换向阀、行程阀、顺序阀设计实现两缸顺序动作的回路，并分析比较其特点。

7.12　如图 7.73 所示，液压缸 Ⅰ 和 Ⅱ 固定，由活塞带动负载。试问：

1）图示回路属于什么液压回路？说明回路的工作原理。

2）各种液压阀类在液压回路中各起什么作用？

3）写出工作时，各油路流动情况。

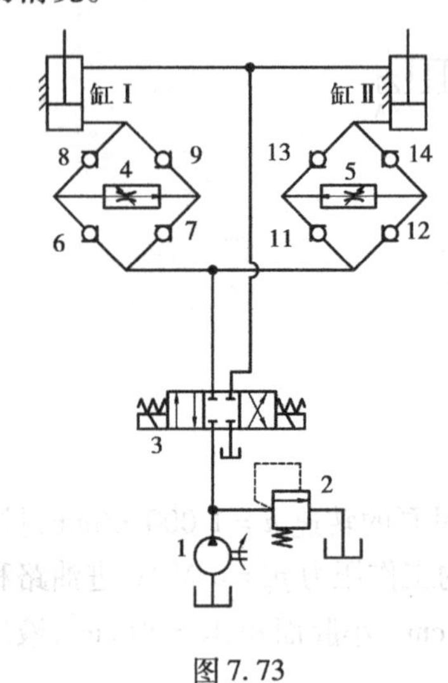

图 7.73

第8章 典型液压与气动系统分析

典型液压、气动系统是指由多个基本回路组成,并能通过合理控制流体的压力、流量和方向来驱动关联机构完成一定作业任务的系统。

液压、气动系统工作原理图通常都以图形符号绘制。液压、气动系统图表示各个元件及它们之间的联接与控制方式,并不代表它们的实际尺寸大小和安装位置。

要能正确而又迅速地阅读液压、气动系统图,首先,必须掌握液压、气动元件的结构、工作原理、特点和各种基本回路的应用,了解液压、气动系统的控制方式、图形符号及其相关标准;其次,结合实际液压、气动设备及其原理图多读多练,熟悉各种典型液压、气动系统的特点。一般来说,阅读液压、气动系统图可按以下3个步骤进行:

①全面了解设备的使用功能、工作循环和对液压、气动系统提出的任务需求。

②仔细研究液压、气动系统中所有元件及它们之间的联系,弄清各个元件的类型、原理、性能和功用。

③仔细分析并写出各执行元件动作循环和对应的流体在管路中所经过的路线。

分析液压、气动系统图时应注意以下4点:

①液压、气动基本回路是否符合主机的动作要求。

②各主油、气路之间,主油、气路与控制油、气路之间有无矛盾和干涉现象。

③元件的代用、变更是否合理、可行。

④系统性能的改进方向。

8.1 组合机床动力滑台液压系统

组合机床是由通用和专用部件组合而成的专用机床。液压动力滑台是组合机床上用以实现进给运动的一种通用部件,动力滑台本身不带传动装置,其运动是靠液压缸驱动的。滑台台面上可以安装动力箱、多轴箱或各种专用切削头等工作部件。滑台与机身、中间底座等通用部件可组成各种组合机床,用于完成钻、扩、绞、镗、铣、车、刮端面、攻螺纹等加工工序,并可实现多种工作循环。由于组合机床一般为多刀加工,根据加工对象和工艺安排特点的不同,切削载荷变化大,快慢速差异大。因此,它对液压系统性能的主要要求是速度换接平稳,进给速度可调并且比较稳定,功率利用合理,效率高,发热少。现以 YT4543 型液压动力滑台为例分析其液压系统的工作原理和特点,该动力滑台要求进给速度范围为 6.6 ~ 600 mm/min,最大进给力 45 000 N。

如图 8.1 所示为 YT4543 型组合机床动力滑台的液压系统原理图。该系统采用限压式变量叶片泵供油,执行元件换向由电液换向阀控制,快进由液压缸差动联接来实现,采用行程阀实现快进与工进的转换,二位二通电磁换向阀用来实现两个工进速度之间的切换,为了保证进给的定位精度,采用了机械死挡块停留限位装置。通常实现的典型工作循环为:快进→第一次工作进给→第二次工作进给→死挡块停留→快退→原位停止。

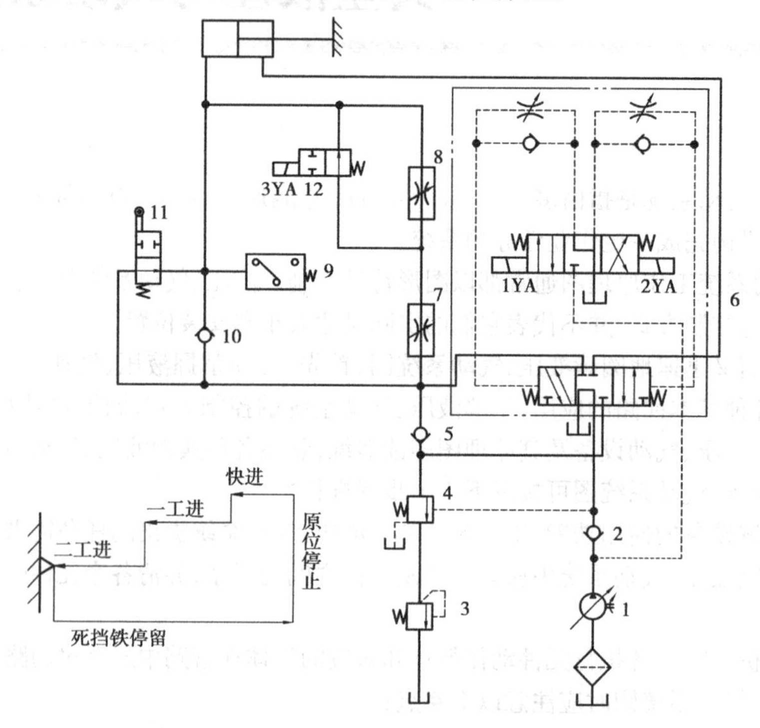

图 8.1 YT4543 型动力滑台液压系统图
1—液压泵;2,5,10—单向阀;3—背压阀;4—顺序阀;
6,12—换向阀;7,8—调速阀;9—继电器;11—行程阀

8.1.1 YT4543 型动力滑台液压系统的工作原理

(1)快进

按下启动按钮,叶片泵 1 开始工作。由于此时工作台处于空载运行,系统压力较低,顺序阀 4 关闭。当电磁铁 1YA 得电,电液换向阀 6 的先导阀阀芯向右移动从而使主阀芯向右移动,电液换向阀左位接入系统,形成液压缸差动联接。油液回路如下:

进油路:泵 1→单向阀 2→换向阀 6(左位) →行程阀 11(下位) →液压缸左腔。

回油路:液压缸的右腔→换向阀 6(左位) →单向阀 5→行程阀 11(下位) →液压缸左腔 。

(2)第一次工作进给

当滑台快速运动到预定位置时,滑台上的行程挡块压下行程阀 11 的阀芯,使其上位工作,

从而切断了该通道,因此,压力油必须经调速阀 7 进入液压缸的左腔。由于油液流经调速阀,系统压力上升,打开外控顺序阀 4,此时单向阀 5 的上部压力大于下部压力,故单向阀 5 关闭,切断了液压缸的差动回路,回油经外控顺序阀 4 和背压阀 3 流回油箱,使滑台切换为第一次工作进给。其油液回路如下:

进油路:泵 1→单向阀 2→换向阀 6(左位)→调速阀 7→换向阀 12(右位)→液压缸左腔。

回油路:液压缸右腔→换向阀 6(左位)→顺序阀 4→背压阀 3→油箱。

因为工作进给时,系统压力升高,故变量泵 1 的输出油量便自动减小,以适应工作进给的需要,进给量大小由调速阀 7 调节。

(3)第二次工作进给

第一次工进结束后,行程挡块压下行程开关使电磁铁 3YA 通电,二位二通电磁换向阀 12 将通路切断,进油必须经过调速阀 8 才能进入液压缸左腔,此时由于调速阀 8 的开口量小于调速阀 7,故进给速度再次降低,回油路情况同一工进。

(4)死挡块停留

当滑台工作进给完毕之后,碰上死挡块的滑台不再前进,停留在死挡块处,从而导致系统压力升高,当升高到压力继电器 9 的调整值时,压力继电器发信号给时间继电器(图 8.1 中未画出),经过时间继电器的延时,再发出信号使滑台返回,滑台的停留时间可由时间继电器在一定范围内调整。

(5)快退

时间继电器经延时发出信号,电磁铁 2YA 得电,电磁铁 1YA,3YA 失电,液压缸换向回退。其油液回路如下:

进油路:泵 1→单向阀 2→换向阀 6(右位)→液压缸右腔。

回油路:液压缸左腔→单向阀 10→换向阀 6(右位)→油箱。

(6)原位停止

当滑台退回到原位时,行程挡块压下原位行程开关(图 8.1 中未画出)后,行程开关发出信号,使电磁铁 2YA 失电,换向阀 6 处于中位,液压缸(滑台)停止运动。液压泵 1 输出的油液经换向阀 6 的中位直接回油箱,系统以较低功率运行,泵 1 处于卸荷状态,达到节省功率消耗的目的。

该系统的动作循环表和各电磁铁及行程阀动作如表 8.1 所示。

表 8.1　电磁铁和行程阀动作顺序表

电磁铁、行程阀 / 动作循环	电磁铁			行程阀	压力继电器
	1YA	2YA	3YA		
快进	+	−	−	−	−
一工进	+	−	−	+	−
二工进	+	−	+	+	−
死挡铁停留	+	−	+	+	+
快退	−	+	−	±	−
原位停止	−	−	−	−	−

注:"+"表示电磁铁得电和行程阀压下,"−"表示电磁铁失电和行程阀复位。

8.1.2　YT4543 动力滑台液压系统的特点

由前面的分析可知,组合机床动力滑台液压系统主要由下列基本回路组合而成:

①采用限压式变量泵和调速阀的容积节流联合调速回路。

②液压缸差动联接增速回路。

③采用电液换向阀的换向回路。

④采用行程阀和电磁换向阀的速度换接回路。

⑤采用两个串联调速阀的二次进给调速回路。

这些回路的应用就决定了系统的主要性能,其特点如下:

①由于采用限压式变量泵和液压缸的差动联接两项措施实现快进,无溢流功率损失,系统效率高。

②采用限压式变量泵、调速阀和背压阀的调速回路,使速度换接平稳,能保证稳定的低速运动,速度刚性好,调速范围大。

③采用行程阀和顺序阀实现快进和工进的换接,动作可靠,转换位置精度高。

④采用了三位五通 M 型中位机能的电液换向阀,换向时间可调,提高了换向平稳性;M 型中位时实现了压力卸载,在快退时,回油经换向阀中位回油箱,没有背压,减少了能量损失。

⑤在滑台的工作循环中,采用死挡块停留,不仅提高了进给位置精度,还扩大了滑台工艺使用范围,更适用于镗阶梯孔、锪孔、锪端面等工序。

8.2　液压压力机液压系统

液压压力机是一种利用液体静压力来加工金属、塑料、橡胶、粉末等制品的机械,在许多工业部门得到了广泛应用。压力机的类型很多,其中四柱式液压压力机最为典型,应用也最为广泛。这种液压压力机在它的 4 个主柱之间分别安置着上、下两个液压缸。液压压力机对其液压系统的基本要求如下:

①按一般压制工艺流程,要求主液压缸(上缸)驱动上滑块能实现“快速下行→慢速加压→保压延时→快速返回→原位停止”的工作循环;要求顶出液压缸(下缸)驱动下滑块实现“向上顶出→停留→原位停止”的动作循环,如图 8.2 所示。

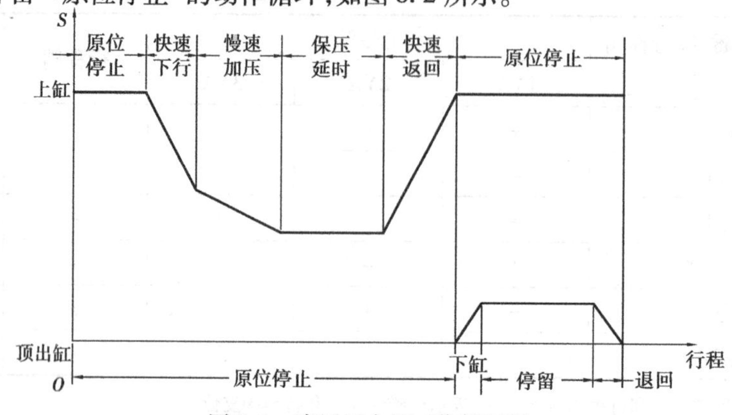

图 8.2　液压压力机工作循环图

②根据压制对象不同,要求液压系统中的压力能够经常变换和调节,并能产生较大的压制力(吨位),以满足工作平稳性和安全可靠性的要求。

③由于该系统流量大、功率大、空行程和加压行程的速度差异大,因此,要求功率利用合理。

8.2.1　YB32-200 型液压压力机液压系统工作原理

如图 8.3 所示为 YB32-200 型液压压力机液压系统图。该系统由一高压泵供油,控制油路的压力油由减压阀 4 减压后得到。现以一般的定压成型压制工艺为例,说明该液压压力机液压系统的工作原理。其中,液压机的主液压缸(上缸)的工作情况为以下工作循环:

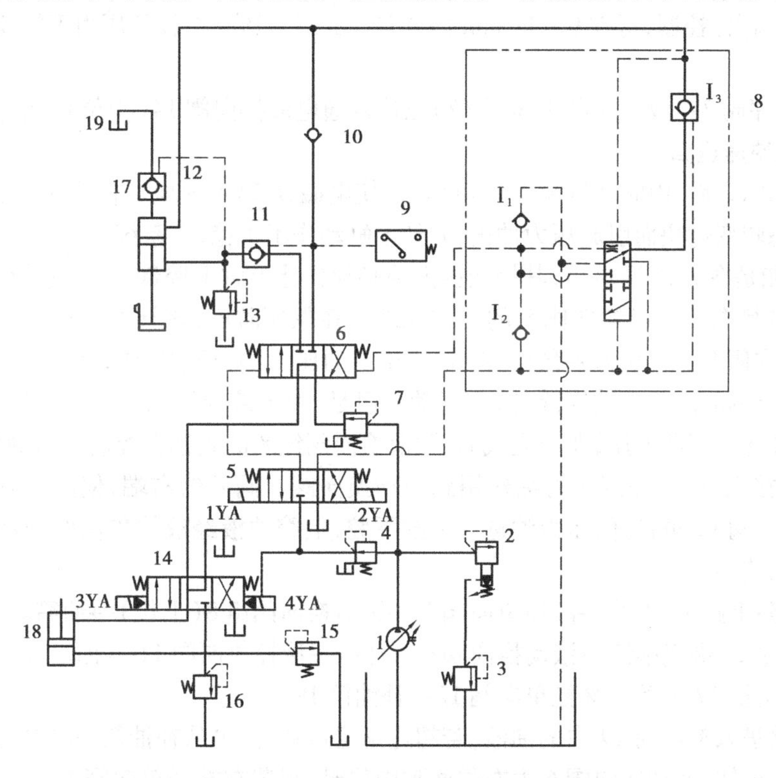

图 8.3　YB32-200 型液压压力机液压系统图

1—高压变量泵;2—先导型溢流阀;3,13,15,16—溢流阀;4—减压阀;
5—电磁先导换向阀;6—液动换向阀;7—顺序阀;8—预泄阀组;9—压力继电器;
10—单向阀;11,12—液控单向阀;14—电液换向阀;17—上缸;18—下缸;19—补油筒

(1)快速下行

按下系统启动按钮后,电磁铁 1YA 通电,先导电磁换向阀 5 和液动换向阀 6 左位接入系统,液控单向阀 11 被打开,油液经单向阀 10 进入上缸 17 上腔,因系统空载故上滑块在自重作用下迅速下降,而液压泵的流量较小,因此采用液压缸顶部放置补油筒的方法,补油筒 19 中的油液经液控单向阀 12 流入上缸上腔,其油液回路如下:

进油路:泵 1→顺序阀 7→液动换向阀 6(左位)→单向阀 10→上缸 17 上腔。

补油路:补油筒 19→液控单向阀 12→上缸 17 上腔。

回油路:上缸 17 下腔→液控单向阀 11→液动换向阀 6(左位)→三位四通电液换向阀 14

(中位)→油箱。

(2)慢速加压

当上缸运行到一定位置开始接触工件时,由于负载逐渐增大,上缸17上腔压力开始升高,液控单向阀12关闭,加压速度便由液压泵的流量来决定,主油路中的油液回路与快速下行时相同。

(3)保压延时

由于上缸和工件接触,系统压力持续升高。当系统压力升高到压力继电器9的设定压力值时,压力继电器9发信号,电磁铁1YA断电,使得电磁换向阀5和液动换向阀6都处于中位,上缸进、出油液被液控单向阀11和单向阀10封闭,实现保压,保压时间长短由时间继电器(图8.3中未画出)控制,可在0~24 min内调节。此时液压泵在较低压力下卸荷,其卸荷油路如下:

泵1→顺序阀7→液动换向阀6(中位)三位四通电液换向阀14(中位)→油箱。

(4)泄压快速返回

保压时间结束后,由时间继电器发出信号,使电磁铁2YA通电。但为了防止保压状态向快速返回状态转变过快而引起压力冲击,并使上缸动作不平稳,在系统中设置了预泄压换向阀组8,它的功能是在2YA通电后,其控制压力油必须先让上缸上腔卸压后,才能进入液动换向阀6右腔使其换向。预泄换向阀8的工作原理是在保压阶段,该阀上位接入系统,当电磁铁2YA通电,换向阀5右位接入系统时,控制油路中的压力油虽到达预泄换向阀组8阀芯的下端,但由于其上端的高压未被卸除,阀芯不动。但是,由于液控单向阀I_3带卸载小阀芯,控制油路可以打开卸载阀芯泄压,泄压完成后,预泄换向阀组8的阀芯在控制压力油作用下向上移动,使其下位接入系统,控制压力油作用到液动换向阀6阀芯的右端,使阀6右位接入系统。这时,液控单向阀12被打开,压力油进入上缸下腔,上腔油液经液控单向阀回油箱,活塞快速退回。油液回路如下:

泄压回路:上缸17上腔→液控单向阀I_3→预泄换向阀组8(上位)→油箱。

进油路:泵1→顺序阀7→液动换向阀6(右位)→液控单向阀11→上缸17下腔。

回油路:上缸17上腔→液控单向阀12→补油筒19。

从回油路进入补油筒19中的油液,若超过预定位置时,可从补油筒19中的溢流管流回油箱。由图8.3可知,液动换向阀6由左位回到中位时,阀芯右端经单向阀I_1从油箱补油,由右位回到中位时,阀芯右端经单向阀I_2流回油箱。

(5)原位停止

当上缸上升至预定高度,挡块压下行程开关(图8.3中未画出)时,电磁铁2YA失电,电磁换向阀5和液动换向阀6均处于中位,这时上缸停止运动,液压泵在较低压力下卸荷,由于单向阀11和背压阀13的作用,上滑块悬空停止。

(6)顶出缸(下缸)的顶出和返回

电磁铁4YA通电时,下缸18向上顶出,这时油液回路如下:

进油路:泵1→顺序阀7→液动换向阀6(中位)→换向阀14(右位)→下缸18下腔。

回油路:下缸18上腔→换向阀14(右位)→油箱。

下缸向上移动到其下腔中活塞碰上缸盖时运动停止。当电磁铁4YA断电、3YA通电时活塞向下退回,这时油液回路如下:

进油路:泵 1→顺序阀 7→液动换向阀 6(中位)→换向阀 14(左位)→下缸 18 上腔。

回油路:下缸 18 下腔→换向阀 14(左位)→油箱。

当电磁铁 3YA,4YA 均失电,换向阀 14 处于中位时,下缸原位停止;系统中溢流阀 16 为顶出缸安全阀,15 为背压阀,由它可以调整顶出缸工作时的最大力。

该液压机完成上述动作的电磁铁动作顺序如表 8.2 所示。

表 8.2　电磁铁及预泄阀动作顺序表

动作执行部件	动作循环	电磁铁				预泄控制阀工位(上/下)
		1YA	2YA	3YA	4YA	
主液压缸	快速下行	+	−	−	−	上
	慢速加压	+	−	−	−	上
	保压延时	−	−	−	−	上
	快速返回	−	+	−	−	下
	原位停止	−	−	−	−	上
顶出缸	向上顶出	−	−	−	+	上
	停留	−	−	−	+	上
	返回	−	−	+	−	上
	原位停留	−	−	−	−	上

注:“+”表示电磁铁得电,“−”表示电磁铁失电。

8.2.2　YB32-200 型液压压力机液压系统的特点

①该系统采用一个轴向柱塞式高压变量泵,系统工作压力由远程调压阀 3 调定,这样可以随着负载的变化及时调整供油压力,功率利用合理。

②系统回路中的顺序阀 7 调定压力为 2.5 MPa,从而保证了液压泵的卸荷压力不致太低,同时也使控制油路具有一定的工作压力(>2.0 MPa)。

③该系统采用了专用的预泄换向阀组 8 来实现上缸活塞快速返回前的泄压,保证动作平稳,防止换向时引起的液压冲击和噪声。

④该系统利用管道和油液的弹性变形来保压,方法简单,但对液控换向阀和液压缸等元件密封性能要求较高,适合短时保压。

⑤该系统中主液压缸(上缸)、顶出缸(下缸)两缸的动作协调由两换向阀 6 和 14 的互锁来保证,一个缸必须在另一个缸静止时才能动作。但是,在拉深工艺操作时,为了实现“压边”这个工步,上缸活塞必须推着下缸活塞移动,这时上缸下腔的液压油进入下缸的上腔,而下缸下腔中的液压油则经背压阀 15 排回油箱,这时虽两缸同时动作,但不存在动作不协调的问题。

⑥系统中的两个液压缸各有一个安全阀进行过载保护。

8.3 装卸堆码机液压系统

装卸堆码机是一种仓储机械,在现代化的仓库里利用它可以实现货物装卸、堆码等工作的机械化作业。堆码机主要由液压马达驱动的行走底盘和一个六自由度的圆柱坐标式机械手两大部分组成。机械手主要由多个液压缸驱动,可以完成升降、俯仰、臂伸缩、回转、手腕偏转及手指夹紧等动作,行走部分由液压马达驱动用于货物的转运和整机行走。

8.3.1 装卸堆码机液压系统工作原理

装卸堆码机液压系统原理如图 8.4 所示。该系统由一台定量泵供油,构成一个单泵供油的并联开式系统。此外,该机还采用了蓄电池供电,直流电动机驱动的工作方式,在仓库中工作时没有污染。由于该机采用了液压驱动的机械手,因此比常用的叉车更为方便、灵活,堆码的高度及深度都大大高于叉车。装卸堆码机常见的作业程序如下:

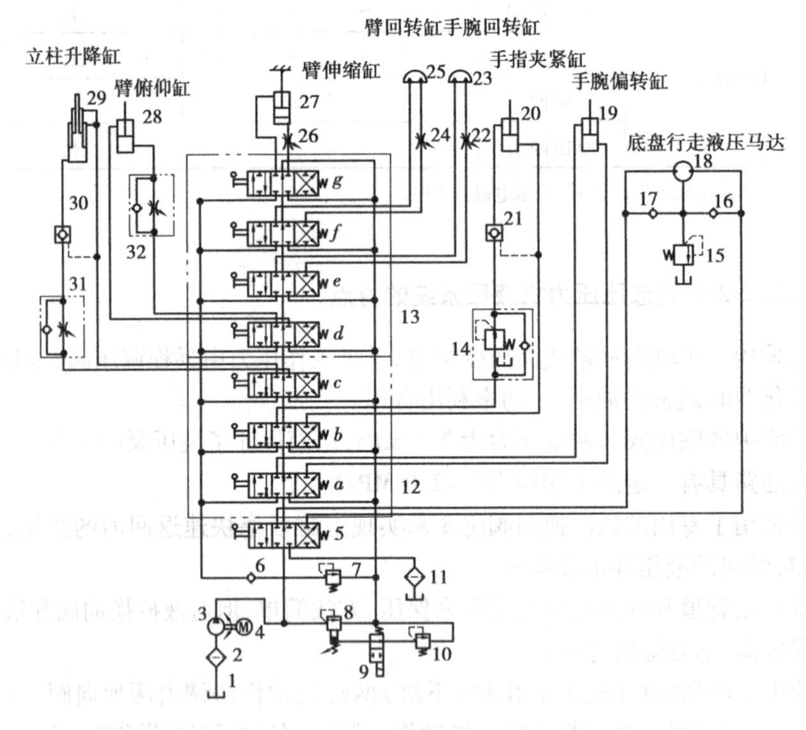

图 8.4 装卸堆码机液压系统原理图

1—油箱;2,11—滤油器;3—液压泵;4—直流电机;5—手动换向阀;6,16,17—单向阀;7,8—先导型溢流阀;9—二位二通电磁换向阀;10—溢流阀;12,13—多路阀组;14—单向减压阀;15—溢流阀;18—底盘行走液压马达;19—手腕偏转液压缸;20—手指夹紧缸;21,30—液控单向阀;22,24,26—节流阀;23—手腕回转摆动马达;25—臂回转摆动马达;27—控制臂伸缩缸;28—控制臂俯仰缸;29—立柱升降伸缩式液压缸;31,32—单向节流阀

(1)底盘行走

直流电动机 4 驱动单向定量泵 3。当控制脚踏换向阀 5 左位接入系统时,液压马达 18 开

始工作驱动底盘行走。液压回路如下：

进油路：液压泵3→单向阀6→换向阀5(左位)→液压马达18左腔。

回油路：液压马达18右腔→换向阀5(左位)→滤油器11→油箱。

单向阀17和溢流阀15用以防止液压马达过载。当按增力按钮使二位二通电磁换向阀9得电工作，先导式溢流阀8的远控口油路被切断，系统工作压力(由阀8调定)升高，从而使行走机构行走顺利。当脚踏换向阀5右位接入系统时，液压马达18反转，底盘后退，工作情况类似。

(2)立柱升降

装卸堆码机行走到预定位置，换向阀5复位。此时操纵多联换向阀12中的换向阀c，使其左位接入系统，此时液压回路如下：

进油路：液压泵3→单向阀6→换向阀c(左位)→单向节流阀31→液控单向阀30→立柱升降油缸下腔。

回油路：立柱升降油缸上腔→换向阀c(左位)→滤油器11→油箱。

立柱升降采用了伸缩式液压缸驱动，主要为了降低该机在非工作状态下的高度，使它在正常工作伸出时有较大的高度，而待机缩回时的体积又比较紧凑。当伸降到所需的高度时，换向阀c复位，此时由液控单向阀30锁紧油路。当换向阀c右位工作时，立柱下降，其液压回路如下：

进油路：液压泵3→单向阀6→换向阀c(右位)→立柱升降油缸上腔。

回油路：立柱升降油缸下腔→液控单向阀30→单向节流阀31→换向阀c(右位)→滤油器11→油箱。

回路中单向节流阀31可以控制立柱下降速度，提高稳定性。

(3)臂回转与手腕回转

臂回转动作由回转缸25来实现，手腕回转动作由回转缸23来实现。当控制多联换向阀13中的换向阀f，使其左位(或右位)工作时，回转缸25驱动机械手手臂正(或反)转，回转速度可由节流阀24调节。当控制多联换向阀13中的换向阀e，使其左位(或右位)工作时，回转缸23驱动机械手手腕正(或反)转，转动速度可由节流阀22调节。

(4)手指夹紧

手指夹紧动作由手指夹紧缸20实现。手指的夹紧、松开由多路换向阀12中的换向阀b控制，夹紧力的大小则由单向减压阀14来调节，从而满足不同的货物需要不同的夹紧力要求。为使货物被夹紧后能保持一定的时间，在回路中设置了液控单向阀21。

其余动作(如手臂俯仰、臂伸缩、手腕偏转等)是通过操纵控制不同的换向阀来驱动相应的油缸实现，在此不一一细述。

8.3.2　装卸堆码机液压系统的特点

①系统采用了多联(并联)换向阀，使该机操作比较集中、方便，同时系统回路体积质量也较小。

②系统采用了二级调压回路，根据不同的工况可使用不同的压力，减小了系统的功耗，能量利用合理。

③利用液控单向阀实现保压，工作可靠、安全；多联换向阀的每一联采用手动操纵，操作方

便，动作可靠。

④系统中配置了多种类型的液压执行元件，如双作用活塞式液压缸（缸体固定与活塞杆固定式两种）、双作用伸缩式液压缸、摆动液压缸和双向液压马达等，满足执行机构完成多种动作需求。

8.4 气-液动力滑台气动系统

气-液动力滑台是采用气-液阻尼缸作为执行元件，在机械设备中用来实现进给运动的装置。如图8.5所示为气-液动力滑台气压传动系统的原理图。该气-液动力滑台能完成两种工作循环，下面对其作简单介绍。

(1)快进、慢进(工进)、快退、停止

如图8.5所示，当手动换向阀4处于图示状态时，就可实现快进、慢进(工进)、快退、停止的动作循环，其动作原理为当手动换向阀3切换到右位时，实际上就是给予进刀信号，在气压作用下气缸中活塞开始向下运动，液压缸中活塞下腔的油液经行程阀6的左位和单向阀7进入液压缸活塞的上腔，实现快进；当快进到活塞杆上的挡铁*B*压下行程阀6，使它处于右位后，油液只能经节流阀5进入活塞上腔，故活塞开始慢进(工作进给)，调节节流阀的开度，即可调节气-液缸运动速度；当慢进到挡铁*C*压下行程阀2时，压缩空气使阀3切换到左位，这时气缸活塞开始向上运动。液压缸活塞上腔的油液经行程阀8的左位和手动换向阀4中的单向阀进入液压缸下腔，实现快退；当快退到挡铁*A*压下行程阀8而使油液通道被切断时，活塞便停止运动。因此，改变挡铁*A*的位置，就能改变“停”的位置。

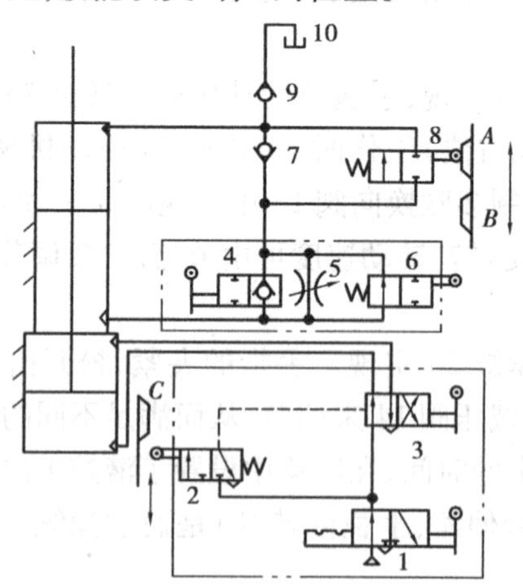

图8.5　气-液动力滑台气压传动系统

1,3,4—手动换向阀;2,6,8—行程阀;5—节流阀;7,9—单向阀;10—油箱

(2)快进、慢进、慢退、快退、停止

当手动换向阀4处于左位时，就可实现快进、慢进、慢退、快退、停止的循环动作。其动作循环中的快进、慢进的动作原理与上述相同。当慢进至挡铁*C*压下行程阀2至左位时，输出气信号使阀3切换到左位，气缸活塞开始向上运动，这时液压缸活塞上腔的油液经行程阀8的左位和节流阀5进入活塞下腔，即实现慢退(反向进给)；当慢退到挡铁*B*离开行程阀6的顶

杆而使其复位(左位)后,液压缸活塞上腔的油液就经行程阀6左位而进入活塞下腔,开始快退;当快退到挡铁A压下行程阀8而使其处于右位时,油液通路被切断,活塞就停止运动。

图8.5中带定位机构的手动换向阀1、行程阀2和手动换向阀3组合成一只组合阀块,换向阀4、行程阀6和节流阀5为一组合阀,补油箱10是为了补偿系统中的漏油而设置的,一般可用油杯来代替。

8.5　工件夹紧气动系统

如图8.6所示为机械加工自动线、组合机床中常用的工件夹紧的气压传动系统图。其动作循环是定位气缸A活塞下降将工件压紧,两侧油缸B和C夹紧,然后进行钻削加工,最后各夹紧缸退回,松开工件。

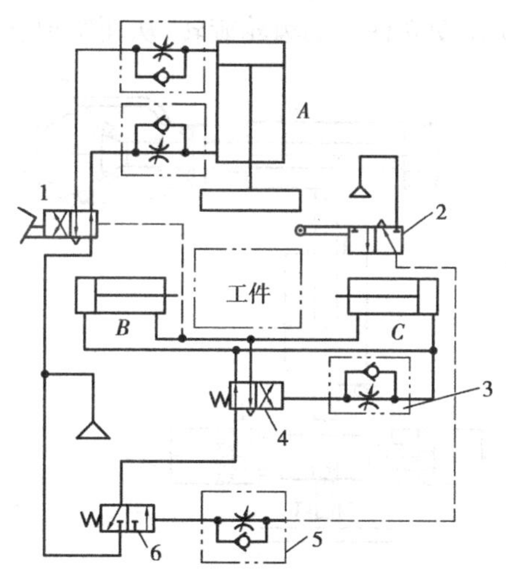

图8.6　气动夹紧系统图

1—脚踏换向阀;2—行程阀;3,5—单向节流阀;

4,6—气控换向阀;A—定位气缸;B,C—夹紧气缸

其工作原理是用脚踏下换向阀1,压缩空气进入气缸A的无杆腔,有杆腔经节流阀排气,气缸活塞下行。当夹紧头下降与机动行程阀2接触后发出信号,压缩空气经单向节流阀5使二位三通气控换向阀6换向(调节节流阀开度可以控制阀6的延时换向时间),此时,压缩空气通过换向阀4进入两侧气缸B和C的无杆腔,有杆腔气体经过换向阀4排向大气,使活塞杆前进,工件被夹紧。与此同时,经过换向阀4的一部分压缩空气经过单向节流阀3作用在换向阀4右端,经过一段时间(由节流阀控制)后,换向阀4被切换到右位,两侧气缸B,C后退到原来位置。当气缸B,C退到底后,一部分空气进入脚踏换向阀1的右端,使换向阀1右位工作,压缩空气则进入缸A的下腔。上腔排气,夹紧头上升,同时机动行程阀2复位,使气动换向阀6也复位(此时换向阀4处于右位),气缸B,C的无杆腔通过换向阀4和6排气,换向阀4自动复位到左端接入工作状态,完成一个循环。

8.6 气动机械手系统

机械手是自动生产设备和生产线上的重要装置之一，它可以根据各种自动化设备的工作需要，按照预定的控制程序动作。因此，在机械加工、冲压、锻造、铸造、装配及热处理等生产过程中，它被广泛用来搬运工件，借以减轻工人的劳动强度；也可实现自动取料、上料、卸料及自动换刀的功能。气动机械手是机械手的一种，它具有结构简单、质量轻、动作迅速、平稳、可靠和节能等优点。

如图8.7所示为用于某专用设备上的气动机械手的结构示意图，它由4个气缸组成，可在三坐标内工作。图中，A为夹紧缸，其活塞杆退回时夹紧工件，活塞杆伸出时松开工件；B为长臂伸缩缸，可实现伸出和缩回动作；C为立柱升降缸；回转缸D有两个活塞，分别装在带齿条的活塞杆两头，齿条的往复运动带动立柱上的齿轮旋转，从而实现立柱及长臂的回转。

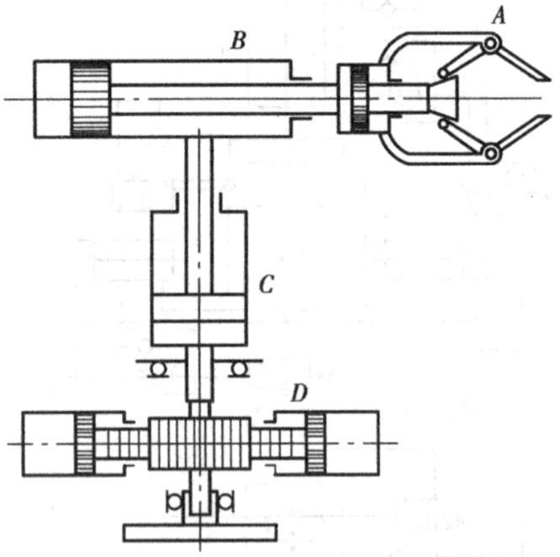

图8.7 气动机械手的结构示意图

A—夹紧缸；B—长臂伸缩缸；C—立柱升降缸；D—回转缸

(1) 气动机械手工作程序图

该气动机械手的控制要求是手动启动后，能从第一个动作开始自动延续到最后一个动作。其要求的动作顺序为

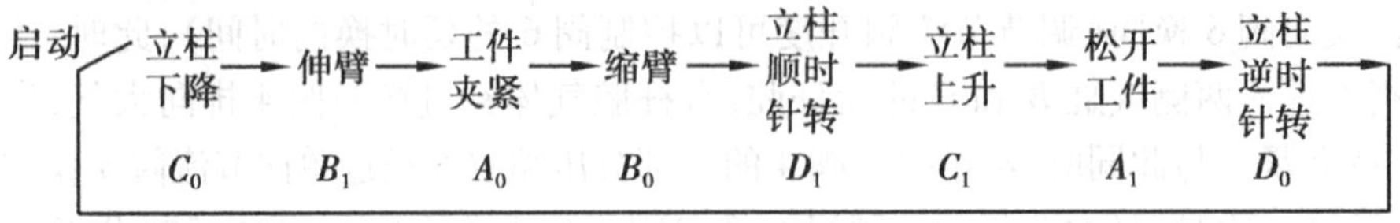

写成工作程序图为

$$q \xrightarrow{(qd_0)} \underset{1}{C_0} \xrightarrow{c_0} \underset{2}{B_1} \xrightarrow{b_1} \underset{3}{A_0} \xrightarrow{a_0} \underset{4}{B_0} \xrightarrow{b_0} \underset{5}{D_1} \xrightarrow{d_1} \underset{6}{C_1} \xrightarrow{c_1} \underset{7}{A_1} \xrightarrow{a_1} \underset{8}{D_0} \xrightarrow{d_0}$$

可写成简化式为$C_0B_1A_0B_0D_1C_1A_1D_0$。

由以上分析可知。该气动系统属多缸单往复系统。

(2) X-D 线图

根据上述的分析，可画出气动机械手在 $C_0B_1A_0B_0D_1C_1A_1D_0$ 动作程序下的 X-D 线图。

X-D组		1	2	3	4	5	6	7	8	执行信号
		C_0	B_1	A_0	B_0	D_1	C_1	A_1	D_0	
1	$d_0(C_0)$ C_0									$d_0(C_0)=qd_0$
2	$c_0(B_1)$ B_1									$c_0^*(B_1)=c_0a_1$
3	$b_1(A_0)$ A_0									$b_0(A_0)=b_1$
4	$a_0(B_0)$ B_0									$a_0(B_0)=a_0$
5	$b_0(D_1)$ D_1									$b_0^*(D_1)=b_0a_0$
6	$d_1(C_1)$ C_1									$d_0(C_1)=d_1$
7	$c_1(A_1)$ A_1									$c_1(A_1)=c_1$
8	$a_1(D_0)$ D_0									$a_1(D_0)=a_1$
备用格	$c_0^*(B_1)$									
	$b_0^*(D_1)$									

图 8.8　气动机械手 X-D 线图

从图 8.8 中可比较容易地看出其原始信号 c_0 和 b_0 均为障碍信号，因而必须排除。

为了减少整个气动系统中元件的数量，这两个障碍信号都采用逻辑回路来排除，其消障后的执行信号分别为 $c_0^*(B_1)=c_0a_1$ 和 $b_0^*(D_1)=b_0a_0$，如图 8.8 所示。

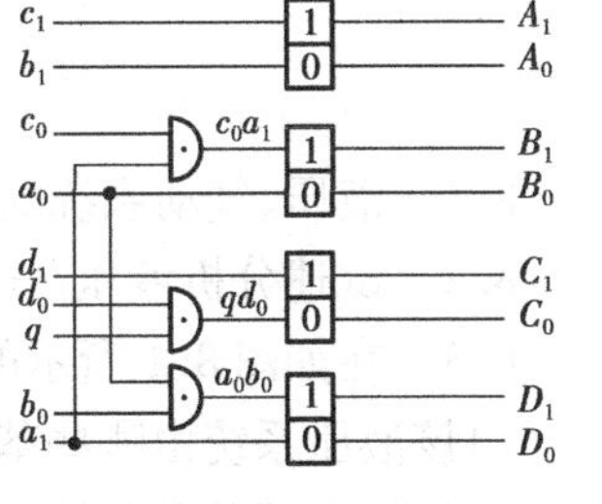

图 8.9　气控逻辑原理图

(3) 逻辑原理图

如图 8.9 所示为气动机械手在其程序为 $C_0B_1A_0B_0D_1C_1A_1D_0$ 条件下的逻辑原理图，图中列出了 4 个缸 8 个状态以及与它们相对应的主控阀，图中左侧列出的是由行程阀、启动阀等发出的原始信号（简略画法）。在 3 个与门元件中，中间一个与门元件说明启动信号 q 对 d_0 起开关作用，其余两个与门则起排除障碍作用。

(4) 气动回路原理图

按图 8.9 的气控逻辑原理图可以绘制出该机械手的气动回路图，如图 8.10 所示。在 X-D 图中可知，原始信号 c_0，b_0 均为障碍信号，而且是用逻辑回路法除障，故它们应为无源元件，即不能直接与气源相接，按除障后的执行信号表达式 $c_0^*(B_1)=c_0a_1$ 和 $b_0^*(D_1)=b_0a_0$ 可知，原始信号 c_0 要通过 a_1 与气源相接，同样原始信号 b_0 要通过 a_0 与气源相接。

由该系统图分析可知，当按下启动阀 q 后，主控阀 C 将处于 C_0 位，活塞杆退回，即得到 C_0；c_0a_1 将使主控阀 B 处于 B_1 位，活塞杆伸出，得到 B_1；活塞杆伸出碰到 b_1，则控制气使主控阀 A 处于 A_0 位，A 缸活塞退回，即得到 A_0；A 缸活塞杆挡铁碰到 a_0，a_0 又使主控阀 B 处于 B_0

位，B 缸活塞杆返回，即得到 B_0；B 缸活塞杆挡块又压下 b_0，a_0 b_0 又使主控阀 D_1 处于 D 位，使 D 缸活塞杆往右运动，得到 D_1；D 缸活塞杆上的挡铁压下 d_1，d 则使主控阀 C 处于 C_1 位，使 C 缸活塞杆伸出，得到 C_1，C 缸活塞杆上挡铁又压下 c_1，c_1 使主控缸 A 处于 A_1 位，A 缸活塞杆伸出，即则得到 A_1；A 缸活塞杆上的挡铁压下 a_1，a_1 使主控阀 D 处于 D_0 位，使 D 缸活塞杆往左，即得 D_0，D 缸活塞上的挡铁压下 d_0，d_0 经启动阀又使主控阀 C 处于 C_0 位，又开始新的一轮工作循环。

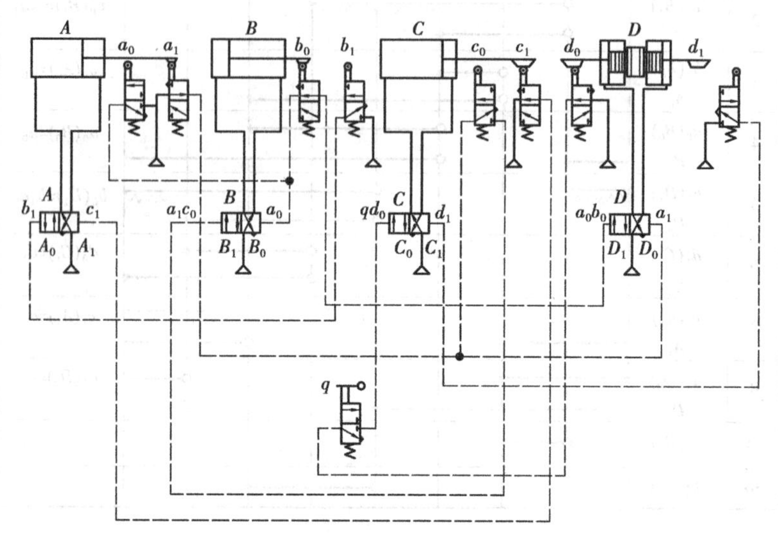

图 8.10　气动机械手气压传动系统

复习思考题

8.1　液压、气动系统的图形如何表示？其阅读要点是什么？

8.2　试述分析液压、气动系统原理图的基本方法和步骤。

8.3　在如图 8.1 所示的机床动力滑台液压系统中：

1）该液压系统由哪些基本回路组成？

2）如何实现差动联接？

3）采用行程阀实现快慢切换有何特点？

4）单向阀 2 有何作用？

5）压力继电器 9 有何作用？

8.4　在如图 8.3 所示的液压压力机系统原理图中：

1）压力机主缸的工作循环是什么？怎样实现？

2）为使压力机安全平稳地工作，该系统采取了哪些措施？

8.5　根据如图 8.4 所示装卸堆码机液压系统原理图，回答以下问题：

1）试述装卸堆码机的常见作业程序。

2）底盘行走时如何防止系统过载？

3）试述立柱升降时系统进油路和回油路中的油液回路。

第 9 章 液压气动系统设计与计算

液压、气动系统设计是整机设计的重要组成部分。无论是液压传动还是气压传动,其设计的一般步骤基本是一致的,具体包括以下 6 个步骤:

①明确系统设计要求。

②分析系统工况,确定系统的主要性能参数。

③拟定系统原理图。

④元件的计算和选择。

⑤系统的性能验算。

⑥绘制工作图,编写技术文件。

9.1 液压系统设计一般步骤

在设计液压系统时,首先要对机械设备主机的工作情况进行详细的分析,明确主机对液压系统提出的要求,将其作为设计依据。具体步骤包括:

①主机的用途、主要结构、总体布局;主机对液压系统执行元件在空间布置和尺寸上的限制。

②主机的工作循环,液压执行元件的运动方式(移动、转动或摆动)及其工作范围。

③液压执行元件的负载和运动速度的大小及其变化范围。

④主机各液压执行元件的动作循环、转换和互锁要求。

⑤对液压系统工作性能(如运动平稳性、可靠性、转换精度等)、工作效率、自动化程度等方面的要求。

⑥液压系统的工作环境和工作条件,如周围介质、环境温度、湿度、尘埃、防火、外界冲击振动等。

⑦其他方面的要求,如液压装置在质量、外形尺寸、经济性等方面的规定或限制。

9.1.1 工况分析

工况分析，就是分析主机在工作过程中各执行元件的运动速度和负载的变化规律，通常是求出一个工作循环内各阶段的速度和负载值。对于动作较复杂的机械设备，根据工艺要求，将各执行元件在各阶段所需克服的负载用如图9.1所示的负载-位移（F-l）曲线（负载图）表示。由此图可直观地看出在运动过程中何时受力最大、何时受力最小等各种情况，为系统设计提供依据。一般情况下，液压缸带动工作部件做直线往复运动时，承受的负载主要由6部分组成，即工作负载、导向摩擦负载、惯性负载、重力负载、密封负载及背压负载。典型液压缸工作循环的负载计算如表9.1所示。

表9.1 液压缸工作循环各阶段的负载计算

工　况	计算式	备　注
启动	$F = F_{fs} + F_L$	F_{fs}为静摩擦力；F_L为工作负载
加速	$F = F_L + F_{fd} + F_a$	F_{fd}为动摩擦力；F_a为加减速时的惯性力；加速时为“+”，减速时为“-”
快进	$F = F_L + F_{fd}$	
减速	$F = F_L + F_{fd} - F_a$	
慢进（工进）	$F = F_L + F_{fd} + F_b$	F_b为背压产生负载
快退	$F = F_{fd} + F_a$	
慢退	$F = F_{fd} + F_b$	F_b为背压产生负载
减速	$F = F_{fd} + F_b - F_a$	

另一方面，将各执行元件在各阶段的速度用如图9.2所示的速度-位移（v-l）曲线（速度图）表示。设计简单的液压系统时，这两种图可省略不画。

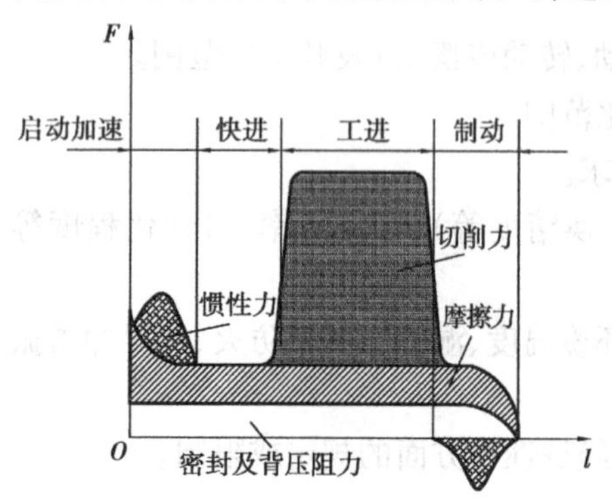

图9.1 执行元件负载图

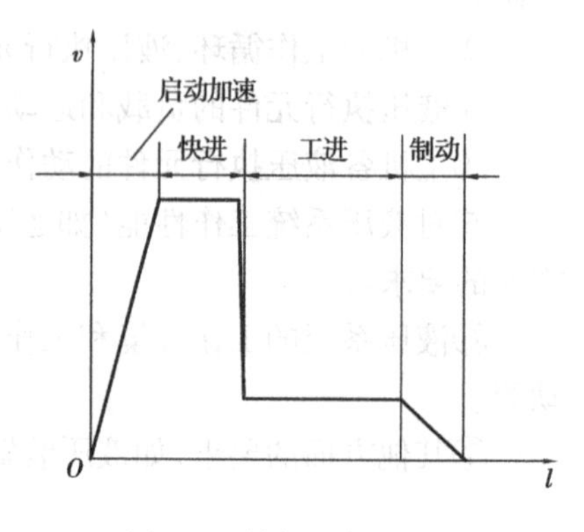

图9.2 执行元件速度图

9.1.2　确定主要参数

液压系统的主要参数设计是指确定液压执行元件的工作压力和最大流量。

液压执行元件的工作压力可根据负载图中的最大负载选取(见表9.2),也可根据主机的类型来选取(见表9.3);而最大流量则由执行元件速度图中的最大速度计算出来。工作压力和最大流量的确定都与液压执行元件的结构参数(指液压缸的有效工作面积A或液压马达的排量V_M)有关。一般的做法是先选定液压执行元件的类型及其工作压力p,再按最大负载和预估液压执行元件的机械效率求出A或V_M,并通过各种必要的验算、修正和圆整成标准值后定下这些结构参数,最后再算出最大流量q_{max}。

表9.2　按负载选取执行元件的工作压力

载荷/kN	<5	5~10	10~20	20~30	30~50	>50
工作压力/MPa	<0.8~1	1.5~2	2.5~3	3~4	4~5	≥5~7

表9.3　按主机类型选取执行元件的工作压力

设备类型	机床					农业机械 汽车工业 小型工程 机械及辅 助机构	工程机械 重型机械 锻压设备 液压支架 等	船用 系统
	磨床	组合机床 齿轮加工机床 牛头刨床 插床	车床 铣床 镗床	研磨 机床	拉床 龙门 刨床			
工作压力/MPa	≤1.2	<6.3	2~4	2~5	<10	10~16	16~32	14~25

有些主机(如机床)的液压系统对液压执行元件的最低稳定速度有较高的要求,这时所确定的液压执行元件的结构参数A或V_M还必须符合下述条件,即

$$\frac{q_{min}}{A} \leqslant v_{min} \tag{9.1}$$

或

$$\frac{q_{min}}{V_M} \leqslant n_{min} \tag{9.2}$$

式中　q_{min}——节流阀或调速阀、变量泵的最小稳定流量,由产品性能表查出;

v_{min},n_{min}——液压执行元件的最低运动速度或转速。

液压系统执行元件的工况图是在液压执行元件结构参数确定后,根据主机工作循环,算出不同阶段中的实际工作压力、流量和功率之后作出的,如图9.3所示。工况图显示液压系统在实现整个工作循环时压力p、流量q、功率P等3个参数的变化情况。当系统中有多个液压执行元件时,其工况图应是各个执行元件工况图的综合。

液压执行元件的工况图是选择系统中其他液压元件和制定液压基本回路的依据,也是拟定液压系统方案的依据,这是因为:

①液压泵和各种控制阀等液压元件的规格是根据工况图中的最大压力和最大流量选

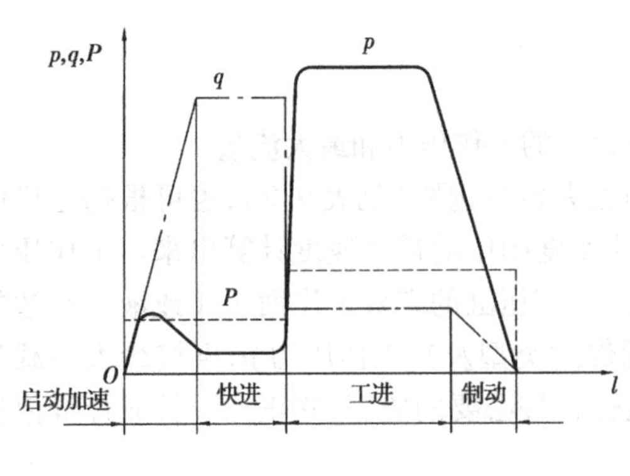

图 9.3　执行元件的工况图

定的。

②液压回路及其油源形式是按工况图中不同阶段内的压力和流量变化情况初选后，再通过比较确定的。

③将工况图所反映的情况与调研得来的参考方案进行对比，可以对原来设计参数的合理性作出鉴别或进行调整。例如，在工艺情况允许的条件下，调整有关工作阶段的时间或速度，可以减少所需的功率；但功率分布很不均匀时，适当修改参数可以避开（或削减）功率“峰值”等。

9.1.3　拟定液压系统原理图

液压系统原理图是表示液压系统的组成和工作原理的重要技术文件。拟定液压系统原理图是设计液压系统的关键一步，它对系统的性能及设计方案的合理性、经济性具有决定性的影响。其一般方法是，首先根据动作和性能要求先分别选择和拟定基本回路，然后将各个回路有机的组合成一个完整的系统。

（1）确定回路类型

一般具有较大空间可以存放油箱且不另设散热装置的系统，都采用开式回路；凡允许采用辅助泵进行补油，并借此进行冷却交换来达到冷却目的的系统，可采用闭式回路。通常节流调速系统采用开式回路，容积调速系统采用闭式回路，它们的性能特点如表 9.4 所示。

表 9.4　开式回路系统和闭式回路系统的比较

油液循环方式	开　式	闭　式
散热条件	较方便，但油箱较大	较复杂，需用辅助泵换油冷却
抗污染性	较差，但可采用压力油箱或油箱呼吸器来改善	较好，但油液过滤要求较高
系统效率	管路压力损失大，节流调速时效率低	管路压力损失小，容积调速时效率较高
泵的自吸性能	要求高	要求低

（2）拟定液压回路

在拟定液压系统原理图时，应根据各类主机的工作特点、负载性质和性能要求，首先确定对主机主要性能起决定性影响的主要回路，然后再考虑其他辅助回路。例如，对于机床液压系统，调速和速度换接回路是主要回路；对于压力机液压系统，调压回路是主要回路；有垂直运动部件的系统要考虑平衡回路；惯性负载较大的系统要考虑缓冲制动回路；有多个执行元件的系统要考虑顺序动作、同步或互不干扰回路；有空载运行要求的系统要考虑卸荷回路等。

选择液压回路时既要考虑系统的动作、性能要求，也要考虑节省能源、减少发热、减少冲击、保证动作精度等问题。

(3)绘制液压系统原理图

将拟定出来的各典型回路合并、整理,增加必要的元件或辅助回路,加以综合构成一个结构简单、工作安全可靠、动作平稳、效率高、调整和维护保养方便的液压系统,形成系统原理图。液压系统原理图应按国家标准(GB/T 786.1—1993)规定的图形符号绘制。

9.1.4 液压元件的计算和选择

拟定了液压系统原理图后,就可以根据工况图反映的最大压力和最大流量来计算和选择液压系统中的各种元件和辅件,并确定系统中元件的安装联接形式。

(1)液压泵及驱动电机的选择

首先根据设计要求和系统工况确定泵的类型,然后根据液压泵的最大工作压力和最大供油量来选择液压泵的规格。

1)确定液压泵的最大工作压力 p_p

$$p_p \geqslant p + \sum \Delta p_l \tag{9.3}$$

式中 p——执行元件的最高工作压力;

$\sum \Delta p_l$——进油路上总的压力损失。

执行元件的最高工作压力可从工况图中查到,进油路上总的压力损失准确计算需要管路和元件的布置图确定后才能进行,初步计算时可以按经验数据选取。对简单系统流速较小时,取 $\sum \Delta p_l = 0.2 \sim 0.5$ MPa;对复杂系统流速较大时取 $\sum \Delta p_l = 0.5 \sim 1.5$ MPa。例如,系统在执行元件停止运动时才出现最高工作压力,则 $\sum \Delta p_l = 0$。

2)确定液压泵的最大供油量 q_p

液压泵的最大供油量必须大于或等于几个同时工作的液压执行元件总流量的最大值以及回路中泄漏量这两者之和。液压执行元件总流量的最大值可以从工况图中查到,回路中的泄漏量可按总流量最大值的10% ~30%估算。其计算公式为

$$q_p \geqslant k \sum q_{max} \tag{9.4}$$

式中 k——系统的泄漏修正系数,一般取 $k = 1.1 \sim 1.3$,大流量取小值,小流量取大值;

$\sum q_{max}$——同时动作的各执行元件所需流量之和的最大值,当系统中备有蓄能器时,此值应为一个工作循环中液压执行元件的平均流量。

如果液压泵的供油量是按工进工况选取时,其供油量应考虑溢流阀的最小溢流量。

3)选择液压泵的规格型号

根据以上计算所得的液压泵的最大工作压力和最大供油量以及系统中拟定的液压泵的形式,查阅有关手册或产品样本即可确定液压泵的规格型号。但要注意,选择的液压泵的额定流量要大于或等于前面计算所得的液压泵的最大供油量,并且尽可能接近计算值,不要超过太多,以免造成过大的功率损失。所选液压泵的额定压力应大于或等于计算所得的最大工作压力,但为了使液压泵工作安全可靠,液压泵应有一定的压力储备,通常泵的额定压力可比最大工作压力高20% ~60%。

4)选择驱动液压泵的电动机

驱动液压泵的电动机根据驱动功率和泵的转速来选择。液压泵在额定压力和额定流量下

工作时,其驱动电机的功率一般可以直接从产品样本上查到。

电机功率也可以根据具体工况计算出来,在整个工作循环中,泵的压力和流量在较多时间内皆达到最大工作值时,驱动泵的电动机功率为

$$P = \frac{p_p q_p}{\eta_p} \tag{9.5}$$

式中　η_p——液压泵的总效率,数值可见产品样本。

限压式变量叶片泵的驱动功率,可按泵的实际压力流量特性曲线拐点处的功率来计算。

在工作循环中,泵的压力和流量变化较大时,可分别计算出工作循环中各个阶段所需的驱动功率,然后求其均方根值即可。

在选择电动机时,应将求得的功率值与各工作阶段的最大功率值比较,若最大功率符合电动机短时超载25%的范围,则按平均功率选择电动机;否则应按最大功率选择电动机。

确定液压泵的原动机时,一定要同时考虑功率和转速两个因素。对电动机来说,除电动机功率满足泵的需要外,电动机的同步转速不应高于泵的额定转速。例如,泵的额定转速为1 000 r/min,则电动机的同步转速也应为1 000 r/min,当然,若选择同步转速为750 r/min的电动机,并且泵的流量能满足系统需要时是可以的。同理,对内燃机来说,也不要使泵的实际转速高于其额定转速。

(2)液压阀的选择

各种阀类元件的规格型号,以阀的最大工作压力和通过该阀的最大实际流量为主要依据,并考虑阀的结构形式、特性曲线、压力等级、联接方式、集成方式、操纵控制方式及工作寿命等,从产品样本中选取。各种阀的额定压力和额定流量,一般应与其工作压力和最大通过流量相接近。必要时,可允许其最大通过流量略大于其额定流量,但一般不超过20%,否则会引起发热、噪声、压力损失等增大和阀性能下降。对于可靠性要求特别高的系统,阀的额定压力应高出其工作压力较多。

具体选择时,应注意溢流阀按液压泵的最大流量来选取;流量阀还需考虑最小稳定流量,以满足低速稳定性要求。对单杆液压缸系统,若无杆腔有效作用面积为有杆腔有效作用面积的几倍,当有杆腔进油时,则回油流量就是进油流量的几倍,此时,应以该流量来选择通过的阀类元件。

(3)辅助元件的选择

油管的规格一般是由它所联接的液压元件接口处的尺寸决定的,对一些重要的管道应验算其内径和壁厚。

油箱为了储油和散热,必须有足够的容积和散热面积。

其他辅助元件(如滤油器、压力表、管接头等)由有关资料和手册选取。

9.1.5　液压系统的性能验算

为了评估液压系统的设计质量,需要对系统的主要技术性能进行必要的验算,以便对所选液压元件和液压系统参数作进一步调整、改进和完善液压系统。由于液压系统的验算较复杂,只能采用一些简化公式近似地验算某些性能指标,如果设计中有经过生产实践考验的同类型系统供参考或有较可靠的实验结果可以采用时,可以不进行验算。液压系统性能验算的项目很多,主要有回路压力损失验算和发热温升验算。

(1)回路压力损失验算

系统的总压力损失包括油液流经管道的沿程压力损失、局部压力损失和流经阀类元件的压力损失3项。管道内的两种压力损失可用液压流体力学相关的公式计算;阀类元件处的局部压力损失则需从产品样本中查出。

必须注意,计算液压系统的回路压力损失时,不同的工作阶段要分开来计算,回油路上的压力损失一般都需折算到进油路上去。

在系统的具体管道布置情况没有明确之前,沿程损失和局部损失仍无法计算。为了尽早地评估系统的主要性能,避免后面的设计工作出现大的反复,在系统方案初步确定之后,通常用液流通过阀类元件的局部压力损失来对管路的压力损失进行概略地估算,因为这部分损失在系统的整个压力损失中占很大的比重。

在算出系统油路的总的压力损失后,将此验算值与前述设计过程中初步选取的油路压力损失经验值相比较,若误差较大,一般应对原设计进行必要的修改,重新调整有关阀类元件的规格和管道尺寸等,以降低系统的压力损失。需要指出的是,对于较简单的液压系统,压力损失验算可以省略。

(2)系统发热温升验算

液压系统在工作时,有压力损失、容积损失和机械损失,这些损耗能量的大部分转化为热能,使油温升高从而导致油的黏度下降,油液变质,机器零件变形,影响正常工作。为此,必须将温升控制在许可范围内。

功率损失使系统发热,则单位时间的发热量为液压泵的输入功率与执行元件的输出功率之差,一般情况下,液压系统的工作循环往往有好几个阶段,其平均发热量为各个工作周期发热量的时均值,即

$$\phi = \frac{1}{t}\sum_{i=1}^{n}(P_{1i} - P_{2i})t_i \tag{9.6}$$

式中 P_{1i}——第 i 个工作阶段系统的输入功率;

P_{2i}——第 i 个工作阶段系统的输出功率;

t——工作循环周期;

t_i——第 i 个工作阶段的持续时间;

n——总的工作阶段数。

液压系统在工作中产生的热量,经过所有元件、附件的表面散发到空气中去,但绝大部分是由油箱散发的,油箱在单位时间的散发热量可按下式计算,即

$$\phi' = k_h A \Delta t \tag{9.7}$$

式中 A——油箱的散热面积;

Δt——液压系统的温升;

k_h——油箱的散热系数,其值可查阅液压设计手册。

当液压系统的散热量等于发热量时,系统达到热平衡,这时系统的温升为

$$\Delta t = \frac{\phi}{k_h A} = \frac{1}{k_h A t}\sum_{i=1}^{n}(P_{1i} - P_{2i})t_i \tag{9.8}$$

按式(9.8)算出的温升值如果超过允许数值时,系统必须采取适当的冷却措施或修改液压系统的设计。为此液压系统必须控制温升 Δt 在许可范围内,如一般机床 $\Delta t = 25 \sim 35$ ℃,数

控机床 $\Delta t \leqslant 25$ ℃，粗加工机械、工程机械 $\Delta t = 35 \sim 40$ ℃。

9.1.6 绘制工作图，编写技术文件

所设计的液压系统经过验算后，即可对初步拟定的液压系统进行修改，并绘制正式工作图和编制技术文件。

(1)绘制工作图

正式工作图包括液压系统原理图、液压系统装配图、液压缸等非标准元件装配图及零件图。液压系统原理图中应附有液压元件明细表，表中标明各液压元件的型号规格、压力和流量等参数值，一般还应绘出各执行元件的工作循环图和电磁铁的动作顺序表。

液压系统装配图是液压系统的安装施工图，包括油箱装配图、集成油路装配图和管路安装图等，在管路安装图中应画出各油管的走向，固定装置结构，各种管接头的形式、规格等。

(2)编写技术文件

技术文件一般包括液压系统设计计算说明书，液压系统使用及维护技术说明书，零、部件目录表及标准件、通用件、外购件汇总表等。

9.2 液压系统设计计算示例

设计一台卧式组合钻孔专用机床液压系统，完成 8 个 $\phi 14$ mm 孔的加工进给传动。根据加工需要，该系统的工作循环是快进→工进→快退→原位停止。已知：快进快退速度约为 4.5 m/min，工进速度应能在 20 ~ 120 mm/min 范围内无级调速，最大行程为 400 mm（其中工作行程为 180 mm），最大切削力为 18 kN，运动部件自重为 25 kN，启动换向时间 $\Delta t = 0.05$ s，采用水平放置的平导轨，静摩擦系数 $f_s = 0.2$，动摩擦系数 $f_d = 0.1$。

9.2.1 工况分析

(1)负载分析

液压缸在工作过程各阶段的负载如下：

1)启动加速阶段

$$F = (F_{fs} + F_a)\frac{1}{\eta_m} = \left(f_s \cdot G + m \cdot \frac{\Delta v}{\Delta t}\right)\frac{1}{\eta_m} = \left(f_s \cdot G + \frac{G}{g} \cdot \frac{\Delta v}{\Delta t}\right)\frac{1}{\eta_m}$$

2)快进或快退阶段

$$F = \frac{F_f}{\eta_m} = \frac{f_d G}{\eta_m}$$

3)工进阶段

$$F = \frac{F_w + F_f}{\eta_m} = \frac{F_w + f_d G}{\eta_m}$$

液压缸在各工作阶段的速度和负载值如表 9.5 所示。液压缸的负载循环图如图 9.4 所示。

表9.5　液压缸在各工作阶段的速度和负载值

工作阶段	速度 $v/(\mathrm{m\cdot s^{-1}})$	负载 F/N
启动加速		9 810
快进、快退	0.075	2 780
工进	最小0.000 3,最大0.002	22 780

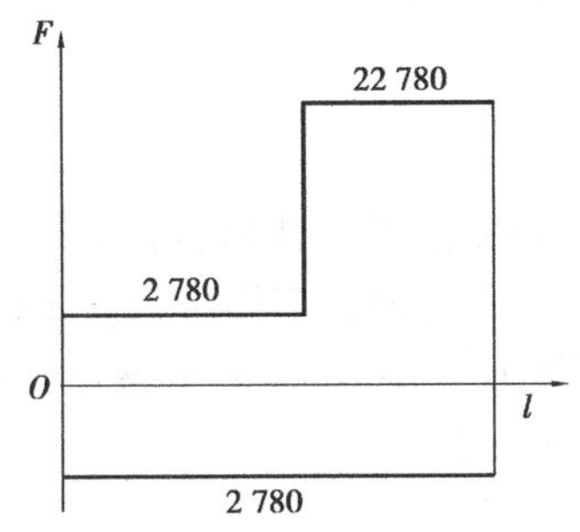

图9.4　液压缸负载循环图

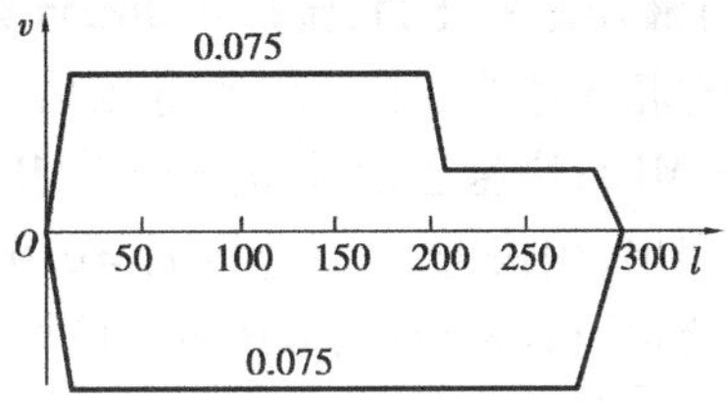

图9.5　液压缸速度循环图

(2)运动分析

根据已知条件,绘制出速度循环图,如图9.5所示。

9.2.2　主要参数的确定

(1)初选液压缸工作压力

由负载值大小查表9.1,参考同类型机床,取液压缸工作压力为3 MPa。

(2)液压缸主要结构参数的确定

1)液压缸内径

由表9.5看出最大负载为工进阶段的负载 $F=22\ 780$ N,则

$$D=\sqrt{\frac{4F}{\pi p}}=\sqrt{\frac{4\times 22\ 780}{3.14\times 3\times 10^{6}}}\ \mathrm{m}=0.098\ 4\ \mathrm{m} \tag{9.9}$$

查设计手册,按液压缸内径系列表将以上计算值圆整为标准直径,取 $D=100$ mm。

2)活塞杆直径

为了实现快进速度与快退速度相等,采用差动联接,则

$$d=\frac{D}{\sqrt{2}}\approx 0.7D$$

故

$$d=0.7\times 100\ \mathrm{mm}=70\ \mathrm{mm} \tag{9.10}$$

同样,圆整成标准系列活塞杆直径,取 $d=70$ mm。

3)液压缸实际有效作用面积

由 $D=100$ mm,算出液压缸无杆腔和有杆腔有效作用面积分别为

$$A_1=\frac{1}{4}\pi D^2=78.5\ \mathrm{cm}^2$$

$$A_2 = \frac{1}{4}\pi(D^2 - d^2) = 40.1\ \text{cm}^2$$

4）按最低速度验算液压缸有效面积

工进若采用调速阀调速，查产品样本，调速阀最小稳定流量 $q_{v\min} = 0.05$ L/min，因最低工进速度 $v_{\min} = 2$ mm/min，则

$$\frac{q_{v\min}}{v_{\min}} = \frac{0.05 \times 10^3}{2 \times 0.1} = 25\ \text{cm}^2 < A_1 < A_2 \tag{9.11}$$

故能满足低速稳定性要求。

（3）液压缸的压力、流量和功率计算

根据相关手册，本系统的背压估计值可在 0.5～0.8 MPa 范围内选取，可暂定工进时，$p_b = 0.8$ MPa；快速运动时，$p_b = 0.5$ MPa。液压缸在工作循环各阶段的工作压力 p_1 即可按公式计算得出，因快进、快退速度 $v_1 = 0.075$ m/s，最大工进速度 $v_2 = 0.002$ m/s，则液压缸各阶段的输入流量可计算得出，液压缸各阶段的输入功率也可计算得出。

液压缸各工作阶段的压力、流量和功率如表 9.6 所示。

表 9.6　液压缸各工作阶段的压力、流量和功率

工作阶段	工作压力 p_1/ MPa	输入流量 q_{v1}/(L·min^{-1})	输入功率 p/kW
快速前进	1.25	17.3	0.36
工作进给	3.31	0.94	0.05
快速退回	1.67	18	0.5

9.2.3　拟定液压系统原理图

根据卧式组合钻孔专用机床的设计任务和工况分析，机床对调速范围和低速稳定性有一定要求，因此，速度控制是该机床要解决的主要问题，速度的调节、换接和稳定性是该机床液压系统设计的核心。

（1）调速方法及供油形式的确定

本机床的进给运动要求有较好的低速稳定性和速度负载特性，故采用调速阀调速。本系统为小功率系统，效率和发热问题并不突出，而且是正负载，在其他条件相同的情况下，进油节流调速比回油节流调速能获得更低的稳定速度。故本机床液压系统采用调速阀的进油节流调速，为防止孔钻通时发生前冲，应在回路上加背压阀。

由表 9.6 得知，液压系统的供油为低压大流量和高压小流量两个阶段，为了提高系统效率和节约能源，故采用双泵供油回路。

由此选定了节流调速方案，故油路采用开式循环油路。

此外，根据本机床的运动形式和要求，选用单活塞杆式液压缸；为了使快进和快退速度相同，故选用差动联接快速运动回路；为了使速度换接平稳可靠，选用行程阀控制的速度换接回路。

（2）换向方式的确定

本系统对换向平稳性的要求不是很高，所以选用价格较低的电磁换向阀控制的换向回路。

为了便于差动联接,选用三位五通电磁换向阀。为了调整方便和便于增设液压夹紧支路,故选用Y型中位机能换向阀。为了控制轴向加工尺寸,提高换向位置精度,采用死挡铁加压力继电器的行程终点转换控制。

(3)工作进给油路的确定

由于采用双泵供油回路,故用外控顺序阀实现低压大流量泵卸荷,用溢流阀调整高压小流量泵的供油压力。为了观察调整压力,在液压泵的出口处、背压阀和液压缸无杆腔进口处设测压点。

将上述所选定的液压回路进行归并,并根据需要作必要的修改调整,最后画出液压系统原理图,如图9.6所示。电磁换向阀和行程阀动作顺序如表9.7所示。

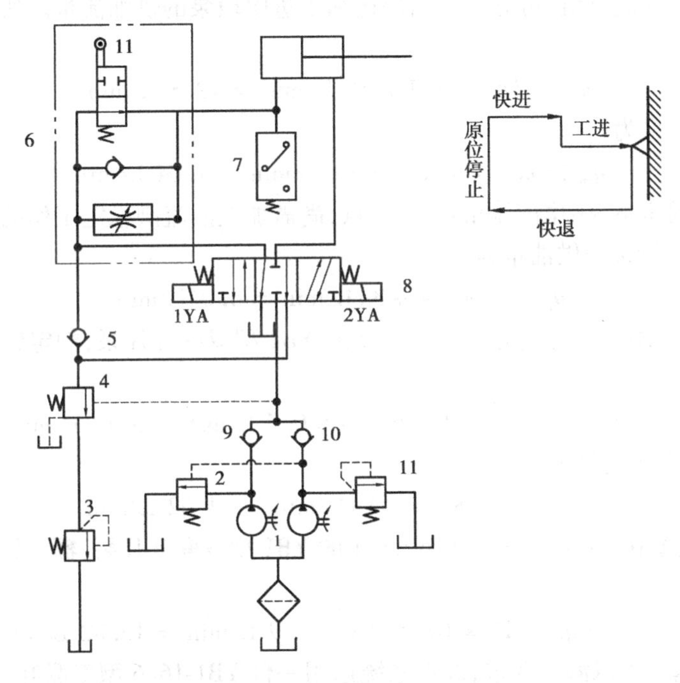

图9.6 液压系统原理图

1—双联叶片泵;2,4—顺序阀;3—背压阀;5,9,10—单向阀;6—单向调速阀;7—压力继电器;8—换向阀;11—溢流阀

表9.7 电磁铁和行程阀动作表

动作顺序	1YA	2YA	行程换向阀
快速前进	+	−	−
工作进给	+	−	+
快速退回	−	+	+ −
停　　止	−	−	−

9.2.4 选择液压元件

(1)选择液压泵

1)液压泵由表9.6可知,工进阶段液压缸工作压力最大,若取进油路总压力损失$\sum \Delta p_1 = 0.5$ MPa,则液压泵最高工作压力为

$$p_p \geqslant p + \sum \Delta p_l = (3.31 + 0.5) \text{ MPa} = 3.81 \text{ MPa}$$

泵的额定压力可取$125\% p_p = 4.76$ MPa。

2)供油流量

根据表9.6中的流量值,可分别求出快速和工进阶段泵的供油流量。快进、快退时泵的供油量为

$$q_{vp} \geqslant kq_1 = 1.1 \times 18 \text{ L/min} = 19.8 \text{ L/min}$$

工进时泵的流量为

$$q_{vp} \geqslant kq_1 = 1.1 \times 0.94 \text{ L/min} = 1.04 \text{ L/min}$$

考虑到节流调速系统中溢流阀的性能特点,尚需加上溢流阀稳定工作的最小溢流量,一般取3 L/min,故小流量泵的供油量为

$$q_{vp1} = (1.04 + 3) \text{L/min} = 4.04 \text{L/min}$$

查产品样本,选用小泵排量为$V = 6$ mL/r的YB1型双联叶片泵,额定转速$n = 960$ r/min,其额定流量为

$$q_{vn1} = Vn\eta_v = 6 \times 10^3 \times 960 \times 0.9 \text{ L/min} = 5.18 \text{ L/min}$$

因此,大流量泵的流量为

$$q_{vp2} = (19.8 - 5.18) \text{L/min} = 14.62 \text{ L/min}$$

查产品样本,选用大泵排量为$V = 16$ mL/r的YB1型双联叶片泵,额定转速$n = 960$ r/min,其额定流量为

$$q_{vn2} = Vn\eta_v = 16 \times 10^3 \times 960 \times 0.9 \text{ L/min} = 13.82 \text{ L/min}$$

q_{vn2}接近q_{vp2}基本可以满足要求,故本系统选用一台YB1-16/6型双联叶片泵。

3)电动机功率

由表9.5可知,快退阶段的功率最大,故按快退阶段估算电动机功率。若取快退时进油路的压力损失$\sum \Delta p_2 = 0.2$ MPa,液压泵的总效率$\eta_p = 0.7$,则电动机功率为

$$P_p = \frac{p_p q_{vn}}{\eta_p} = \frac{(p_1 + \sum \Delta p_1) q_{vn}}{\eta_p} = \frac{(1.67 + 0.2) \times 10^6 \times (5.19 + 13.92) \times 10^{-3}}{60 \times 0.7} \text{ W}$$
$$= 846 \text{ W}$$

查电动机产品样本,选用Y90L-6型异步电动机,$P = 1.1$ kW,$n = 910$ r/min。

(2)选择液压阀

根据所拟定的液压系统原理图,计算分析通过各液压阀油液的最高压力和最大流量,选择各液压阀的型号规格,如表9.8所示。

(3)选择辅助元件

油管内径一般可参考所接元件接口尺寸确定,也可按管路允许流速进行计算,本系统油管选$\phi 18 \times 1.5$无缝钢管。

油箱容量为

$$V = mq_{vp} = (5 \sim 7) \times 19\ \text{L} = (95 \sim 133)\ \text{L}$$

其他辅助元件型号规格如表9.8所示。

表9.8　液压元件的型号规格

序　号	元件名称	通过流量 $q_v/(\text{L} \cdot \text{min}^{-1})$	型号规格
1	双联叶片泵1	19	YB1-16/6
2	溢流阀11	4.18	YF3-10B
3	单向阀9	13.82	AF3-Ea10B
4	单向阀10	5.18	AF3-Ea10B
5	三位五通电磁换向阀8	38	35EF3Y-E10B
6	压力继电器7		DP1-63B
7	单向行程调速阀6	39,38,<1	AXQF3-E10B
8	单向阀5	9.50	AF3-Ea10B
9	背压阀3	0.48	YF3-10B
10	外控顺序阀2	14.30	XF3-10B
11	压力计		Y-100T
12	压力计开关		KF3-E3B
13	过滤器	19	XU-J40×80

9.2.5　液压系统的性能验算

(1)压力损失验算

由于本液压系统比较简单,系统的具体管路布置尚未确定,整个回路压力损失无法准确计算,仅只阀类元件对压力损失所造成的影响可以看出,供调定系统中某些压力值时参考,这里压力损失验算从略。

(2)油液温升验算

1)输入、输出功率

由于系统采用双泵供油方式,在液压缸工进阶段,大流量泵卸荷,功率上使用合理,读者可自行计算验证。

2)温升验算

本系统中油箱可以取较大值,系统发热温升不大,系统温升验算从略。

9.3　气压系统设计

9.3.1　气动系统设计的主要内容及步骤

(1)明确设计要求

与液压系统设计相类似,在进行气动系统设计之前也必须要先明确主机对启动系统的工

艺及控制要求,主要包括以下4个方面:

1)运动要求

根据主机工艺要求所决定的执行元件的运动速度及其调节范围、运动时间、有无制动、缓冲要求等。

2)动力要求

执行元件所需克服的最大负载及负载变化范围,是否需要承受冲击性负荷,操作力的大小等。

3)控制要求

各执行元件动作采用何种类型的程序控制,程序是否要求改变,执行元件有无相互的联动与互锁,自动化程度及可靠性要求,信号检测与转换,等等。

4)工作条件要求

工作环境的温度、湿度、防尘、防爆、防腐蚀的要求;工作场地对气动系统结构尺寸及质量的限制,等等。

应在充分调查研究的基础上,比较同类系统的优劣,制订出气动系统合理的技术指标,并以此作为设计的依据。

(2)设计依据及工况分析

根据上述已确定的动力和运动要求,将各执行机构所需的负载、运动、功率变化规律用位移循环图 s-t、速度循环图 v-t 或 v-s、功率循环图 P-t 或方程的形式表示出来,称为工况分析。工况分析是下一步设计计算的依据,数据必须正确可靠。具体过程与液压系统工况分析类似。

(3)选择设计气动执行元件

①选择执行元件的类型。根据运动的种类选择执行元件的类型,一般来说直线型运动首选气缸,旋转型运动首选气马达。

②根据工况分析计算气缸或气马达的主要参数,如气缸的内径 D、活塞杆的直径 d、气马达的排量 V_m 等。

③根据工作机构的位置和安装要求,确定气缸或气马达的结构类型、安装形式等。

(4)气动回路设计

气动回路通常有全气控、电控、电-气混控3大类型。3大类型各有利弊,主要根据控制要求及工作环境要求的不同进行选用。一般来说,控制程序复杂自动化程度高,需经常变换控制程序的系统,首选电控气动回路;工作环境温度高、湿度大、防爆要求严格的系统,首选全气控气动回路。气动回路的类型不同,设计方法也不完全一样。

(5)选择计算气动回路控制元件

选择气动控制元件主要从元件的类型和通径两方面来考虑。

1)选类型

控制元件的类型主要是根据气动回路的类型来确定的。一般情况下,电控气动回路选用电磁阀,全气控气动回路选用气动阀、气控逻辑元件或气控射流元件。

2)确定控制元件的通径

对于一般的电磁阀和气动阀是先算出各个阀的最大工作压力和流量,根据最大流量查表9.9初步确定所需的通径,再根据最大工作压力和初选的通径查产品样本即可确定控制元件的型号。

表9.9　公称通径与额定流量的对应表

流量＼通径	$\phi3$	$\phi5$	$\phi8$	$\phi10$	$\phi15$	$\phi20$	$\phi25$	$\phi32$	$\phi46$	$\phi50$
$10^{-3}\ m^3/s$	0.194 4	0.694 4	1.388 9	1.944 4	2.777 8	5.555 5	8.333 3	13.889	19.444	27.778
m^3/h	0.7	2.5	5	7	10	20	30	50	70	100
L/min	11.66	41.67	83.34	116.67	116.68	213.26	500	833.4	1 166.7	1 666.8

(6)选择计算气动回路辅助元件

1)分水滤气器的选择

分水滤气器的类型主要根据执行元件和控制元件所需的过滤精度而定。对于一般操纵气缸的气动回路,取过滤精度≤50~75 μm;操纵气马达的气动回路取过滤精度≤50~70 μm;气动精密检测回路、金属硬配阀、射流元件等取过滤精度≤10 μm。分水滤气器的通径一般应和与之相配的减压阀的通径相同,同时应满足:最大工作流量≤额定流量。

2)油雾器的选择

通常根据油雾颗粒的大小和流量来选取相应的油雾器的规格和类型。当油雾器与减压阀、分水滤气器串联使用时,三者的通径应一致。

3)消声器的选择

消声器的通径根据通过的流量来决定。它的消声效果应根据工作环境所要求的噪声分贝值来确定,消声效果一般应不低于20 dB。

4)储气罐的选择

储气罐分为卧式和立式两种。因立式所占的面积较小,一般多采用立式。容积式储气罐的主要参数是根据工作过程中所需的空气量和工作压力来决定的,理论容积可参阅有关的公式计算。它的主要结构参数是内径 D 和高 H,可根据工作要求查《压缩空气站设计手册》来确定。

(7)确定管道直径计算系统压力损失

1)管道直径确定

管道直径应能满足该段管道通过最大流量时的要求,并应和与管道相联的控制元件的通径一致。根据这两点可初选管道直径,再根据管路压力损失验算来确定最后管径。若压力损失过大可考虑加大管道的通径,或设法缩短管路的长度。

2)系统压力损失计算

气压传动系统的压力损失与液压系统压力损失一致。管路系统总的压力损失是管路中所有沿程压力损失、局部压力损失和气动阀的压力损失之和,即

$$\sum \Delta p = \sum \Delta p_\lambda + \sum \Delta p_\xi + \sum \Delta p_r \tag{9.12}$$

(8)选择空压机

1)空压机组容量计算

空气压缩机的供气量可按系统中用气设备的平均耗气量计算,即

$$\sum_{i=1}^{n} q_i = \sum_{i=1}^{n} \{[\sum_{j=1}^{m} (\lambda q_j t)] T^{-1}\} \tag{9.13}$$

式中 q_i——第 i 台设备在一个工作周期内自由空气的平均耗气量；

n——用气设备台数；

m——第 i 台设备上气动执行元件个数；

t——某一气缸一个单行程所用的时间；

q_j——某一气缸一个行程时的自由空气耗气量；

λ——气缸在一个周期内的单程作用次数；

T——某台设备的一个工作循环的周期时间。

式(9.13)为 n 台设备平均耗气量之和，实际选用空气压缩机供气量，尚须考虑以下 3 个因素，乘以适当的系数：

①考虑各气动元件、管道接头的泄漏，尤其风动工具等的磨损泄漏会使供气量增加15% ~ 50%，即用泄漏系数 $K_1 = 1.15 \sim 1.5$，风动工具多时取大值。

②考虑各工作时间用气量不等，也考虑有时会增设启动装置，为保证其最大使用量，还应乘以一个备用系数 $K_2 = 1.3 \sim 1.6$。

③气动设备较多时，不会同时使用，尚须考虑一个利用系数 ψ。

这样，空气压缩机或压缩空气站的计算供气量 q_r 为

$$q_r = \psi K_1 K_2 \sum_{i=1}^{n} q_i \tag{9.14}$$

2)空压机工作压力

空气压缩机的工作压力由下式确定，即

$$p_r = p + \sum \Delta p \tag{9.15}$$

空气压缩机的工作压力和供气量确定后，可依据产品目录选择相应的压缩机类型和型号。

9.3.2 电控气动程序动作系统设计示例

例 9.1 试用步进电路设计法，设计双缸电控气动程序动作回路 $A_1B_1B_0B_1B_0A_0$。

解 1)气动回路设计

选用有记忆功能的双电磁铁电磁阀为主控阀，行程开关作为行程检测元件，可画出气动回路如图 9.7 所示。

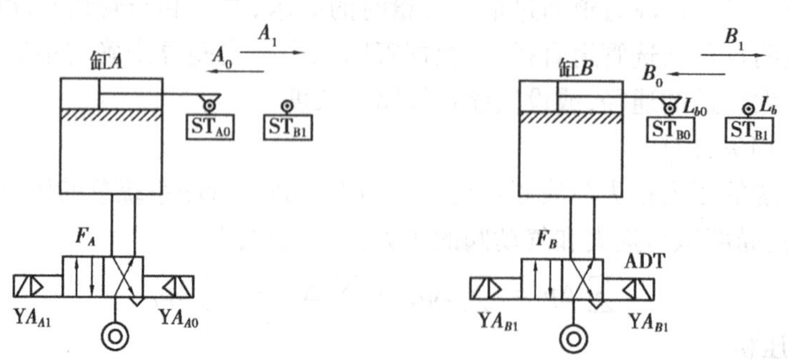

图 9.7 气动回路图

2)控制电路设计

①划分步进单元绘制步进流程图

一般情况下是将每一个程序步划分为一个步进单元,本程序划分为6个单元,分别用继电器 K_1—K_6 控制。为了便于操作,设置一个起始单元,用 K_0 控制。选各程序步的主控指令为步进指令,可画出步进流程如图9.8所示。图中的方框代表步进单元,箭头表示步进方向,方框间是发出步进指令的行程检测元件,方框左边是该程序的内容,右边是该单元所驱动的电磁铁。

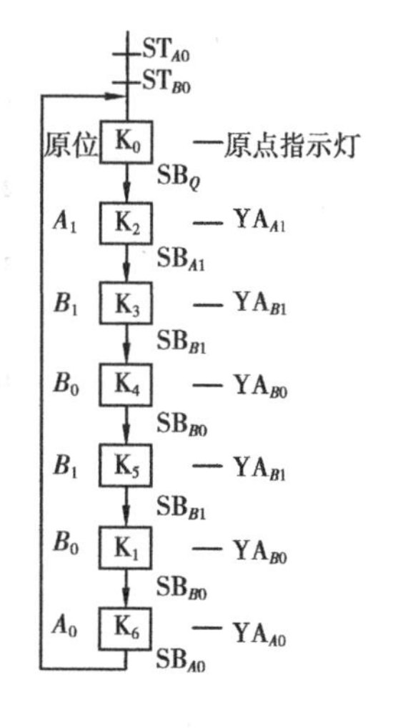

图9.8　步进流程图

②绘制步进控制电路图

根据步进要求,任何时候只能有一个步进单元通电,为此任何步进单元通电后都应完成下面3项工作:

a. 接通本单元执行元件。

b. 断开前一步进单元。

c. 为下一步进单元通电做好准备。

由此可得步进单元通用接线如图9.9所示。图中 K_{n-1},K_{n+1} 分别是前后两个相邻单元的触点,ST_n 是进入本单元的步进指令,在电控行程程序控制气动回路中多为行程开关。据此很容易画出步进电路如图9.10所示。

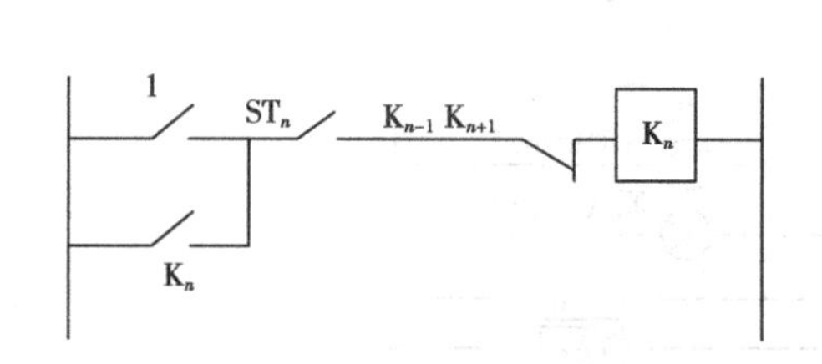

图9.9　步进单元通用接线图

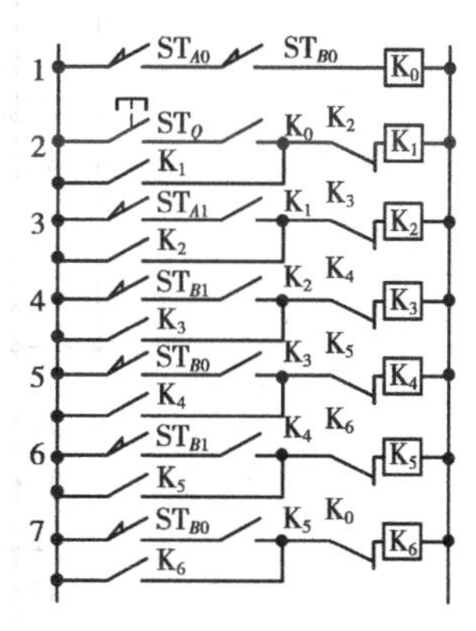

图9.10　步进控制电路图

③增补电路,绘制完整的电控原理图

根据工艺要求增设控制功能如下:为便于调整设备,应有手动及自动两种控制形式,在自动控制中有单循环和连续之分;为保证自动循环总能从原始位置开始应设置原点指示;设置断电保护;相反动作设置互锁等。综合考虑上述要求后,即可画出完整的电控原理如图9.11所示。

图9.11中1线是控制方式选择,按下自动按钮 SB_z,K_z 通电自锁,接通3线的自动回路,断开手动回路,10线上的自动指示灯亮。按下手动按钮 SB_s 则 K_z 断电,自动回路断开,所有继电器复位,只能通过按钮 SB_{K1}—SB_{K4} 作点动控制。

2线为原点指示,两个气缸都在原位时,ST_{A0},ST_{B0} 皆复位,K_0 通电,11线上的指示灯亮,K_0 在3,4线上的常开触点闭合,为自动循环做好了准备。

3线是循环方式选择,当手动开关S选择单循环时,按下启动按钮 SB_q,K_D 通电自锁,经4线上的常开触点闭合接通 K_1,开始自动循环。气缸离开原点后,2线上的 K_0 断电,3线上的 K_D 也复位,循环结束回到原点需再次按下 SB_q 才能重新开始循环。若S选择连续,则按下 SB_q

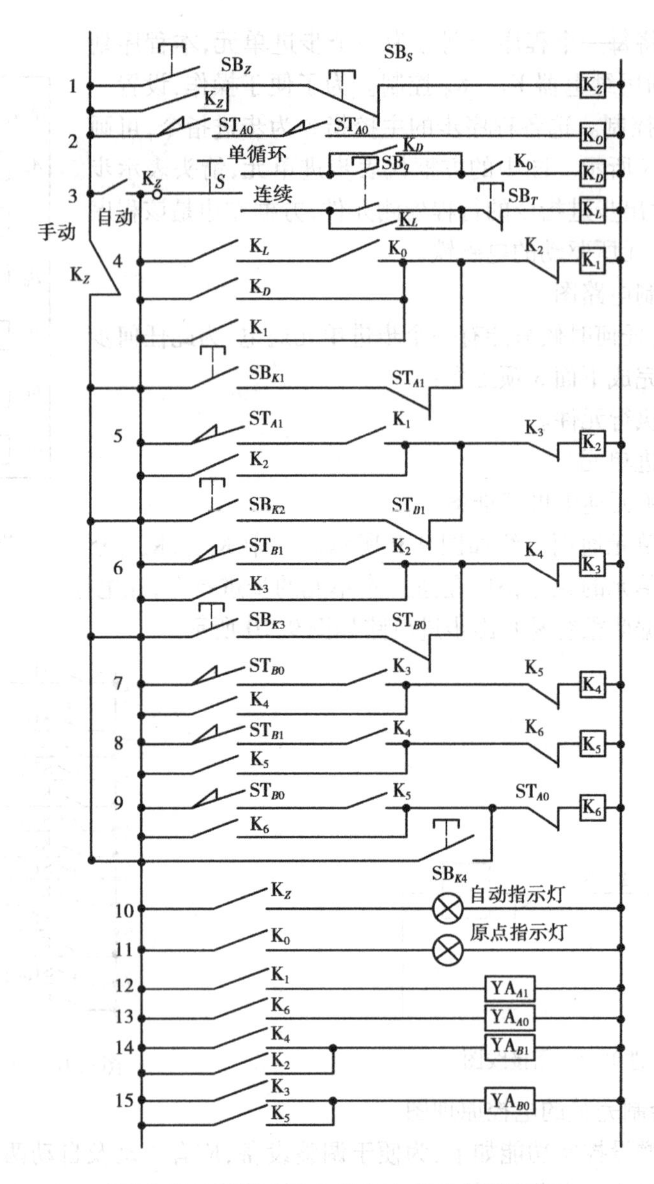

图 9.11　程序 $A_1B_1B_0B_1B_0A_0$ 的电控原理图

后 K_L 通电自锁，接通 K_1 开始循环，回到原点，K_0 通电后 K_1 自动通电，开始下一次循环，直到按下 SB_T 后方能停止。若中途停电，气缸未能回到原点，则必须点动回到原点后才能开始自动循环，实现了断电保护。

5—9 线为步进控制，10—15 线为输出控制。9 线串入 ST_{A0} 常闭触点是为了防止在原点等待时 K_6 长时间通电。

复习思考题

9.1　设计一个液压系统一般应有哪些步骤？要明确哪些要求？

9.2　设计液压系统要进行哪些方面的计算?

9.3　设计一台卧式单面多轴钻孔组合机床,要求液压系统完成:

1)机床的定位与夹紧,所需夹紧力不得超过6 000 N;

2)机床进给系统的工作循环为快进—工进—快退—停止。机床快进、快退速度为6 m/min,工进速度为30～120 mm/min,快进行程为200 mm,工进行程为50 mm,最大切削力为25 000 N;运动部件总重为15 000 N,加速(减速)时间为0.1 s,采用平导轨,静摩擦系数为0.2,动摩擦系数为0.1。

9.4　一台专用铣床,铣头驱动电动机功率为7.5 kW,铣刀直径为120 mm,转速为350 r/min,如工作台、工件和夹具的总重为5 500 N,工作台行程为400 mm,快进、快退速度为4.5 m/min,工进速度为60～1 000 mm/min,加速(减速)时间为0.05 s,工作台采用平导轨,静摩擦系数为0.2,动摩擦系数为0.1,试设计该机床液压系统。

9.5　设计一台小型液压机的液压系统,要求实现快速空程下行—慢速加压—保压—快速回程—停止的工作循环。快速往返速度为3 m/min,加压速度为40～250 mm/min,压制力为200 kN,运动部件总重为20 kN。

9.6　设计一台板料折弯机液压系统。要求完成的动作循环为快进—工进—快退—停止,且动作平稳。根据实测,最大推力为15 kN,快进、快退速度为3 m/min,工作进给速度为1.5 m/min,快进行程为0.1 m,工进行程为0.15 m。

第 10 章 液压伺服控制和电液比例控制技术

液压伺服控制技术是一门比较新的科学技术。它不但是液压技术中的一个新分支,而且也是控制领域中的一个重要组成部分。本章简要介绍液压伺服控制系统的工作原理、组成和主要元件以及机、电、液一体化控制技术的应用等。

10.1 液压伺服控制系统的工作原理和组成

液压伺服控制系统是由液压控制元件和液压执行元件作动力元件(动力机构)组成的控制系统。

10.1.1 液压伺服控制系统的工作原理

如图 10.1 所示为一个简单的机液伺服控制系统。它由滑阀式液压伺服阀 1(控制元件)和油缸 2(执行元件)组成,同时伺服阀阀体与液压缸缸体刚性联接,实现机械反馈,因此,这是一个闭环控制系统。其工作原理如下:

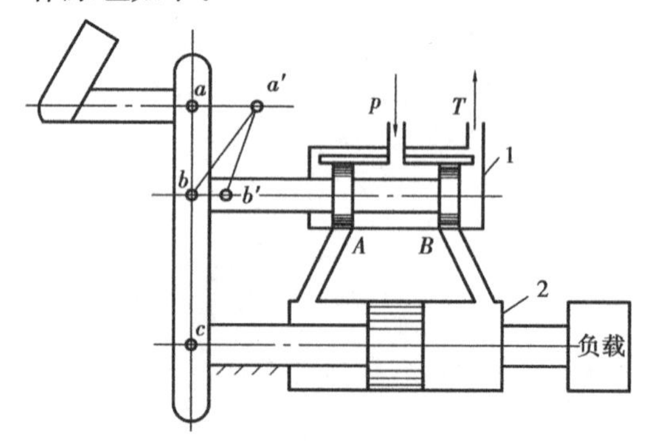

图 10.1 机液伺服控制系统工作原理图

用脚踩踏板给连杆上端向右输入运动,使连杆 a 点移至 a' 位置,连杆以 c 为支点旋转,使 b 点右移至 b' 点并带动阀芯右移,阀口 A 和 B 开启,致使高压油经 B 口流入油缸右腔,油缸左

腔的油液经 A,T 口回油箱，于是缸体向右移动；缸体的运动使阀口 A,B 逐渐关小，直到阀芯重新盖住阀口 A 和 B，活塞停止移动。如果连杆上端的位置连续不断地变化，则缸体的位置也连续不断地跟随运动。在该系统中，执行机构能够迅速、准确地复现系统输入，因此，它是一个自动跟踪系统，也称随动系统。系统的工作原理可以用如图10.2所示的方块图表示。

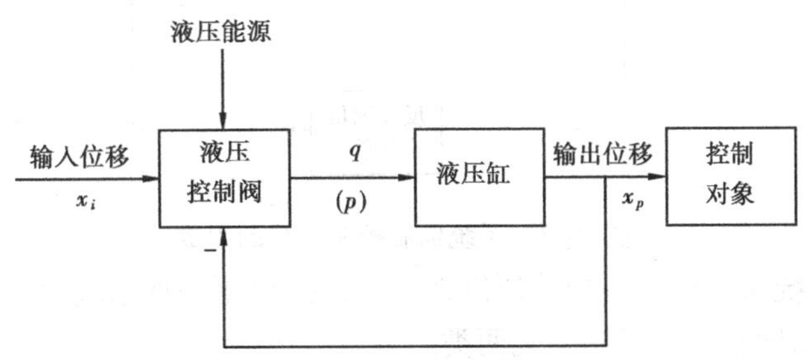

图10.2　系统工作原理方块图

从上述工作原理可知，液压伺服系统输出和输入间要有误差，系统才能有动作。而油缸的运动又通过反馈力图减少并消除这个误差，误差一旦消失，系统的运动也就停止。而在一般液压传动系统中，由于没有反馈装置，只要控制阀口有一个开口量输入，油缸就以一定的速度运动，一直到走完油缸的全部行程为止，不能实现精确的位置控制，仅能起力或功率的放大作用。这就是液压伺服系统与一般液压传动系统的主要区别。

从上面的例子可以看出液压伺服控制系统的工作特点：

①在系统的输出和输入之间存在反馈联接，从而组成闭环控制系统。上面的例子中，反馈介质是机械联接，称为机械反馈。因此，该系统也称机械-液压伺服系统。一般来说，反馈介质可以是机械的、电气的、气动的、液压的或它们的组合形式。

②系统的主反馈是负反馈，即反馈信号与输入信号相反，两者相比较得出偏差信号，如该系统中的滑阀开口量 $x_v = x_i - x_p$。该偏差信号控制液压能源输入液压执行元件的能量，使其向减小偏差的方向运动，即以偏差来消除偏差。

③系统输入信号的功率很小，而系统输出功率可以达到很大，因此，它是一个功率放大装置。功率放大所需的能量由液压能源供给，供给能量的控制是根据伺服系统偏差的大小自动进行的。

10.1.2　液压伺服控制系统的组成

实际的液压伺服系统无论多么复杂，都是由一些基本元件组成的，包括输入元件、反馈测量元件、比较元件、放大转换元件及液压执行元件。输入元件也称指令元件，它给出输入信号（指令信号）加于系统的输入端；反馈测量元件测量系统的输出量，并转换成反馈信号；比较元件将反馈信号与输入信号进行比较，给出偏差信号，输入信号与反馈信号应是相同形式的物理量。比较元件有时并不单独存在，而是与输入元件、反馈测量元件或放大元件一起由同一结构元件完成；放大转换元件将偏差信号放大并进行能量形式的转换，如放大器、电液伺服阀、滑阀等，放大转换元件的输出级是液压的，前置级可以是电气的、液压的、气动的、机械的或它们的组合形式；执行元件产生调节动作加于控制对象上，实现调节任务。液压执行元件通常是液压缸或液压马达。系统伺服控制系统的组成如图10.3所示。

液压伺服系统可分为节流式（阀控式）系统和容积式（变量泵控制或变量马达控制）系统

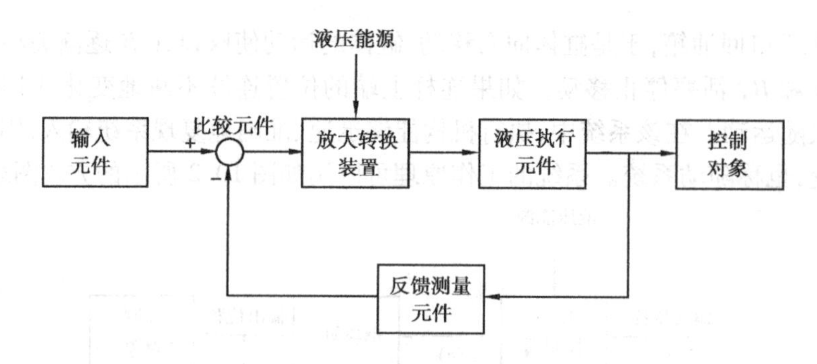

图 10.3　系统伺服控制系统的组成

两类。其中,阀控系统又可分为阀控液压缸系统和阀控液压马达系统两类;容积控制系统又分为伺服变量泵系统和伺服变量马达系统两类。

阀控伺服系统的优点是响应速度快、控制精度高,缺点是效率低;由于它的性能优越,得到广泛的应用,特别是在快速、高精度的中、小功率伺服系统中应用很广。泵控伺服系统的优点是效率高;缺点是响应速度较慢,结构复杂,另外操纵变量机构所需的力较大,需要专门的操纵机构,使系统复杂化。泵控系统适合于大功率(20 kW 以上)而响应速度要求又不高的场合。

10.1.3　液压伺服控制系统的优缺点

(1)液压伺服控制系统的优点

①体积小、质量轻。液压元件的功率质量比大,因而可以组成体积小、质量轻、加速能力强和快速反应的伺服系统来控制大功率和大负载。

②液压执行元件快速性好,系统响应速度快。液压执行元件就流量-速度而言,基本上是一个固有频率很高的二阶振荡环节,其固有频率由液压弹簧与负载质量耦合而成,因为油的压缩性很小,所以液压弹簧刚度很大,液压元件的力矩-惯量比又大,因此,液压固有频率很高。从而使液压执行元件的响应速度快,能高速启动、制动与反向。因为液压固有频率很高,可使回路的增益提高、频带加宽、系统响应速度加快。例如,与液压系统具有相同压力和负载的气动系统,其响应速度只有液压系统的 1/50。一般来说,电气系统的响应速度也不如液压系统。

③液压伺服控制系统抗负载的刚度大,即输出位移受外负载的影响小,控制精度高。这一点是电气与气动控制系统所不能比拟的。

因为液压执行元件的液压弹簧刚度很大,而泄漏又很小,故速度刚度大。液压马达开环速度刚度比类似的电动系统约高 5 倍。因为开环速度刚度大,组成闭环位置控制系统时,其位置刚度(闭环刚度)也大。另外,液压固有频率高,允许回路增益提高,这也使位置刚度增大。电动机的位置刚度接近于零,因此,电动机只能用来组成闭环位置控制系统。在闭环控制时,为了得到同样的位置刚度,电气系统所需的回路增益要大得多,增加了系统的复杂性。由于气动系统中气体的可压缩性,其位置刚度低。液压系统的位置刚度约为气动系统的 400 倍。

综上所述,液压伺服控制系统体积小、质量轻、响应速度快、控制精度高,这些优点对伺服系统来说是极其重要的。除此而外,还有以下一些优点:

④元件的润滑性好、寿命长。

⑤调速范围宽、低速稳定性好。

⑥借助油管,动力的传输比较方便。

⑦借助蓄能器，能量储存比较方便。

⑧借助泵和阀，液压执行元件的开环和闭环控制都很简单。

⑨液压执行元件有直线位移式和旋转式两种，这就提高了它的适应性。

⑩过载保护容易等。

(2)液压伺服控制系统的缺点

①抗油污能力差。特别是电液伺服阀抗油污能力差，对工作油液的清洁度要求高。污染的油液会使阀磨损而降低其性能，甚至可能被堵塞黏住而不能工作，这通常是液压控制系统发生故障的主要原因。因此，液压伺服控制系统必须采用精细的过滤器。

②系统性能易受温度影响。液体的体积弹性模量随温度和混入油中的空气含量而变。当温度变化时对系统性能有显著影响。与此相反，温度对气体的体积弹性模量影响很小，因此，对气动控制系统的工作性能影响不大。温度对液体的黏度影响很大，低温时摩擦损失增大；高温时泄漏增加，并容易产生气穴现象。因为气体的黏度很小，故温度对气体的影响可以忽略不计。

③容易引起泄漏。当液压元件的密封装置设计、制造或使用维护不当时，容易引起外漏，造成环境污染。而且目前液压系统仍广泛采用可燃性石油基液压油，油液溢出会引起火灾，故某些场合不适用。但是这种情况已随着抗燃液压油的应用而得到改善。

④液压伺服元件制造精度要求高，成本较高。

⑤液压能源的获得不像电能那样方便，也不像气源那样易于储存。

⑥如果液压能源与执行机构的距离较远，使用长管道联接会增加质量，并使系统的响应速度降低，甚至引起系统不稳定。

10.2　液压伺服阀

伺服阀是一种根据输入信号及输出信号反馈量连续成比例地控制流量和压力的液压控制阀。根据输入信号的方式不同，可分电液伺服阀和机液伺服阀。根据结构形式不同，可分为滑阀式、喷嘴挡板式和射流管式3种。这里仅介绍滑阀式和喷嘴挡板式伺服阀。

10.2.1　滑阀式伺服阀

滑阀式伺服阀结构上与滑阀式换向阀很相似，都由阀芯及阀体组成，但前者配合精度较高。根据阀芯对流体的有效控制边数，滑阀式伺服阀分为单边、双边和四边滑阀3种，如图10.4所示。

根据滑阀阀芯在中位时阀口的预开口量不同，滑阀可分为负开口(正遮盖)、零开口(零遮盖)和正开口(负遮盖)3种形式，如图10.5所示。负开口在阀芯开启时存在一个死区且流量特性为非线性，因此很少采用；正开口在阀芯处于中位时存在泄漏且泄漏较大，故一般不用于大功率控制场合，另外，它的流量增益也是非线性的。比较而言，应用最广、性能最好的是零开口结构，但完全的零开口在工艺上是难以达到的，因此，实际的零开口允许小于±0.025 mm的微小开口量偏差。

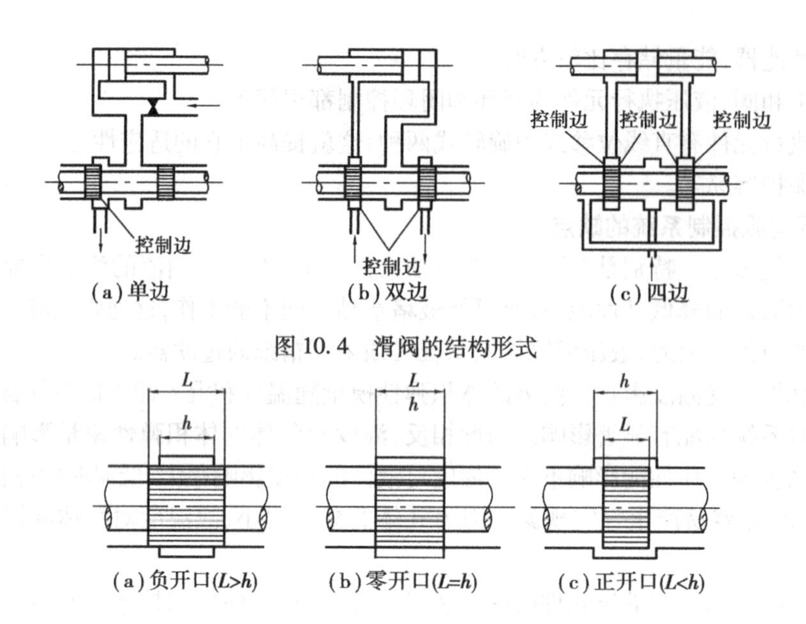

图 10.4 滑阀的结构形式

图 10.5 滑阀的开口形式

10.2.2 滑阀式伺服阀的静态特性

液压伺服阀接受小功率的输入信号,对大功率的压力油进行调节和分配,实现控制功率的转换和放大。因此,它实际上是一个液压放大器。

滑阀式伺服阀的静态特性通常是指稳态情况下,阀的输入信号 x_v(阀芯位移)与阀的负载流量 q_L、负载压力 p_L 三者之间的关系,即

$$q_L = f(x_v, p_L)$$

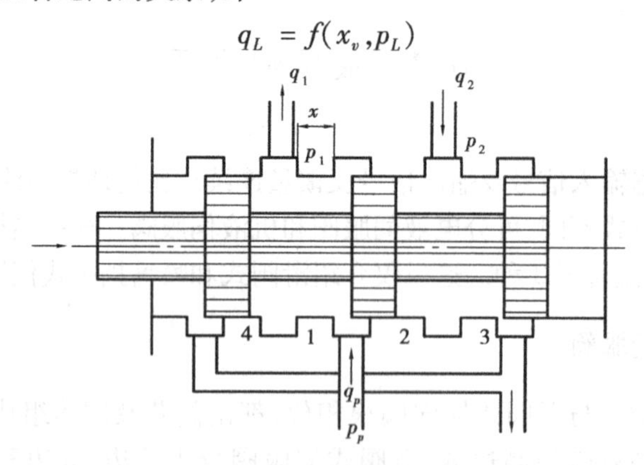

图 10.6 零开口四边滑阀

以如图 10.6 所示零开口四边滑阀为例来分析。图示位置阀芯向右偏移,阀口 1 和 3 开启,2 和 4 关闭。压力油源 p_p 经阀口 1 通往液压缸,液压缸的回油经阀口 3 回油箱。因阀口开度很小,因此在进、回油路上起节流作用,阀口 1 处压力由 p_p 降为 p_1,流量为 q_1,阀口 3 处的压力由 p_2 降为零,流量为 q_3。当负载条件下进入伺服阀的流量为 q_p,进入液压缸的负载流量为 q_1 时,则在液压缸为双出杆形式时可得到下列方程,即

$$q_1 = C_d A_1 \sqrt{\frac{2}{\rho}(p_p - p_1)} \tag{10.1}$$

$$q_3 = C_d A_3 \sqrt{\frac{2}{\rho} p_2} \tag{10.2}$$

$$q_p = q_1 = q_L = q_3 \tag{10.3}$$

式中　A_1, A_3——阀口1,3的过流面积,当阀芯为对称结构时,$A_1 = A_3, q_1 = q_3$。

由此可得 $p_p - p_1 = p_2$,又因负载压力 $p_L = p_1 - p_2$,故

$$\left.\begin{aligned} p_1 &= \frac{p_p + p_L}{2} \\ p_2 &= \frac{p_p - p_L}{2} \end{aligned}\right. \tag{10.4}$$

阀口的压力流量方程可写成为

$$q_L = C_d \omega x \sqrt{\frac{p_p - p_L}{\rho}} \tag{10.5}$$

式中　ω——阀口面积梯度,当窗口为全圆周时,$\omega = \pi D$。

式(10.5)表示了伺服阀处于稳态时各参量(q_L, x, p_p, p_L)之间的关系,故被称为静特性方程。

对式(10.5)在零点($x_v = 0$)位置进行线性化处理后的表达式为

$$q_L = K_q x_v - K_c p_L \tag{10.6}$$

式中　K_q, K_c, K_p——流量放大系数、流量压力系数及压力放大系数。

$$\left.\begin{aligned} K_q &= \left.\frac{\partial q_L}{\partial x}\right|_{p_L = \text{常数}} \\ K_c &= -\left.\frac{\partial q_L}{\partial p_L}\right|_{x = \text{常数}} \\ K_p &= \left.\frac{\partial p_L}{\partial x}\right|_{q_L = \text{常数}} \end{aligned}\right. \tag{10.7}$$

应当指出以下几点:

①伺服阀的3个系数是表征阀静态特性的3个性能参数,这些系数在确定系统的稳定性、响应特性时是非常重要的。流量增益直接影响系统的开环放大系数,因而对系统的稳定性、响应特性和稳态误差有直接的影响。流量-压力系数直接影响阀-液压马达组合的阻尼系数和速度刚性。压力增益标志着阀-液压马达组合启动大惯量或大摩擦负载的能力,阀的这个参数可达到很高数值,这正是伺服系统所希望的特性。

②阀系数的数值随工作点的变化而变化。最重要的工作点是压力-流量曲线的原点($x_v = 0$),因为系统(位置控制系统)经常在原点附近工作,而此处阀(矩形阀口)的流量增益最大,因而系统的增益最高;但流量-压力系数最小,故阻尼最低。因此,从稳定性的观点看,这一点是最关键的。如果系统在这一点是稳定的,则在其他各个工作点也是稳定的。

③线性化方程式(10.6)的精确度和适用范围与变量的变化范围和阀特性的线性度有关。阀特性的线性度高,变量的变化范围小,线性化的精确性就高。

10.2.3　喷嘴挡板式伺服阀

如图10.7所示为喷嘴挡板式电液伺服阀的工作原理图。图中上半部分为电气-机械转换

装置，即力矩马达，下半部分为前置级（喷嘴挡板）和主滑阀。当无电流信号输入时，力矩马达无力矩输出，与衔铁5固定在一起的挡板9处于中位，主滑阀阀芯也处于中（零）位。液压泵输出的油液以压力 p_s 进入主滑阀阀口，因阀芯两端台肩将阀口关闭，油液不能进入 A，B 口，但经固定节流孔10和13分别引到喷嘴8和7，经喷射后，液流流回油箱。由于挡板处于中位，两喷嘴与挡板的间隙相等，因而油液流经喷嘴的液阻相等，则喷嘴前的压力 p_1 与 p_2 相等，主滑阀阀芯两端压力相等，主阀芯处于中位。若线圈输入电流，控制线圈中将产生磁通，使衔铁上产生磁力矩。当磁力矩为顺时针方向时，衔铁将连同挡板一起绕弹簧管中的支点顺时针偏转。图中左喷嘴8的间隙减小，右喷嘴7的间隙增大，即压力 p_1 增大，p_2 减小，主滑阀阀芯向右运动，开启阀口，p_s 与 B 相通而 A 与 T 相通。在主滑阀阀芯向右运动的同时，通过挡板下端的反馈弹簧11反馈作用使挡板逆时针方向偏转，使左喷嘴8的间隙增大，右喷嘴7的间隙减小，于是压力 p_1 减小，p_2 增大。当主滑阀阀芯向右移到某一位置，两端压力差 $p_1 - p_2$ 形成的液压力通过反馈弹簧杆作用在挡板上的力矩、喷嘴液流压力作用在挡板上的力矩以及弹簧管的反力矩之和与力矩马达产生的电磁力矩相等时，主滑阀阀芯受力平衡，稳定在一定的开口下工作。

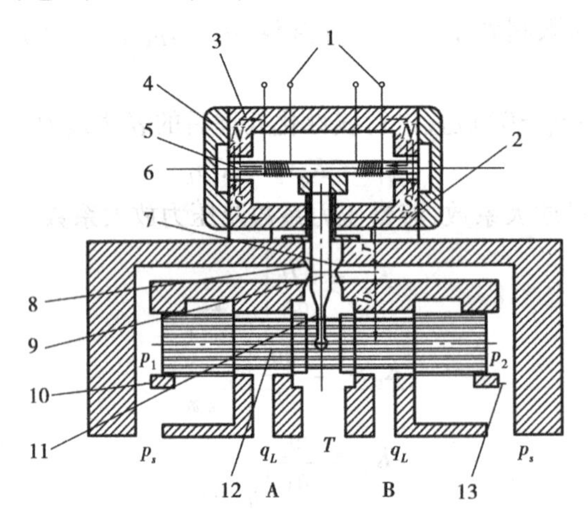

图10.7 喷嘴挡板式电液伺服的工作原理

1—线圈；2，3—导磁体；4—永久磁铁；5—衔铁；6—弹簧管；

7，8—喷嘴；9—挡板；10，13—固定节流孔；11—反馈弹簧；12—主滑阀

显然，改变输入电流大小，可成比例地调节电磁力矩，从而得到不同的主阀开口大小。若改变输入电流的方向，主滑阀阀芯反向位移，可实现液流的反向控制。如图10.7所示电液伺服阀的主滑阀阀芯的最终工作位置是通过挡板弹性反力反馈作用达到平衡的，故称之为力反馈式。除力反馈式以外，伺服阀还有位置反馈、负载反馈、负载压力反馈等。

10.3 典型液压伺服控制系统

10.3.1 机液伺服控制系统

机液伺服控制系统是指反馈环节为机械反馈的液压伺服控制系统。

(1)液压转向助力器

现代车辆常用液压转向助力器,以减轻操纵力而实现轻便的转向。如图10.8所示为机械反馈式液压助力机构的工作原理示意图。机械直线行驶时,随动阀阀芯7保持中间位置,来自油泵的液压油与油缸15两侧及油箱1均相通,系统内成空循环,使车辆保持直线行驶。

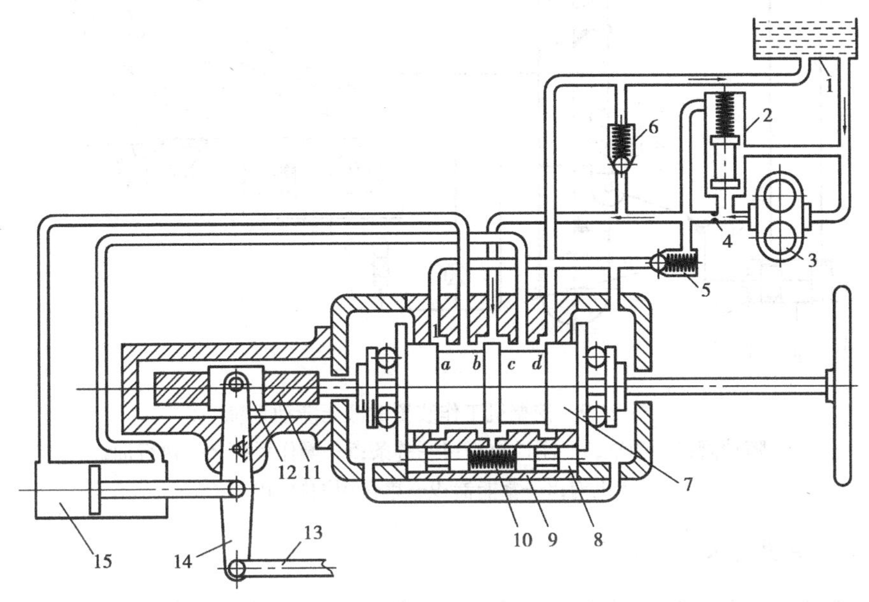

图10.8　机械反馈式液压助力机构的工作原理示意图

1—油箱;2—恒流阀;3—油泵;4—固定节流口;5—单向阀;6—安全阀;
7—随动阀芯;8—反作用阀;9—阀体;10—回位弹簧;11—转向螺杆;
12—转向螺母;13—直拉杆;14—转向垂臂;15—油缸;a,b,c,d—控制油口

转向时(如方向盘顺时针方向转动),由于车轮的转向阻力较大,此时转向螺母12不动,转向螺杆11向左移动,带动随动阀阀芯7相对阀体9也向左移动,使a,c两控制窗口开口加大,b,d两控制窗口关闭,使油缸15右腔通高压油,左腔的油液经随动阀回油箱,活塞向左运动。在活塞向左移动的过程中,一方面通过转向垂臂14、直拉杆13使车轮转向;另一方面通过转向垂臂14和转向螺母12的作用,使转向螺母12及螺杆11向右移动,一直进行到阀芯回复到中间位置,系统又形成空循环,车辆就以一定的转弯半径转向。逆时针方向转动方向盘时,油路反向。由于转向器阻力小,只需克服自己的摩擦力,故转向轻便。

(2)液压挖掘机随动系统

如图10.9所示为挖掘机工作装置的液压随动系统。手柄5与滑轮刚性联接。当操纵手柄顺时针转动α角时,带动中间接有刚性拉杆3的钢丝绳和链条4运动,由于油缸2的活塞杆与拉杆3上端紧固联接,故整个油缸上升,通过油缸2与随动滑阀1的阀芯间铰接的杠杆系统,使随动阀1的阀芯右移,于是高压油经随动阀进入执行油缸6的无杆腔,活塞右移,推动工作机构7也顺时针转动下落,与工作机构7刚性联接的滑轮10也顺时针方向转动,并放松联接于滑轮10和单作用油缸9的活塞杆上的钢丝绳,在与油缸2无杆腔联通的蓄能器8的油压力作用下,油从油缸2的有杆腔流向油缸9的有杆腔,同时油缸2的缸体相对于活塞杆下落,通过杠杆系统推动随动滑阀1的阀芯左移,当阀芯回复到中间位置时,执行油缸6也就停止运动。当操纵手柄逆时针转动时,其工作过程分析与上述原理相同。

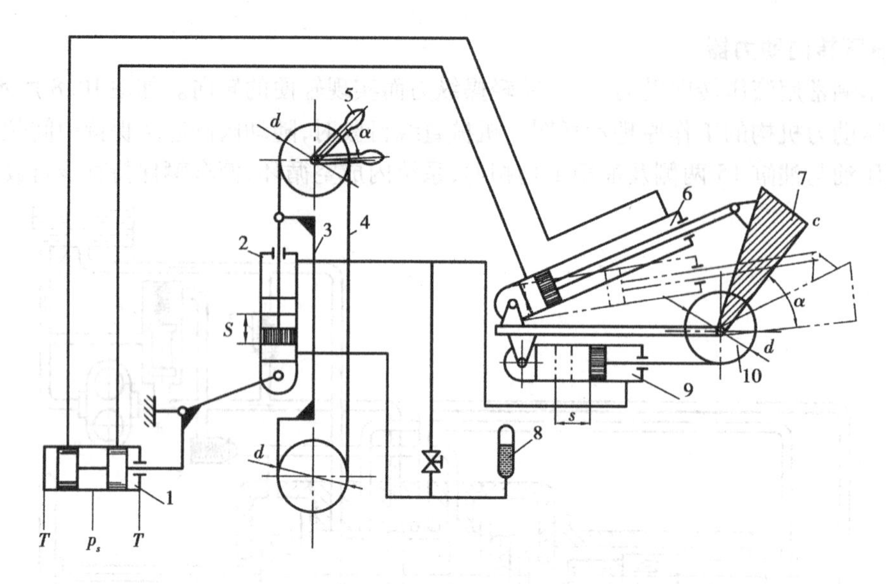

图 10.9　挖掘机工作装置的液压随动系统

1—随动阀;2—油缸;3—刚性拉杆;4—链条;5—操作手柄;6—执行油缸;

7—工作机构;8—蓄能器;9—单作用油缸;10—滑轮

10.3.2　电液伺服控制系统

电液伺服系统是指反馈环节为电信号的液压伺服控制系统。通常输入信号为电信号,电液伺服阀将输入的小功率电信号转换并放大成液压功率(负载压力和负载流量)输出,控制液压执行元件跟随输入信号而动作。

电液伺服系统根据被控物理量的不同,可分为位置控制、速度控制、力控制。本节以机械手电液伺服系统为例,介绍常用的位置控制电液伺服系统。

一般机械手包括 4 个电液伺服系统,分别控制机械手的伸缩、回转、升降及手腕(正爪、反爪)的动作。由于 4 个系统的工作原理均相似,故以机械手伸缩电液伺服系统为例,介绍其工作原理。

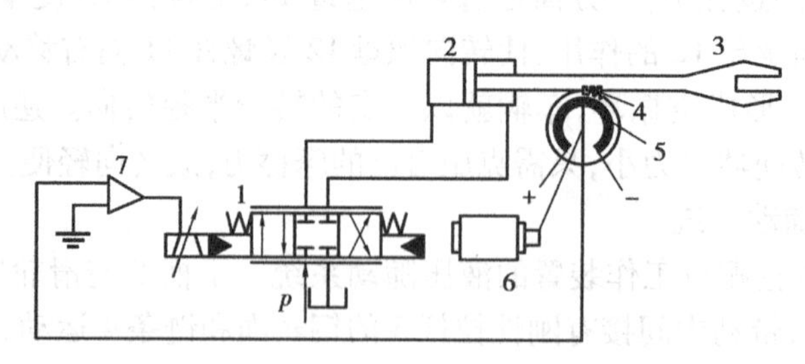

图 10.10　机械手手臂伸缩电液伺服系统原理示意图

1—电液伺服阀;2—液压缸;3—机械手手臂;

4—齿轮齿条;5—电位器;6—步进电机;7—放大器

如图 10.10 所示为机械手手臂伸缩电液伺服系统原理示意图。它由电液伺服阀 1、液压缸 2、活塞杆带动的机械手手臂 3、齿轮齿条 4、电位器 5、步进电动机 6 及放大器 7 等元件组成。当数字控制部分发出一定数量的脉冲信号时,步进电动机 6 带动电位器 5 的动触头转过一定的角度，使动触头偏移电位器中位，产生微弱电压信号，该信号经放大器7放大后输入电液伺服阀1的控制线圈，使伺服阀产生一定的开口量。假设此时压力油经伺服阀1进入液压缸左腔，推动活塞及机械手手臂3向右移动，与机械手手臂上的齿条相啮合，齿轮带动电位器跟着做顺时针方向旋转。当电位器的中位和动触头重合时，动触头输出电压为零，电液伺服阀失去信号，阀口关闭，手臂3停止移动。手臂移动的行程决定于脉冲的数量，速度决定于脉冲的频率。当数字控制部分反向发出脉冲时，步进电动机向反方向转动，手臂便向左移动。由于机械手手臂移动的距离与输入电位器的转角成比例，机械手手臂完全跟随输入电位器的转动而产生相应的位移，因此，它是一个带有反馈的位置控制电液伺服系统。

10.4　电液比例控制技术

电液比例控制是介于普通液压阀的开关式控制和电液伺服控制之间的控制方式。它能实现对液流压力和流量连续地、按比例地跟随控制信号而变化。因此，它的控制性能优于开关式控制，但与电液伺服控制相比，其控制精度和响应速度较低。电液比例控制成本低，抗污染能力强。近年来在国内外得到重视，发展较快，电液比例控制的核心元件是电液比例阀，简称比例阀。本节主要介绍常用的电液比例阀及其应用。

10.4.1　电液比例控制阀

电液比例控制阀由常用的人工调节或开关控制的液压阀加上电-机械比例转换装置构成。常用的电-机械比例转换装置是有一定性能要求的电磁铁，它能把电信号按比例地转换成力或位移，对液压阀进行控制。在使用过程中，电液比例阀可以按输入的电气信号连续地、按比例地对油液的压力、流量和方向进行远距离控制。比例阀一般都具有压力补偿功能，故它的输出压力和流量可以不受负载变化的影响，被广泛地应用于对液压参数进行连续、远距离控制或程序控制，但对控制精度和动态特性要求不太高的液压系统中。

根据用途和工作特点的不同，比例阀可分为比例压力阀（如比例溢流阀、比例减压阀等）、比例流量阀（如比例调速阀）和比例方向阀（如比例换向阀）3类。电液比例换向阀不仅能控制方向，还有控制流量的功能。而比例流量阀仅仅是用比例电磁铁来调节节流阀的开口，在此不作介绍。

(1)电液比例压力阀

如图10.11(a)所示为一种电液比例压力阀的结构示意图，它由压力阀1和移动式力马达2两部分组成，当力马达的线圈中通入电流 I 时，推杆通过钢球4、弹簧5把电磁推力传给锥阀芯6，推力的大小与电流 I 成比例。当进口压力 p 作用在锥阀芯上的力超过弹簧力时，锥阀打开，油液通过阀口由出油口 T 排出，这个阀的阀口开度是不影响电磁推力的，但当通过阀口的流量变化时，由于阀座上的小孔 d 处压差的改变以及稳态液动力的变化等，被控制的油液压力依然会有一些改变。

如图10.11所示为直动式压力阀，它可以直接使用，也可以用来作为先导阀以组成先导式的比例溢流阀、比例减压阀和比例顺序阀等元件。如图10.11(b)所示为电液比例压力阀的图形符号。

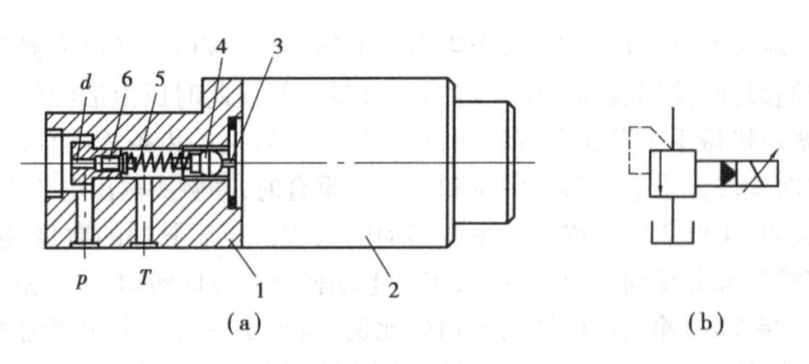

图 10.11 电液比例压力阀

1—压力阀;2—力马达;3—推杆;4—钢球;5—弹簧;6—锥阀芯

(2)电液比例换向阀

电液比例换向阀一般由电液比例减压阀和液动换向阀组合而成。前者作为先导级以其出口压力来控制液动换向阀的正、反向开口量的大小,从而控制液流的方向和流量的大小。电液比例换向阀的工作原理如图 10.12(a)所示,先导级电液比例减压阀由两个比例电磁铁 2,4 和阀芯 3 等组成。当输入电流信号给电磁铁 2 时,阀芯被推向右移,供油压力 p 经阀芯 3 右边阀口减压后,由通道 a,b 反馈至阀芯 3 的右端,与电磁铁 2 的电磁力相平衡。因而减压后的压力与供油压力大小无关,而只与输入电流信号的大小成比例。减压后的油液经过通道 a,c 作用在换向阀阀芯 5 的右端,使阀芯左移并压缩左端的弹簧,使 p 与 B 联通,阀芯 5 的移动量与控

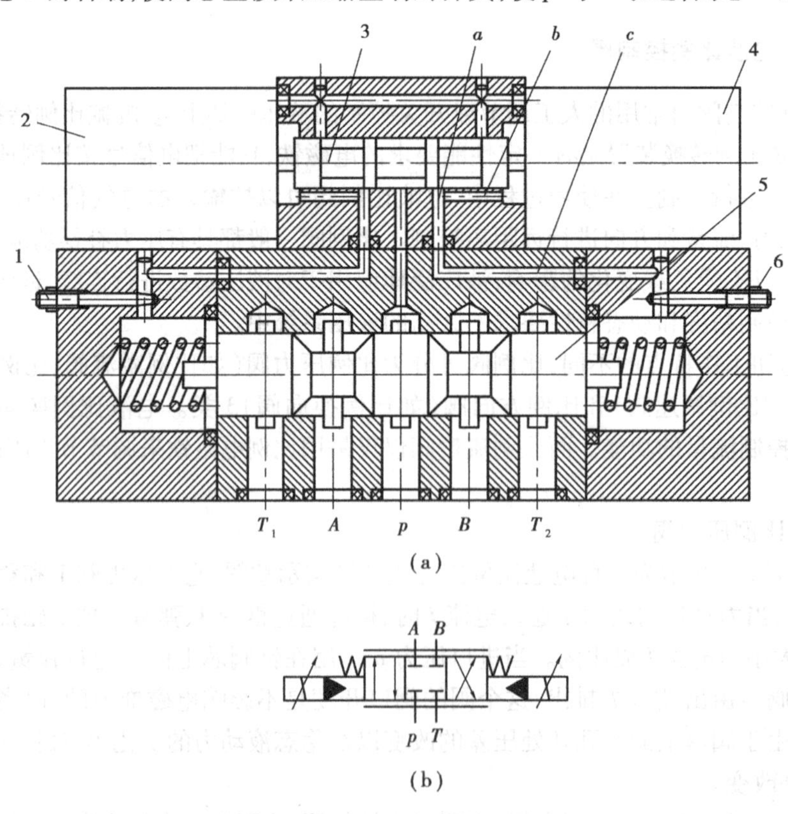

图 10.12 电液比例换向阀

1,6—螺钉;2,4—电磁铁;3,5—阀芯

制油压的大小成正比,即阀口的开口大小与输入电流信号成正比。如输入电信号给比例电磁铁4,则相应使 p 与 A 联通,通过阀口输出的流量与阀口开口大小以及阀口前后压差有关,即输出流量受到外界载荷大小的影响,当阀口前后压差不变时,则输出的流量与输入的电流信号大小成比例。

液动换向阀的端盖上装有节流阀调节螺钉 1 和 6,可以根据需要分别调节换向阀的换向时间。此外,这种换向阀和普通换向阀一样,可以具有不同的中位机能。如图 10.12(b)所示为电液比例换向阀的图形符号。

10.4.2　电液比例控制系统

电液比例控制系统由电子放大及校正单元、电液比例控制元件、执行元件及液压源、工作负载及信号检测处理装置等组成。按有无执行元件输出参数的反馈,它可分为闭环控制系统和开环控制系统。最简单的电液比例控制系统是采用比例压力阀、比例流量阀来替代普通液压系统中的多级调压回路或多级调速回路。这样不仅简化了系统,而且可实现复杂的程序控制及远距离信号传输,便于计算机控制。

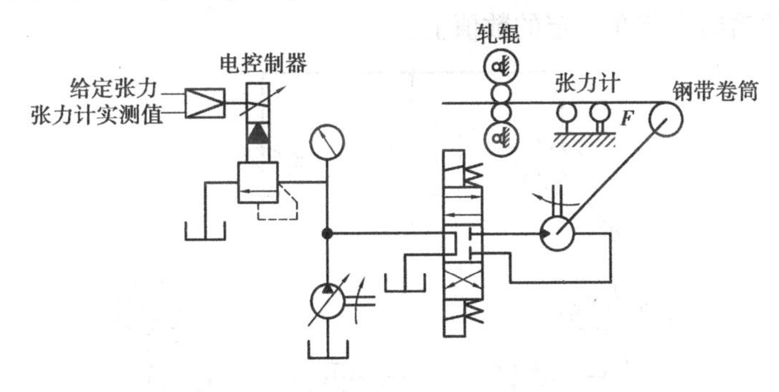

图 10.13　钢带冷轧卷曲机液压系统

如图 10.13 所示为电液比例压力阀用于钢带冷轧卷曲机的液压系统。轧机对卷曲机构的要求是当钢带不断从轧辊下轧制出来时,卷曲机应以恒定的张力将其卷起来。为了实现这一要求,就必须在钢带卷半径 R 变化时保证张力 F 恒定不变,要保证张力不随钢带卷半径 R 变化,必须使液压马达的进口压力 p 随 R 的增大而成比例地增加。为此,在该系统进行轧制工作时,先给定一个张力值储存于电控制器内,而在轧辊与卷筒之间安装一张力检测计,将检测的实际张力值反馈与给定张力值进行比较,当比较得到的偏差值达到某一限定值时,电控制器输入比例压力阀的电流变化一个相应值,使控制压力 p 改变,于是液压马达的输出转矩 T 及张力 F 做相应的改变,使偏差消失或减小。在轧机的实际工作中,随着钢带卷半径 R 的增大,实际张力 F 减小,出现的偏差为负值。这时输入电流增加一个相应值,液压马达的进口压力 p 增加一个相应值,从而使液压马达输出转矩 T 及张力 F 相应增加,力图保持张力 F 等于给定值。显然,上述调节过程随着钢带卷半径 R 的不断变化而不断重复。

10.4.3　计算机电液一体化控制技术

随着电子技术和计算机控制技术的日益发展,液压技术也日益朝着智能化方向迈进,计算机电液控制技术是计算机控制技术与液压传动技术相结合的产物。这种控制系统除常规的液压传动系统外,通常还有数据采集装置、信号隔离和功率放大电路、驱动电路、电-机械转换器、主控制器(微型计算机或单片微机)及相关的键盘及显示器等。这种系统一般是以稳定输出(力、转矩、转速、速度)为目的,构成了从输出到输入的闭环控制系统。它是一个涉及传感技术、计算机控制技术、信号处理技术、机械传动技术等的机电一体化系统。这种控制系统操作简单,人机对话方便,系统功能强,可以实现多功能控制。通过软件编程,可以实现不同的算法,且较易实时控制和在线检测。本节主要以泵容积调速系统的计算机控制为例,介绍计算机电液控制系统的组成及其工作原理。

(1)泵控容积调速计算机控制系统的组成

泵控液压马达容积调速系统由于具有功率大、效率高等优点而得到广泛的应用。但由于液压系统的工作参数(如流量、温度等)的严重时变,而又使其输出的参数(转速、转矩等)不稳定,系统的静态性能和动态品质较差,如图 10.14 所示的泵控容积调速计算机控制系统以单片机 MCS-51 作为主控单元,对其输出量进行检测、控制。输入接口电路经 A/D 转换后反馈输入主控单元,主控单元按一定控制策略对其进行运算后经输出接口和接口电路,送到步进电机,由步进电机驱动机械传动装置,从而控制伺服变量泵的斜盘倾角,调整液压泵的输出参数,从而保证液压马达的输出稳定在一定的数值上。

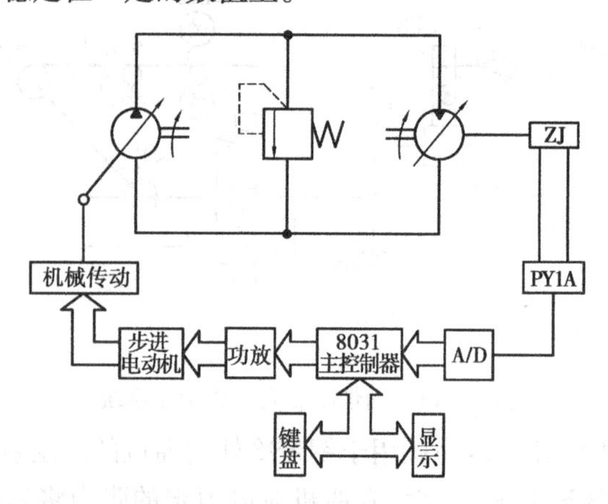

图 10.14　泵控容积调速计算机控制系统结构图

(2)控制系统的硬件

控制系统的硬件包括输入通道的硬件配置、输出通道的硬件配置以及主控单元的硬件配置。

输入通道主要将转矩传感器 ZJ 得到的相位差信号放大,再经过转速转矩测量仪转变成模拟量输出,然后转速信号和转矩信号分成两路经高共模抑制比电路 PY1A 进行放大。根据转速信号和转矩信号的电压量程不同,选取合适的放大倍数,将其电压转变成量程为 200 mV ~ 5 V的标准电压信号,再经硬件滤波,滤去高次谐波,分别将转矩和转速信号接入 A/D 的通道,经 A/D 转换后送入 8031 主控单元。

输出通道包括输出电路、步进电动机和机械传动机构,后两者对系统的精度影响较大。在设计过程中,要根据系统泵控制方式选择机械传动的具体形式,在此基础上确定负载力的大小,选择步进电动机,然后根据步进电机的参数指标确定控制电路的形式,以满足系统的需要。同时,根据系统的精度要求,决定步进电动机和机械传动结构之间的精度分配,以保证系统的精度满足设计要求。

(3)控制系统的软件

一个完整的控制系统,其输入输出接口要完成所具有的功能,必须使软件和硬件恰当配合。泵控液压马达容积调速系统的软件构成如图10.15所示。它包括输入信号采样、A/D转换及滤波软件、系统自动复位软件、键盘及显示软件、控制算法及步进电动机控制软件和主系统管理软件。

系统管理软件的主要职能是在系统启动后自动调用系统复位软件使系统复位,然后调用显示软件进行显示,并完成调用其输入控制值、采样信号、A/D转换及滤波软件,比较并由此调用控制算法软件,使系统朝着减少误差的方向动作。

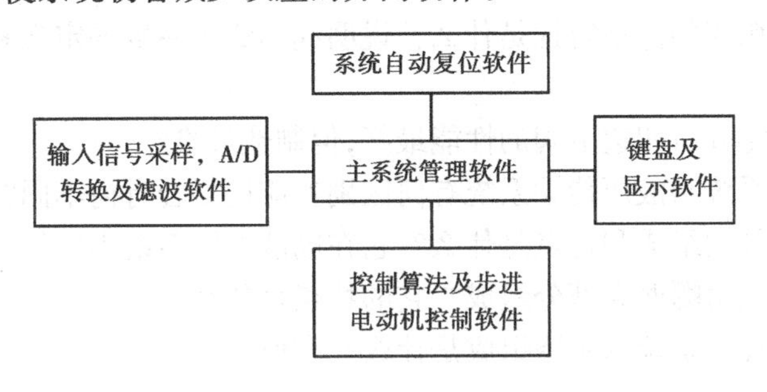

图10.15　系统的软件组成

10.5　液压伺服控制系统的发展概况

在第一次世界大战前,液压伺服系统作为海军舰船的操舵装置已开始应用。第二次世界大战期间及以后,由于军事刺激,自动控制特别是武器和飞行器控制系统的研究发展取得很大的进展。液压伺服系统因响应快、精度高、功率-质量比大,特别受到重视。1940年底,首先在飞机上出现了电液伺服系统。但该系统中的滑阀由伺服电机驱动,作为电液转换器。由于伺服电机惯量大,使电液转换器成为系统中时间常数最大的环节,限制了电液伺服系统的响应速度。直到20世纪50年代初,才出现了快速响应的永磁力矩马达,形成了电液伺服阀的雏形。到50年代末,又出现了以喷嘴挡板阀作为先导级的电液伺服阀,进一步提高了伺服阀的快速性。60年代,各种结构的电液伺服阀相继出现,特别是干式力矩马达的出现,才使得电液伺服阀的性能日趋完善。由于电液伺服阀和电子技术的发展,使电液伺服系统得到了迅速的发展。随着加工能力的提高和电液伺服阀工艺性的改善,使电液伺服阀的价格不断降低。出现了抗污染和工作可靠的工业用廉价电液伺服阀,电液伺服系统开始向一般工业中推广。目前,液压伺服控制系统,特别是电液伺服系统已成了武器自动化和工业自动化的一个重要方面,应用非常广泛。

液压伺服控制系统在国防工业中,用于飞机的操纵系统、导弹的自动控制系统、火炮操纵系统、坦克火炮稳定装置、雷达跟踪系统和舰艇的操舵装置等。在民用工业中,用于仿形机床、数控机床、电火花加工机床;船舶上的舵机操纵和消摆系统;冶炼方面的电炉电极自动升降恒功率控制系统;试验装置方面的振动试验台、材料试验机、轮胎试验机等;锻压设备中的挤压机速度伺服、油压机的位置同步伺服;轧制设备中的轧机液压压下、带材连续生产机的跑偏控制、张力控制;燃气轮机及水轮机转速自调系统,等等。

微型计算机的发展给电液控制技术增加了新的活力,它有极快的运算速度,强大的记忆能力和灵活的逻辑判断功能,使许多过去难以解决的电液控制问题都可通过计算机得以实现,大大提高了液压系统的控制精度和运行可靠性,因而具有广泛的应用和发展前景。

复习思考题

10.1　什么是单边、双边和四边滑阀?它们之间有何关系?

10.2　滑阀式伺服阀的静态特性是什么?说明阀的3个系数的定义和它们对系统性能的影响。

10.3　为什么说零开口四边滑阀的性能最好,但制造最难?

10.4　液压伺服系统与液压传动系统有何区别?应用场合有何不同?

10.5　电液伺服阀的组成和特点是什么?它在电液伺服系统中的作用是什么?

10.6　电液比例阀由哪两大部分组成?它的特点是什么?

10.7　微机电液控制系统的主要组成是什么?有何特点?

第 11 章 液压气动系统常见故障分析与维修

随着液压、气动技术的发展，液压、气动系统在各工业部门的应用日益广泛，确保液压系统的正常工作，增加系统运行可靠性非常重要。当系统发生故障时，需要迅速找到原因并有效地消除故障。目前，液压、气动设备大多由机械、液压、气动、电气及仪表等装置组合而成，因此，在分析系统的故障时，必须先了解整个液压系统的工作原理、结构特点和元件及材料的配置情况。由于液压、气动系统是密封带压系统，管路中流体的流动情况、液压元件内部的零件动作和密封是否损坏都不易观察到，因此，分析故障的原因和判断故障的部位都相对较难。

液压、气动系统发生故障的原因很多，归纳起来有以下 3 个方面：

①设备的机械故障。这包括系统设计不合理，安装间隙不正确，元件质量问题和密封件选用不当，等等。

②操作失误造成液压系统、气动故障。这是指系统在正常运转时由于操作人员操作不当而造成，如错误开闭阀门，突然中断电源，操作温度或压力过高，补油时加错油品，油箱油面过高或过低，不及时从油箱底部放出分离的水，等等。

③由于液压油的质量造成液压系统故障。这大多是由于选油不当或使用了不合格的油品所致，也可能是液压油使用时间过长，未及时更换新油所造成。

11.1 液压气动系统故障诊断的一般方法

如何诊断液压系统故障发生的原因，并及时进行相应处理是一项非常重要的工作。液压设备种类繁杂，使用和维护条件各不相同，故产生的故障也各不相同，特别在对一种新机型作故障诊断前，要认真阅读随机的使用维护说明书，以便对该机液压系统有一个基本的认识。通过阅读技术资料，掌握其系统的主要参数，如主安全阀的开启压力、先导操纵压力和流量等；熟悉系统的原理图，掌握系统中各元件符号的职能和相互关系，分析每个支回路的功用；对每个液压元件的结构和工作原理也应有所了解；分析导致某一故障的可能原因；对照机器了解每个液压元件所在的部位，以及它们之间的联接方式。具体诊断故障时，应遵循“由外到内，先易后难”的顺序，对导致某一故障的可能原因逐一进行排查。

目前，对于液压系统的故障诊断方法主要有3种，即经验法、液压系统原理图分析法和故障诊断专家树法。

所谓经验法，又称为简易故障诊断法，是指维修人员利用已掌握的理论知识和积累的经验，结合本机实际，借助简单仪表运用“问、看、听、摸、试”等手段，快速地诊断出故障所在部位和原因的一种方法。经验法是目前采用最普遍的一种方法。

液压系统原理图分析法是根据液压系统原理图分析液压传动系统出现的故障，找出故障产生的部位及原因，结合动作循环表对照分析、判断故障并提出排除故障的方法。

故障诊断专家树法是指预先利用数据库技术积累专家的使用维修经验并建立相应的液压系统故障诊断树，当液压系统发生故障时，根据液压系统原理借助故障诊断专家设计的逻辑流程图，利用专业检测仪表对故障进行逻辑判断分析或采用因果分析等方法逐一检索排除，最后找出发生故障的部位。目前，在有些行业已有借助于计算机进行辅助故障诊断的专门软件。

由于生产实际中使用的液压设备往往系统构成复杂，出现故障后并不能立即找出问题所在，而后两种方法很大程度上也要依赖于使用者或专家的经验以及借助于专业的检测仪表，故障检测维修成本比较高。因此，目前液压系统故障诊断的主要方法还是经验法。该方法具体包括以下5个方面：

(1)问

“问”，就是向操作人员询问出现故障的液压系统基本情况。其具体内容主要包括：了解系统在工作时出现了哪些异常现象；同时，还要区分出现的故障是突发的还是渐变的；设备使用中是否存在违规操作；设备的维修保养情况；液压油牌号选用是否正确以及平时更换维护的情况；故障发生时设备是在工作开始阶段还是在工作一段时间后才出现的，等等。获得这些基本信息后，即可大致确定该液压系统所出现故障的特点。一般来说，突发性故障大多是因液压油过脏或弹簧折断造成阀口密封不严引起的；而渐变性故障多数情况下是因元件失效、磨损严重或橡胶密封、管件老化而出现的。

例如，某台挖掘机开始工作时正常，但工作一段时间后出现动作变慢并伴随着噪声和油温升高（油温表指示数大于75 ℃）的现象，在排除非油量不足、高温环境下长时间大负荷作业、冷却器散热片污垢太多和风扇胶带打滑等原因外，则可能是泵或阀内部出现泄漏造成的。又如，一台挖掘机起初先导操纵压力正常，不久后压力值下降。检查结果是先导控制泵的橡胶进油管受热折瘪，致使进油受阻造成的。

(2)看

“看”，就是通过眼睛查看液压系统的工作情况。例如，油箱内的油量是否符合要求，有无气泡和变色现象（机器的噪声、振动和爬行等常与油液中大量气泡有关）；密封部位和管接头等处的漏油情况；压力表和油温表在工作中指示值的变化；故障部位有无损伤、连接件脱落和固定件松动的现象。当出现液压油外漏的故障时，在排除紧固螺栓扭力不足或不均匀后，在更换可能已严重磨损或损坏的油封前，还应检查其压力是否超限。安装油封时，应检验油封型号和质量，并做到准确装配。

(3)听

“听”，就是用耳朵检查液压系统有无异常响声。正常的机器运转声响有一定的节奏和音律，并保持稳定。因此，熟悉和掌握这些规律对诊断液压系统故障很有帮助；同时，根据系统工作节奏和音律的变化情况，以及不正常声音产生的部位，就可大致确定故障发生的部位，进而确定故障发生的部件和损伤程度。例如,高音刺耳的啸叫声,通常是由于管路中吸进了过多的空气;液压泵的"喳喳"或"咯咯"声,往往是与泵联接的轴或轴承损坏;换向阀发出"哧哧"的声音,通常是阀芯开度不足;粗沉的"嗒嗒"声,可能是过载阀过载的声音;若是听到明显的气蚀声,则可能是滤油器被污物堵塞、液压泵吸油管松动或油箱油面太低等原因造成的。

(4)摸

"摸",就是利用手指触摸,检查液压系统的管路或元件是否发生振动、冲击和油液温升异常等故障。例如,用手触摸泵壳或液压元件,根据冷热程度就可判断出液压系统是否有异常温升,并判明温升原因及部位。又如,若泵壳过热,则说明泵内泄漏严重或吸进了空气;若感觉振动异常,可能是回转部件安装平衡不好、紧固螺钉松动或系统内有气体等故障。

(5)试

"试",就是操作一下机器液压系统的执行元件,从其工作情况判定故障的部位和原因。

1)全面试

根据液压系统的设计功能,逐个做试验,以确定故障是在局部区域还是在全区域。如果全机动作失灵或无力,则应首先检查先导操纵压力是否正常,离合器(联轴器)是否打滑(松脱),发动机动力是否足够,液压油油量是否充足和液压泵进口的密封情况。例如,一台挖掘机的故障症状仅表现为动臂自动下降,则故障原因可能在换向阀、过载阀或液压缸的油路之中,与液压泵及主安全阀无关。

2)交换试

当液压系统中仅出现某一回路或某一功能丧失时,可与相同(或相关)功能的油路交换,以进一步确定故障部位。如挖掘机有两个互相独立的工作回路,每一个回路都有自己的一些元件,当一个回路发生故障时,可通过交换高压油管使另一泵与这个回路接通,若故障还在一侧,则说明故障不在泵上,应检查该回路的其他元件;否则,说明故障在泵上。例如,某台挖掘机的行走装置出现一边能行走,另一边不能行走或自动跑偏的故障时,可将两台新购马达的油管对调,以判定故障部位是在马达上还是在换向阀内。

3)更换试

利用技术状态良好的元件替换怀疑有故障的元件,通过比较更换元件前、后所反映的现象,确认元件是否有故障。

4)调整试

对系统的溢流阀或换向阀作调整,比较其调整前、后机器工况的变化来诊断故障。当对液压系统的压力作调整时,若其压力(压力表指示表)达不到规定值或上升后又降了下来,则表示系统内泄漏严重。

5)断路试

将系统的某一油管拆下(或松开接头),观察出油的情况,以检查故障到底出现在哪一段油路上。

最后,建议维修人员做好液压设备故障诊断的纪录,将设备发生故障的现象、原因和排除方法汇集起来,并在实际工作中不断地累积、完善,方便以后维修。

液压、气动系统故障根据产生的现象和原因一般分为元件故障和系统故障两大类。液压、气动系统常见故障和排除方法如表11.1—表11.18所示。

表 11.1 泵常见故障排除与处理

故障现象	原因分析		消除方法
(一) 泵不输油	1. 泵不转	(1)电动机轴未转动 ①未接通电源 ②电气线路及元件故障	(1)检查电气并排除故障
		(2)电动机发热跳闸 ①溢流阀调压过高,超载荷后闷泵 ②溢流阀芯卡死或阻尼孔堵塞 ③泵出口单向阀装反或阀芯卡死而闷泵 ④ 电机故障	(2) ①调节溢流阀压力值 ②检修阀闷 ③检修单向阀 ④检修或更换电动机
		(3)泵轴或电动机轴上无联联键 ①折断 ②漏装	(3) ①更换键 ②补装键
		(4)泵内部滑动副卡死 ①配合间隙太小 ②装配质量差,齿轮与轴同轴度偏差太大;柱塞头部卡死;叶片垂直度差;转子摆差太大,转子槽或叶片有伤断裂卡死 ③油液太脏 ④油温过高使零件热变形 ⑤泵吸油腔进入脏物卡死	(4) ①拆开检修,按要求选配间隙 ②更换零件,重新装配,使配合间隙达到要求 ③检查油质,过滤或更换油液 ④检查冷却器的冷却效果,检查油箱油量并加油至油位线 ⑤拆开清洗并在吸油口安装吸油过滤器
	2. 泵反转	电动机转向不对	①纠正电气线路 ②纠正泵体上旋向箭头
	3. 泵轴仍可转动	泵轴内部折断 ①轴质量差 ②泵内滑动副卡死	①检查原因,更换新轴 ②处理见本表(一)1(4)
	4. 泵不吸油	(1)油箱油位过低 (2)吸油过滤器堵塞 (3)泵吸油管上阀门未打开 (4)泵或吸油管密封不严 (5)吸油高度超标,吸油管细长弯头多 (6)吸油过滤器精度太高,通油面积小 (7)油黏度太高 (8)叶片泵叶片未伸出,或卡死 (9)叶片泵变量机构不灵,偏心量为零 (10)柱塞泵变量机构失灵,加工精度差,装配不良,间隙太小,内部摩擦阻力太大,活塞及弹簧芯轴卡死,个别油道有堵塞以及油液脏,油温高零件热变形等 (11)柱塞泵缸体与配油盘之间不密封(如柱塞泵中心弹簧折断) (12)叶片泵配油盘与泵体之间不密封	(1)加油至油位线 (2)清洗滤芯或更换 (3)检查打开阀门 (4)检查和紧固接头处,联接处涂油脂,或先向吸油口灌油 (5)降低吸油高度,更换管子,减少弯头 (6)选择过滤精度,加大滤油器规格 (7)更换油液,冬季检查加热器的效果 (8)拆开清洗,合理选配间隙,检查油质,过滤或更换油液 (9)更换或调整变量机构 (10)拆开检查,修配或更换零件,合理选配间隙;过滤或更换油液;检查冷却器效果;检查油箱内的油位并加至油位线 (11)更换弹簧 (12)拆开清洗重新装配

续表

故障现象	原因分析		消除方法
(二)泵噪声大	1. 吸空现象严重	(1)吸油过滤器有部分堵塞,阻力大 (2)吸油管距油面较近 (3)吸油位置太高或油箱液位太低 (4)泵和吸油管口密封不严 (5)油的黏度过高 (6)泵的转速太高(使用不当) (7)吸油过滤器通过面积过小 (8)非自吸泵辅助泵供油不足或有故障 (9)油箱上空气过滤器堵塞 (10)泵轴油封失效	(1)清洗或更换过滤器 (2)适当加长调整吸油管长度或位置 (3)降低泵的安装高度或提高液位高度 (4)检查联接处和接合面密封,并紧固 (5)检查油质,按要求选用油的黏度 (6)控制在最高转速以下 (7)更换通油面积大的过滤器 (8)修理或更换辅助泵 (9)清洗或更换空气过滤器 (10)更换
	2. 吸入气泡	(1)油液中溶解一定量的空气,在工作过程中又生成为气泡 (2)回油涡流强烈生成泡沫 (3)管道内或泵壳内存有空气 (4)吸油管浸入油面的深度不够	(1)将回油经过隔板再吸入,加消泡剂 (2)吸油管与回油管隔开一定距离,回油管口插入油面以下 (3)进行空载运转,排除空气 (4)加长吸油管,往油箱中注油
	3. 液压泵运转不良	(1)泵内轴承磨损严重或破损 (2)泵内部零件破损或磨损 ①定子环内 ②齿轮精度低,偏差大	(1)拆开清洗,更换 (2) ①更换定子圈 ②研配修复或更换
	4. 泵的结构因素	(1)困油严重,流量脉动和压力脉动大 ①卸荷槽设计不佳 ②加工精度差 (2)变量机构或双级叶片泵压力分配阀工作不良(间隙小,精度差,油液脏等)	(1) ①改进设计,提高卸荷能力 ②提高加工精度 (2)拆开清洗,修理,重新装配达到性能要求,过滤或更换油液
	5. 泵安装不良	(1)泵轴与电动机轴同轴度差 (2)联轴器同轴度差并有松动	(1)重新安装,同轴度<0.1 mm以内 (2)重新安装,并用顶丝紧固联轴器
(三)泵出油量不足	1. 容积效率低	(1)泵内部滑动零件磨损严重 ①叶片泵配油盘端面磨损严重 ②齿轮端面与侧板磨损严重 ③齿轮泵因轴承损坏使泵体孔磨损严重 ④柱塞泵柱塞与缸体孔磨损严重 ⑤柱塞泵配油盘与缸体端面磨损严重	(1)拆开清洗,修理和更换 ①研磨配油盘端面 ②研磨修理工艺或更换 ③更换轴承并修理 ④更换柱塞并配研到要求,清洗后重装 ⑤研磨两端面达到要求,清洗后重装
		(2)泵装配不良 ①定转子,柱塞/缸体,泵体/侧板间隙大 ②泵盖上螺钉拧紧力矩不匀或松动 ③叶片和转子反装	(2) ①重装,按技术要求选配间隙 ②重新拧紧螺钉并达到受力均匀 ③纠正方向重新装配
		(3)油的黏度低(用错油或油温过高)	(3)更换油液,检查油温过高原因
	2. 吸气现象	参见本表(二)1,2	参见本表(二)1,2
	3. 内部不良	参见本表(二)4	参见本表(二)4
	4. 供油不足	非自吸泵的辅助泵供油量不足或有故障	修理或更换辅助泵

续表

故障现象		原因分析	消除方法
(四)压力不足或升不高	1. 漏油严重	参见本表(三)1	参见本表(三)1
	2. 驱动机构功率过小	(1)电动机输出功率过小 ①设计不合理 ②电机故障 (2)机械驱动机构输出功率过小	(1) ①核算电动机功率,若不足应更换 ②检查电动机并排除故障 (2)核算驱动功率并更换驱动机构
	3. 排量选大或压力过高	造成驱动机构或电动机功率不足	重新计算匹配压力,流量和功率,使之合理
(五)压力不稳定,流量不稳定	1. 吸气现象	参见本表(二)1,2	参见本表(二)1,2
	2. 油液过脏	个别叶片在转子槽内卡住或伸出困难	过滤或更换油液
	3. 装配不良	(1)个别叶片在转子槽内间隙大,高压油向低压腔流动 (2)个别叶片在转子槽内间隙小,卡住 (3)个别柱塞与缸体间隙大,漏油大	(1)拆开清洗,修配或更换叶片,合理选配间隙 (2)修配,使叶片运动灵活 (3)修配后使间隙达到要求
	4. 结构因素	参见本表(二)4	参见本表(二)4
	5. 供油波动	非自吸泵的辅助泵有故障	修理或更换辅助泵
(六)异常发热	1. 装配不良	(1)间隙不当(如柱塞/缸体,叶片/转子槽,定转子,齿轮/侧板等间隙过小,滑动部件过热烧伤) (2)装配质量差,传动部分同轴度低 (3)轴承质量差,或装配时被打坏,或安装时未清洗干净,运转时"憋劲" (4)经过轴承的润滑油排油口不畅通 ①回油口螺塞未打开(未接管子) ②油道未清洗干净,有脏物 ③回油管弯头太多或有压扁	(1)拆开清洗,测量间隙,重新配研达到规定间隙 (2)拆开清洗,重新装配,达到技术要求 (3)拆开检查,更换轴承,重新装配 (4) ①安装好回油管 ②清洗管道 ③更换管子,减少弯头
	2. 油液质量差	(1)油液的黏-温特性差,黏度变化大 (2)油中含有大量水分造成润滑不良 (3)油液污染严重	(1)按规定选用液压油 (2)更换合格的油液,清洗油箱内部 (3)更换油液
	3. 管路故障	(1)泄油管压扁或堵死 (2)泄油管管径细,不能满足排油要求 (3)吸油管径细,吸油阻力大	(1)清洗更换 (2)更改设计,更换管子 (3)加粗管径、减少弯头降低吸油阻力
	4. 外界影响	外界热源高,散热条件差	清除外界影响,增设隔热措施
	5. 内泄大,效率低发热	参见本表(三)1	参见本表(三)1

续表

故障现象	原因分析		消除方法
（七）轴封漏油	1. 安装不良	（1）密封件唇口装反 （2）骨架弹簧脱落 ①轴倒角不当，密封唇口翻开，弹簧脱落 ②装轴时弹簧脱落 （3）密封唇部黏有异物 （4）密封唇口通过花键轴时被拉伤 （5）油封装斜 （6）装配时油封严重变形，沟槽内径尺寸或沟槽倒角小 （7）密封唇翻卷 ①轴倒角太小 ②轴倒角处太粗糙	（1）拆下重装，拆装时不损坏唇部，若有损伤应更换 （2） ①按加工图纸要求重新加工 ②重新安装 （3）取下清洗，重新装配 （4）更换后重新安装 （5）检查沟槽尺寸，按规定重新加工 （6）检查沟槽尺寸及倒角 （7）检查轴倒角尺寸和粗糙度，可用砂布打磨倒角处，装配时在轴倒角处涂上油脂
	2. 轴和沟槽加工不良	（1）轴加工错误 ①轴颈不适宜，使唇口部位磨损发热 ②轴倒角不合要求，唇口拉伤，弹簧脱落 ③轴颈外表有车削或磨削痕迹 ④轴颈表面粗糙使油封唇边磨损加快 （2）沟槽加工错误 ①沟槽小，油封装斜 ②沟槽大，油从外周漏出 ③沟槽划伤或其他缺陷，油从外周漏出	（1） ①检查尺寸，换轴。油封处公差常用 h8 ②重新加工轴的倒角 ③重新修磨，消除磨削痕迹 ④重新加工达到图纸要求 （2）更换泵盖，修配沟槽达到配合要求
	3. 油封缺陷	油封质量不好，不耐油或对液压油相容性差，变质、老化、失效造成漏油	更换相适应的油封橡胶件
	4. 效率低	参见本表（三）1	参见本表（三）1
	5. 泄油孔被堵	泄油孔被堵泄油压力增加，密封唇口变形，接触面增加，摩擦产生热老化，油封失效	清洗油孔，更换油封
	6. 外泄管过细或管道长	泄油困难，泄油压力增加	适当增大管径或缩短泄油管长度
	7. 未接泄油	泄油管未打开或未接泄油管	打开螺塞接上泄油管

表 11.2　液压马达常见故障及处理

故障现象	原因分析		消除方法
(一) 转速低, 转矩小	1. 液压泵供油量不足	①电动机转速不够 ②吸油过滤器滤网堵塞 ③油箱油量不足或吸油管径过小 ④密封不严,泄漏,空气侵入内部 ⑤油的黏度过大 ⑥液压泵轴向径向间隙过大、内泄增大	①找出原因,进行调整 ②清洗或更换滤芯 ③加足油量、加大管径,使吸油通畅 ④拧紧有关接头,防止泄漏或空气侵入 ⑤选择黏度小的油液 ⑥适当修复液压泵
	2. 液压泵输出油压不足	①液压泵效率太低 ②溢流阀调整压力不足或发生故障 ③油管阻力过大(管道过长或过细) ④油的黏度较小,内部泄漏较大	①检查液压泵故障,并加以排除 ②检查溢流阀,排除后重新调高压力 ③更换孔径较大的管道或尽量减少长度 ④检查内泄漏,更换油液或密封
	3. 液压马达泄漏	①接合面没有拧紧或密封不好,有泄漏 ②液压马达内部零件磨损,泄漏严重	①拧紧接合面检查密封或更换密封圈 ②检查其损伤部位,并修磨或更换零件
	4. 失效	配油盘的支承弹簧疲劳,失去作用	检查、更换支承弹簧
(二) 泄漏	1. 内部泄漏	①配油盘磨损严重 ②轴向间隙过大 ③配油盘与缸体端面磨损,轴向间隙大 ④弹簧疲劳 ⑤柱塞与缸体磨损严重	①检查配油盘接触面,并加以修复 ②检查并将轴向间隙调至规定范围 ③修磨缸体及配油盘端面 ④更换弹簧 ⑤研磨缸体孔、重配柱塞
	2. 外部泄漏	①轴端密封磨损 ②盖板处的密封圈损坏 ③接合面有污物或螺栓未拧紧 ④管接头密封不严	①更换密封圈并查明磨损原因 ②更换密封圈 ③检查、清除并拧紧螺栓 ④拧紧管接头
(三) 噪声		①密封不严,有空气侵入内部 ②液压油被污染,有气泡混入 ③联轴器不同心 ④液压油黏度过大 ⑤液压马达的径向尺寸严重磨损 ⑥叶片已磨损 ⑦叶片与定子接触不良,有冲撞现象 ⑧定子磨损	①检查有关部位的密封,紧固各联接处 ②更换清洁的液压油 ③校正同心 ④更换黏度较小的油液 ⑤修磨缸孔,重配柱塞 ⑥尽可能修复或更换 ⑦进行修整 ⑧进行修复或更换。如因弹簧过硬造成磨损加剧,则应更换刚度较小的弹簧

表 11.3　液压缸常见故障及处理

故障现象	原因分析		消除方法
(一) 活塞杆不能动作	1. 压力不足	(1)油液未进入液压缸 ①换向阀未换向 ②系统未供油 (2)虽有油,但没有压力 ①系统有故障,主要是泵或溢流阀有故障 ②内泄,活塞与活塞杆松脱,密封件损坏 (3)压力达不到规定值 ①密封件老化失效,密封圈唇口装反或破损 ②活塞杆损坏 ③系统调定压力过低 ④压力调节阀有故障 ⑤通过调整阀流量小,液压缸内泄大时,流量不足造成压力不足	(1) ①检查换向阀未换向的原因并排除 ②检查液压泵和主要液压阀故障并排除 (2) ①检查泵或溢流阀的故障原因并排除 ②紧固活塞与活塞杆并更换密封件 (3) ①更换密封件,并正确安装 ②更换活塞杆 ③重新调整压力,直至达到要求值 ④检查原因并排除 ⑤调整阀的通过流量必须大于液压缸内泄漏量
	2. 压力已达到要求但仍不动作	(1)液压缸结构上的问题 ①活塞端面与缸筒端面紧贴在一起,工作面积不足,故不能启动 ②具有缓冲装置的缸筒上单向阀回路被活塞堵住 (2)活塞杆移动“憋劲” ①缸筒/活塞,导向套/活塞杆配合间隙小 ②活塞杆/夹布胶木导向套间配合间隙小 ③液压缸装配不良(如活塞杆、活塞/缸盖间同轴度差,液压缸与工作台平行度差) (3)液压缸背压腔油液未与油箱相通,调速阀节流口过小或联通回油换向阀未动作	(1) ①端面上要加一条通油槽,使工作液体迅速流进活塞的工作端面 ②缸筒的进出油口位置应与活塞端面错开 (2) ①检查配合间隙,并配研到规定值 ②检查配合间隙,修刮导向套孔,达到要求 ③重新装配和安装,不合格零件应更换 检查原因并消除
(二) 速度达不到规定值	1. 内泄漏严重	(1)密封件破损严重 (2)油的黏度太低 (3)油温过高	(1)更换密封件 (2)更换适宜黏度的液压油 (3)检查原因并排除
	2. 外载荷过大	(1)设计错误,选用压力过低 (2)工艺和使用错误,造成外载大	(1)核算后更换元件,调大工作压力 (2)按设备规定值使用
	3. 活塞移动时“憋劲”	(1)加精度差,缸筒孔锥度和圆度超差 (2)装配质量差 ①活塞、活塞杆与缸盖之间同轴度差 ②液压缸与工作台平行度差 ③活塞杆与导向套配合间隙过小	(1)检查零件尺寸,更换无法修复的零件 (2) ①按要求重新装配 ②按照要求重新装配 ③检查配合间隙,修刮导向套孔,达到要求

续表

故障现象		原因分析	消除方法
(二)速度达不到规定值	4. 脏物进入滑动部位	(1)油液过脏 (2)防尘圈破损 (3)装配时未清洗干净或带入脏物	(1)过滤或更换油液 (2)更换防尘圈 (3)拆开清洗,装配时要注意清洁
	5. 活塞在端部行程时速度急剧下降	(1)缓冲调节阀的节流口过小,在进入缓冲行程时,活塞可能停止或速度急剧下降 (2)固定式缓冲装置中节流孔直径过小 (3)固定式缓冲节流环与缓冲柱塞间隙小	(1)缓冲节流阀的开口度要调节适宜,并能起到缓冲作用 (2)适当加大节流孔直径 (3)适当加大间隙
	6. 移动到中途速度变慢或停	(1)缸筒内径精度差,内泄增大 (2)缸壁胀大,当活塞通过增大部位时,内泄增大	(1)修复或更换缸筒 (2)更换缸筒
(三)液压缸产生爬行	1. 活塞"憋劲"	参见本表(二)3	参见本表(二)3
	2. 缸内进入空气	(1)新液压缸,修理后的液压缸或设备停机时间过长的缸,缸内有气或液压缸管道中排气未排净 (2)缸内部形成负压,从外部吸入空气 (3)从缸到换向阀之间管道的容积比液压缸内容积大得多,液压缸工作时,这段管道上油液未排完,所以空气也很难排净 (4)泵吸入空气(参见液压泵故障) (5)油液中混入空气(参见液压泵故障)	(1)空载大行程往复运动,直到把空气排完 (2)先用油脂封住接合面和接头处,若吸空情况有好转,则把紧固螺钉和接头拧紧 (3)可在靠近液压缸的管道中取高处加排气阀。拧开排气阀,活塞在全行程情况下运动多次,把气排完后再把排气阀关闭 (4)参见液压泵故障的消除对策 (5)参见液压泵故障的消除对策
(四)缓冲装置故障	1. 缓冲作用过度	(1)缓冲调节阀的节流口开口过小 (2)缓冲柱塞"憋劲"(如柱塞头与缓冲环间隙太小,活塞倾斜或偏心) (3)在柱塞头与缓冲环之间有脏物 (4)缓冲装置柱塞头与衬套之间间隙太小	(1)将节流口调节到合适位置并紧固 (2)拆开清洗适当加大间隙,不合格的零件应更换 (3)修去毛刺和清洗干净 (4)适当加大间隙
	2. 缓冲作用失灵	(1)缓冲调节阀处于全开状态 (2)惯性能量过大 (3)缓冲调节阀不能调节 (4)单向阀全开或单向阀阀座封闭不严 (5)活塞上密封件破损,当缓冲腔压力升高时,工作液体从此腔向工作压力一侧倒流,故活塞不减速 (6)柱塞头或衬套内表面上有伤痕 (7)镶在缸盖上的缓冲环脱落 (8)缓冲柱塞锥面长度和角度不适宜	(1)调节到合适位置并紧固 (2)应设计合适的缓冲机构 (3)修复或更换 (4)检查尺寸,更换锥阀芯或钢球,更换弹簧,并配研修复 (5)更换密封件 (6)修复或更换 (7)更换新缓冲环 (8)修正

续表

故障现象	原因分析		消除方法
(四)缓冲装置故障	3. 缓冲行程段出现“爬行”	(1)缸盖,活塞端面的垂直度不合要求,在全长上活塞与缸筒间隙不匀,缸盖与缸筒不同心:缸筒内径与缸盖中心偏差,活塞与螺母端面垂直度不合要求造成活塞杆挠曲等 (2)装配不良,如缓冲柱塞/缓冲环配合孔偏心或倾斜	(1)对每个零件均仔细检查,不合格的零件不准使用 (2)重新装配确保质量
(五)有外泄漏	1. 装配不良	(1)端盖装偏,活塞杆与缸筒不同心,加速密封件磨损 (2)液压缸与工作台导轨面平行度差,使活塞伸出困难,加速密封件磨损 (3)密封件划伤、切断,密封唇装反,唇口破损或轴倒角尺寸不对,装错或漏装 (4)密封压盖未装好 ①压盖安装有偏差 ②紧固螺钉受力不匀 ③紧固螺钉过长,使压盖不能压紧	(1)拆开检查,重新装配 (2)拆开检查,重新安装,并更换密封件 (3)更换并重新安装密封件 (4) ①重新安装 ②重新安装,拧紧螺钉,使其受力均匀 ③按螺孔深度合理选配螺钉长度
	2. 密封件质量问题	(1)保管期太长,密封件自然老化失效 (2)保管不良,变形或损坏 (3)胶料不耐油或与油相容性差 (4)制品尺寸不对,公差不符	更换
	3. 活塞杆和沟槽加工质量差	(1)活塞杆表面粗糙,头部倒角不符合要求 (2)沟槽尺寸及精度不符合要求 ①设计图纸有错误 ②沟槽尺寸加工不符合标准 ③沟槽精度差,毛刺多	(1)表面粗糙度 $R_a0.2\ \mu m$,按要求倒角 (2) ①按有关标准设计沟槽 ②检查尺寸,并修正到要求尺寸 ③修正并去毛刺
	4. 油的黏度过低	(1)用错了油品 (2)油液中渗有其他牌号的油液	更换适宜的油液
	5. 油温过高	(1)液压缸进油口阻力太大 (2)周围环境温度太高 (3)泵或冷却器等有故障	(1)检查进油口是否畅通 (2)采取隔热措施 (3)检查原因并排除
	6. 高频振动	(1)紧固螺钉松动 (2)管接头松动 (3)安装位置产生移动	(1)应定期紧固螺钉 (2)应定期紧固接头 (3)应定期紧固安装螺钉
	7. 活塞杆拉伤	(1)防尘圈失效侵入砂粒切屑等脏物 (2)导向套与活塞杆间配合紧,使活动表面产生过热,活塞杆表面铬层脱落而拉伤	(1)清洗更换防尘圈,修复活塞杆表面 (2)检查清洗,用刮刀修刮导向套内径,达到配合间隙

表 11.4　溢流阀常见故障及处理

故障现象	原因分析		消除方法
(一)调不上压力	1. 主阀故障	(1)主阀芯阻尼孔堵塞(装配时主阀芯未清洗干净,油液过脏) (2)主阀芯在开启位置卡死(零件精度低,装配质量差,油液过脏) (3)弹簧折断或弯曲,使主阀芯不复位	(1)清洗阻尼孔使之畅通;过滤或更换油液 (2)拆开检修,重新装配;阀盖紧固螺钉拧紧力要均匀;过滤或更换油液 (3)更换弹簧
	2. 先导阀故障	(1)调压弹簧折断 (2)调压弹簧未装 (3)锥阀或钢球未装 (4)锥阀损坏	(1)更换弹簧 (2)补装 (3)补装 (4)更换
	3. 远控口电磁阀故障或远控口未加丝堵而直通油箱	(1)电磁阀未通电(常开) (2)滑阀卡死 (3)电磁铁线圈烧毁或铁芯卡死 (4)电气线路故障	(1)检查电气线路接通电源 (2)检修、更换 (3)更换 (4)检修
	4. 装错	进出油口安装错误	纠正
	5. 液压泵故障	(1)滑动副间隙大(如齿轮泵、柱塞泵) (2)叶片泵的多数叶片在转子槽内卡死 (3)叶片和转子方向装反	(1)修配间隙到适宜值 (2)清洗,修配间隙达到适宜值 (3)纠正方向
(二)压力调不高	1. 主阀故障(若主阀为锥阀)	(1)主阀芯锥面封闭性差 ①主阀芯锥面磨损或不圆 ②阀座锥面磨损或不圆 ③锥面处有脏物黏住 ④主阀芯锥面与阀座锥面不同心 ⑤主阀芯工作卡滞,阀芯阀座接合不严 (2)主阀压盖处泄漏(密封垫损坏,装配不良,压盖螺钉松动)	(1) ①更换并配研 ②更换并配研 ③清洗并配研 ④修配使之接合良好 ⑤修配使之接合良好 (2)拆开检修,更换密封垫,重新装配,并确保螺钉拧紧力均匀
	2. 先导阀故障	(1)调压弹簧弯曲,太弱,长度过短 (2)锥阀与阀座接合处封闭差(锥阀与阀座磨损,锥阀接触面不圆,接触面太宽进脏物)	(1)更换弹簧 (2)检修更换清洗,使之达到要求
(三)压力突然升高	1. 主阀故障	主阀芯工作不灵敏,在关闭状态突然卡死(如零件加工精度低,装配质量差,油液过脏等)	检修,更换零件,过滤或更换油液
	2. 先导阀故障	(1)先导阀阀芯与阀座接合面突然黏住,脱不开 (2)调压弹簧弯曲造成卡滞	(1)清洗修配或更换油液 (2)更换弹簧

续表

故障现象		原因分析	消除方法
（四）压力突然下降	1. 主阀故障	(1)主阀芯阻尼孔突然被堵死 (2)主阀芯工作不灵敏，在关闭状态突然卡死（如零件加工精度低，装配质量差，油液脏等） (3)主阀盖处密封垫突然破损	(1)清洗，过滤或更换油液 (2)检修更换零件，过滤或更换油液 (3)更换密封件
	2. 先导阀故障	(1)先导阀阀芯突然破裂 (2)调压弹簧突然折断	(1)更换阀芯 (2)更换弹簧
	3. 远控口电磁阀故障	电磁铁突然断电，使溢流阀卸荷	检查电气故障并消除
（五）压力波动（不稳定）	1. 主阀故障	(1)主阀芯动作不灵活，有时卡住 (2)主阀芯阻尼孔有时堵有时通 (3)主阀芯锥面与阀座锥面接触不良，磨损不均匀 (4)阻尼孔径太大，造成阻尼作用差	(1)检修更换零件，压盖螺钉拧紧力应均匀 (2)拆开清洗，检查油质，更换油液 (3)修配或更换零件 (4)适当缩小阻尼孔径
	2. 先导阀故障	(1)调压弹簧弯曲 (2)锥阀与锥阀座接触不良，磨损不匀 (3)调节压力的螺钉由于锁紧螺母松动而使压力变动	(1)更换弹簧 (2)修配或更换零件 (3)调压后应把锁紧螺母锁紧
（六）振动与噪声	1. 主阀故障	主阀芯工作时径向力不平衡，性能不稳 ①阀体/主阀芯精度差，棱边有毛刺 ②阀体内黏附有污物，间隙增大或不匀	①检查零件精度，对不符合要求的零件应更换，并把棱边毛刺去掉 ②检修更换零件
	2. 先导阀故障	(1)锥阀/阀座接触不良，圆周面圆度不好，粗糙度大，调压弹簧受力不平衡，使锥阀振荡加剧，产生尖叫 (2)调压弹簧轴心线与端面不够垂直，针阀会倾斜，造成接触不均匀 (3)调压弹簧在定位杆上偏向一侧 (4)装配时阀座装偏 (5)调压弹簧侧向弯曲	(1)把封油面圆度误差控制为0.005～0.01 mm (2)提高锥阀精度，粗糙度应达R_a0.4 μm (3)更换弹簧 (4)提高装配质量 (5)更换弹簧
	3. 系统有空气	泵吸入空气或系统存在空气	排除空气
	4. 阀使用不当	通过流量超过允许值	在额定流量范围内使用
	5. 回油不畅	回油管路阻力过高或回油过滤器堵塞或回油管贴近油箱底面	适当增大管径，减少弯头，回油管口应离油箱底面2倍管径以上，更换滤芯
	6. 远控口管径选择不当	溢流阀远控口至电磁阀之间的管子通径不宜过大，过大会引起振动	一般管径取6 mm较适宜

表 11.5　减压阀常见故障及处理

故障现象	原因分析		消除方法
(一)无二次压力	1. 主阀故障	主阀芯全闭位置卡死(零件精度低;主阀弹簧折断,弯曲变形;阻尼孔堵塞)	修理、更换零件和弹簧,过滤或更换油液
	2. 无油源	未向减压阀供油	检查油路消除故障
(二)不起减压作用	1. 使用错误	泄油口不通 ①螺塞未拧开 ②泄油管细长,弯头多,阻力太大 ③泄油与主回油管相联,回油背压大 ④泄油通道堵塞、不通	①将螺塞拧开 ②更换符合要求的管子 ③泄油管必须与回油管道分开,单独流回油箱 ④清洗泄油通道
	2. 主阀故障	主阀芯全开位置时卡死(零件精度低,油液脏)	修理、更换零件,检查油质,更换油液
	3. 锥阀故障	调压弹簧太硬,弯曲并卡住不动	更换弹簧
(三)二次压力不稳定	主阀故障	(1)主阀芯与阀体精度差,工作不灵 (2)主阀弹簧太弱,变形或将主阀芯卡住,使阀芯移动困难 (3)阻尼小孔时堵时通	(1)检修,使其动作灵活 (2)更换弹簧 (3)清洗阻尼小孔
(四)二次压力升不高	1. 外泄漏	(1)顶盖接合面漏,其原因:密封件失效,螺钉松动或拧紧力矩不均 (2)各丝堵处有漏油	(1)更换密封件,紧固螺钉,并保证力矩均匀 (2)紧固并消除外漏
	2. 锥阀故障	(1)锥阀与阀座接触不良 (2)调压弹簧太弱	(1)修理或更换 (2)更换

表 11.6　顺序阀常见故障及处理

故障现象	原因分析	消除方法
(一)始终出油,不起顺序阀作用	(1)阀芯在打开位置上卡死(如几何精度差,间隙小;弹簧弯曲,断裂;油液脏) (2)单向阀在打开位置上卡死(如几何精度差,间隙太小;弹簧弯曲、断裂;油液太脏) (3)单向阀密封不良(如几何精度差) (4)调压弹簧断裂 (5)调压弹簧漏装 (6)未装锥阀或钢球	(1)修理,使配合间隙达到要求,并使阀芯移动灵活;检查油质,若不符合要求应过滤或更换;更换弹簧 (2)修理,使配合间隙达到要求,并使单向阀芯移动灵活;检查油质,若不符合要求应过滤或更换;更换弹簧 (3)修理,使单向阀的密封良好 (4)更换弹簧 (5)补装弹簧 (6)补装

续表

故障现象	原因分析	消除方法
(二) 始终不出油,不起顺序阀作用	(1)阀芯在关闭位置上卡死(如几何精度差;弹簧弯曲;油脏) (2)控制油液流动不畅通(如阻尼小孔堵死,或远控管道被压扁堵死) (3)远控压力不足,下端盖接合处漏油 (4)通向调压阀油路上的阻尼孔被堵死 (5)泄油管道背压高,使滑阀不能移动 (6)调节弹簧太硬,或压力调得太高	(1)修理,使滑阀移动灵活,更换弹簧;过滤或更换油液 (2)清洗或更换管道,过滤或更换油液 (3)提高控制压力,拧紧端盖螺钉并使之受力均匀 (4)清洗 (5)泄油管道不能接回油管,应单独接油箱 (6)更换弹簧,适当调整压力
(三) 调定压力值不符合要求	(1)调压弹簧调整不当 (2)调压弹簧侧向变形,最高压力调不上去 (3)滑阀卡死,移动困难	(1)重新调整所需要的压力 (2)更换弹簧 (3)检查滑阀的配合间隙,修配,使滑阀移动灵活;过滤或更换油液
(四) 振动与噪声	(1)回油阻力(背压)太高 (2)油温过高	(1)降低回油阻力 (2)控制油温在规定范围内
(五) 单向顺序阀反向不回油	单向阀卡死打不开	检修单向阀

表 11.7　流量阀常见故障及处理

<table>
<tr><th>故障现象</th><th colspan="2">原因分析</th><th>消除方法</th></tr>
<tr><td rowspan="3">(一)
调整节流阀手柄无流量变化</td><td>1. 压力补偿阀不动作</td><td>压力补偿阀芯在关闭位置上卡死
①阀芯与阀套几何精度差,间隙太小
②弹簧侧向弯曲、变形而使阀芯卡住
③弹簧太弱</td><td>①检查精度,修配间隙达到要求,阀芯移动灵活
②更换弹簧
③换弹簧</td></tr>
<tr><td>2. 节流阀故障</td><td>(1)油液过脏,使节流口堵死
(2)手柄与节流阀芯装配位置不合适
(3)节流阀阀芯上联接失落或未装键
(4)节流阀阀芯因配合间隙小而卡死
(5)调节杆螺纹被脏物堵住,调节不良</td><td>(1)检查油质,过滤油液
(2)检查原因,重新装配
(3)更换键或补装键
(4)清洗,修配间隙或更换零件
(5)拆开清洗</td></tr>
<tr><td>3. 系统无油</td><td>换向阀阀芯未换向</td><td>检查原因并消除</td></tr>
</table>

续表

故障现象		原因分析	消除方法
（二）执行元件运动速度不稳定（流量不稳定）	1. 压力补偿阀故障	(1)压力补偿阀阀芯工作不灵敏 ①阀芯有卡死现象 ②补偿阀的阻尼小孔时堵时通 ③弹簧侧向弯曲、变形，或弹簧端面与弹簧轴线不垂直 (2)压力补偿阀阀芯在全开位置上卡死 ①补偿阀阻尼小孔堵死 ②阀芯与阀套精度差，配合间隙过小 ③弹簧侧向弯曲、变形而使阀芯卡住	(1) ①修配，达到移动灵活 ②清洗阻尼孔，若油液过脏应更换 ③更换弹簧 (2) ①清洗阻尼孔，若油液过脏，应更换 ②修理达到移动灵活 ③更换弹簧
	2. 节流阀故障	(1)节流口处积有污物，造成时堵时通 (2)简式节流阀外载荷变化会引起流量变化	(1)拆开清洗，若油质不合格应更换 (2)对外载荷变化大的或要求执行元件运动速度非常平稳的系统，应改用调速阀
	3. 油液品质劣化	(1)油温过高，造成通过节流口流量变化 (2)带有温度补偿的流量控制阀的补偿杆敏感性差，已损坏 (3)油液过脏，堵死节流口或阻尼孔	(1)检查温升原因，降低油温，并控制在要求范围内 (2)选用对温度敏感性强的材料做补偿杆，坏的应更换 (3)清洗，检查油质，不合格的应更换
	4. 单向阀故障	在带单向阀的流量控制阀中，单向阀密封性不好	研磨单向阀，提高密封性
	5. 管路振动	(1)系统中有空气 (2)管路振动使调定的位置发生变化	(1)应将空气排净 (2)调整后用锁紧装置锁住
	6. 泄漏	内外泄使流量不稳定，造成执行元件工作速度不均匀	消除泄漏，或更换元件

表 11.8　电(液、磁)换向阀常见故障及处理

故障现象		原因分析	消除方法
（一）主阀芯不运动	1. 电磁铁故障	(1)电磁铁线圈烧坏 (2)电磁铁推动力不足或漏磁 (3)电气线路出故障 (4)电磁铁未加上控制信号 (5)电磁铁铁芯卡死	(1)检查原因，进行修理或更换 (2)检查原因，进行修理或更换 (3)消除故障 (4)检查后加上控制信号 (5)检查或更换
	2. 先导电磁阀故障	(1)阀芯与阀体孔卡死(如零件几何精度差；阀芯与阀孔配合过紧；油液过脏) (2)弹簧侧弯，使滑阀卡死	(1)修理配合间隙达到要求，使阀芯移动灵活；过滤或更换油液 (2)更换弹簧
	3. 主阀芯卡死	(1)阀芯与阀体几何精度差 (2)阀芯与阀孔配合太紧 (3)阀芯表面有毛刺	(1)修理配研间隙达到要求 (2)修理配研间隙达到要求 (3)去毛刺，清洗干净

续表

故障现象	原因分析		消除方法
(一) 主阀芯 不运动	4. 液控油路故障	(1)控制油路无油 ①控制油路电磁阀未换向 ②控制油路被堵塞 (2)控制油路压力不足 ①阀端盖处漏油 ②滑阀排油腔侧节流阀调节过小或堵死	(1) ①检查原因并消除 ②检查清洗,并使控制油路畅通 (2) ①拧紧端盖螺钉 ②清洗节流阀并调整适宜
	5. 油液变质或油温过高	(1)油液过脏使阀芯卡死 (2)油温高使零件热变形而卡死 (3)油温高,油液中胶质黏住阀芯卡死 (4)油液黏度高,使阀芯移动困难卡住	(1)过滤或更换 (2)检查油温过高原因并消除 (3)清洗、消除油温过高 (4)更换适宜的油液
	6. 安装不良	阀体变形 ①安装螺钉拧紧力矩不均匀 ②阀体上联接的管子“憋劲”	①重新紧固螺钉,并使之受力均匀 ②重新安装
	7. 复位弹簧不符合要求	(1)弹簧力过大 (2)弹簧侧弯变形,致使阀芯卡死 (3)弹簧断裂不能复位	更换适宜的弹簧
(二) 阀芯换向后通过的流量不足	阀开口量不足	(1)电磁阀中推杆过短 (2)阀芯与阀体几何精度差,间隙过小,移动时有卡死现象,故不到位 (3)弹簧推力不足,使阀芯行程不到位	(1)更换适宜长度的推杆 (2)配研达到要求 (3)更换适宜的弹簧
(三)压降大	参数不当	实际通过流量大于额定流量	应在额定范围内使用
(四) 液控换向阀芯换向速度不易调	可调装置故障	(1)单向阀封闭性差 (2)节流阀精度差,不能调节最小流量 (3)排油腔阀盖处漏油 (4)针形节流阀调节性能差	(1)修理或更换 (2)修理或更换 (3)更换密封件,拧紧螺钉 (4)改用三角槽节流阀
(五) 电磁铁过热或线圈烧坏	1. 电磁铁故障	(1)线圈绝缘不好 (2)电磁铁铁芯不合适,吸不住 (3)电压太低或不稳定	(1)更换 (2)更换 (3)电压变化值应在额定电压 10% 内
	2. 负荷变化	(1)换向压力超过规定 (2)换向流量超过规定 (3)回油口背压过高	(1)降低压力 (2)更换规格合适的电液换向阀 (3)调整背压使其在规定值内
	3. 装配差	电磁铁铁芯与阀芯轴线同轴度不良	重新装配,保证有良好的同轴度
(六) 电磁铁吸力不够	装配不良	(1)推杆过长 (2)电磁铁铁芯接触面不平或接触不良	(1)修磨推杆到适宜长度 (2)消除故障,重新装配达到要求
(七) 冲击与振动	1. 换向冲击	(1)大通径电磁换向阀,因电磁铁规格大,吸合速度快而产生冲击 (2)液动换向阀流量过大,阀芯移动速度快而产生冲击 (3)单向节流阀单向阀钢球漏装或破碎	(1)需要采用大通径换向阀时,优先选用电液动换向阀 (2)调小节流阀节流口减慢阀芯移动速度 (3)检修单向节流阀
	2. 振动	固定电磁铁的螺钉松动	紧固螺钉,并加防松垫圈

表 11.9 多路换向阀常见故障及处理

故障现象	原因分析	消除方法
(一) 压力波动及噪声	(1)溢流阀弹簧侧弯或太软 (2)溢流阀阻尼孔堵塞 (3)单向阀关闭不严 (4)锥阀与阀座接触不良	(1)更换弹簧 (2)清洗,使通道畅通 (3)修复或更换 (4)调整或更换
(二) 阀杆动作不灵活	(1)复位弹簧和限位弹簧损坏 (2)轴用弹性挡圈损坏 (3)防尘密封圈过紧	(1)更换损坏的弹簧 (2)更换弹性挡圈 (3)更换防尘密封圈
(三) 泄漏	(1)锥阀与阀座接触不良 (2)双头螺钉未紧固	(1)调整或更换 (2)按规定紧固

表 11.10 液控单向阀常见故障及处理

故障现象	原因分析		消除方法
(一) 反方向 不密封 有泄漏	1. 单向阀 不密封	(1)单向阀在全开位置上卡死 ①阀芯与阀孔配合过紧 ②弹簧侧弯,变形,太弱 (2)单向阀锥面与阀座锥面接触不均匀 ①阀芯锥面与阀座同轴度差 ②阀芯外径与锥面不同心 ③阀座内径与锥面不同心 ④油液过脏	(1) ①修配,使阀芯移动灵活 ②更换弹簧 (2) ①检修或更换 ②检修或更换 ③检修或更换 ④过滤油液或更换
(二) 反向打 不开	2. 单向阀 打不开	(1)控制压力过低 (2)控制管路接头漏油严重或管路弯曲,被压扁使油不畅通 (3)控制阀芯卡死(精度低,油液过脏) (4)控制阀端盖处漏油 (5)单向阀卡死(如弹簧弯曲;单向阀加工精度低;油液过脏)	(1)提高控制压力,使之达到要求值 (2)紧固接头,消除漏油或更换管子 (3)清洗,修配,使阀芯移动灵活 (4)紧固端盖螺钉,并保证拧紧力矩均匀 (5)清洗,修配,使阀芯移动灵活;更换弹簧;过滤或更换油液

表11.11　压力继电器(压力开关)常见故障及处理

故障现象	原因分析	消除方法
(一) 无输出信号	(1)微动开关损坏 (2)电气线路故障 (3)阀芯卡死或阻尼孔堵死 (4)进油路弯曲、变形,使油液流动不畅 (5)调节弹簧太硬或压力调得过高 (6)与微动开关相接的触头未调整好 (7)弹簧和顶杆装配不良,有卡滞现象	(1)更换微动开关 (2)检查原因,排除故障 (3)清洗,修配,达到要求 (4)更换管子,使油液流动畅通 (5)更换适宜的弹簧或按要求调节压力值 (6)精心调整,使触头接触良好 (7)重新装配,使动作灵敏
(二) 灵敏度太差	(1)顶杆柱销处摩擦力过大,或钢球与柱塞接触处摩擦力过大 (2)装配不良,动作不灵活或"憋劲" (3)微动开关接触行程太长 (4)调整螺钉、顶杆等调节不当 (5)钢球不圆 (6)阀芯移动不灵活 (7)安装不当,如不平和倾斜安装	(1)重新装配,使动作灵敏 (2)重新装配,使动作灵敏 (3)合理调整位置 (4)合理调整螺钉和顶杆位置 (5)更换钢球 (6)清洗、修理,达到灵活 (7)改为垂直或水平安装
(三) 发信号太快	(1)进油口阻尼孔大 (2)膜片碎裂 (3)系统冲击压力太大 (4)电气系统设计有误	(1)阻尼孔适当改小,或在控制管路上增设阻尼管(蛇形管) (2)更换膜片 (3)控制管路上增设阻尼管减弱冲击压力 (4)按工艺要求设计电气系统

表11.12　系统噪声、振动大的消除方法

故障现象及原因	消除方法	故障现象及原因	消除方法
(一) 泵中噪声、振动,引起管路、油箱共振	(1)在泵的进出油口用软管 (2)泵不装在油箱上 (3)加大液压泵,降低电机转速 (4)泵底座和油箱下塞进防振材料 (5)选低噪声泵,采用立式电动机将液压泵浸在油液中	管道内油流激烈流动的噪声	(1)加粗管道,使流速控制 (2)少用弯头多采用曲率小的弯管 (3)采用胶管 (4)油流紊乱处不采用直角弯头或三通 (5)采用消声器、蓄能器等
(二) 阀弹簧引起的系统共振	(1)改变弹簧安装位置 (2)改变弹簧刚度 (3)溢流阀改成外泄油 (4)采用遥控溢流阀 (5)完全排出回路中的空气 (6)改变管道长短/粗细/材质 (7)增加管夹使管道不致振动 (8)在管道的某部位装上节流阀	油箱有共鸣声 阀换向产生的冲击噪声	(1)增厚箱板 (2)在侧板、底板上增设筋板 (3)改变回油管末端的形状或位置 (1)降低电液阀换向的控制压力 (2)控制管路或回油管路增节流阀 (3)选用带先导卸荷功能的元件 (4)采用电气控制方法,使两个以上的阀不能同时换向
(三) 空气进入液压缸引起的振动	(1)排出空气 (2)对液压缸活塞、密封衬垫涂上二硫化钼润滑脂	压力阀、液控单向阀等工作不良,引起管道振动噪声	(1)适当处装上节流阀 (2)改变外泄形式 (3)对回路进行改造,增设管夹

表 11.13　系统压力不正常的消除方法

故障现象及原因		消除方法
(一) 压力不足	(1)溢流阀旁通阀损坏	(1)修理或更换
	(2)减压阀设定值太低	(2)重新设定
	(3)集成通道块设计有误	(3)重新设计
	(4)减压阀损坏	(4)修理或更换
	(5)泵、马达或缸损坏、内泄大	(5)修理或更换
(二) 压力不稳定	(1)油中混有空气	(1)堵漏、加油、排气
	(2)溢流阀磨损,弹簧刚性差	(2)修理或更换
	(3)油液污染、堵塞阀阻尼孔	(3)清洗、换油
	(4)蓄能器或充气阀失效	(4)修理或更换
	(5)泵、马达或缸磨损	(5)修理或更换
(三) 压力过高	(1)减压阀、溢流阀或卸荷阀设定值不对	(1)重新设定
	(2)变量机构不工作	(2)修理或更换
	(3)减压阀、溢流阀或卸荷阀堵塞或损坏	(3)清洗或更换

表 11.14　系统动作不正常的消除方法

故障现象及原因		消除方法
(一) 系统压力正常 执行元件无动作	(1)电磁阀中电磁铁有故障	(1)排除或更换
	(2)限位或顺序装置不工作或调得不对	(2)调整、修复或更换
	(3)机械故障	(3)排除
	(4)没有指令信号	(4)查找、修复
	(5)放大器不工作或调得不对	(5)调整、修复或更换
	(6)阀不工作	(6)调整、修复或更换
	(7)缸或马达损坏	(7)修复或更换
(二) 执行元件 动作太慢	(1)泵输出流量不足或系统泄漏太大	(1)检查、修复或更换
	(2)油液黏度太高或太低	(2)检查、更换油液
	(3)阀的控制压力不够或阀内阻尼孔堵塞	(3)清洗、调整
	(4)外负载过大	(4)检查、调整
	(5)放大器失灵或调得不对	(5)调整修复或更换
	(6)阀芯卡涩	(6)清洗、过滤或换油
	(7)缸或马达磨损严重	(7)修理或更换
(三) 动作不规则	(1)压力不正常	(1)见5.3节消除
	(2)油中混有空气	(2)加油、排气
	(3)指令信号不稳定	(3)查找、修复
	(4)放大器失灵或调得不对	(4)调整、修复或更换
	(5)传感器反馈失灵	(5)修理或更换
	(6)阀芯卡涩	(6)清洗、滤油
	(7)缸或马达磨损或损坏	(7)修理或更换

表11.15　系统液压冲击大的消除方法

现象及原因		消除方法
(一) 换向时产生冲击	(1)换向时瞬时关闭、开启,造成动能或势能相互转换时产生的液压冲击	(1)延长换向时间 (2)设计带缓冲的阀芯 (3)加粗管径、缩短管路
(二) 液压缸在运动中突然被制动所产生的液压冲击	(1)液压缸运动时,具有很大的动量和惯性,突然被制动,引起较大的压力增值故产生液压冲击	(1)液压缸进出油口处分别设置反应快、灵敏度高的小型安全阀 (2)在满足驱动力时尽量减少系统工作压力,或适当提高系统背压 (3)液压缸附近安装囊式蓄能器
(三) 液压缸到达终点时产生的液压冲击	(1)液压缸运动时产生的动量和惯性与缸体发生碰撞,引起的冲击	(1)在液压缸两端设缓冲装置 (2)液压缸进出油口处分别设置反应快,灵敏度高的小型溢流阀 (3)设置行程(开关)阀

表11.16　系统油温过高的消除方法

故障现象及原因	消除方法
(1)设定压力过高	(1)适当调整压力
(2)溢流阀、卸荷阀、压力继电器等卸荷回路的元件工作不良	(2)改正各元件工作不正常状况
(3)卸荷回路的元件调定值不适当,卸压时间短	(3)重新调定,延长卸压时间
(4)阀的漏损大,卸荷时间短	(4)修理漏损大的阀,考虑不采用大规格阀
(5)高压小流量、低压大流量时不要由溢流阀溢流	(5)变更回路,采用卸荷阀、变量泵
(6)因黏度低或泵故障,增大泵内泄漏使泵壳温度升高	(6)换油、修理、更换液压泵
(7)油箱内油量不足	(7)加油,加大油箱
(8)油箱结构不合理	(8)改进结构,使油箱周围温升均匀
(9)蓄能器容量不足或有故障	(9)换大蓄能器,修理蓄能器
(10)需安装冷却器,冷却器容量不足,冷却器有故障,进水阀门工作不良,水量不足,油温自调装置有故障	(10)安装冷却器,加大冷却器,修理冷却器的故障,修理阀门,增加水量,修理调温装置
(11)溢流阀遥控口节流过量,卸荷的剩余压力高	(11)进行适当调整
(12)管路的阻力大	(12)采用适当的管径
(13)附近热源影响,辐射热大	(13)采用隔热材料反射板或变更布置场所;设置通风、冷却装置等,选用合适的工作油液

表 11.17　液压控制系统的故障处理

液压控制系统的故障现象	故障排除方法
(1)控制信号输入系统后执行元件不动作	①检查系统油压是否正常,判断液压泵、溢流阀工作情况 ②检查执行元件是否有卡锁现象 ③检查伺服放大器的输入、输出电信号是否正常,判断其工作情况 ④检查电液伺服阀的电信号有输入和有变化时,液压输出是否正常,用以判断电液伺服阀是否正常。伺服阀故障一般应由生产厂家处理
(2)控制信号输入系统后执行元件向某一方向运动到底	①检查传感器是否接入系统 ②检查传感器的输出信号与伺服放大器是否误接成正反馈 ③检查伺服阀可能出现的内部反馈故障
(3)执行元件零位不准确	①检查伺服阀的调零偏置信号是否调节正常 ②检查伺服阀调零是否正常 ③检查伺服阀的颤振信号是否调节正常
(4)执行元件出现振荡	①检查伺服放大器的放大倍数是否调得过高 ②检查传感器的输出信号是否正常 ③检查系统油压是否太高
(5)执行元件跟不上输入信号的变化	①检查伺服放大器的放大倍数是否调得过低 ②检查系统油压是否太低 ③检查执行元件和运动机构之间游隙是否太大
(6)执行机构出现爬行现象	①油路中气体没有排尽 ②运动部件的摩擦力过大 ③油源压力不够

表 11.18　气动系统常见故障与排除

故障现象	原因分析	消除方法
(一) 压缩空气压力不变	(1)压缩机能力不足 (2)漏气量大 (3)管路漏气 (4)气动元件漏气 (5)压缩机故障	(1)重新验校耗气量,要选择相应排气量的压缩机 (2)配管联接部分密封不良,检查各联接部分以确保不漏气 (3)更换损伤或老化密封 (4)如果是少量漏气,可用肥皂水的方法来检验,然后修理 (5)更换零件,如活塞环等

续表

故障现象	原因分析	消除方法
(二) 压缩空气排出许多冷凝水	(1)忘记排放储气罐、过滤器等冷凝水 (2)后冷却器能力不足 (3)吸气口设置不当,吸入雨水 (4)压缩机不合适 (5)由于梅雨季节引起空气潮湿 (6)如果使用低黏度的油,冷凝水量将增多	(1)打开冷凝水龙头以排放冷凝水。当采用自动排水装置时,要确认是否正在放冷凝水 (2)采用水冷式后冷却器时,若冷却水不足,压缩空气就会不经冷却而送出,导致冷凝水增多。可加大冷却水量或提高后冷却器的能力 (3)尽可能安排在低温避潮的地方 (4)进入梅雨期要特别注意及时排放冷凝水
(三) 压力表指针不稳	(1)耗气量变化大 (2)配管途中被节流	(1)选择适当的压缩机,其能力应超过耗气量的最大值1.2倍 (2)当远离气源的压力表指针变化大时,可以考虑更换节流部件,以减少局部损失
(四) 电磁阀不换向	(1)控制信号没输进去 ①气缸上所使用的传感器没有装在适当的位置上 ②控制回路中的元件不良,接错线或接错管等 (2)接受信号没输进去 (3)电压变动的影响 (4)电气回路不良 (5)弹簧折断 (6)主管路压力不足 (7)主管路压力过高	(1) ①应重新调整安装位置 ②检查回路中的元件以及线、管的布置 (2)应确认使用电压是否正常。必须在两种状态,即无条件处于停止状态及动作状态下,以确认电压和空气压力。供电电压过高时,吸引力会增大,容易造成动力及铁芯破坏;若供电电压过低时,吸引力将会减小,这同超负载的状态一样,过电流会烧毁线圈 (3)线圈过电流导致线圈烧毁需更新线圈,同时应设置保护回路或者消除过电流发生 (4)在双电磁阀(直动式电磁阀)的条件下,如果两个电磁铁同时通电,将会造成线圈烧毁。继电器的接点接触不良,导致接点粘连。因此,当电磁铁通电时,有可能造成线圈烧毁,应更换继电器的接点 (5)更换折断弹簧的同时,应除去冷凝水 (6)当气控管路压力不足,有时会引起先导式电磁阀不动作,通过加大气源,加大配管以及加大其中的元件尺寸,以确保所需的压力,并重新调整调压阀以提高压力 (7)调压阀动作不良或没有使用调压阀,应使用适合的调压阀

续表

故障现象	原因分析	消除方法
(五) 电磁阀过热	(1)电压不对 (2)周围温度 (3)电磁阀因使用压力过高而造成有过电流通过	(1)应确定使用电压是否在指定电压的允许变动范围之内,恢复至指定电压。一般来说,在1~2次/秒的频度下是可以连续动作的。在不同场合下,长期这样使用有时会产生过热 (2)当周围温度升高时,电磁阀会过热,应改善阀的温度。在阳光照射下,电磁阀同样会发生意想不到的过热,这点务须注意 (3)供油、分解清洗,调整到适当压力
(六) 电磁阀振动	(1)使用电压过低 (2)电磁铁的吸合面有脏物 (3)整流不良	(1)因为电压低,不能产生足够的吸引力。由于恢复弹簧和吸引力的关系,引起振动,恢复至适应电压 (2)清洗脏物及刮平吸合面的凹凸 (3)分解清洗或更换零件
(七) 电磁阀排气口经常排出空气(不该排气时排气)	(1)气缸活塞密封破损或不良 (2)阀座流入脏物 (3)换向阀不良 (4)空气压力不足或过大	(1)使用五通阀时,会由其中的一个排气口排气,这些空气由气缸的密封来防漏;但如果气缸密封不良,则所漏的空气由方向阀的排气口排往大气,此时应更换密封 (2)让它动几次,吹走脏物,分解修理 (3)分解修理或更换 (4)在使用先导式电磁阀时,若工作压力低于所需要的最低压力,阀就不会动作。若阀密封部分过大压力会引致变形,有时甚至引起漏气
(八) 调压阀出口压力在使用中变动	(1)调压阀尺寸过小 (2)入口配管小 (3)出口配管小 (4)动力源(压缩机)小	(1)应使用与空气量大小相等的调压阀,出口压力的变动应在设定压力的10%以内 (2)由于入口的配管、接头等尺寸不能满足空气的消耗量,需加大尺寸,并需在入口设置压力表测试压力 (3)尽管安装在减压出口处的压力表稳定,但若沿途部分压力变动大,应加大配管和中途所使用元件的尺寸 (4)增大容量
(九) 调压阀不能减压	(1)膜片等内部破损 (2)阀座头有杂物 (3)减压阀破损	(1)产生这种现象时,溢流口总是溢流出大量的空气,应更换零件或修理 (2)分解清洗 (3)修理更换
(十)调压阀的出口压力调节不能为零	阀座有杂物或者阀已破损	应分解修理更换
(十一)调压阀溢流口总是漏气	(1)溢流不良 (2)膜片等破损	(1)虽然从溢流口中泄漏是没有什么大问题,但大量泄漏时,则应分解修理 (2)修理更换

续表

故障现象	原因分析	消除方法
(十二) 油雾器的油不减少	(1)针阀调节不良 (2)油雾器的大小不合适 (3)空气流只是间歇性地短时间流动 (4)润滑油不合适	(1)通过滴油观察窗观察滴下量,调节针阀使它进行适当的滴油 (2)当尺寸过大时,由于空气流的作用,油流不能做到雾化,应选用与空气量相适合的油雾器 (3)使用强制给油方式 (4)选择适当的油
(十三) 油雾器的油液消耗过多	针阀调节方法不良	调节针阀,直到油量适当为止
(十四) 油雾不能到达执行元件	(1)对使用空气流量而言,油雾器的安装位置离得太远 (2)油雾器的尺寸选择不当	(1)油雾器的安装位置应尽量靠近要给油的执行元件 (2)应使用适当规格的油雾器,并与使用的气量相适应。提高油雾器的安装位置
(十五) 气缸不动作	(1)安装时不同心 (2)加了横向负载 (3)没有气压或压力不足 (4)配管不合适 (5)电磁阀上无信号 (6)流量控制不动作 (7)润滑不足 (8)活塞密封破损(气缸发生内漏) (9)负载过大	(1)同心安装 (2)卸去横向负载,气缸活塞杆往复运动应采用导轨 (3)用压力表加以确认。若因主管路过多而导致压力不足,应加大主管路,并采用大容量压缩机(压力源),使应用能满足所需 (4)配管中途的截止阀、闸阀、龙头等要全部打开。如果橡皮管、铜管、钢管等出现扭曲,压缩气源将被切断,故要避免上述现象 (5)使电磁阀与控制回路分离,单独给信号使之动作。如果电磁阀动作,则是控制电路不良;若电磁阀不动作,则电磁阀不良 (6)流量调节旋钮扭得过紧,则导致不动作及不能从气缸排气,应将流量调节旋钮调节到适当的流量。当周围温度较低时,调速阀可能会冻结,在这种场合下,应该提高周围温度,或向油雾器加乙二醇 (7)气缸的行走距离达 100 km 时,应检查其润滑状态。适当给油,提高油雾器的安装位置,并选择合适的润滑油及油雾器 (8)在采用四通、五通阀的场合,从气缸面、气的回路上,试着卸下气缸与电磁阀之间的一处配管就可以发现。这时,如果电磁阀排气口的空气不停地流出,即可以确定是气缸不良 (9)重新分析气缸的输出同负载的比例(负载率),提高使用压力或加大气缸的缸径。

续表

故障现象	原因分析	消除方法
(十六) 气缸不能平滑运动(抖动),移动速度经常变化,特别是在低速下	(1)润滑油不足 (2)气压不足 (3)混入灰尘 (4)配管不合适,配管较细或因接头过小 (5)气缸安装方法不当 (6)为了做低速运动(这种低速运动超过了可能的界限) (7)负载过大 (8)速度控制阀装在入口节流回路上	(1)复查一下油雾器的消耗量,常比标准消耗量少时,重新调整油雾器。观察活塞杆滑动面状态,往往能发现这种现象 (2)气缸的使用压力较低时,由于负载关系,有时活塞不能平滑地运动,应提高使用压力。供气量过少是气缸动作不平滑的原因之一,应确保与气缸大小和速度相应的流量 (3)应设法不使灰尘混入压缩空气中 (4)应选择大小适当的配管和接头 (5)为移动负载而使用导向装置时,如果活塞杆与导向装置倾斜,摩擦将会加大,导致不能平滑移动,有时甚至会停止动作 (6)当低速运动低于 20 mm/s 以下时,往往会出现爬行现象,应该使用气-液转换器 (7)减少负载变动,提高使用压力,或采用大直径气缸 (8)改装为出口节流回路 注:在气缸的速度控制方面,应使空气自由流动,而对输出空气进行控制,这是气缸控制的一个要点
(十七) 气缸偶然不动作	(1)空气混入灰尘,造成气缸损伤 (2)缓冲阀调整不当 (3)电磁阀动作不良 ①供油不当或空气不清洁,电磁阀可能会黏着不动 ②电磁阀的磨损,有时会发生误动作 ③长时间使用过的电磁阀由于有剩磁,有时会不动作	(1)在更换气缸的同时,应防止灰尘的混入 (2)当缓冲用的针阀拧得过紧时,在行程末端附近会起背压作用,使气缸呈不动状态,应调节缓冲用的针阀节流 (3) ①应适当供油或将电磁阀分别清洗 ②应确认电磁阀在工作过程中以稳定的节奏动作 ③更换电磁阀,并检查电磁阀本体有否出现破损及对电磁阀进行单独试验
(十八) 气缸活塞动作过快	(1)没有使用速度控制阀 (2)速度控制阀尺寸不合适	(1)使用速度控制阀 (2)速度控制阀通常采用针阀对流出的空气加以节流控制,以达到控制流量的目的。要注意针阀的大小不同及其相应的应用范围。调节范围同节流量是对应的。用大尺寸的针阀去调节微小流量是困难的,因此,要使用适当大小的速度控制阀

续表

故障现象	原因分析	消除方法
(十九) 气缸活塞动作过慢	(1)气缸至气缸之间所使用的一部分或全部元件容量过小 (2)负载过大	(1)气缸的速度大多取决于排气阻力的大小。应加大排气管的配管和元件的尺寸,打开速度控制阀的限流阀门,并将排气管的配管加大一号。测量配管阀所使用元件的前后压力,依次将压降大的元件换成尺寸大些的元件 (2)提高使用压力
(二十) 活塞杆变形、破损	(1)气缸高速运动的冲击 (2)气缸横向载荷作用在活塞杆上	(1)调节缓冲用的针阀节流起缓冲作用。采用耐冲击、高强度的气缸,并降低工作速度(拧紧速度控制阀) (2)设置导向装置。重新确定气缸安装位置和方向

11.2　气缸的检修方法

好的气缸,用手紧紧堵住气孔,然后用手拉活塞杆,拉的时候有很大的反向力,放的时候活塞会自动弹回原位;拉出推杆再堵住气孔,用手压推杆时也有很大的反向力,放的时候活塞会自动弹回原位。

坏的气缸,拉的时候无阻力或力很小,放的时候活塞无动作或动作无力缓慢,拉出的时候有反向力但连续拉的时候慢慢减小;压的时候没有压力或压力很小,有压力但越压力越小。

在拆开气缸后,需要评估部件的维修价值:如果推杆或缸体起槽得太深,磨损得很厉害,换了新的密封圈也用不了很长的时间;推杆、缸体和密封圈座变形的,不能维修。

气缸在动作过程中,不能将身体任何部分置于其行程范围内,以免受伤。

在维修设备上的气缸时,必须先切除气源,保证缸体内气体放空,直至设备处于静止状态方可作业。

在维修气缸结束后,应先检查身体任何部分未置于其行程范围内,方可接通气源试运行。接通气源时,应先缓慢冲入部分气体,使气缸冲气至原始位置,再插入接头。

复习思考题

11.1　液压系统故障产生的原因主要有哪几大类?

11.2　液压系统故障诊断的经验法主要包含哪些方面?

11.3　气缸检修时应注意哪些问题?

附录
液压与气动系统常用图形符号

本附录介绍国家标准《液压气动图形符号》(GB/T 786.1—1993),它是在 GB 786—1976 的基础上,参考国际标准"ISO 1219-1:—1991. Fluid power systems and components—Graphic symbols and circuit diagrams—Part 1: Graphic symbols"修订而成的。国家标准 GB/T 786.1—1993 的实质性内容与国际标准基本相同。

附表1　符号要素(用符号来表示元件、装置、管路等采用的基本图线或图形)

名称及说明	符　号	名称及说明	符　号
实线:表示工作管路、控制供给管路、回油管路、电气线路	b (宽度 b 按 GB 4457.4 规定)	点画线:表示组合元件框线	约$\frac{b}{3}$
虚线:表示控制管路、泄油或放气管路、过滤器、过渡位置	约$\frac{b}{3}$	双线:表示机械联接的轴、操纵杆、活塞杆等	$\frac{l_1}{5}$ (l_1 为基本尺寸,表示液压泵、液压马达等的大圆直径)
大圆:表示一般能量转换元件(如液压泵、液压马达、压缩机等)	l_1	圆点:表示管路联接点、滚轮轴	$(\frac{1}{8}\sim\frac{1}{5})l_1$
中圆:表示测量仪表	$\frac{3}{4}l_1$	半圆:表示限定旋转角度的液压马达或液压泵	l_1
小圆:表示单向元件、旋转接头、接头铰链、滚轮	$\frac{l_1}{3}$	囊形:表示压力油箱、气罐、蓄能器、辅助气瓶	l_1 $2l_1$

续表

名称及说明	符　号	名称及说明	符　号
长方形： 1)表示液压缸、阀	$l_2>l_1$	正方形： 1)表示控制元件、除电动机外的原动机	
2)表示活塞	$\frac{l}{4}$	2)表示调节元件(过滤器、分离器、油雾器和热交换器)	
3)表示某种控制方法	$2l_1\geqslant l_2\geqslant l_1$	3)表示蓄能器的重锤	
4)表示执行器中的缓冲器		半矩形：表示油箱	

附表 2　功能要素(用符号来表示元件、装置的功能或动作所采用的基本图线或图形)

名称及说明	符　号	名称及说明	符　号
正三角形： 表示传压方向，流体种类 实心表示液压 空心表示气动，也可表示排气	▶ ▷	电磁操纵器	
直箭头或斜箭头： 表示直线运动、流体通过阀的通路和方向、热流方向		原动机	M
长斜箭头： 可调性符号(表示可调节的液压泵、弹簧、电磁铁等)		弹簧	
弧线箭头： 表示旋转运动方向		节流孔	
电气符号		单向阀阀座的简化符号	90°
封闭油路、气路符号		固定符号	

附表 3　管路、管路联接口和接头符号

名称及说明	符　号	名称及说明	符　号
联接管路	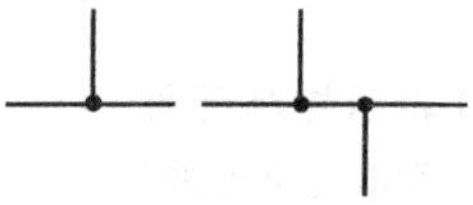	不带联接措施的排气口	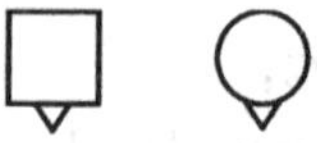
交叉管路		带联接措施的排气口	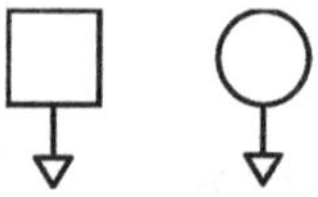
柔性管路		不带单向阀的快换接头	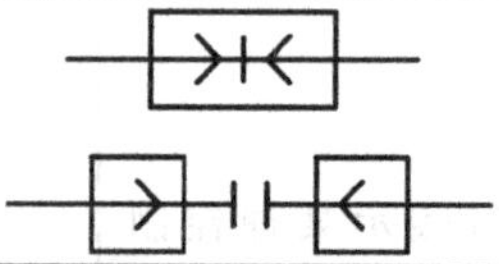
连续放气装置		带单向阀的快换接头	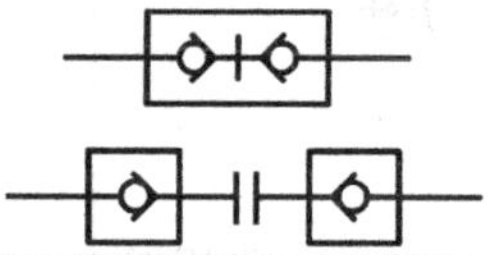
间断放气装置		单通路旋转接头	
单向放气装置		三通路旋转接头	

附表 4　控制机构和控制方法符号

名称及说明	符　号	名称及说明	符　号
直线运动的杆	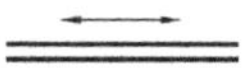	人力控制的一般符号	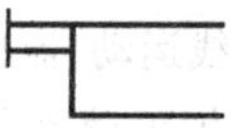
旋转运动的轴	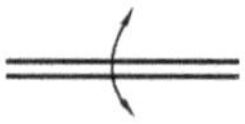	按钮式	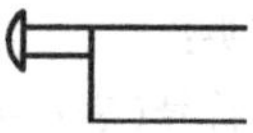
定位装置	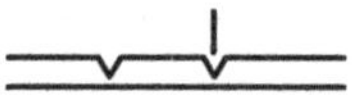	拉钮式	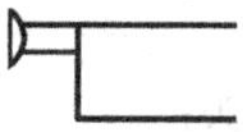
弹跳机构		按-拉式	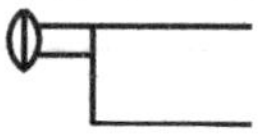
锁定装置	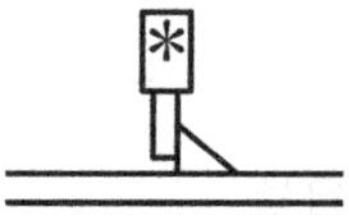 （＊为开锁的控制方法符号）	手柄式	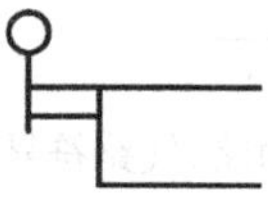

续表

名称及说明	符　号	名称及说明	符　号
单向踏板式	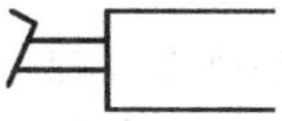	直接压力控制 1）差动控制	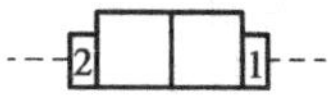 如有必要，可将面积比表示在矩形框中
双向踏板式	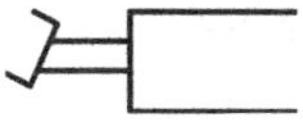	2）加压或泄压控制	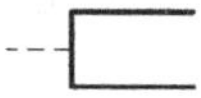
顶杆式	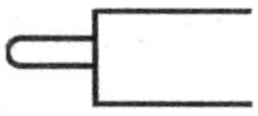	3）外部压力控制	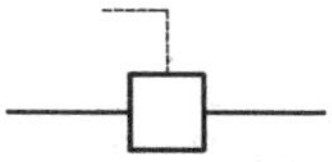 控制通路在元件外部
可变行程控制式	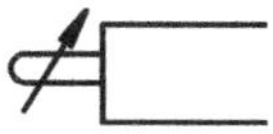	4）内部压力控制	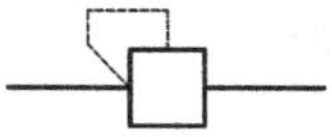 控制通路在元件内部
弹簧式	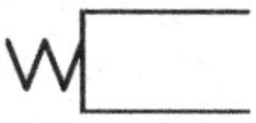	先导控制（间接压力控制） 加压控制 1）气压先导控制（内部压力控制）	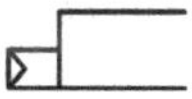
滚轮式	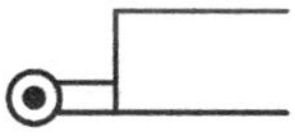	2）液压先导控制（外部压力控制）	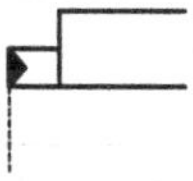
单向滚轮式	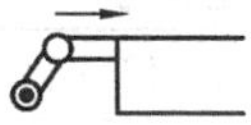 （只能一个方向操纵）	3）二级液压先导控制（内部压力控制，内部泄油）	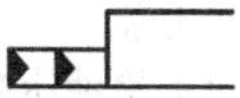
旋转运动电气控制装置	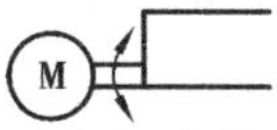	4）气-液先导控制（气压外部压力控制，液压内部压力控制，外部泄油）	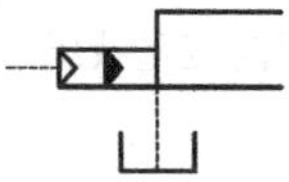
直线运动电气控制装置（电磁铁或力矩马达等） 1）单作用电磁铁	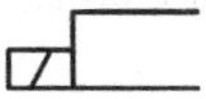	5）电-液先导控制（单作用电磁铁一次控制，液压外部压力控制，内部泄油）	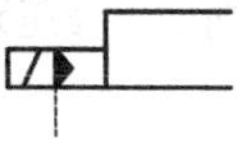
2）单作用可调电磁操作器（比例电磁铁、力矩马达等）	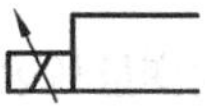	6）电-气先导控制（单作用电磁铁一次控制，气压外部压力控制）	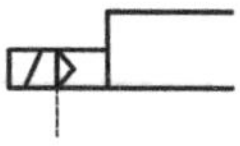
3）双作用电磁铁	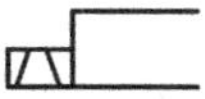		
4）双作用可调电磁操作器（力矩马达）	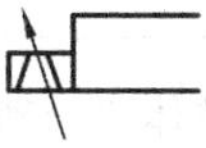		

续表

名称及说明	符 号	名称及说明	符 号
反馈控制 1)一般符号 2)电反馈(电位器,差动变压器等位置检测)	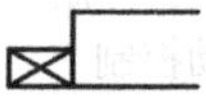 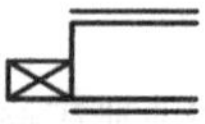	2)电-液先导控制(单作用电磁铁一次控制,外部压力控制,外部泄油)	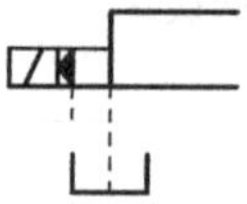
反馈控制 3)内反馈(机械反馈-随动阀仿形控制回路)	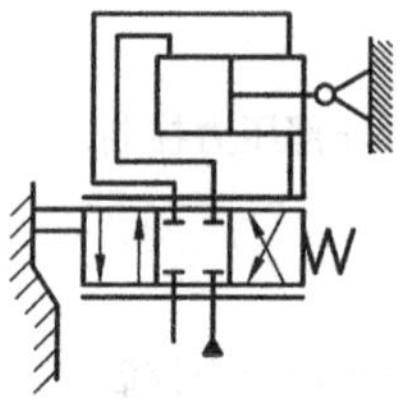 W	3)先导型压力控制阀(带压力调节弹簧,外部泄油,带遥控泄油口)	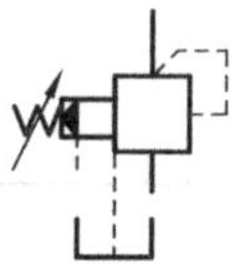
泄压控制: 1)液压先导控制(内部压力控制)	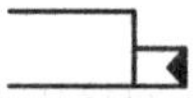 (内部泄油) 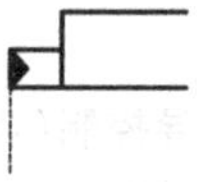 (带遥控泄油口)	4)先导型比例电磁式压力控制阀(单作用比例电磁铁操纵,内部泄油)	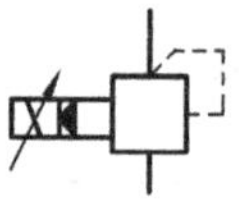

附表5　液压泵和马达符号

名称及说明	符 号	名称及说明	符 号
定量液压泵: 1)单向定量液压泵		2)双向定量马达	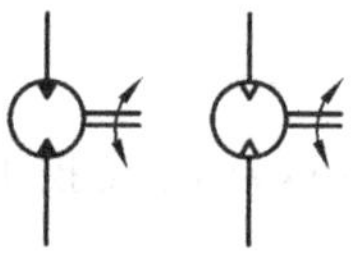
2)双向定量液压泵		变量马达: 1)单向变量马达	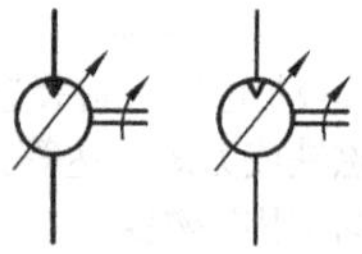
变量液压泵: 1)单向变量液压泵		2)双向变量马达	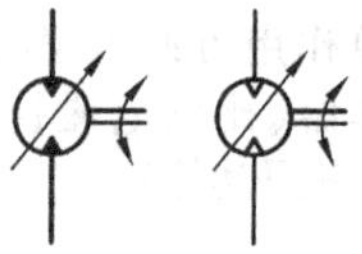
2)双向变量液压泵		摆动马达	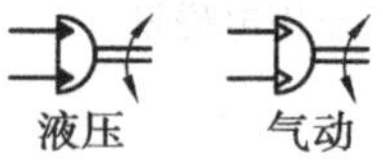 液压　气动
定量马达: 1)单向定量马达	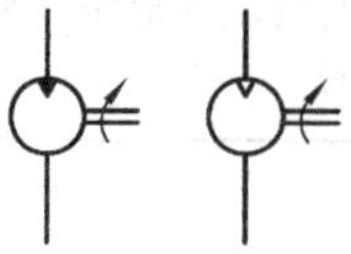	液压整体式传动装置(单向旋转变排量液压泵)	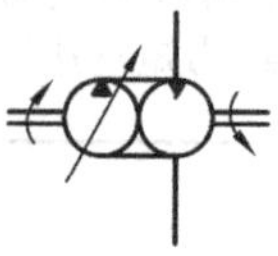

续表

名称及说明	符　号	名称及说明	符　号
泵—马达： 1）定量液压泵—马达		2）变量液压泵—马达（双向）	

附表6　液压缸和特殊能量转换器符号

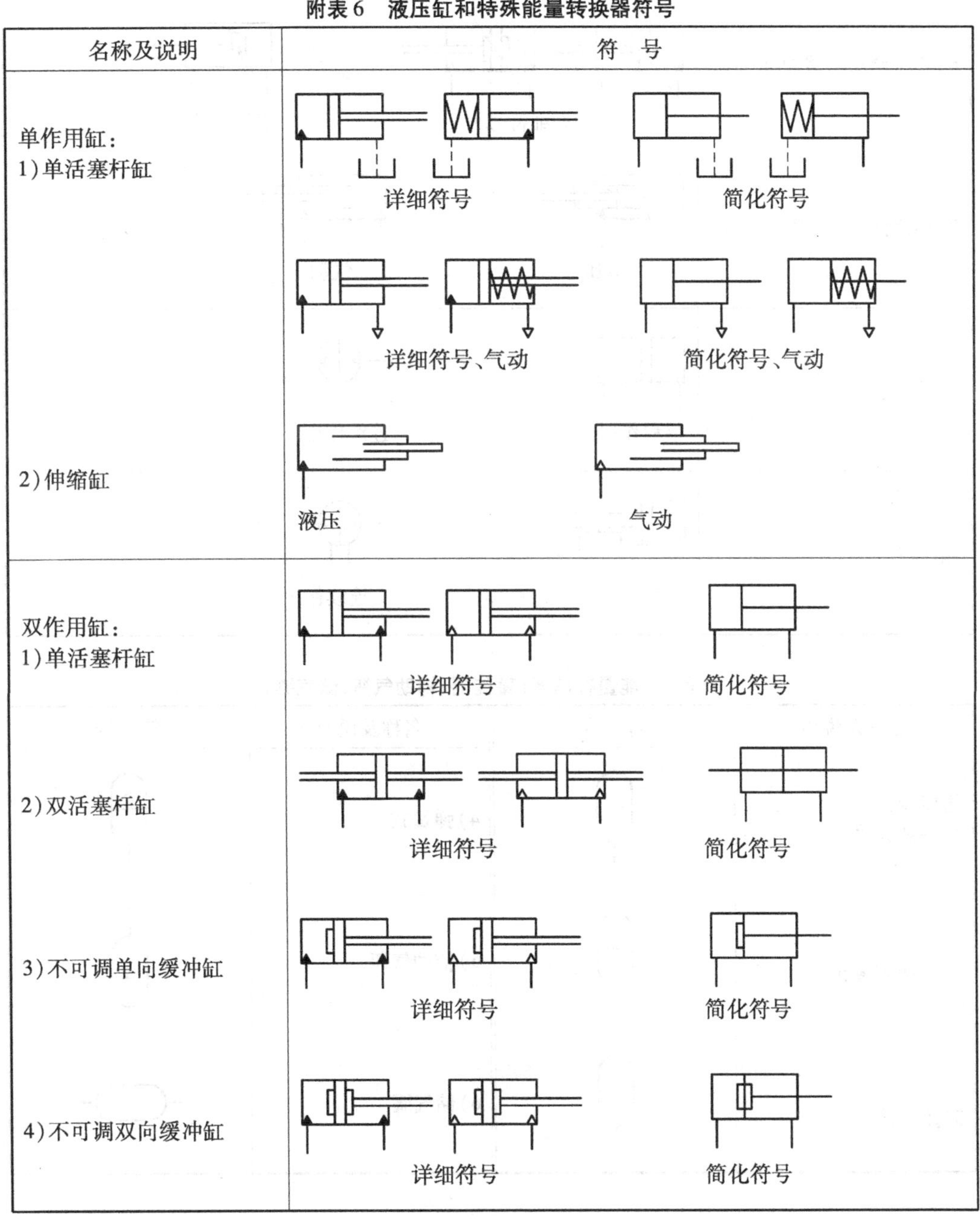

名称及说明	符　号
单作用缸： 1）单活塞杆缸	详细符号　简化符号 详细符号、气动　简化符号、气动
2）伸缩缸	液压　气动
双作用缸： 1）单活塞杆缸	详细符号　简化符号
2）双活塞杆缸	详细符号　简化符号
3）不可调单向缓冲缸	详细符号　简化符号
4）不可调双向缓冲缸	详细符号　简化符号

续表

名称及说明	符　号
5)可调单向缓冲缸	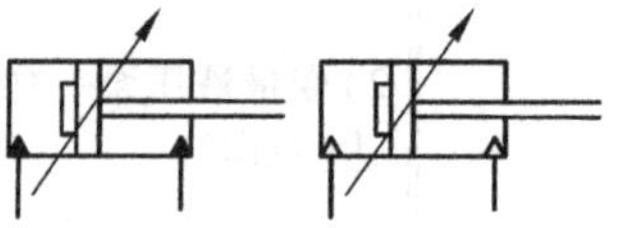 详细符号 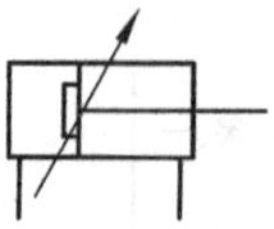　简化符号
6)不可调双向缓冲缸	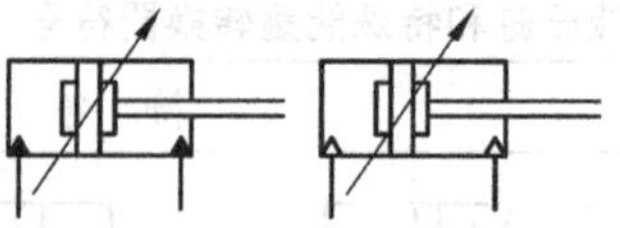 详细符号 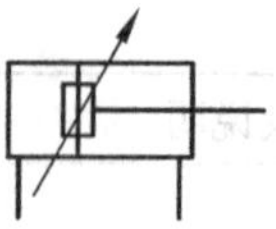　简化符号
7)伸缩缸(双作用)	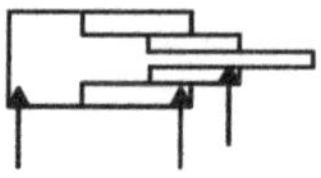 液压 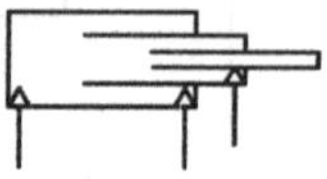　气动
气-液转换器	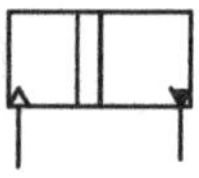 单程作用 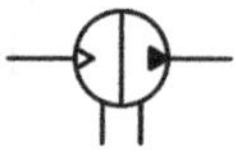　连续作用
增压器	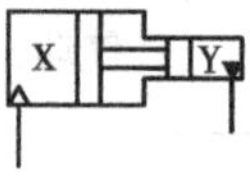 X Y 单程作用 　X Y 连续作用

附表7　能量存储器(蓄能器、辅助气瓶、储气罐)

名称及说明	符　号	名称及说明	符　号
蓄能器: 1)一般符号		4)弹簧式	
2)气体隔离式		5)辅助气瓶	
3)重锤式		6)储气罐	

附表8　动力源符号

名称及说明	符　号	名称及说明	符　号
液压源		原动机	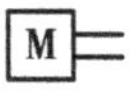 M
气压源		电动机	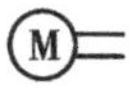 M

附表9　常用控制阀符号

名称及说明	符　号	名称及说明	符　号
溢流阀: 1)一般符号或直动型溢流阀	内部压力控制 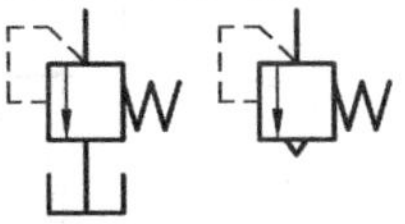 外部压力控制 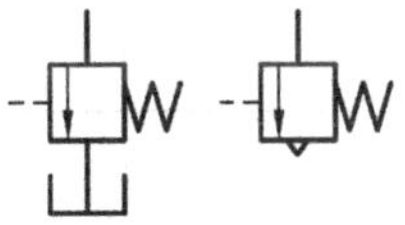	5)卸荷溢流阀	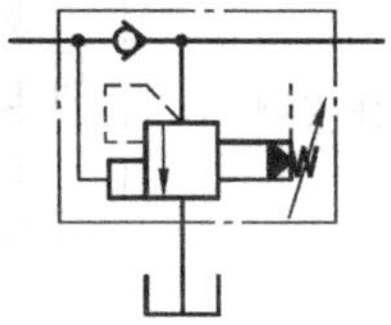
2)先导型溢流阀	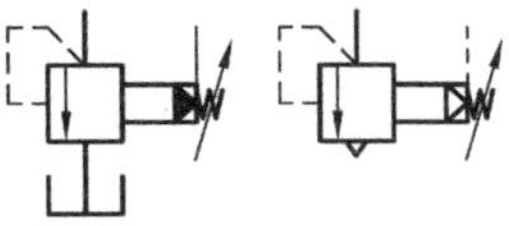	6)双向溢流阀	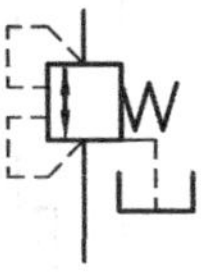
3)先导型电磁溢流阀	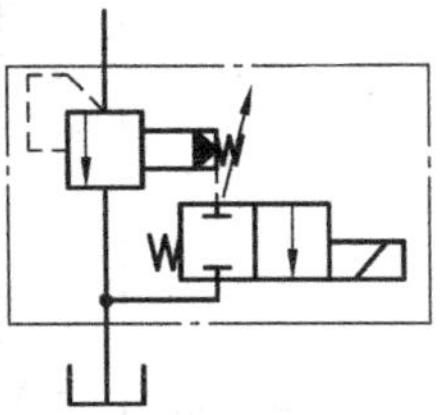	减压阀: 1)一般符号或直动型减压阀	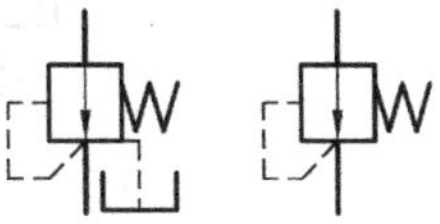
4)先导型比例电磁溢流阀	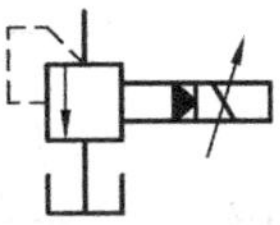	2)先导型减压阀	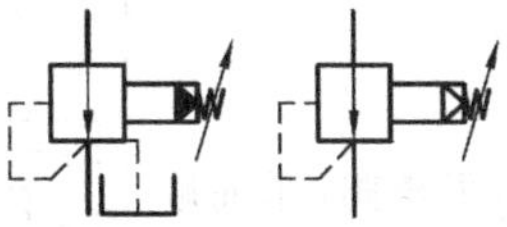

续表

名称及说明	符　号
3)溢流减压阀	
4)先导型比例电磁式溢流减压阀	
5)定比减压阀	减压比:1/3
6)定差减压阀	
顺序阀: 1)一般符号或直动型顺序阀	
2)先导型顺序阀	
3)平衡阀(单向顺序阀)	

名称及说明	符　号
卸荷阀 一般符号或直动型卸荷阀	
截止阀	
制动阀	
节流阀: 1)不可调节流阀	
2)可调节流阀	
3)可调单向节流阀	
带消声器的节流阀	

续表

名称及说明	符　号
滚轮控制可调节流阀(减速阀)	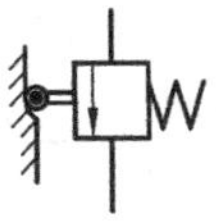
调速阀: 1)一般符号	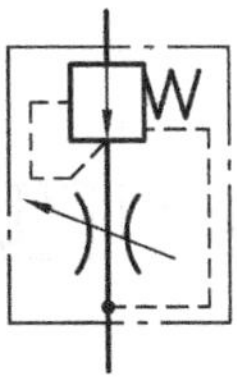 详细符号  简化符号
2)旁通型调速阀	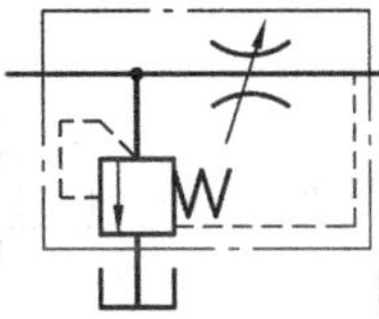 详细符号  简化符号
3)单向调速阀(详细符号)	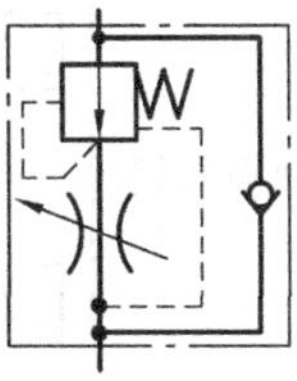 详细符号 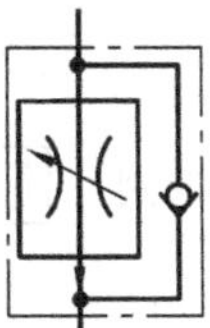 简化符号
分流阀	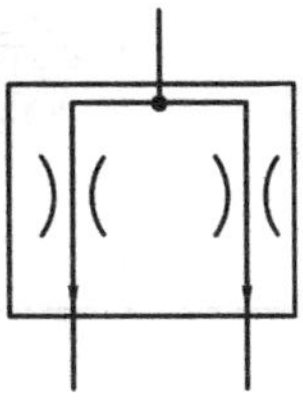

名称及说明	符　号
集流阀	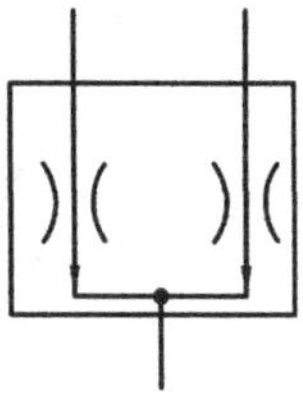
分流集流阀	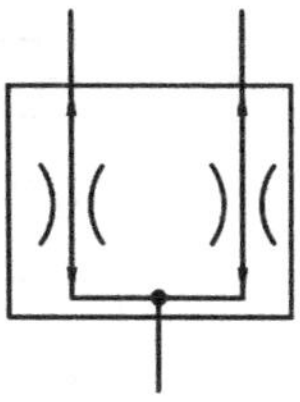
单向阀	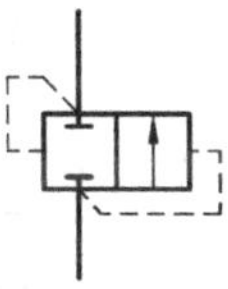 详细符号  简化符号
液控单向阀	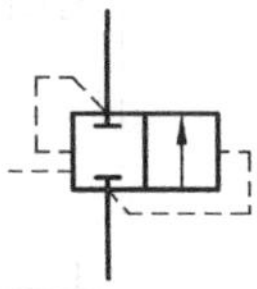 详细符号 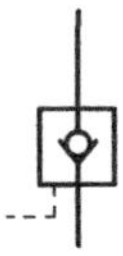 简化符号
液压锁	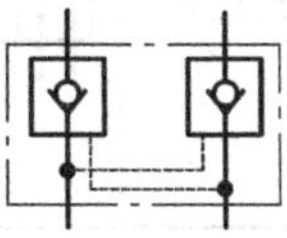

续表

名称及说明	符　号	名称及说明	符　号
或门型梭阀	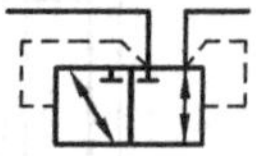 详细符号 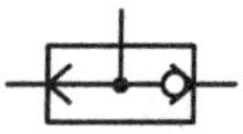　简化符号	4)二位五通换向阀	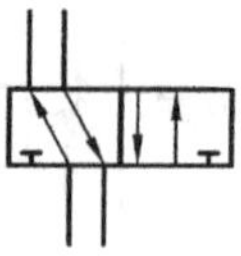
与门型梭阀	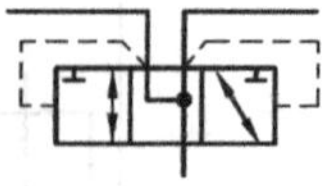 详细符号 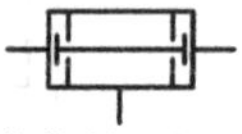 简化符号	5)三位三通换向阀	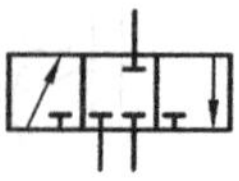
快速排气阀	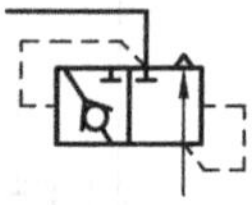 详细符号 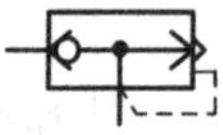 简化符号	6)三位四通换向阀	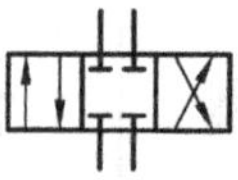
换向阀： 1)二位二通换向阀	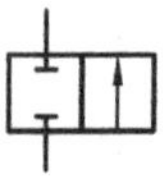 常闭型 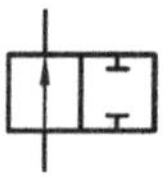　常开型	7)三位五通换向阀	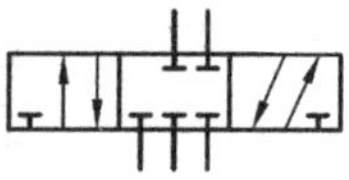 
2)二位三通换向阀	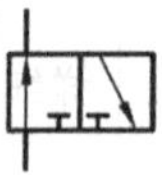 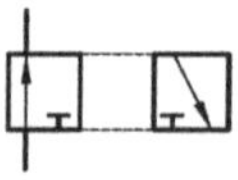 (带中间过渡位置)	8)三位六通换向阀	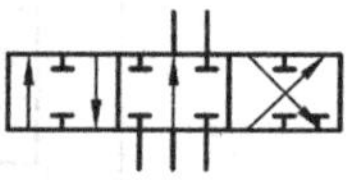
3)二位四通换向阀		伺服阀	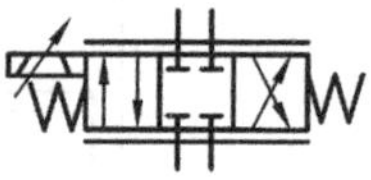

附表 10　其他元件符号

名称及说明	符　号	名称及说明	符　号
过滤器 一般符号		油雾器	
带磁性滤芯		气源调节装置（气动三大件）	详细符号 简化符号
带污染指示器			
分水排水器	人工排出 自动排出	热交换器： 1）冷却器	一般符号 带冷却剂管路
空气过滤器	人工排出 自动排出	2）加热器 3）温度调节器	
除油器	人工排出 自动排出	压力检测器： 1）压力指示器 2）压力计	
空气干燥器		3）压差计	

续表

名称及说明	符　号	名称及说明	符　号
液面计		行程开关	
流量检测器： 1)检流计(液流指示器)		消声器	气动
2)流量计		报警器	气动
压力继电器			

参考文献

[1] 杨曙东,何存兴. 液压传动与气压传动[M].3 版. 武汉:华中科技大学出版社,2008.
[2] 陈熔林,张磊. 液压技术与应用[M]. 北京:电子工业出版社,2002.
[3] 张利平. 液压与气动技术[M]. 北京:化学工业出版社,2007.
[4] 刘延俊. 液压回路与系统[M]. 北京:化学工业出版社,2009.
[5] 姜继海. 液压传动[M].4 版. 哈尔滨:哈尔滨工业大学出版社,2007.
[6] 隋文臣. 液压与气压传动[M]. 重庆:重庆大学出版社,2007.
[7] 王守城,容一鸣. 液压与气压传动[M]. 北京:北京大学出版社,2008.
[8] 明仁雄,万会雄. 液压与气压传动[M]. 北京:国防工业出版社,2003.
[9] 黄志昌. 液压与气动技术[M]. 北京:电子工业出版社,2006.
[10] 张岚,弓海霞,刘宇辉. 实用液压技术手册[M]. 北京:人民邮电出版社,2008.
[11] 左健民. 液压与气压传动[M].3 版. 北京:机械工业出版社,2006 .
[12] 万会雄,明仁熊. 液压与气压传递[M].2 版. 北京:国防工业出版社,2008.
[13] 游有鹏. 液压与气压传动[M]. 北京:科学出版社,2008.
[14] 刘军营. 液压与气压传动[M]. 西安:西安电子科技大学出版社,2008.
[15] 曾亿山. 液压与气压传动[M]. 合肥:合肥工业大学出版社,2008.
[16] 左健明. 液压与气动技术[M]. 北京:机械工业出版社,2007.
[17] 张世亮. 液压与气压传动[M]. 北京: 机械工业出版社,2006.
[18] 许福玲,陈光明. 液压与气压传动[M].2 版. 北京:机械工业出版社,2004.
[19] 贾铭新,谭定忠. 液压传动与控制解难和练习[M]. 北京:国防工业出版社,2003.
[20] 黄谊,章宏甲. 机床液压传动习题集[M]. 北京:机械工业出版社,2000.